文化部　财政部送书下乡工程指定用书

肉鸡饲养手册

（第 2 版）

刁有祥　杨全明　主编

中国农业大学出版社

主　编　刁有祥　杨全明

副主编　马玉忠　岳永生　张崇玉　王建清
　　　　岳澄滨

编　者　苏鹏程　孙守志　石景武　刘志起
　　　　左兰明　陈志海

前　言
（第2版）

目前我国畜牧业迅速发展，尤其是肉鸡饲养业已成为我国畜牧业的重要组成部分。肉鸡具有生长速度快、饲料转化率高、繁殖率高、抗逆性较强、生产成本低、资金周转快、经济效益好、市场需求量大等特点。它既能分散饲养，又能高密度饲养，发展肉鸡生产是解决农民致富奔小康，合理安排农村剩余劳动力的有效途径，是建设社会主义新农村的需要。目前肉鸡饲养业结构不断优化，由原来的社会化散养到一条龙肉鸡企业的公司基地＋农户，到公司基地＋农场，肉鸡业正朝着集约化、规模化、标准化、现代化等方向发展。纵观世界肉鸡生产70多年的历史，就是逐步工业化的历史。这也是近30余年来肉鸡高速、高效、稳定发展的基础。我国专业化肉鸡饲养要取得稳定的经济收入必须纳入工业化生产的轨道。

但是，在肉鸡产业发展的过程中，也出现了许多问题，如高致病性禽流感、生产过程中的废弃物对环境的污染、产品药物残留、国际贸易的绿色壁垒、食品卫生安全等。我国的肉鸡生产和肉鸡出口面临严峻的挑战。为适应国际贸易的要求，肉鸡生产者要有一套科学、高效、实用的肉鸡生产管理模式，从而进一步推动着肉鸡产业向标准化、规范化迈进。

肉鸡生产的全过程中都贯穿着高科技、新科技，这就要求肉鸡生产者不断吸取国内外先进经验和科学研究成果，系统了解肉鸡生产的新技术、新方法，提高我国的肉鸡生产水平。本书自1999年5月第1版出版以来，深受广大读者的欢迎。随着养鸡生产的不断发展，新品种、新技术、新方法不断出现。本书在《肉鸡饲养手册》第一版的基础上，进行了全面修订和改写，突出先进性和实用性。重点介绍肉鸡品种、孵化、饲料与营养、饲养管理、疾病防治及国内外肉鸡生产和贸易概况，以满足读者的需要。

本书可供广大肉鸡生产者、鸡场技术人员、经营管理人员使用，亦可供教学、科研和饲料行业人员参考。

本书编写过程中，除本书所列参考文献外，我们参考了中国家禽（2000—2007）、养禽与禽病防治（2000—2007）、四川畜牧兽医（2002—2007）、家禽科学（2001—2007）、中国禽业导刊（2001—2007）、当代畜牧（2001—2007）、农村养殖技术（2003—2007）、动物科学与动物医学（2003—2007）等许多书刊与互联网资料，由于不能一一列出，谨在此向编著者表示衷心感谢。

由于我们水平有限，书中难免有不妥之处，敬请读者指正。

编　者

2007 年 4 月

前　言
（第1版）

发展肉鸡生产是解决人类对动物蛋白需求的主要途径。近年来我国肉鸡业发展迅速，在畜牧业生产中发挥了重要作用。肉鸡正朝着集约化、社会化、标准化、系列化、商品化等方面发展，它彻底打破了小农经济生产的束缚，在认识水平上、科学水平上、经营管理水平上都是一个新的飞跃。纵观世界肉鸡生产70多年的历史，就是逐渐工业化的历史。这也是近30余年来肉鸡高速、高效、稳定发展的基础。我国专业户养肉鸡要取得稳定的收入必须纳入工业化生产的轨道。

肉鸡具有早期生长快，饲料转化率高，繁殖率高，抗逆性较强，生产成本低，资金周转快，经济效益好，市场需求量大等特点。它既能分散饲养，又能高密度饲养。发展肉鸡生产是解决农民致富奔小康，合理安排农村剩余劳动力的有效途径。肉鸡生产专业户要与种鸡场、孵化厂、饲料厂、屠宰加工厂、销售市场密切合作，依法养殖，信守合同，形成完整的肉鸡生产工业化体系。

肉鸡工业化生产的全过程中都贯穿着高、新科技，这就要求肉鸡生产者不断吸取国内外先进经验和科学研究成果，系统了解肉鸡生产的新技术、新方法，提高我国的肉鸡生产水平。本书除了系统介绍肉鸡的品种、繁育孵化、饲料与营养、饲养管理、鸡场建设、疾病防治外，还根据肉鸡业发展的需要，编写了肉鸡的环境、鸡场的废弃物处理和优质肉鸡饲养章节以及国内外肉鸡生产和贸易概况，以满足读者的需要。

本书可供广大肉鸡生产者、鸡场技术人员、经营管理人员使用，也可作科教和饲料行业人员参考。

本书编写过程中，参考了许多文献，谨在此向各位编著者表示感谢。由于我们水平有限，加之撰写时间仓促，书中难免有不妥之处，敬请读者指正。

编　者

1998 年 11 月

目 录

第一章　绪　论

第一节　我国肉鸡生产的现状

我国是世界的家禽饲养、生产、消费和贸易大国。根据世界粮农组织统计,2004 年,中国禽肉为量为 1 367 万 t,占世界总产量 7 822 万 t 的 17%以上。在中国,禽肉包括鸡肉、鸭肉、鹅肉和其他特种禽肉,其中,鸡肉是最主要的禽肉,产量占 71%。2006 年,我国生产鸡肉 1 040 万 t,占世界鸡肉总产量的 17.6%,2007 年达到 1 050 万 t。自 1995 年起,我国成为仅次于美国的第二大鸡肉生产国。

一、肉鸡生产的组织形式

目前我国肉鸡生产的组织形式主要有 3 种类型。其一,独立生产,即联合体式生产,集种鸡饲养、商品鸡饲养、饲料加工、屠宰加工、销售等生产环节为一体的一条龙肉鸡加工企业,各生产环节受联合体的统一控制和平衡,由于饲养规模庞大,饲养管理和经营管理水平高,并具有雄厚的经济实力,所以对市场波动的承受能力较强。这种类型的代表是山东诸城、山东华誉、吉林德大、北京华都等。其二,非独立性生产,表现形式是以一个企业为龙头,这个企业以种鸡场、饲料厂或是屠宰厂为主体,带动周围的具有一定饲养规模的农户进行生产。各生产环节各自独立,在生产过程中依靠合同结合在一起,其紧密程度较低,违约多,受市场的影响较大,这种生产组织形式在国内最为普遍。其三,千家万户的分散饲养,贫困地区以这种生产形式为主,生产条件低下,技术落后,效益不高，由于其商品率较低，对市场的波动不敏感。在以上3种生产形式中以一条龙肉鸡加工企业为主，生产数量在鸡肉总产量中的比重最大。因此，对这种生产形式的研究并采取相应策略，对我国今后的肉鸡生产有着重要意义。

二、肉鸡生产地区分布

我国传统的肉鸡生产大省有山东、广东、江苏、四川、辽宁、河南等，相对集中于我国的华东地区、华中地区、华北地区南部、华北地区东部和西南地区东北部。排在我国肉鸡产量前10位的省(市)其产量合计约占全国总产量的74%。华东和华中两地区的11省1市的肉鸡产量占全国总产量的72%。广东省是我国生产黄羽肉鸡数量最多的省，除了供应省内消费外，还占领了港澳市场的75%以上；山东省是我国白羽肉仔鸡生产量最大的省，外贸出口占全国1/3。近年来，东北和西北地区的肉鸡业也有了较大的发展。

黄河流域及其以北地区是我国主要的饲料粮产区，可以说是我国的玉米带，大量的玉米和大豆为该区域的肉鸡生产提供了保证。而且上述区域内地势平坦，交通便利，气候适宜，非常利于养鸡业生产。该区域内的北京、天津、上海、大连、青岛以及东北的工业区是主要的肉鸡消费市场，大连、天津、青岛和上海的港口为肉鸡的出口提供了便利。因此，该区域有条件成为我国肉鸡的主要产区，尤其是华北诸省还有很大的发展潜力。

三、肉鸡产量占肉类总产量的比重

随着中国市场对禽畜消费需求的增长，我国家禽业保持了一定的增长速度。1984—2004年，我国鸡肉产量增长了6倍，平均年递增率为11.6%。其中，1984—1990年，年均增长速度为10.3%；1991—1996年，年均增长速度为15.3%；1997—2004年，平均增长速度为 8.9%。

在中国，鸡肉是仅次于猪肉的第二大肉类消费品。2004 年，我国鸡肉的消费总量为 967 万 t，比 2003 年的 996 万 t 略有下降。人均消费量从 1984 年的 1.03 kg 发展到 2004 年的 7.3 kg，增长了 6 倍，但是，仍低于年人均 10.2 kg 的世界平均水平。

1990 年以来，我国鸡肉出口量由 3.79 万 t 猛增至 2001 年的 36.1 万 t，占我国鸡肉产量的 3.9%；出口额由 0.75 亿美元增至 5.5 亿美元；尽管鸡肉出口占全国总产量的比例不高，但为鸡肉行为提供了高附加值的市场和先进的管理技术，促进了我国家禽业的发展。1990—2001 年，我国鸡肉及制品的出口量占世界总出口量的比重由 1.72%增至 4.85%；出口额则由 2.43%增至 7.2%；特别是我国鸡熟食制品在世界出口中的地位提高，出口量和出口额的比重分别由 1.89%和 1.13%增至 17.54%和 26.86%。

四、进口鸡肉副产品给中国肉鸡业带来严峻挑战

2004 年 11 月，我国解除了对美国冻鸡的进口禁令，并已准许巴西肉鸡产品进入中国。另外，随着我国经济的持续高速增长，对肉类需求将继续增加。从全年看，上海、江苏、浙江等地都增加了对鸡肉的进口。进口的鸡肉主要是鸡翅、鸡爪等国外不食用的副产品，这些产品严重地冲击了中国的肉鸡市场，使中国肉鸡业的比较利益受到了严重的扭曲，中国肉鸡产业的发展遭到了重创。

五、优胜劣汰，中国肉鸡业在竞争中不断发展

从 1982 年以来，肉鸡产业在逐步形成与发展的过程中，建立起了一大批不同模式的生产企业，有小规模自产自销型，农民生产、加上企业收购型，生产加上企业自产自销型，“公司十农户”型。这些企业在经历了发展、竞争和市场的冲击之后，企业的经营管理水平和生产规模进行了一次又一次的整合，许多企业经受不住行

业内的竞争压力及国外产品进口的冲击,纷纷倒闭。而能顺应市场方向不断完善的企业却发展和壮大起来了,形成了更大规模的肉鸡加工企业。

第二节 中国肉鸡业在经济发展中的作用

2001 年中国肉鸡产业的销售收入达 780 亿元(其中白鸡 544 亿元,占销售收入的 70%),占畜牧业总产值的 10%,占农业总产值的 3%。中国肉鸡产量占肉类总产量的比重由 1990 年的 7.5% 增至 2001 年的 15.71%,白鸡产量占全国肉类总产量的比重由 1993 年的 8.88%增至 2001 年的 10.95%。

一、肉鸡产业的发展,带动了直接和间接就业

养鸡行业就业人数超过 1 924 万人,其中实行“公司+农户”经营模式的社会放养,带动鸡农 135 万人,生产加工就业 90 万人,销售人员 100 万人,另外肉鸡食用的饲料以玉米、豆粕等粮食为主,带动种植业农民就业 1 600 万人,由于中国的劳动力、饲料等相对价位较低,生产者规模饲养效益较好,通过肉鸡饲养创造的纯收入高达 50 多亿元。因此肉鸡的饲养能及时转化粮食生产,利于农业结构调整。我国饲料粮占粮食的比例为 20%,而美国为 70%、东欧为 64%、巴西为 55%、日本为 48%。因此,我国应适当提高饲料量的消耗,而饲养肉鸡正是高效合理地消耗饲料的有效途径。平均每增加 1 kg 鸡肉产量约消耗 2 kg 粮食,如果全国人均增加 1 kg 的鸡肉产量,就可多消化 20 多亿千克饲料粮,有利于保障粮食安全。

二、引进的优良品种、先进技术与国内的生产优势相结合

改革开放以来,我国大量引进了罗曼鸡、AA 鸡、艾维茵鸡等

世界优良品种，先后从 7 个国家引进了 12 个肉用祖代鸡品系，到目前我国主要以 AA、艾维茵种鸡为主。每年在不断引进良种的同时，也直接获得了最新的肉鸡育种成果，肉鸡生产效率逐渐提高，有力地推动了我国肉鸡业的健康发展。从 20 世纪 80 年代初引进美国的 AA 种鸡发展到现在，生产性能已有了很大的改进，其肉鸡的生长周期更短、耗料更少、生产成本大幅降低。在 1984 年时，肉鸡长到 2 kg 需要 49 天，而到了 2001 年却只需 38 天，17 年间缩短了 11 天，平均每年缩短 0.65 天；料肉比从 2.05 降到1.64，平均每年降低 0.024；同为 49 日龄，1984 年只鸡重为 2 kg，而到 2001 年只鸡重为 2.96 kg，17 年间，日增重增长了 19.6 g，平均每年日增重增长 1.15 g。我国肉鸡业之所以快速发展也得益于引进了国外大量资金、先进技术及国内充足的饲料供应和丰富、廉价的劳动力资源。鸡肉是世界上发展速度最快、物美价廉的一种肉类，其蛋白质含量高、脂肪和热量含量低，是一种健康的肉类食品。城市市场消费从白条鸡、西装鸡迅速升级为分割鸡、深加工调理食品。同时，快餐业的高速发展也为肉鸡业的发展拓宽了道路。据中国统计年鉴数据显示，我国城乡居民肉类消费情况是：城镇居民禽肉人均消费量是农村的 2.1 倍，而猪肉人均消费量只是农村的 1.6 倍，由此可见生活水平对鸡肉消费，特别是对肉类消费的引导作用。

第三节 我国肉鸡业存在的主要问题与对策

一、我国肉鸡业存在的主要问题

目前随着国内乃至国际同行业竞争的日益激烈，出口检验检疫标准的不断提高，中国肉鸡企业发展还面临以下问题。

第一，禽流感的发生，引发人们对鸡肉消费恐慌，给肉鸡生产带来巨大压力。禽病防治水平低，给食品安全带来风险，行业内部还没有建立完善的肉鸡食品安全保障体系。一部分消费者认为肉鸡含有激素，没有正确认识肉鸡产品，对肉鸡消费缺乏信心。

第二，肉鸡产业化龙头企业在行业发展中所占比例较少，规模较小。肉鸡的深加工程度较低。发达国家肉制品的加工程度为30%，世界平均肉类加工程度为20%，而中国的肉制品加工程度只有5.8%。相比之下，我国的肉类加工制品占肉类总量的比例很低，因此在肉鸡深加工方面存在着巨大发展潜力。

第三，国内缺乏有效的技术性贸易防范措施，出口贸易因国外实施技术性贸易壁垒比较利益被扭曲，进口猛增给国内肉鸡产业发展造成严重威胁。

肉鸡行业没有建立起统一完善的行业标准。产业协调不力，部分企业盲目发展，肉鸡行业还处于无序发展状态。

二、肉鸡业未来发展的对策

安全、方便、便宜是肉鸡业持续成长的基础和未来发展的方向，为了肉鸡业的健康发展，提出以下对策。

(一)发展“公司＋现代养殖户”、“公司＋基地”的产业化发展模式

根据现在国内和国际市场对食品安全保障体系的要求，必须通过提高养殖水平来减少鸡群对药物的依赖。我们只有学习发达国家先进的经验，推广具备自动控制环境、饲喂等条件的现代化鸡舍，建立全进全出的生物安全体系，保障肉鸡饲养所必要的条件，提高肉鸡健康水平，使肉鸡产业朝着现代化、科学化方向发展，才能从根本上解决食品安全问题。

(二)品种优良化

利用国外先进技术，继续引进每年都有遗传进展的国际肉鸡良种，不断提高肉鸡生产效率，降低生产成本。

（三）肉鸡市场多元化

继续推行"出口＋内销"的市场发展战略，通过出口提升肉鸡业竞争力，积极拓展国内市场，大力发展熟食品生产，形成冷冻、冰鲜、熟食品等多元化的市场消费格局。

（四）肉鸡加工的工业化

发展以肉鸡原料为基础的食品加工业，带动肉鸡产业向工业化方向发展，大力开发高附加值的熟食加工业。充分利用国内人力成本低廉的优势，发展劳动密集型的工业加工和精细加工。

（五）肉鸡产业分布的区域化

以玉米、大豆粮食主产区优质低廉的原料优势为基础，建立和发展肉鸡生产企业，并以高速公路和铁路干线为纽带，形成向大城市等人口集中区供应产品的肉鸡生产化格局。

（六）肉鸡企业集团化

龙头带动肉鸡企业发展的趋势，越来越倾向于大型化、集团化企业的建立。在美国，42 家肉鸡企业生产了全球 17.1％的鸡肉产品，前 10 强肉鸡企业产量占美国总产量的 72.3％，仅排名第一的泰森公司就占美国总产量的 22.58％，是值得我们借鉴的。

（七）积极迎接挑战

我国肉鸡行业面临着国际竞争的挑战，同时也迎来了发展的机遇。在市场的指导下，我们将进一步探索我国肉鸡行业的最佳发展模式，以发展民族品牌和国内外市场需要的产品为己任，搞好应用基础研究、新产品开发和技术改造工作，推出具有强大竞争力的拳头产品，并和国际先进的生产水平保持同步。与世界发达国家相比，我国在肉鸡饲养、加工的产业化、规模化方面还有很大的差距，这个差距也为我们提供了可借鉴的发展方向。今后几年，肉鸡业仍将保持稳定的增长速度。但我国还应做好如下几方面的工作：

（1）建立和健全各项法规标准和肉鸡食品的安全保障体系。

为了应对今后可能出现的危机，政府机构、行业组织以及企业应该加快各项技术标准及本行业法规的建立。同时要尽快地建立包括肉鸡在内的食品安全保障体系。

(2)继续支持和扩大出口，充分利用外来资金和技术以及国内原料丰富、人力成本低的优势，进行资源整合，推动产业发展。

(3)加大肉鸡消费的宣传力度，重点开拓国内市场。通过宣传增进国内消费者对肉鸡食品的了解，理解鸡肉生产的安全性和健康性，消除对鸡肉的误解，增强消费信心，扩大鸡肉目标客户群。

(4)建立技术性贸易防范体系，促进出口，规范进口。针对国内外贸易技术性措施的标准，建立官、产、学相结合的贸易技术性措施体系，促进鸡肉出口，规范鸡肉进口，为中国肉鸡业发展创造空间。规范国内税费的收费规则，加大对出口产品的税收减免力度。

(5)重点扶持龙头企业，推动产业化发展。对龙头企业进行资源和政策倾斜，推动区域性产业的形成和肉鸡企业集团的形成。紧随市场需求，大力发展深加工产品。对企业集团进行资源整合，利用重组、并购等方式，在优势互补的前提下打造大型肉鸡集团。

(6)大力发展肉鸡深加工。以肉鸡企业集团化为基础，综合运用资源，以利润为核心，大力发展肉鸡深加工、研发和生产高附加值的产品。

(7)发挥行业协会的作用，促进肉鸡行业协调发展。以行业协会为基础，促进行业有序发展，控制祖代鸡的盲目增减，加强企业自律意识，针对目前存在的问题进行统一宣传，发挥规范和协调作用。建立专门的风险防范基金，应对国外封关及国内疫情对肉鸡行业造成的危害。

第二章　肉鸡的品种

鸡的肉用品种是随着社会经济发展和生活水平的提高而变化的最明显者。16 世纪和 19 世纪以来，由于资本主义国家工业的蓬勃发展，畜牧科学技术日益提高，同时又受到鸡的育种组织标准化工作的推动，英国、美国等国家先后育成了鸡的标准品种。在国外育成的标准品种中，我国鸡种曾起过重要作用。我国鸡种资源丰富，特别是优质肉鸡资源约占现有鸡种的 70%，这些鸡具有自己的形体结构和生理特点。

第一节　肉鸡的形体结构和生理特点

肉鸡的形体结构和生理特点是和它的生产性能相关联的，并且随品种、性别、年龄不同而异，在科学研究和生产实践中，常常根据体形外貌对品种和类型进行鉴别。

一、肉鸡的形体构造

肉鸡的身体可分为头、颈、体躯、羽毛等部分(图 2-1)。

(一)头部

鸡头部的形态及装饰，常体现品种的特性、性别、体质的强弱和生产力的高低。喙是皮肤的衍生物，鸡喙较粗短，呈圆锥形。冠、肉髯和耳垂由真皮形成。冠多为红色，体质健壮的鸡冠鲜红、厚润而柔滑。鸡冠的种类多，按形态分有单冠、豆冠、玫瑰冠和草莓冠等数种。肉髯从下颚长出，左右各一，大小相称，丰满红润。耳垂常见有红、白两种颜色，呈椭圆形，位于左右耳孔下部。脸位

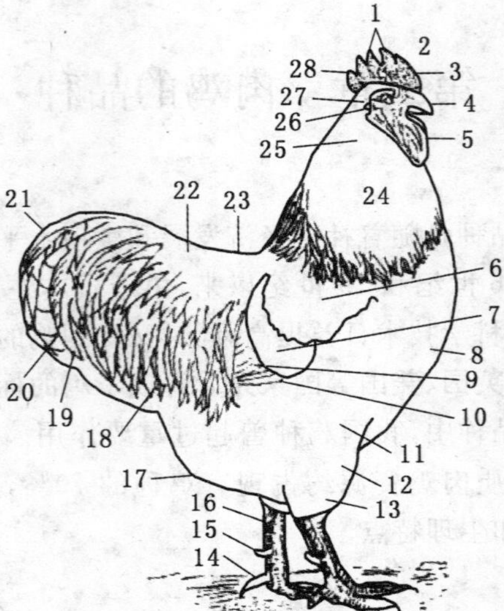

图 2-1 鸡体各部位名称

1.冠尖 2.冠基 3.冠 4.喙 5.肉垂 6.肩 7.翼羽 8.胸 9.副翼羽 10.主翼羽 11.腹 12.腿 13.跗关节 14.趾 15.胫 16.距 17.尾骶 18.蓑羽 19.小镰羽 20.主尾羽 21.大镰羽 22.鞍羽 23.背 24.梳羽 25.耳叶 26.耳 27.眼 28.冠叶

于喙、眼与耳之间，密生纤毛。肉鸡的脸不像蛋鸡那样清秀。

肉鸡常见的冠形有 4 种：

单冠：由一具有锯齿形的单片肉质结构构成，分为冠基、冠齿和冠体三部分，冠齿的数目因品种不同而有区别。

豆冠：由三叶小的单冠组成，故又称三叶冠，中间的一叶较高，有明显的缺齿。

玫瑰冠：冠表面有许多小而圆的突起，前宽后窄，形成冠尾，冠尾无突起。

草莓冠:冠体自喙基到头顶中部,冠体较小,无冠尾,表面突起似草莓状。

(二)颈部

鸡颈有 13 节或 14 节颈椎构成,长而灵活,能自由活动,发育正常的鸡,颈与躯干长度之间成适当比例。一般肉用型鸡颈较粗而短。

(三)体躯部

鸡的体躯有一定的长度、宽度和深度。鸡的体长、体宽和体深合称体型。不同品种、性别和年龄的鸡,体型大小比例各不相同。鸡的体躯可分为胸部、背部、腹部、臀部和腿部 5 部分,鸡的胸部深广发达,向前突出,胸骨长而直,胸围大,肉鸡对胸肌要求最为严格。理想的背部应长、直、宽。腹部应饱满广大。胸骨后缘与耻骨间的距离宜大。

(四)腿部

鸡腿的长短应与体型成适当比例。肉用鸡的腿比蛋用鸡长,公鸡的腿比母鸡的长。鸡腿直立,两腿间的距离宽。

(五)羽毛

鸡的羽毛在不同部位有不同的形状和名称。羽毛形状也常受到性别的影响。

二、肉鸡的生理特点

肉鸡的生理特点适应了肉鸡的生产性能。肉鸡的消化道系统是最重要的与生产性能相关的系统,它主要包括喙、口腔、咽、食管、嗉囊、腺胃、肌胃、小肠、大肠、泄殖腔和肛门等器官。

(一)口腔中没有牙齿,无咀嚼能力

鸡嘴没有软的唇部,只有呈锥形的角质喙,用于啄食细碎饲料并能撕碎较大的食物和幼嫩的青饲料;口腔中无牙齿、软腭和颊,因此无咀嚼能力,饮水须仰头才能流入食管,食物在口腔内停留时

间短；舌黏膜上的味蕾数量少，味觉能力差，寻找食物主要靠视觉和嗅觉；口腔中唾液腺不发达，能分泌含少量淀粉酶的酸性黏液，消化作用较小，只能起润滑饲料便于吞咽的作用。

（二）食管上连有发达的嗉囊

肉鸡的食管宽大且富有弹性，在与胸腔连接处形成膨大的嗉囊，末端与腺胃相通。嗉囊黏膜分泌的黏液中没有消化酶，因此嗉囊的功能只是贮存、湿润和软化饲料，并根据胃的需要有节奏地把食物送进胃内。饲料在嗉囊内停留 3～4 h。

（三）腺胃和肌胃的功能不同

鸡胃分腺胃和肌胃两部分，且功能不同。腺胃容积小但壁厚，黏膜层的腺体能分泌含有蛋白酶和盐酸的胃液，对饲料主要起浸润软化作用。由于饲料在腺胃内停留的时间短，因此在腺胃的饲料基本上不消化就进入肌胃。肌胃是禽类特有的消化器官，由坚厚的平滑肌束与腱膜相连组成，收缩力很强，其内壁表面有一层坚韧的黄色角质膜，并且有粗糙的摩擦面，加上肌胃收缩力的压力及肌胃内存留的沙砾作用，能磨碎饲料，起着动物口腔的咀嚼作用。此时来自腺胃的蛋白酶对食物中的蛋白质进行分解。肌胃中存留的沙砾是磨碎食物的重要介质，可以提高饲料的消化率。因此，养鸡必须提供足够的沙砾。

（四）肠道分为小肠和大肠

小肠长约 180 cm，由十二指肠、空肠和回肠组成，胰腺和胆囊的输出管都开口于十二指肠，胰腺分泌出的多种消化酶和肝脏分泌的胆汁进入小肠后，能将食物中的蛋白质、淀粉、脂肪分解和消化。经消化后的营养物质被小肠黏膜吸收进入血液。因此小肠是消化吸收营养物质的主要部位。大肠由两条发达的盲肠和一条很短的直肠组成。盲肠主要将食糜中少量的粗纤维进行微生物发酵分解。但小肠内容物只有少量通过盲肠，微生物分解的能力也很有限。直肠能吸收水分和无机盐等，其末端与泄殖腔相通。

（五）泄殖腔

泄殖腔是直肠末端的连续部分，是直肠、输尿管、输卵管（或输精管）共同开口的空腔。因此在鸡粪便表面常有一层白色的尿酸盐。

综上所述，肉鸡的消化道短、食物通过较快、消化吸收不够充分，容易饥饿。因此在饲养肉用仔鸡的过程中，饲料要少喂勤添，最好采用常备料方式，供鸡随时取食。另外，肉用仔鸡对粗饲料的消化利用率低，因此，饲养肉用仔鸡必须以精饲料为主。

第二节　近代肉鸡种配套系的建立

目前世界上有许多配套系鸡种，其建立的方法和原理是基本相同的。

一、肉鸡配套系建立的原理

20 世纪 60 年代以前，世界各国用于肉鸡生产的品种主要是一些原始老品种，如考尼什、芦花洛克、白洛克等，这些品种鸡直接用于商品生产，各项生产性能指标均不太理想。20 世纪 60 年代以后，许多发达国家运用现代育种原理，在原来品种的基础上又培育出生产性能高、抗逆性强的专门化配套体系，这些配套体系与原始品种不同，它是利用基因加性效应。采用正反反复选择、闭锁、合成等方法，培育出基因比较纯合的若干专门化品系，然后进行系间配合力测定，选出最佳杂交组合作为生产杂交商品鸡的配套系。

目前有些著名的肉鸡一般都是培育两个品种，即专门化父系品种和专门化母系品种。这是因为生长速度和成年体重与产蛋量呈负相关，产量高的则生长速度慢、体型小；体格大、生长快的鸡反而产蛋量低。因此，所选育肉鸡配套系必须长得快，并具有一定的繁殖能力。肉鸡育种专家根据作物制种的原理，提出培育两个品种，即父系和母系。前者要求产肉性能好，且有一定的产蛋性能。生产肉仔鸡的父系一般都是从原肉用品种中培育，最常用的是白考尼什，也有的采用红考尼什。生产肉仔鸡的母系，一般从原兼用型品种培育，目前用的较多的是白洛克、浅花苏赛斯和洛岛红。母系具有一定的产蛋量和良好的孵化率，能够为仔鸡商品生产提供质量好、数量多的雏鸡。

二、商品肉鸡的制种方法

商品肉鸡的制种方法有四元杂交、三元杂交和二元杂交。我国引进的肉鸡配套系以四元杂交较为多见。比如加拿大雪佛公司培育的星布罗鸡、美国爱拔益加公司育成的爱拔益加鸡，它们都是采用四元杂交，其配套方式如下：

	白考尼什型		白洛克型	
纯系	A	B	C	D
(GGP)曾祖代	♂×♀	♂×♀	♂×♀	♂×♀
	↓	↓	↓	↓
	A	B	C	D
(GP)祖代	♂	× ♀	♂	× ♀
	↓		↓	
	AB		CD	
(PS)父母代	♂	×	♀	
		↓		
(CS)商品代		ABCD(肉仔鸡♂+♀)		

荷兰的海布罗、加拿大的星布罗和宝星、美国的艾维茵、原联邦德国的罗曼、英国的罗斯 1 号的杂交配套都是四系配套，而且父系的 A 系和 B 系属考尼什型，母系的 C 系和 D 系属白洛克型。

A,B,C,D 四系配套比例如下：

组代(GP)A∶B=1∶2;C∶D=2∶5

父母代(PS)AB∶CD=1∶5

肉鸡的配套比例对指导生产者引进种雏和种蛋等方面都有着重要意义，因为有计划地进行肉鸡生产，必须建立鸡的良种繁育体系。现将肉鸡繁育体系中各场之间的关系和任务用图 2-2 表示。

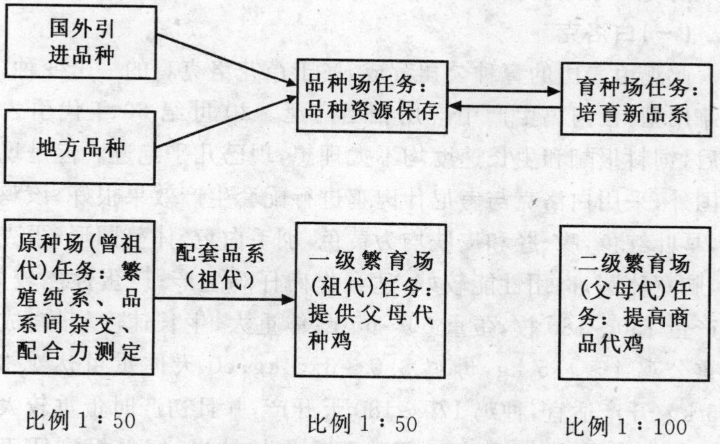

图 2-2　肉鸡繁育体系中各场之间的关系和任务

一般 1 只肉用曾祖代 D 系母系，可繁祖代 D 系母鸡 50 只，每只祖代 D 系母鸡可繁殖父母代 CD 系母鸡 50 只，每只父母代母鸡又可繁商品代肉鸡 100 只。就是说，在繁育体系健全的情况下，1 只曾祖代 D 系母鸡可生产 250 000 只商品代肉仔鸡。再如，某一父母代肉鸡场现有 10 000 只种母鸡，那么一年就可向商品鸡场提供 $10\ 000 \times 100 = 10^6$ 只商品代雏鸡。

第三节 速长型肉鸡品种及配套体系

肉鸡的配套系都是由原始品种或其他一些品种经杂交选育而成的。

一、肉鸡的原始品种

肉鸡的原始品种主要有白洛克、浅花苏赛斯、考尼什。

(一)白洛克

此鸡由美国的育种公司育成,属于芦花洛克鸡的一个变种,肉蛋兼用型,在肉鸡生产中应用相当广泛。20 世纪 60 年代引入我国后,饲料报酬和生长速度均不太理想,现已几乎绝迹。但是现在在国外,采用白洛克与考尼什肉鸡进行配套生产效果很好,该鸡单冠,耳叶红色,喙、胫和皮肤均为黄色,羽毛白色,体呈圆形,蛋壳棕色,胸宽体圆,肉用性能较好,适合作肉仔鸡生产;产蛋性能较好,年产蛋 150~180 枚,蛋重 60~65 g;体重大,生长速度较快,成年体重公鸡 4~4.5 kg,母鸡 3.0~3.5 kg;60 天体重可达 1.3~1.5 kg;开产适宜,种鸡 170~180 天开产,并且初产时蛋重较大,1 只种母鸡可产雏鸡 80~85 只。羽毛生长较慢,饲料报酬低于肉仔鸡。

(二)浅花苏赛斯

此鸡原产于英国苏格兰苏赛斯,属苏赛斯品种,兼用型。此鸡体长、宽而深,胫短、尾不太高,单冠,耳叶红色,皮肤白色;产肉性能良好,易育肥;成年公鸡 4 kg,母鸡 3 kg 左右;年产蛋量 150 枚,蛋重 56 g 左右,蛋壳浅褐色。浅花苏赛斯在近代肉鸡育种中常用于母鸡选育的素材。

(三)考尼什

此鸡原产于英国的廉沃耳,最早育成的是深色考尼什,系主要由几个斗鸡品种杂交而成。后来美国1909年又育成了白色考尼什。本品种具有4个不同羽毛的品系，除暗、白两羽色外，还有白边红色和浅黄色。目前应用较多的是白考尼什，一般用做肉仔鸡的父本。该鸡豆冠、羽毛白色、喙、胫、皮肤均为黄色，短粗而弯曲，站立时体躯高昂，好斗性强；蛋壳为浅褐色；肉用性能好，体躯大，胸宽，腿部肌肉发达；成年公鸡体重4.5～5.0 kg，母鸡体重为3.5～4.5 kg，早期生长速度快，60日龄体重可达1.5～1.75 kg；产蛋量低，蛋重小，平均年产蛋120枚，蛋重54～57 g；受精率和孵化率较低，种蛋受精率和孵化率较其他肉鸡低3%～5%。

二、速长型肉用杂交鸡种

（一）AA$^+$、罗斯308系列

AA$^+$、罗斯308由美国安伟捷家禽育种公司培育而成。肉鸡全身羽毛白色，体型大，胸宽腿粗，肌肉发达，尾羽短，蛋壳颜色棕色。种鸡为四系配套，4个品系均为白洛克型，父本为豆冠，母本为单冠。该鸡特点是生长快，耗料少，适应性强。商品肉鸡胴体美观，胸脯和腿肉发达，是市场上分割加工、烤炸或整吃的重要鸡肉来源，畅销全世界。目前，世界上有20多个国家设有独资或合资的种鸡公司。

我国从1981年起，就有广东、上海、江苏、北京和山东等省、市先后引进了AA祖代种鸡，父母代与商品代的饲养已遍布全国，深受生产者和消费者欢迎，成为我国白羽肉鸡市场的重要品种。

祖代父本分为常规型和多肉型（胸肉率高），均为快羽，生产的父母代雏鸡翻肛鉴别雌雄。祖代母本分为常规型和羽毛鉴别型，常规型父系为快羽，母系为慢羽，生产的父母代雏鸡可用快慢羽鉴别雌雄；羽毛鉴别型父系为慢羽，母系为快羽，生产的父母代雏鸡需翻肛鉴别雌雄，其母本与父本快羽公鸡配套杂交后，商品代雏鸡可以快慢羽鉴别雌雄。

1. AA^+肉鸡生产性能　AA^+不仅保留了AA常规系和AA常规羽毛鉴别系在父母代所具有的优良品质，而且AA^+在商品代所获得的最新遗传进展，AA^+祖代肉种鸡具有卓越的生产性能和良好的抗病力。该品系育雏育成期，成活率高，公鸡选种余地大，有利地保证了种鸡遗传优势的发挥。整个饲养期母鸡成活率高，产蛋期地面蛋少，蛋重较大，种蛋生产数量最多，产蛋数较同类竞争品种多2～5枚，产商品代成本最低。

AA^+父母代种鸡能够生产可羽速鉴别的商品代肉鸡，即商品代母鸡为快羽，商品代公鸡为慢羽。这一优势可使孵化厅在雏鸡出壳时根据羽速的不同对公母鸡进行鉴别。该品系具有：育雏育成期成活率高，母鸡24周末平均为96.5%；公鸡选种余地大等优点，有利地保证了种鸡遗传优势的发挥。产蛋期：饲养周期长，可达68周；母鸡死淘率少，平均为10%；蛋重大；入舍母鸡总产蛋数量多，高峰产蛋率平均为87%～90%；产蛋高峰（80%以上）维持12周以上；受精蛋高峰孵化率在95%左右。

2. 罗斯308肉鸡生产性能　罗斯308的突出特点是体质健壮，成活率高，增重速度快，出肉率高和饲料转化率高；其父母代种鸡产合格种蛋多，受精率与孵化率高，能产出最大数量的健雏。该鸡种为四系配套，商品代雏鸡可以羽速自别雌雄。

(1)罗斯308肉种鸡生产性能。

- 育成期成活率95%，产蛋期成活率95%。
- 高峰产蛋率开达86%，产蛋80%以上可持续9周，入舍母鸡累计产蛋186枚。
- 全期平均孵化率85%，累计产雏149只。

(2)罗斯308商品肉鸡生产性能。

- 7周末平均体重可达3.05 kg，可以提早出栏，大大降低了肉鸡饲养后期的风险。
- 42日龄料肉比1.7，49日龄料肉比1.82，出肉率高。

(二)科宝、艾维茵系列

艾维茵由美国育成,1986年由美国肉鸡育种鼻祖享利·赛格里奥先生经营的艾维茵国际禽场有限公司提供给北京家禽育种有限公司原种鸡。1988年,逐渐向国内外推广祖代鸡和父母代鸡。2005年北京家禽育种有限公司又引进科宝与艾维茵进行杂交生产科宝、艾维茵系列肉鸡品种。

1.艾维茵肉鸡生产性能

(1)祖代生产性能:入舍母鸡平均产蛋率母系60%、父系52%,累计产蛋数母系163枚、父系138枚,产蛋合格率平均为91%;平均孵化率母系为82%、父系为77%,生产雏鸡母系122只、父系94只,生产可售父母代雏鸡母系58只、父系45只;41周龄产蛋期母鸡成活率母系90%、父系85%。

(2)父母代生产性能:入舍母鸡平均产蛋率母系60%、父系52%,累计产蛋数母系163枚、父系138枚,产蛋合格率平均为91%;平均孵化率母系为82%、父系为77%,生产雏鸡母系122只、父系94只,生产可售父母代雏鸡母系58只、父系45只;41周产蛋期母鸡成活率母系90%、父系85%。

(3)商品代肉鸡生产性能:商品代公母混养49日龄体重2 615 g,耗料4.63 kg,饲料转化率1.89,成活率97%以上。

2.科宝肉鸡生产性能　科宝500配套系是一个已有多年历史的较为成熟的配套系。体型大,胸深背阔,全身白羽,鸡头大小适中,单冠直立,冠髯鲜红,虹彩橙黄,脚高而粗。

(1)父母代生产性能:父母24周龄开产,体重2 700 g,30～32周龄达到产蛋高峰,产蛋率86%～87%,66周龄产蛋量175枚,全期受精率87%,平均孵化率为75.7%,每只种母鸡可产商品代雏117.88只。

(2)商品代肉鸡生产性能:商品代生长快,均匀度好,肌肉丰满,肉质鲜美。据目前测定,40～45日龄上市,体重达2 000 g以上，全期成活率95.2%；屠宰率高，45日龄公母鸡平均半净膛屠宰率85.05%，全净膛率为79.38%，胸腿肌率31.57%。

(三)哈伯德

早在1981年，我国就引进过原美国哈伯德公司所培育的常规型肉鸡。1997年底美国哈伯德公司、加拿大雪佛公司与法国伊莎公司合并组成哈伯德——伊莎家禽育种集团。原哈伯德肉鸡常规型也由该集团育成了宽胸（高出肉率型）新品系。该配套系的特点是白羽毛、白蛋壳，商品鸡可羽速自别雌雄，有利于分群饲养。种鸡的产蛋性能高，孵化率高，易于管理，生产成本低；商品仔鸡的生长速度快，出肉率高，尤其适宜深加工和生产高附加值产品，由于其体型不过分大，也适合整鸡市场的需要。

哈伯德肉鸡的生产性能如表2-1和表2-2所示。

表2-1 哈伯德宽胸型父母代种鸡的繁殖性能

周龄	产蛋率（%）	平均产蛋数（枚/只）	其中种蛋数（枚）	可得雏鸡数（只）	孵化率（%）
25	8.0	0.5	0.2	0	0
30	82.0	21.9	19.1	15.5	85.0
40	77.0	76.4	71.9	62.8	90.0
50	67.0	123.5	118.0	103.4	86.0
60	57.0	163.0	156.3	135.6	82.0
65	52.0	179.8	172.6	148.6	79.0

表2-2 哈伯德肉仔鸡的产肉性能

日龄	活重(kg)		料肉比		净膛后出肉率(%)		去骨胸肉(%)	
	常规型	宽胸型	常规型	宽胸型	常规型	宽胸型	常规型	宽胸型
28	1.28	1.25	1.53∶1	1.54∶1				
35	1.80	1.75	1.68∶1	1.68∶1	66.8	67.3		
42	2.30	2.24	1.82∶1	1.82∶1	67.9	68.5	16.0	17.2
49	2.77	2.71	1.96∶1	1.96∶1	68.8	69.4	16.5	17.7

（四）海波罗（Hybro）

海波罗-PN（Hybro-PN）是荷兰海波罗公司推出的一个新配套系鸡种。海波罗-PN配套系鸡种为四系配套，全为白色羽毛。其母本带有宽胸型的血缘。

海波罗肉鸡很早就是一个优秀的肉鸡品种，早在1975年我国就引进过祖代种鸡。该鸡种的主要特点是持续高产，饲料消耗低，生产成本低。肉仔鸡的生长快，均匀度好，腹脂率低，抗病力强，能在各种不同的饲养管理条件下健康成长。海波罗-PN是在这样的基础上进一步选育提高而形成的，其主要特点是生长速度快，胸肉率高，料肉比低，经济效益好。

其父母代种鸡生产性能：育成期1～20周龄，死淘率6%，20周龄体重1.94 kg。入舍母鸡总耗料量9.6 kg，产蛋期20～64周，入舍母鸡产蛋数171枚，其中可孵蛋数160枚，入孵蛋平均孵化率84.2%。每只入舍母鸡产雏数135个。产蛋期总耗料量52 kg，每枚蛋所需饲料290 g。每月死亡率0.8%，产蛋结束时体重3.52 kg。

（五）安卡红 Anak（Anak-40）

安卡红（Anak-40）为速生型黄羽肉鸡，四系配套，是以色列联合家禽育种公司（P. B. U）培育的有色羽（红黄色）杂交肉鸡，其生长速度接近白羽肉鸡，特别是抗热应激、抗病能力较强。1994年10月上海市华青曾祖代肉鸡场引进。

安卡红黄羽，单冠，体貌黄中偏红，黄腿，黄皮肤。部分鸡颈部和背部有麻羽。49日龄平均活重1 930 g，料肉比2∶1。与国内的地方鸡种杂交有很好的配合力。国内目前多数的速生型黄羽肉鸡都含有安卡红血液。国内部分地区使用安卡红公鸡与商品蛋鸡或地方鸡种杂交，生产黄杂鸡。安卡红可在全国各地区饲养，适宜集约化养鸡场、规模鸡场、专业户和农户饲养。

(六)红布罗(Redbro)

红布罗又名红宝,是加拿大谢弗种鸡有限公司培育的红羽四系配套杂交鸡肉用鸡种。该鸡适应性好、抗病力强,生长较快,肉味亦好,与地方品种杂交效果良好。我国引进有祖代种鸡繁育推广。该肉鸡商品代为有色红羽,具有三黄特征,即黄喙、黄腿、黄皮肤,冠和肉髯鲜红,胸部肌肉发达,屠体皮肤光滑,肉味较好,深受消费者的欢迎。10 日龄体重 0.190 kg,饲料转化率为 1.22;20 日龄体重 0.480 kg,饲料转化率为 1.36;30 日龄体重 0.890 kg,饲料转化率为 1.57;40 日龄体重 1.290 kg,饲料转化率为 1.86;50 日龄体重 1.730 kg,饲料转化率为 1.94;60 日龄体重 2.290 kg,饲料转化率为 2.25。

第三章 肉鸡的繁殖

第一节 肉鸡的生殖生理

一、母鸡的生殖器官及功能

母鸡的生殖器官位于体躯左侧，包括一个卵巢和一个输卵管。右侧的卵巢和输卵管一般均退化，只保留原痕迹，很少有两侧完全正常的卵巢和输卵管。

(一)卵巢

卵巢位于腹腔内腰区中线稍左和肾脏的前端，并借卵巢系膜韧带悬于背臂。卵巢中的卵泡约有万余个，但只有部分能发育成熟。较小的卵泡呈苍白色，随着成熟越来越黄。卵泡发育到成熟排卵时，一般需要 7～10 天。正在产卵的母鸡，卵巢一般有 1～5 个成熟的卵泡。卵巢的形状呈一串葡萄状。卵巢产生雌激素、雄激素和孕酮，这些物质从表层间质细胞和髓质中产生，可促进卵泡生长、成熟和排卵，调节输卵管的机能。

(二)输卵管

正在产卵母鸡的输卵管为长而盘旋的导管，占据腹腔左侧大部分，它的前端接近卵巢，后端开口于泄殖腔，输卵管从形态上可分为五部分：漏斗部、膨大部、峡部、子宫部和阴道部。每个部分在卵的形成中都有特殊的作用。

1. 漏斗部　位于卵巢的正后方，并在排卵后吞入或摄取卵黄，持续 5～10 min，使卵黄到蛋白分泌部。

2. 膨大部　它的基本功能是由大量腺体组织分泌蛋白，在3～5 h内能组成鸡蛋的全部卵蛋白。在不产蛋时期，蛋白分泌部的活动和功能完全停止。

3. 峡部　分泌形成卵壳膜所必需的物质，同时补充蛋白的水分，当蛋经过峡部时，复上由角蛋白纤维形成的内外蛋壳膜。

4. 子宫部　子宫本身不长，仅8～12 cm，为强健的肌肉组织，蛋在这里最后形成。子宫的黏膜具有锯齿边的皱襞，使子宫内表层呈绒毛状。蛋在子宫前6～8 h内，蛋的蛋白重量成倍增加，这是由于子宫分泌无机盐水溶液，特别是钾盐和碳酸盐水溶液造成的。因此蛋白获得特有的层次和结构。

5. 阴道部　阴道是不长的肌肉器官，肌纤维的长度为8～12 cm，肌肉组织发达，具有厚而圆的层次。阴道开口于泄殖腔偏左侧的通道口。

二、公鸡的生殖器官及功能

公鸡的生殖器官由带附睾的一对睾丸、两条输精管和输精管末端可勃起的射精管所组成的。

(一)睾丸

睾丸对称地位于脊柱的两侧，靠近肾的前端，形状椭圆形，颜色为乳黄色或深黄色。成年公鸡睾丸的重量为体重的1%～2%。睾丸由大量的小曲管组成，小管间的空隙被血管、淋巴管及间质细胞所充满。睾丸的主要功能是产生精子、分泌雄性类固醇激素——睾丸酮。

(二)附睾

附睾被睾丸总囊所包围，呈长椭圆形，位于睾丸的背侧面，色深黄。鸡的附睾发育较差，只有在睾丸活动期才明显扩大。

(三)输精管

输精管位于脊柱的两侧，从附睾到泄殖腔的细曲管。管的上部腹面上有输出的横静脉，而下部与输尿管平行。在性活动期，输精管及精囊(输精管扩张部)被精子所充满。输精管由前至后逐渐变粗，形成一个膨大部，末端为圆锥形，突出泄殖腔内，为射精管的乳头。附睾及射精管为精子成熟的地方，也是贮藏精液的地方。当交配或采精时，精液借助管壁收缩而排出。

公鸡没有真正的交配器官，只不过在泄殖腔的腹侧有短而可勃起的乳状突，精液从中射出。

第二节　肉鸡的繁殖技术

肉鸡的繁殖技术主要有自然交配繁殖和人工授精技术。

一、自然交配繁殖

鸡生长快，繁殖力强，一只母鸡一年可繁殖上百只后代。鸡没有严格的配种季节，只要条件适宜，任何时间都可排卵、产蛋和交配。因此，鸡的繁殖潜力很大。

(一)公母比例

在一个鸡群中，常常是1只公鸡与数只母鸡相配，是一雄多雌配种。因此常常看到一些具有进攻性的公鸡，无论采食、活动或交配等都占优势，但其受精能力不一定最好。配种群中，若公鸡过多，则公鸡争先与母鸡交配，易发生斗架，踩伤母鸡，干扰交配，降低受精率；若公鸡过少，母鸡得不到足够的交配次数，也影响受精率。所以公母比例多少对种蛋受精率影响很大。适宜的公母性比一般为1∶(8～10)。

(二)种鸡的利用年限

公母鸡的配种年龄对受精率有很大影响，若新育成的公鸡配老龄的母鸡，受精率不会超过70%。只有公母鸡处于同样的性活动状态，才能有较高水平的受精率。如果产蛋率很低，受精率也不会高。一般来说,50 周龄之前的受精率比较高,随着年龄的增长,受精率逐步下降。所以种鸡的利用年限最好为一年。

二、人工授精技术

随着肉鸡业的迅速发展,肉种鸡转向笼养。在笼养的条件下,人工授精技术是最有效、最先进的繁殖技术。

(一)人工授精的优越性

1. 可以扩大公母鸡比例　自然交配时公母性比例为 1∶(8～10),采用人工授精可以扩大到 1∶30,提高了良种公鸡的利用率。

2. 提高种蛋受精率　自然交配的受精率前期比较高,受精率在 90%以上;但后期受精率较低,受精率在 70%～80%。而采用人工授精技术,无论在配种的前期还是后期,受精率均保持在 90%以上,最高可达 96%。

3. 解决配种困难　大型父系公鸡与矮小母系母鸡交配比较困难,直接影响到种蛋的受精率。而采用人工授精技术,就可解决这种配种困难的问题。

4. 降低饲养成本　采用人工授精可以大量减少公鸡的饲养量,节省饲料和设备费用,降低饲料成本。

5. 克服公母鸡的选相交配　在公母交配活动中,无论公鸡对母鸡的偏爱还是母鸡对公鸡的偏爱,都影响受精率,特别是小群配种受精率极低,只有人工授精才能克服这种选相交配的矛盾,提高受精率。

6. 可以充分利用优秀种公鸡　特别是对腿受伤或其他外伤的优秀公鸡无法进行自然交配时,人工授精便可继续发挥该公鸡的作用。

7. 经济、方便、卫生　使用笼养肉种鸡人工授精,不用单间配种,可以通过鉴定公鸡的精液品质提高繁殖力,人工授精记录方便、准确,并可节省垫料。由于母鸡不接触地面,种蛋清洁卫生,相应地提高了孵化率。

8. 减少疾病　主要可以减少公鸡的交配器官传播的疾病。在公鸡交配器有病时，公鸡精液容易污染，如果自然交配，会导致母鸡阴道疾病。

9. 扩大基因库　若能使用冷冻保存精液，则不受公鸡年龄、时间、地区以及国界的限制，即使某些公鸡死后，也可利用它的精液繁殖后代。

10. 便于推广　人工授精技术操作简单、易行，不需要比较精密及复杂的设备。一般具有初中以上文化水平，经10～15天学习和实际操作训练，就能掌握人工授精技术。

（二）人工授精常用的器具

1. 集精杯　集精杯有锥形和U形刻度两种，作用是收集精液。

2. 吸管　吸管有带刻度和不带刻度两种，并带胶皮头。吸管的作用是吸精和输精用。

3. 保温杯　通常用保温杯带有橡皮塞，在橡皮塞上面钻3或4个试管孔。使用时，保温杯内放入30～35℃的温水，将试管插入，目的在于为精液保温。

4. 温度计　用于测量保温杯内的水温。

5. 药棉　做卫生消毒用。

6. 试管刷　用于洗刷试管。

7. 显微镜　检查精液品质。

8. pH试纸　检查精液酸碱度。

9. 其他　电炉、毛巾、脸盆、试管架。

10. 烘干箱　做集精杯、输精管的烘干消毒用。

（三）公鸡的选择与调教

1. 公鸡的选择　要选择双亲健壮高产和体况良好的公鸡，并且公鸡体型结构匀称。公鸡的第一次选择在6周龄时进行，将冠大而鲜红、饱满且直立、健康无病、发育良好的公鸡，按公母性比例1：(15～20)确定留种数量。

公鸡的第二次选择在24～25周龄时进行。此时主要根据初步按摩，选择性反射良好，乳状突充分外翻、大而鲜红，并有一定的精液量的公鸡。凡经几次训练按摩精液量少、稀薄如水或无精液、无反射条件的公鸡应淘汰。在选留时，最好先单笼饲养7～10天，并进行精液品质的显微镜检查。精液量多、精液品质好的公鸡选作种用。

2.调教训练　在进行按摩训练及在整个配种期间要人员、时间、地点三固定。大部分公鸡经过几次有规律的按摩后，均可达到理想的效果。特别是肉用种公鸡经过训练后，表现性情比较温顺，在按摩采精训练开始之前，先将公鸡泄殖腔周围的羽毛剪掉，以不妨碍采精为限。

(1)公鸡保定。保定人员左手拉开公鸡笼门，伸右手面对面抓公鸡左翅膀，拉左翅膀向下微捋连同翅膀前段和左大腿一起抓住，同时将公鸡抓出笼外，再伸左手抓公鸡右翅膀根并向下微捋连同翅膀前段和右大腿一起抓住，然后迅速抬起公鸡，牢牢夹在右腋下，使公鸡头部向保定人员背面，要保持公鸡昂首挺胸，背部平坦，尾羽上翘，保定人员的双手微微叉开使公鸡双腿自然开立，要接近自然交配踩在母鸡背上的姿势。整个保定过程要求一气呵成，不拖拉犹豫，使公鸡毫无反抗挣扎的余地而束手就范，以最快的速度进入状态。

(2)公鸡保定常见的错误。鸡背放不平，鸡头太低而撅屁股，两腿放得太近或一腿高一腿低，保定人员抓好了鸡等采精人员，只抓腿不抓翅膀造成公鸡挣扎，抓鸡粗暴或环境不安静都可造成应激大，使公鸡排粪造成精液污染

(3)采精时的按摩。采精人员用左手(也有人用右手，视个人习惯)自鸡的背部向至尾根按摩数次，右手中指和无名指夹着集精

杯，拇指与其他四指分开放于耻骨下方做腹部的按摩准备。在按摩背部的同时，观察泄殖腔有无外翻或呈交尾动作。如果有性反应表现，用按摩背部的左手掌心迅速压住尾羽，并将拇指和食指分开放于泄殖腔上方，做好挤压准备，进而在腹部的右手同左手高频率地抖动按摩，使泄殖腔充分外翻，即可见到勃起的乳状突。做好挤压准备的拇指和食指挤压时用力要适当。当排出精液时，夹着集精杯的右手迅速反转为手背朝上，集精杯放于泄殖腔下面，协同左手将精液收集入杯。此时右手也可以将食指、中指和无名指向手心握紧，中指和无名指夹住集精杯，紧贴腹部，集精杯口偏向泄殖腔的左边或右边，以防在按摩时粪便和尿液进入集精杯。在左手按摩泄殖腔外翻排精时，右手夹集精杯，杯口朝向泄殖腔。此时只要右手臂稍向外扭转，集精杯口边稍用力向乳状突的下缘施加压力，就能辅助泄殖腔充分外翻。应注意，当通过背部按摩达到性反应、泄殖腔充分外翻时，必须迅速而准确地捏住挤压部位，否则得不到采精的良好效果。

只要按摩手法正确训练，对选定的公鸡每天采精一次或隔天一次，经5～7天的按摩训练均可达到使用要求。对个别的公鸡调教时间可能要长些。

初学者可以选择几只性欲旺盛和性反射好的公鸡做练习用，主要是熟练掌握采精的方法，搞清楚由性反射到排精的过程及技术关键，然后再着手训练大群公鸡。掌握不好采精的要领及排精的规律，就采不出精液或采精量少，并且还会使精液受到粪尿的严重污染。

（四）采精

1. 采精　采精的方法有多种，但一定要按照在训练调教时的手法进行。当从笼内抓出公鸡保定之后，要立即进行操作，否则，摆布按摩时间过长，公鸡往往出现麻木状态，反应迟缓，而采不出精液或采得精液较少。收集的精液及时用吸管导入试管内，试管插放在 30～35℃水温的保温杯内，当精液达到一定量时，立即送给输精人员。

2. 采精过程中常见到的问题及处理方法

(1)精液量少或没有。其原因是多方面的，如饲养管理不善、饲料搭配不匀和更换饲料。在此情况下，应改善饲养管理，减少应激因素，保证饲料质量，稳定饲料种类，并搭配均匀。在发生疾病时要及时治疗。另外，更换采精人员或改变采精手法、操作不熟练等也能引起精液量减少。有时当构成排精条件时，用力不当，捏得过紧或过松，都可能影响采精量。

(2)粪尿污染。在采精过程中，由于按摩和挤压，容易出现排粪尿现象。因此，在按摩时，集精杯口不可垂直对着泄殖腔，应向泄殖腔的左或者右偏离一点，防止粪便直接排到集精杯内。一旦出现排粪尿时，要将集精杯快速离开泄殖腔。如果精液被粪尿污染严重，应连同精液一起弃掉；如果精液污染较轻，可用吸管将粪尿吸出弃之；否则，给母鸡输入严重污染的精液，不仅影响受精率，而且可能引起输卵管发炎。

(3)精液中带血。精液中有血往往是由于挤压用力过大，手势不对，使乳状突黏膜血管破裂，血液和精液一起混合流出。遇此情况，应用吸管将血液吸出弃掉。对血液污染轻的精液，在输精时可适当加大输精量。

(4)性反射快。有的公鸡只要采精人员用手触其尾部或背部，甚至保定人员刚从笼内抓出，精液立即射出。这类公鸡一定要先标上记号，因公鸡排精时总是有一些排精先兆，应提前做好采精的准备工作，首先采此类公鸡。

(5)性反射差。性反射差的鸡排精往往较慢，是由于泄殖腔或腹部肌肉松弛，无弹性。此类公鸡按一般的按摩采精法无反应或反应极差。遇此情况，按摩动作要轻，用力要小，并注意适当调整抱鸡姿势。当发现有轻微性反应时，一旦泄殖腔外翻，立即挤压，便可采出精液。

3.采精注意事项

(1)精液要由专人采集,而且人员应相对固定。因不同的采精员其采精手势、用力程度不同,对种公鸡的刺激和引起性反射的兴奋程度也不一样,经常变动受精员不利于采精量的保持。

(2)采精时周围环境应安静,以防止公鸡骚动不安,同时抓取公鸡时动作要轻要快。采精时应防止鸡粪、羽毛屑、灰尘等掉入集精杯内,最好每采一只公鸡便将精液移至试管中,逐只检查公鸡精液质量,严格剔除受污染的精液,吸除精液中的气泡等。

(3)采集的精液应立即置于 38℃左右的水浴中保存,以延长精液使用时间,保证精子活性。最好逐只检查精液的质量,确保精液无尿液、粪便等的污染。

(4)注意适当的采精频率,以采精一天休息一天为最好。如配种任务重,可一周连续采精 3～5 天,休息 2 天,但要注意公鸡营养状况和体重变化,可适当补充蛋黄。

(5)采精按摩时间不宜过久,捏挤不应用力过大,否则引起公鸡排粪、尿,透明液增多,或损伤黏膜出血,从而影响精液品质。

整个过程要求熟练程度要高,速度快且动作标准才能保证采精工作顺利进行,保证采精量,而且有利于缩短采集精液的时间,有利于提高受精率。

(五)精液的稀释与低温保存

精液稀释不仅增加精液容量,提高公鸡的利用率,扩大优秀种公鸡的遗传影响,加快育种进程和为繁殖新品系开辟道路,而且稀释后的精液,还可以在低温下短期保存和运输,为育种场的种鸡交换精液、提高人工授精效率和降低生产成本创造有利条件。

1.稀释液配制　稀释液配方:100 mL 蒸馏水中加果糖 0.5 g、氯化镁 0.034 g、醋酸钠 0.43 g、柠檬酸钾 0.064 g、谷氨酸钠 0.867 g、磷酸二氢钾 0.065 g、磷酸氢钾 1.27 g 配制稀释液时,必须按照配方及试剂的重量倒入灭菌的烧瓶中摇动，然后在烧瓶中倒入所需数量的蒸馏水，使稀释的成分溶于蒸馏水中，稀释液 pH 值为 7.5。按 1∶1 或 1∶2 稀释，然后混匀。

2. 保存　稀释精液逐步（一般不少于 15 min）降至 2～5℃，保存 9～24 h。如需要运输，可将稀释后的精液放入保温瓶内，同时放上冰块。使用时，将稀释精液取出直接输精。输精量以每次每只母鸡 0.03～0.05 mL 为宜。

（六）输精

1. 输精操作　输精时先将母鸡的输卵管口（阴道口）翻出，将精液输入。基本操作是：翻肛人员用左手（或右手）打开笼门，抓住鸡的双腿，从笼中抱到笼门口，手稍提起，右手拇指与其他四指分开按压尾根腹部。当腹内压增大时，输卵管口便可翻出。输卵管口在泄殖腔左侧上方，右侧为直肠开口。在捏橡皮球的同时，翻肛人员迅速解除对母鸡腹部的压力，使精液借助于腹内压降低的作用吸入输卵管内。另外，注意不要将空气或气泡输入输卵管，否则会使精液外溢，影响受精率。

2. 输精深度　不同的输精深度对受精率有很大影响。因为精子到达受精部位的数量和时间与输精部位有很大关系。试验证明，输精深度在生产中宜采用浅部输精，以 1～2 cm 深为宜，受精率平均可达 95%以上。

3. 输精数量　一般情况下，每次输精量以 0.025～0.03 mL 和有效精子数为 1 亿个最好。有试验证明，以每次 0.025 mL 和 0.05 mL 分别给 16 只罗曼肉鸡输精，输精深度为 2.5 cm，每 5 天输精一次，下午 3 时开始，测定结果是：0.025 mL 和 0.05 mL 输精量的种蛋受精率相同，受精率为 88.33%，两组没有差别。

确定输精量时必须注意：第一，精液品质的优劣。精子活力好，密度大，输精量可少些，也可以稀释后再输精；精液稀薄，活力差的可增加输精量，每次输精量每只鸡以 0.03～0.04 mL 为宜。

第二，随着种鸡周龄的增加(指公鸡)，精液品质逐渐下降，输精量要增加到0.03mL以上。因为种鸡周龄增加，体重和腹脂也增加，精液量减少，精液稀薄。第三，在输精过程中，一般将全部精液放在试管或集精杯内，随着输精时间的延长，输精量应相应增加。其主要原因是：精液存放的时间越长，受精能力越低。要保持较高的受精率，必须加大输精量。此外，粪尿如果沉淀在精液的下面，输精后也会影响受精率，因此在试管内底层的沉淀物质应弃掉不用。

4.输精次数　输精次数多少与受精率高低有关，试验证明，母鸡每7天输精一次，种蛋的受精率就不如每5天输精一次的受精率高。在不影响产蛋量的情况下，也可4天输精一次，都可获得较高的受精率，输精后第3天开始收集种蛋。

5.输精时间　要在大部分母鸡产完蛋，即在每天下午4～5时以后输精，最早不能早于下午3时。试验证明：下午3时前输精比下午5时以后输精种蛋受精率低4%。

6.输精时的注意事项

(1)翻肛人员的右手抓母鸡膝关节往上，尽量靠近腹部，有利于腹压的产生，抓膝关节以下，容易造成母鸡的挣扎，也不利于腹压的产生。保定位置不要过于往外，母鸡的尾羽垂直于笼门即可，有利于授精后母鸡的回笼，缩短授精时间，间接提高精子活力，从而提高受精率。

左手掌在力量的掌握上要游刃有余，用力过大，可导致阴道翻出过长或阴道口不正，甚至连肛门一起翻出，这样不仅不利于鸡只的健康，并且造成输精困难，影响受精效果。左手大拇指的主要任务是掌握阴道口翻出的方向，要用手指肚去捋，而不是用指甲去抠，切忌用力，否则同样会造成阴道翻出过长或阴道口不正，甚至连肛门一起翻出。左手食指与拇指呈平行状在泄殖腔口的上下边缘，且两指不要触摸阴道，否则容易造成交叉感染，两指如果离得太远则不容易控制阴道翻出的大小。当给母鸡腹部施加压力时，一定着力于腹部左侧，因为输卵管开口于泄殖腔左侧上方，右侧为直肠开口，如着力相反，便引起母鸡排粪。

(2)感觉到输卵管中有未产出的蛋，不授精，做适当的标记，当日重授或隔日授精。

(3)翻肛动作要连贯，规范到位，特别是初学者更须严格按手法细心练习，切忌心浮气躁，图快的手法。

(4)要求翻出的阴道与泄殖腔口呈同心圆，阴道口位于正中间，阴道壁稍稍高于泄殖腔口即可。

(5)翻肛人员与授精人员密切配合也是成功授精的关键，输精瞬间翻肛人员要停止施加腹压才能保证精液的顺利进入，当滴管插入阴道口，翻肛人员左手掌马上停止施加腹压来协助授精人员输入精液，授精人员也要眼明手快的在腹压消失的瞬间将精液全部输入，当滴管拔出后，翻肛人员用左手食指与拇指帮助泄殖腔口合并，以防止输入的精液外溢，紧接着松抓腿的右手，使母鸡自然返回笼内。松右手后不能及时回笼的母鸡，双手推母鸡身体的左右两侧送鸡回笼，用手推母鸡的后腹部或鸡的挣扎，都会造成精液的外溢，导致授精失败。

(6)受精员左手紧握刻度试管稍微倾斜向右，右手拿滴管从精液斜面最顶端吸取精液，滴管插入精液要越浅越好，人为的搅动精液会增加精子的畸形率。受精员应熟练掌握吸取精液的力度，保证每次吸取的精液量相等，既不浪费精液也保证输精量，要求输入的精液所含精子 0.5 亿～0.7 亿个，输精剂量为 0.025～0.03 mL 为宜。输精时的力度应保证和吸取精液时的力度相同。输精力度大于吸精力度会在阴道中吹出气泡而使精子死亡，输精力度小于吸精力度造成精液残留在滴管中而带出阴道。

在滴管插入阴道前，发现前端有空气柱应排空，否则后输入的精液会包裹先输入的空气柱而形成气泡使精子死亡。

(7)无论是 2 人一组还是 3 人一组的受精组合，受精员都应站在翻肛人员的右边完成输精，根据鸡左侧输卵管的生理特点，在左边输精不仅很难成功输入精液，而且容易划伤鸡的阴道，造成创伤，影响鸡的健康。

(8)为防止不必要的交叉感染，每输一只母鸡要用脱脂棉擦一下滴管，受到污染的滴管要用干净的替换。

(9)注意输精时间，一次采集的精液要在 30 min 之内输完，时间过长精液的渗透压和 pH 值都会发生改变，影响精子的活性。

完成当天输精任务之后，整理使用的器具并用清水冲刷干净，玻璃器具放在电饭锅中煮沸 20 min，取出后放入烤箱等待第二天上午烘烤。

(七)精液品质检查

精液的品质检查是评定公鸡精液优劣、能否使用配种的依据，这对提高种蛋受精率和孵化率有重要意义。检查的项目应包括精液颜色、精液量、精子的浓度、精子活力、pH 值以及形态等。

1. *精液颜色*　正常为乳白色、不透明液体，混入血液后为粉红色，被粪便污染为黄褐色，尿液混入呈粉白色絮状块。凡受污染的精液，品质急剧下降，受精率降低。

2. *精液量*　一般公鸡的精液量为 0.2～0.6 mL，有的多达 1～2 mL。射精量的多少，用带有刻度的吸管或其他度量器测量。

3. *精子浓度*　在显微镜下观察，一般把精液分为三级：浓、中、稀。浓：整个观察视野完全被精子占满，精子与精子之间距离很小，呈雾云状，每毫升精子数约在 40 亿个以上；中：视野中精子之间有明显距离，每毫升有 20 亿～40 亿个精子；稀：精子间有很大空隙，每毫升精液约在 20 亿个以下。

4. *精子活力*　采精后 20 min 内进行检查。方法是：取等量精液及生理盐水各 1 滴，置于载玻片一端，混匀，放上盖玻片。精液不易过多，以布满载玻片而又不能溢出为宜。在室温 37℃条件下用 200～400 倍显微镜检查。测定精子活力是以直线前进运动的精子数为依据，前进运动的精子数越多，精子的活力就越大，受精率越高。精子的活力分 10 级，按做前进运动的精子所占比例评为 0.1～1.0 级，做圆周运动和就地摆动的均无受精能力，评分为 0。

5. pH 值测定　公鸡的精液呈中性反应（pH＝7）时最好。pH 值小于 6 时呈酸性反应，会使精子运动减慢；pH 值大于 8 时呈碱性反应，精子运动加快，但精子很快死亡。精液的 pH 值可使用精密试纸测定。

6. 畸形率检查　取精液 1 滴于载玻片上抹开，自然干燥后用 95％的酒精固定 1～2 min 冲洗；再用 0.5％龙胆紫染色 3 min，冲洗，干后即在显微镜下检查，数 300～500 个精子，畸形精子占有多少，计算畸形率。

第四章　肉鸡孵化技术

第一节　种蛋的选择、保存、消毒和运输

一、种蛋的要求与选择方法

种蛋的品质与孵化率和雏鸡的质量关系密切，孵化前应对种蛋进行严格地挑选。

(一)种蛋的质量要求

1. *种蛋的来源*　种蛋应选自生产性能高、受精率高、饲养合理、管理良好的种鸡群。受精率低、患有严重传染病或慢性病的种鸡所产的蛋，不宜做种蛋。

2. *种蛋的新鲜程度*　种蛋品质要新鲜。种蛋保存的时间愈短，孵化率愈高。种蛋的存放一般以产后 1 周内为宜，以 3～5 天为最好。存放 2 周以上的种蛋孵化率明显降低，孵化期推迟。随着种蛋的保存时间延长，孵化时间延长，种蛋每多存放一天，孵化期延迟 0.5～1 h，而且雏鸡的质量降低。

3. *种蛋的形状与大小*　合格种蛋应为卵圆形，过长、过圆及葫芦形、腰鼓形等异形蛋均不能作孵化用。种蛋的大小以重量来衡量，蛋重过大或过小都影响孵化率和雏鸡质量，肉用鸡种蛋以52～68 g 为宜。

4. *蛋壳的颜色*　不同的品种蛋壳颜色不同，蛋壳颜色应符合本品种的要求。但若孵化商品杂交鸡，对蛋壳颜色的要求可放宽一些。对育成品种或纯系种蛋的壳色应严格挑选，以选育出具有

本品种或品系特点的蛋壳颜色。

5.蛋壳的结构　蛋壳要求致密均匀，厚薄适度。壳厚一般以0.27～0.34 mm为宜。蛋壳过厚的“钢皮蛋”，孵化时受热缓慢，水分不易蒸发，气体交换不畅，雏禽破壳困难。蛋壳过薄或钙质沉积不均匀，蛋易碎，孵化时水分过度蒸发，失重过多，造成胚胎代谢障碍。蛋壳表面粗糙、皱纹、裂纹的蛋，孵化率低，也不适作种蛋。

(二)种蛋的选择方法

1.感官法　种蛋的表面要清洁，不应被粪便或破蛋液等所污染。轻度污染的种蛋可以入孵，但要认真擦拭或用消毒液洗去污物。种蛋应无破损，颜色、大小、形状等要符合标准。我国传统挑选种蛋的方法为：两手各拿3枚蛋，轻轻转动五指，使蛋在手中转动，相互轻撞，听其声响，完整无损者其声清脆，破损蛋可听到破裂声。破蛋在孵化过程中蛋内水分蒸发过快，细菌容易侵入，从而影响胚胎的正常发育，造成孵化率低，畸形胚胎或死胎的比率增多。

2.透视法　目的是挑出裂纹蛋和气室破裂、气室不正、气室过大的陈蛋及大血斑蛋。方法是用照蛋灯或专门的照蛋设备，在灯光下观察。蛋黄上浮，多系运输过程中受震动引起系带断裂或种蛋保存时间过长；蛋黄沉散，多系运输过程中受剧烈震动或细菌侵入，引起蛋黄膜破裂；裂纹蛋可见树枝状亮纹；血斑、肉斑蛋，可见白点或黑点，转动蛋时随之转动；钢皮蛋，可见蛋壳透明度低，蛋色暗。

3.剖视抽查法　多用于外购种蛋。将蛋打开后倒在衬有黑纸或黑绒的玻璃板上，观察新鲜程度及有无血斑、肉斑。新鲜蛋，蛋白浓厚，蛋黄高突；陈蛋，蛋白稀薄成水样，蛋黄偏平甚至散黄。一般只用肉眼观察即可，对育种蛋则需要蛋白高度测定仪等专用仪器测定。此法多在孵化率异常时进行抽样测定。

种蛋的选择多在孵化场进行，也有的主张在鸡舍里选择。种蛋的选择对于提高种蛋的孵化率，提高经济效益具有十分重要的意义。

二、种蛋的保存

每天收集的种蛋一般需要存放数天才集中入孵。如果保存不当，即使来自优良种鸡又经过严格挑选的种蛋，孵化率也会下降，甚至造成无法孵化的后果。受精蛋中的胚胎，在蛋的形成过程中已开始发育。因此，种蛋在入孵前要根据其所要求的环境条件来保存，以保持种蛋的品质。

（一）种蛋的保存温度

蛋产出母体后，胚胎发育暂时停止。随之，在一定的外界环境下胚胎又开始发育。鸡胚发育的临界温度为23.9℃，保存温度超过临界温度鸡胚就开始发育，尽管发育程度有限，但由于细胞的代谢会逐渐导致鸡胚的衰老和死亡；相反，温度过低，如低于0℃时，则种蛋因受冻而失去孵化能力。

如果种蛋保存期在1周以内，种蛋的保存温度以15～16℃为宜。超过1周以上，则保存温度以12～15℃为宜。总之，种蛋保存的适宜温度范围为12～18℃，保存时间短时采用温度上限，长时则采用温度下限。种蛋保存期间应保持温度的相对恒定，最忌温度忽高忽低。

此外，刚产出的种蛋，应逐渐降到保存温度，以免骤然降温危及胚胎的活力。降温过程以半天至一天为宜。装蛋最好用侧壁带缝隙的箱子，最好不用铁丝筐、蛋盘或侧壁不透气的箱子。

（二）种蛋保存的湿度

种蛋保存期间，蛋内水分通过气孔不断蒸发，蒸发的速度与周围环境湿度有关，环境湿度越高则蛋内水分蒸发越慢。为了减少蛋内水分的蒸发，保存种蛋的相对湿度以70％～80％为宜。相对湿度过高，易使种蛋生霉；湿度太低则引起蛋内水分过度蒸发。

(三)种蛋贮存室的要求

环境温、湿度是多变的，为保证种蛋的品质，须建种蛋贮存室。其要求是：隔热性能好，应防冻、防热，清洁卫生，防尘沙，杜绝蚊、蝇和老鼠，不要存放农药和其他杂物。贮蛋室门要严实，蛋库内应有缓慢适度的通气。蛋室应建在地势较高的地方，防止相对湿度过大造成种蛋发霉。

(四)种蛋保存期间的转蛋和保存方法

保存期间转蛋的目的是防止胚胎与壳膜粘连，以免胚胎早期死亡。一般认为，种蛋保存1周以内不必转蛋。超过1周，每天转蛋1～2次。转蛋有利于提高孵化率。转蛋方法是：用一块厚20～25 cm的木板垫在种蛋箱的一头，转蛋时将木块垫在另一头。也可在种蛋库中配备转蛋装置，简化种蛋保存期间的转蛋工序。

种蛋的放置，一般小头(锐端)向上，这样可防止系带松弛、蛋黄贴壳，使蛋黄位于蛋的中心，从而防止孵化率降低。种蛋如保存3～4周，可将种蛋常规消毒，然后降至贮存温度，再将种蛋装在不透气的塑料袋内，填充氮气，密封后放入蛋箱中保存。这样可减少袋内氧气含量，阻止蛋内物质和微生物的代谢，防止蛋内水分过度蒸发。

三、种蛋的消毒

鸡蛋产出之后往往被粪便、垫料所污染，因而蛋壳上附着很多细菌。随着时间的推移，细菌数量迅速增加。据研究，新产的蛋，蛋壳上的细菌数为100～300个，15 min后为500～600个，1 h后达4 000～5 000个。而且蛋壳表面的某些细菌能通过蛋壳上的气孔进入蛋内，可感染发育中的胚胎，并且常常能在雏禽出壳时进入雏禽体内，从而使雏禽产生某些疾病；还有些细菌能使蛋内容物发生化学变化，从而使蛋内营养物质不易被胚胎所利用。因此，必须对种蛋进行认真消毒。

(一)种蛋消毒时间

从理论上讲，最好应在种蛋产出后立刻消毒效果最好，这样可以消灭附在蛋壳上的绝大部分细菌，防止其侵入蛋内，但在生产实践中无法做到。比较切实可行的办法是每次拣蛋完毕，立刻在鸡舍里的消毒室或送到孵化场消毒。种蛋入孵后，在孵化器中进行第二次消毒。

(二)种蛋的消毒方法

1. 福尔马林熏蒸消毒法　此法消毒效果好，操作简便。对清洁度较差或外购的种蛋，每立方米空间用 42 mL 福尔马林(40%甲醛)加 21 g 高锰酸钾，在温度 20～26℃、相对湿度 70%～80%的条件下，密闭熏蒸 20 min，可杀死蛋壳上 95%～98.5%的病原体，温、湿度低则消毒效果差。为了节省用药量，可在蛋盘上罩塑料薄膜，也可用塑料布封闭蛋架，将药盘置于架下熏蒸。在入孵器里进行第二次消毒时，每立方米用福尔马林 28 mL、高锰酸钾 14 g，熏蒸 20 min。

消毒时的注意事项：①消毒在孵化器进行时，应避开 24～96 h 胚龄的种蛋。②福尔马林与高锰酸钾的化学反应很剧烈，腐蚀性强。所以要用容积较大的陶瓷盆，先加少量温水，再加高锰酸钾，最后加福尔马林，并注意不要伤及皮肤和眼睛。③种蛋从贮存室取出或从鸡舍送孵化场消毒室后，在蛋壳上会凝有水珠(俗称“冒汗”)，应让水珠蒸发后再消毒，否则对胚胎不利。④福尔马林溶液挥发性很强，要随用随取。如果发现福尔马林与高锰酸钾混合后，只冒泡并产生少量烟雾，说明福尔马林失效。

2. 过氧乙酸熏蒸消毒法　过氧乙酸是一种高效、快速、广谱消毒剂。消毒种蛋时，每立方米用 16%的过氧乙酸 40～60 mL，加高锰酸钾 4～6 g，熏蒸 15 min。但应注意：过氧乙酸遇热不稳定，浓度超过 40%时，加热至 50℃易引起爆炸，应在低温下保存；它的腐蚀性很强，不要接触衣服、皮肤，消毒时用陶瓷盆或搪瓷盆；消毒时应现用现配，稀释液保存不超过 3 天。

3. 新洁尔灭浸泡消毒法　用 5%新洁尔灭原液 1 份，加水 49 份，配成 0.1%的浓度，在 43～50℃条件下将种蛋浸泡 3～5 min。

4. 碘液浸泡消毒法　将种蛋浸入 0.1%的碘溶液中（碘 10 g，碘化钾 15 g，加水到 1 000 mL 配制而成）0.5～1 min。消毒液浸泡种蛋 10 次之后浓度下降，浸泡时间可增至 1.5 min 或更换新碘液。

5. 氯消毒法　种蛋浸入含有活性氯的 1.5%漂白粉液中 3 min，此法需在通风处进行。

6. 季胺或二氧化氯消毒法　用 0.002%季胺或 0.008%二氧化氯的微温溶液对种蛋进行喷雾消毒。另外，也可用 0.001%二氧化氯泡沫消毒种蛋 5 min，可提高种蛋的孵化率。但应注意：用二氧化氯消毒种蛋，必须严格掌握好消毒的时间。消毒时间过长会增加胚胎的死亡率。

种蛋的消毒法很多，但目前仍以福尔马林熏蒸法和过氧乙酸熏蒸法应用较为普遍。浸泡法仅用于入孵前消毒，种蛋保存前不能用溶液浸泡法消毒，否则易造成蛋内水分蒸发，细菌侵入蛋内。

四、种蛋的运输

种蛋装箱运输前，应剔除破蛋、裂纹蛋等不合格蛋。待运送的种蛋最好用规格化的种蛋箱包装。种蛋箱要结实，能承受一定的压力。最好用纸质蛋托，将种蛋放入蛋托后再将蛋托放入种蛋箱内，蛋托四周用草填实。种蛋箱一般以每箱 300 枚蛋为宜，每个蛋托放蛋 30 枚，最上层还应放一层不装蛋的蛋托。简易的包装可将种蛋放入竹篓或纸箱内，每放一层用纸屑、锯末等垫料填隔，底层和盖面垫料应厚一些，每箱（篓）应装满，不要留有太大的空隙。无论哪种方法包装种蛋，都应保持种蛋大头（钝端）向上。

运输时要求快速平稳，最好用火车或空运。用汽车或马车运输时要尽量减少颠簸。夏天防日晒雨淋，冬天防冻。种蛋到达目的地后，应尽快开箱检查，剔除破蛋，并进行消毒，做好入孵前的准备。

第二节　胚胎发育

鸡的胚胎发育有两个特点：一是胚胎发育在蛋壳内进行，发育所需营养物质来自蛋，而不是母体；二是胚胎发育的整个过程分为在母体输卵管中（蛋的形成）和外界环境中（孵化过程）两个阶段。

一、胚胎在蛋形成过程中的发育

成熟的卵细胞从卵巢排出后，在输卵管伞部受精后进入输卵管，受精卵在峡部发生第一次卵裂，进入子宫部 4～5 h 后已达 256 个细胞，蛋产出体外时可达 6 万～8 万个细胞，胚胎发育已进入囊胚期或原肠早期。卵细胞从受精至产出体外，在输卵管内停留约 24 h。蛋产出体外后，由于外界气温低于胚胎发育所需的临界温度，胚胎发育停止。受精蛋的胚盘呈白色的圆盘状，肉眼可见。胚盘是位于蛋黄中央的一个中部为明区周围为暗区的圆点，直径3～4 mm。因胚盘比重较蛋黄小并有系带的固定，故无论蛋的放置如何变化，胚盘始终在卵黄的上方。这是生物的适应性，可使胚盘优先获得母体的热量，以利胚胎发育。无精蛋也有白色的圆点，但比受精蛋的胚盘小，且无明区与暗区之分，称胚珠。

二、胚胎在孵化过程中的发育

（一）鸡胚发育的主要特征

受精蛋在适宜的孵化条件下，胚胎继续发育，直至长成雏禽破壳而出。肉鸡的孵化期为 21 天。在孵化期内鸡胚发育的主要特征如下：

第 1 天：孵化 3～4 h 后，胚盘的尾端细胞层增厚，心脏和血管开始发育。孵化 7～8 h 后，增厚区明显地沿中线向前伸展。孵化 12 h 后，增厚区伸长，形成明显的条状结构，称为原条。原条是早期胚胎的生长中心和胚胎以后发育的中轴。孵化 16 h 后，在原条中央产生一浅沟，称为原沟，沟的两侧较厚称为原脊，沟的最前端形成原窝，原窝周围增厚突起称原结。原结前端为头突，头突发育成脊索和神经管。中胚层的细胞沿着神经管的两侧，形成左右对称的呈薄片状体节 4～5 对。

第 2 天：耳、卵黄囊、羊膜、绒毛膜开始形成。胚胎头部开始从胚盘分离开来。胚盘的边缘出现许多红点，称“血岛”。眼泡出现。心脏形成并开始跳动。体节 4～16 对。

照蛋时，可见卵黄囊血管区，形似樱桃，称为“樱桃珠”。

第 3 天：尿囊出现。开始形成前后肢芽，前肢芽为崎状，后肢芽扁平，尾芽从胚盘后端突出。鳃弓、鳃裂出现。出现 5 个脑泡原基，眼的色素开始沉着。体节 16～36 对。

照蛋时，可见胚和伸展的卵黄囊血管形似蚊子，称为“蚊虫珠”。

第 4 天：胚胎与蛋黄分离，由于中脑生长迅速，胚胎头部明显增大，胚体愈加弯曲。舌开始形成。卵黄囊血管包围蛋黄达 1/3，肉眼可明显看到尿囊。羊膜腔形成。眼呈淡黑色，后肢芽明显大于前肢芽。体节 37～44 对，已达尾端。

照蛋时，蛋黄不容易转动，胚与卵黄囊血管形似蜘蛛，俗称“小蜘蛛”。

第 5 天：胚极度弯曲，整个胚体呈“C”字形。前（后）肢芽上出现指（趾）板。肘、膝关节出现。眼的黑色素大量沉着。照蛋时，可明显地看到黑色的眼点，俗称“单珠”或“黑眼”。生产中，一般在第 5～6 天进行第一次照蛋，拣出死蛋（胚胎死亡的蛋）和白蛋（未受精蛋)。

第 6 天:喙出现,翅、脚已可区分,躯干部增长。尿囊到达蛋壳膜内表面,卵黄囊分布在蛋黄表面的 1/2 以上。由于羊膜壁上的平滑肌收缩,胚胎有规律运动。照蛋时,可见头部和增大的躯干部有两个小圆团,俗称“双珠”。

第 7 天:喙突明显,颈伸长,口腔、鼻孔、肌胃形成,羽原基出现,尿囊液急剧增加,卵黄体积已达最大程度。照蛋时,胚在羊水中不容易看清,半个蛋表面布满血管。

第 8 天:上、下喙明显可分,肋、肝、肺、胃明显可辨,四肢完全形成,腹腔愈合,头、颈、背、胸、腹、四肢出现羽毛乳头状突起。照蛋时,胚在羊水浮游,背面两边蛋黄不易晃动,俗称“边口发硬”。

第 9 天:喙伸长并稍弯曲,鼻孔明显,眼睑已达虹膜,翼和后肢具有鸟类特征。解剖胚胎时,心、肝、胃、肾、肠和食管均发育良好,性腺明显,已可分出雌雄。尿囊几乎包围整个胚胎。照蛋时,可见卵黄两边易晃动,尿囊血管伸展越过卵黄囊,俗称“窜筋”。

第 10 天:喙开始角质化,眼睑周围变为椭圆形,鸡冠初显,龙骨突形成,尿囊在蛋的锐端合拢。照蛋时,可见尿囊血管在蛋的锐端合拢,除气室外,整个蛋布满血管,俗称“合拢”。

第 11 天:背部出现绒毛,冠出现锯齿,腺胃明显可辨,尿囊液达最大量,下眼睑覆盖角膜的 1/3～1/2。照蛋时,血管加粗,色加深。

第 12 天:身躯覆盖绒毛,肾、肠开始有功能,后肢跖部和趾部出现鳞片,上、下眼睑闭合。照蛋时,血管显著变粗,颜色鲜红。

第 13 天:头部和身体大部分皆覆盖绒毛,胫出现鳞片。蛋白通过浆羊膜道迅速进入羊膜腔,上、下眼睑成一月芽形眼缝。照蛋时,血管更粗且分支多。

第 14 天:胎儿全身覆盖绒毛,头朝向气室,脚趾紧靠头部,胎儿与蛋的长轴呈平行位置。

第 15 天：喙接近气室，并呈开闭状态。翅已完全成形，上、下眼睑紧闭。胎儿的羽毛迅速增长。

第 16 天：头部的冠和肉髯明显，蛋白几乎全被吸入羊膜腔。

第 17 天：羊水、尿囊液开始减少，气室越来越大，躯干增大，头、眼变小，两腿紧抱头部，蛋白全部输入羊膜腔，肺血管形成。照蛋时，蛋小头看不到发亮的部分，俗称"封门"。

第 18 天：羊水、尿囊液明显减少，眼开始睁开，喙朝向气室。肺血管几乎全部形成，但未开始呼吸。照蛋时，可见气室倾斜，俗称"斜口"。

第 19 天：卵黄囊收缩，连同蛋黄一起被吸进腹腔内。尿囊的动、静脉开始枯萎。喙进气室，开始用肺呼吸。颈、翅突入气室，头埋右翼下，两腿弯曲朝头部，呈抱头姿势，以便破裂时挣扎。雏胚开始啄壳，可闻雏鸣叫。照蛋时，可见气室有翅膀、喙，颈部的黑影闪动，俗称"闪毛"。

第 20 天：剩余蛋黄与卵黄囊全部吸入腹腔，尿囊完全枯萎，血液循环停止。开始破壳出雏，雏鸡啄壳时在气室附近啄成圆形的破口，然后伸展头脚，破壳而出。

第 21 天：雏鸡孵出。

(二)胎膜的发育和物质代谢

1. 胎膜的发育　胚胎的营养和呼吸主要靠胎膜来实现的。胎膜是胚胎发育早期形成的胚外膜，包括羊膜、卵黄囊、绒毛膜、尿囊。胎膜虽不参与形成组织和器官，但对胚胎为适应外界环境发育所需进行的生理活动，进行各种代谢活动是必不可少的。

羊膜：在孵化 30～33 h 后开始生出。首先形成头褶，随后头褶向两侧伸展而形成侧褶，40 h 即覆盖胚胎的头部并逐渐包围胚胎。第 4～5 天时羊膜合拢，形成了羊膜腔，将胚胎包围起来。尔后，羊膜腔增大并充满羊水，羊水起着缓冲震动，平衡压力，防止粘连，保持早期胚胎的湿度，也起到促进胎儿运动的作用。孵化 5～

6 天羊水增多，第 17 天羊水开始减少，第 18～20 天大幅度减少以至枯萎。

卵黄囊：从孵化第 2 天开始形成。孵化第 3 天，卵黄囊血管包围蛋黄的 1/3。孵化第 6 天，卵黄囊血管包围蛋黄的 1/2。孵化第 9 天，卵黄囊几乎覆盖整个蛋黄的表面。卵黄囊上分布着稠密的血管，构成卵黄囊循环系统，并经卵黄囊柄与胎儿连接，从蛋黄供给胎儿营养。卵黄囊内壁在孵化初期，形成血管内皮层和原始血球。另外，卵黄囊在孵化 6 天之前还为胚胎输送氧。因而，卵黄囊是胚胎的营养器官、造血器官和呼吸器官。孵化 19 天时，卵黄囊与剩余蛋黄开始进入腹腔，第 20 天时完全吸入腹腔内。雏鸡出壳时，约剩余 5 g 蛋黄。一般在孵出后 6～7 天被雏鸡小肠吸收完毕，仅在肠壁外残留一个小突起，称为卵黄蒂。

尿囊：在孵化的第 2 天末至第 3 天初开始形成，位于羊膜和卵黄囊之间，尔后迅速增大，孵化第 6 天时到达壳膜的内表面，第 10～11 天时包围整个胚胎内容物，并在蛋的锐端合拢，以尿囊柄与肠连接。尿囊腔可作为胚胎代谢产物的贮存场所。尿囊在壳膜内表面发育时与绒毛膜结合成尿囊绒毛膜。尿囊表面布满发达的血管，胚胎通过尿囊的血液循环，吸收蛋白中的营养物质和蛋壳的矿物质，并于气室和气孔处吸入氧气，排出二氧化碳。因而，尿囊既是胚胎的营养器官，又是胚胎的呼吸器官和排泄器官。在孵化的第 17 天尿囊液开始减少，第 20 天尿囊血液循环停止。雏鸡破壳而出时，尿囊柄断裂，黄白色的排泄物和尿囊绒毛膜留在蛋壳内壁上。

绒毛膜：又称浆膜，它与羊膜同时形成，孵化前 6 天紧贴在羊膜和卵黄囊外面，紧贴在内壳膜上。当尿囊发育到达壳膜时，绒毛膜与尿囊结合形成尿囊绒毛膜，并随尿囊发育，最后包围胚胎及蛋的内容物。由于绒毛膜透明无血管，因此，打开孵化中的胚胎看不到单独的绒毛膜。

2. 胚胎发育过程中的物质代谢　孵化过程中胚胎的物质代谢主要取决于胎膜的发育。孵化前2天胎膜尚未形成，蛋黄血液循环也未出现。胚胎直接利用蛋黄中的葡萄糖，所需的氧气也从碳水化合物分解而来，物质代谢极为简单。

孵化2天以后，蛋黄血液循环开始，胚胎靠卵黄囊的血管吸收蛋黄中的营养物质并获取氧气，物质代谢增强。

孵化5～6天后，尿囊血液循环开始，胚胎通过卵黄囊血液循环吸收蛋黄中的营养物质，并靠尿囊血液循环吸收蛋白和蛋壳中的营养物质，也经气孔吸收外界的氧气。

孵化10～11天后尿囊合拢，胚胎的物质和气体代谢大大增强，蛋内温度升高。

孵化18～19天以后，胚胎仅靠卵黄囊吸收蛋黄中的营养物质，尿囊枯萎，开始用肺呼吸，脂肪代谢增强，呼吸量大大增强。

总之，在整个孵化期内，胚胎的物质代谢是由简单到复杂，从低级到高级进行的。了解孵化过程中胎膜的发育和胚胎物质代谢的规律，有利于创造合理的孵化条件，也可作为分析孵化效果的依据。

(三)影响孵化期的因素

肉鸡的孵化期虽为21天，但胚胎发育的确切时间受多种因素的影响，如小蛋的孵化期比大蛋短；种蛋保存越久，孵化期越长；孵化温度高时，孵化期缩短；在同一品系，公雏出壳晚于母雏，且公雏出壳重大于母雏。

胚胎发育所需时间是较为固定的。孵化期过长或过短对孵化率和雏鸡品质均有不良的影响。

第三节 孵化条件

鸡胚胎在母体外的发育，主要依靠外界条件，即温度、湿度、通风和转蛋等。

一、温度

温度是鸡胚发育的重要条件之一，只有在适宜的温度下才能保证鸡胚正常的物质代谢和生长发育。鸡胚孵化的适宜温度为37～39℃，最适温度为37.8℃。温度过高，胚胎发育迅速，孵化期缩短，胚胎死亡率增加，雏鸡质量下降。孵化温度达42℃时，胚胎2～3 h死亡。孵化5天的胚胎，孵化温度达47℃时，胚胎2 h内全部死亡。孵化16天的胚胎，孵化温度达46.1℃经3 h时或48.9℃经1 h，所有胚胎全部死亡。低温下胚胎发育迟缓，孵化期延长，鸡的畸形发生率升高。

鸡胚发育时期不同，对外界温度的要求稍有不同，即最适孵化温度稍有变化。孵化初期，胚胎物质代谢低，产热少，因而需较高的孵化温度；孵化中期以后，尤其是孵化末期，物质代谢日益增强，胚胎自身产生大量的体热，因而所需孵化温度较低。一般认为，在鸡胚的发育过程中，第1～19天的孵化温度适宜范围为37.5～39.0℃，第20～21天的孵化温度为37.0～37.5℃，孵化效果较好。

由于孵化过程中胚胎最佳发育所需的温度范围较为狭窄，弄清胚胎发育不同阶段所需孵化温度，以获得最佳孵化效果。

二、湿度

湿度对家禽的胚胎发育也有很大作用。湿度过低则加速蛋内水分向外蒸发，孵出的雏禽较小。湿度过高，影响蛋内水分正常蒸发，孵化时间延长，尿囊绒毛膜和内外壳膜含水过多，妨碍胚胎的气体交换，孵出的雏禽腹部膨大，脐部愈合不良。湿度有导热的作用，适当的湿度使孵化初期胚胎受热良好，孵化后期有利于胚胎散热。湿度与胚胎的破壳有关，出雏时在足够的湿度和空气中二氧化碳的作用下，使蛋壳的碳酸钙变成碳酸氢钙，壳变脆，有利于雏鸡啄壳。所以，在鸡胚啄壳之前提高湿度是很重要的。

鸡胚对湿度的适应范围要比温度宽，一般应保持相对湿度为50%～80%。立体孵化器最适湿度是：入孵器50%～65%，出雏器65%～75%。孵化室、出雏室的相对湿度为75%。孵化湿度原则上掌握"两头高，中间低"，即第1～7天为65%，第10～18天为55%，第19～21天为75%。

三、通风换气

胚胎在发育过程中，不断与外界进行气体交换，吸取氧气，并排出二氧化碳和水分。胚胎除发育的最初几天外，不断进行气体交换。而且随着胚龄的增加，其需氧量和二氧化碳排出量也越来越大。尤其是在孵化19天以后，胚胎开始用肺呼吸，其耗氧量更多。为保持胚胎正常的气体代谢，必须供给新鲜空气。氧气含量为21%时，孵化率最高。每减少1%，孵化率下降5%。氧气含量过高时，孵化率也下降。一般要求蛋周围二氧化碳含量不超过0.5%，否则孵化率下降；如二氧化碳达1%，则胚胎发育迟缓，死亡率高，并出现胎位不正和畸形等现象。新鲜空气含氧气21%、二氧化碳0.03%～0.04%，这对孵化是合适的。只要孵化器通风系统设计合理，风速正常，孵化室空气新鲜，通气孔的大小和位置适当，就能保持适宜的温、湿度，为正常孵化创造条件。

孵化过程中，胚胎不断与外界进行热能交换。胚胎产热随胚龄的增加而增加，尤其是孵化后期，胚胎代谢更加旺盛，产热更多。如果热量散不出去，温度过高，将严重阻碍胚胎的正常发育。所以，通风换气不仅提供胚胎发育所需的氧气，排出二氧化碳，而且可使孵化器内温度均匀，驱除余热。

四、转蛋

正常情况下，蛋黄含脂肪多，比重较轻，胚胎浮于上面。如果长时间不转蛋，胚胎容易粘连。孵化时定时将胚蛋转动一定角度，有助于胚胎的运动，保证胎位正常，使胚胎各部受热均匀，防止胚胎与蛋壳膜粘连，促进羊膜运动。孵化器中的转蛋装置就是模仿抱窝鸡翻蛋而设计的。一般每天转蛋6～8次即可。实践中常结合温、湿度，每2 h转蛋1次。也有人主张每天的转蛋次数不少于10次，24次更好。大多数孵化器都可每1～3 h转蛋1次。一般在孵化18～19天后即停止转蛋和进行移盘。转蛋角度的大小对孵化率有明显影响，为保持转蛋效果，转蛋角度以水平位置前俯后仰各45°为宜。转蛋时动作要轻、稳、慢。

第四节　机器孵化

一、确定孵化的规模

确定孵化的规模时应认真做好社会调查，弄清种蛋的来源及数量、雏禽的需求量等，以此来确定孵化批次、每批的孵化量，进而确定孵化室、出雏室及附属操作室等的建筑面积。并根据孵化场的规模来选择孵化器的类型和规格。孵化器大致可分为平面孵化器和立体孵化器两种类型。平面孵化器孵化量少。立体孵化器可分为箱式、房间式、巷道式3种，箱式孵化器又可分为下出雏、旁出雏、孵化出雏两用及单出雏等类型。还可按活动转蛋架分为滚筒式、八角式和跷板式孵化器。房间式孵化器多为整批入孵，孵化量大，占地少，经久耐用，但需有空调及冷却设备。巷道式孵化器孵化量大，多为大型肉鸡公司使用，该机入孵器容量达 8 万～16 万枚，出雏器容量 1.3 万～2.7 万枚。采用分批入孵、分批出雏的方式。总之，所选择的孵化器应是温差小，孵化效果好，便于操作管理，能安全可靠的运转，并且孵化器的利用率要高。

二、孵化器的构造

目前，国内、外孵化器大多采用电力作能源。根据鸡胚发育所需条件不同，分孵化和出雏两部分。孵化部分是从种蛋入孵至出雏前 3～4 天胚胎生长发育的场所，称入孵器。出雏部分是胚蛋从出雏前的 3～4 天至出雏结束期间发育的场所，称出雏器。两者最大的区别是孵化部分有转蛋装置，出雏部分无转蛋装置，温度也低些，但通风换气比孵化部分要求更严格。

孵化器质量优劣的首要标志是孵化器内各点的温差，如温差在±0.28℃范围内则说明孵化器质量较好。温差受孵化器外壳的保温性能、风扇的匀温性能、进出气孔的位置及大小等因素的影响。孵化器由主体结构、自控系统、机械传动系统、照明和安全系统 4 部分组成。

（一）主体结构

1. 孵化器外壳　为了保证胚胎的正常发育和操作方便，对孵化器外壳的要求是：隔热性能好，防潮能力强，坚固美观。孵化器门的密封性要好，选材要严格，绝对不能变形。孵化器的箱体外壳由胶合板喷塑、塑料板、彩涂钢板或铝合金板等材料制作，夹层内填充玻璃纤维、聚苯乙烯泡沫或硬质聚氨酯泡沫等隔热材料。由于胶合板材料制作的箱体易变形及耐用性和保温性能较差，目前多采用彩涂钢板和铝合金板做外壳。

2. 蛋盘　蛋盘分孵化蛋盘和出雏盘两种。为使胚胎均匀而充分地受热，蛋盘应通气性能好，不变形，安全可靠，不掉盘，不跑雏。孵化蛋盘有木质铁丝栅式、木质栅式、塑料栅式或孔式等几种。现多采用塑料制品。出雏盘有木质、钢网及塑料制品。木质出雏盘透气性差，不容易清洗消毒，现已少用。钢网出雏盘重量轻、透气性极好，便于清洗消毒。塑料出雏盘无毒、无味，透气性好，结实，不锈蚀，便于清洗消毒。

入孵前码盘、移盘和出雏等操作，费工费时，为了提高效率，便于清洗消毒，多采用以下措施：①码盘落盘机械化；②直接整盘移盘出雏；③扣盘移盘法；④叠层出雏盘出雏法；⑤抽盘移盘法。

3. 活动转蛋架和出雏架

(1)孵化活动转蛋架。按蛋架形式，可分滚筒式、八角架式和跷板式。

滚筒式活动转蛋架，因孵化蛋盘规格很不一致，不能互相调换位置等原因，现已不生产。

八角架式活动转蛋架，由 4 片角铁焊成八角形框架，等距离焊上角铁成为蛋盘托，并用角铁和螺丝连接成两个距离相等的间隙，再固定在中轴上，由两侧用角铁制成的支架将整个活动转蛋架悬挂在孵化器内。其特点是整体性能好，稳固牢靠。

跷板式转蛋架的整个蛋架由多层跷板式蛋盘托组成，靠连接杆连接，转蛋时以蛋盘托中心为支点，分别左右或前后倾斜 45°～50°。

(2)出雏架。由于不需要转蛋，所以结构较简单，仅用角铁做支架，在支架上等距离焊上角铁的出雏盘滑道即可。

(二)自控系统

自控系统是孵化器的控制中心，通过它能提供胚胎发育的适宜温、湿度，并保证孵化器正常运转。自控系统总的要求是：灵敏度高，控制精确，稳定可靠，经久耐用，便于维修。

先进的孵化器技术指标精度已达很高水平，以下提供指标可供参考。

温度显示精度：0.01～0.1℃，控温精度：0.1～0.2℃，箱内温度场标准差:0.1～0.2℃。湿度显示精度:1%～2%RH,控湿精度:2%～3% RH。

自控系统除了控温系统、控湿系统外,还包括报警系统。报警系统包括超温报警及降温冷却系统,低温、高湿和低湿报警系统,电机缺相或停转报警系统。

(三)机械传动系统

1.转蛋系统　滚筒式孵化器的转蛋系统由设在孵化器外侧壁的连接滚筒的扳手及扇形厚铁板支架组成,人工扳动扳手转蛋。八角式活动转蛋孵化器的转蛋系统由安装在中轴一端的扇形蜗轮与蜗杆组成,可采用人工转蛋。如采用自动转蛋系统,需增加微电机、减速箱及定时自动转蛋仪。跷板式孵化器均采用自动转蛋系统。

2.通风换气系统　孵化器的通风换气系统由进气孔、出气孔、均温电机和风扇叶等组成。顶吹式风扇叶设在孵化器顶部中央内侧,进气孔在顶部近中央位置左右各一个,出气孔设在顶部四角。侧吹式风扇叶设在侧壁,进气孔设在近风扇轴处,出气孔设在孵化器顶部中央。进气孔设有通风孔调节板,以调节进气量;出气孔装有抽板或转板,可调节出气量。巷道式孵化器进气孔设在孵化器尾顶部,出气孔设在孵化器入口处顶部。

出雏器是孵化最后3～4天胚胎发育成雏的场所。由于胚胎自身温度高且需氧量多,所以通风换气尤为重要。要保证出雏器空气中氧气含量不低于20%,二氧化碳含量不高于0.6%。

(四)照明和安全系统

为了便于观察和安全操作,机内设有照明设备及启闭电机装置。一般采用手动控制,有的将开关设在孵化器门框上。当开孵化器门时,孵化器内照明灯亮,电机停止转动;关门时,孵化器内照明灯熄灭,电机转动。

三、孵化前的准备工作

(一)制定计划

在孵化前,根据孵化与出雏能力、种蛋数量及雏鸡销售等情况,定出孵化计划。每批入孵种蛋装盘后,将该批种蛋的入孵、照检、移盘和出雏日期填入孵化进程表,以便于孵化人员了解入孵的各批种蛋情况,提高工作效率,使孵化工作顺利进行。

(二)验表试机

孵化前对孵化室和孵化器要做好检修、消毒和试温工作。孵化室的温度以 22℃ 左右较为合适,不得低于 20℃,亦不高于 24℃;室内湿度应保持在 55%~60%。

孵化器安装或停用一段时间后,在使用前要认真校正、检验各部件的性能。孵化器在孵化前 1 周进行试机和运转,检查机械传动装置是否正常,各类仪表是否正常,特别是控温、控湿、转蛋和报警装置是否调节失灵。电机在整个孵化季节不停地转动,最好多准备一台,一旦发生问题即可装换,保证孵化的正常进行。

经过上述检修校正无异常后,方可入孵。

(三)种蛋的预热

存放于空调蛋库的种蛋,入孵前应置于 22~25℃的环境条件下预热 6~8 h,使胚胎发育从静止状态中逐渐苏醒过来,减少孵化器里温度下降的幅度,并除去蛋面上凝聚的水珠,以便入孵后能立刻对种蛋消毒。

(四)码盘入孵

将种蛋放置于孵化蛋盘上称码盘。国外多采用真空吸蛋器码盘。在国内多采用手工码盘,码盘时应将种蛋钝端向上。一般可每天码上若干种蛋,装在有活动轮子的孵化盘车上,挂上明显标记后,推入贮存室保存。

一般整批孵化,每周入孵两批。入孵时间最好是在下午 4 时以后，这样大批出雏时可赶上白天，工作比较方便。整批孵化时，将装有种蛋的蛋盘插入孵化架车推入孵化器中。若分批入孵，“新蛋”蛋盘与“老蛋”蛋盘在蛋架上的位置应相互交错起来，以便“新蛋”和“老蛋”能相互调温，使孵化器内的温度均匀。通风和调温性能良好的孵化器，可一次装满种蛋。

(五)入孵前种蛋消毒

入孵前种蛋消毒，见种蛋的消毒部分。

四、孵化操作技术

(一)温、湿度的调节

孵化器的控温系统，在入孵前已经校正、定好，一般不要随意改动。在孵化过程中应每小时检查一次，看温度是否保持平稳，温度忽高忽低对胚胎发育有不良影响。在正常情况下，温度偏低或偏高0.5～1℃时，才进行调节。

每2 h观察记录一次湿度。相对湿度的调节是通过放置水盘多少、控制水温和水位高低来实现的。湿度偏低时，可增加水盘扩大蒸发面积，提高水温、降低水位和加速蒸发速度。还可在孵化室地面洒水，必要时可用温水直接喷洒胚蛋。湿度过高时，要加强室内的通风，使水汽散发。要注意湿度计的纱布在水中容易因钙盐作用而变硬或沾染灰尘和绒毛，影响水分的蒸发，必须保持清洁，经常清洗或更换。

(二)照蛋

在孵化过程中通常对胚蛋进行2或3次灯光透视检查，以了解胚胎的发育情况，剔除无精蛋、死胚蛋。照蛋要稳、准、快，尽量缩短时间。

(三)移盘

鸡胚孵至18～19天后，将胚蛋从孵化器移到出雏器的出雏盘的过程，称移盘或落盘。一般应在10%左右的鸡胚“打嘴”时移盘。此后停止转蛋，增加水盘，提高湿度，准备出雏。移盘时，如有条件应提高室温，移盘时动作要轻、稳、快，尽量减少碰破胚蛋。

移盘的时期可根据胚胎发育情况灵活掌握。最后一次照蛋时，如气室界限已成波浪状起伏，气室下部黑暗，气室内见有喙的阴影，或已开始啄壳，或喙已出壳，则胚胎发育良好，可即时移盘；如胚蛋气室界限平齐，气室下部发红，则为发育迟缓，可推迟一段时间移盘。

（四）出雏

发育正常的鸡胚满 20 天就开始出雏。此时应关闭出雏器内的照明灯，以免雏鸡骚动影响出雏。在成批出雏时，每 4 h 左右捡雏一次。也可出雏 30%～40%时拣第 1 次，60%～70%拣第 2 次，最后再捡一次并“扫盘”。出雏期间不可经常打开出雏器门，以免温、湿度降低而影响出雏。拣出绒毛已干的雏鸡的同时，拣出空蛋壳，以防空蛋壳套在其他胚蛋上闷死雏鸡。大部分出雏后，将已啄壳的胚蛋并盘集中，放在上层，以促进弱胚出雏。

出雏快结束时，对已啄壳但无力自行破壳的，尿囊血管已经干枯的，可进行人工助产。把蛋壳膜已枯黄的胚蛋，轻轻剥离粘连处，把头、颈、翅拉出壳外，令其自行挣扎出壳。蛋壳膜湿润发白的胚蛋，不能进行人工助产，因其卵黄囊未完全进入腹腔或脐部未完全愈合，尿囊绒毛膜血管未完全干枯，若强行剥壳，将会使尿囊绒毛膜血管破裂，造成雏鸡死亡或成为毫无价值的弱残雏。

出雏结束后，应将出雏盘抽出，在消毒液中浸泡清洗，出雏器内部要进行清洗消毒，以备下次出雏。

每次拣出的雏鸡应放在分隔的雏箱或雏篮内，置于 22～25℃的暗室中充分休息，等待鉴别和接运。

（五）停电时的措施

应备有发电机。若没有这种条件，孵化室应备有加温用的火炉或火墙，在停电前几小时将火炉升起，使孵化器上部的温度达

37℃左右。打开全部机门、气孔，每隔0.5 h或1 h转蛋一次，保证上下部温度均匀，同时在地面上喷洒热水以调节湿度。

如停电时间不超过几小时，则不必升温加温。

第五节 孵化效果的检查和分析

一、孵化效果的检查

孵化效果主要通过照蛋、出雏情况的观察和死胚的病理解剖，再结合孵化的条件及种蛋的品质等进行综合分析，查明原因，做出客观判断。并以此作为改善种鸡的饲养管理、种蛋管理和提高孵化条件的依据，以提高孵化率。

(一)照蛋

1.照蛋的目的和合适时间 照蛋的主要目的是检查胚胎的发育情况，并以此作为调整孵化条件的依据，剔除无精蛋、死胚蛋、破壳蛋等。整个孵化期一般照蛋2或3次，3次照蛋的时间是：头照5～6天，二照11天，三照19天。头照查明种蛋受精与否和胚胎早期发育情况，以挑出无精蛋和死胚蛋。第二次照蛋查明中期胚胎的发育情况。第三次照蛋查明后期胚胎的发育情况，取出死胚蛋和头照剩下的无精蛋。

2.发育正常的胚蛋与各种异常胚蛋的区别

(1)发育正常的胚蛋。头照时可明显看到黑色眼点，血管成放射状，蛋色暗红，胚胎上浮或隐约可见。二照时，尿囊绒毛膜合拢，整个蛋除气室外全部布满血管。三照时，气室边界变曲，胎儿的颈部紧压气室，有黑影闪动，胚蛋黑暗。

(2)弱胚蛋。头照胚体小，黑眼点不明显，血管纤细且模糊不清，或看不到胚体和黑眼点，仅仅看到气室下缘有一些纤细的血管，胚蛋色浅红。二照时，胚蛋锐端淡白。三照时，气室比发育正常的胚蛋小，且边缘不整齐，可看到红色血管。因胚蛋锐端仍有少量蛋白，所以照蛋时胚蛋锐端浅白发亮。

(3)无精蛋。俗称“白蛋”。照蛋时，蛋色浅黄、发亮，看不到血管和胚胎。蛋黄影子隐约可见。头照多不散黄，而后散黄。

(4)死胚蛋。俗称“毛蛋”。头照时可见黑色的血环、血点、血弧或一条血线紧贴在蛋壳上，蛋的颜色浅，蛋黄已散。二照时，看到很小的胚胎与蛋黄分离，固定在蛋的一侧，蛋的锐端发亮。三照时，气室小而不倾斜，边缘模糊，气室周围看不到暗红色血管，胚胎不动。

(5)破蛋。照蛋时可见树枝状裂纹或破孔，有时气室跑到一侧。

(6)臭蛋。又称腐败蛋。蛋呈紫褐色，有异臭味。有的蛋壳破裂，表面有很多颗粒状的黄黑色渗出物。

(二)蛋重和气室的变化

在孵化过程中，由于蛋内水分的蒸发，蛋重逐渐减轻。孵化期间胚蛋的失重并不是均匀的。孵化第 6 天，失重 2.5%～3%；第 9 天，失重 5%～7%；第 12 天，失重 7.5%～9%；第 15 天，失重 10%～11%；第 19 天，失重 12%～14%。蛋在孵化期间失重过多或过少均对孵化率和雏鸡质量不利。可根据失重情况，间接了解胚胎发育和孵化的温、湿度。

失重的多少，尚可根据气室的变化来判断。失重多，蛋内水分蒸发多，则气室也大，可能是湿度过低。相反，失重少，水分蒸发少，气室也小，可能是湿度过大，蛋的品质不良。

(三)初生雏鸡的观察

鸡胚正常出壳的时间是孵至 20.5～21 天，一般 8～12 h 内出完。雏鸡孵出后，主要观察雏鸡的活力和结实程度，体重的大小，蛋黄吸收情况，脐带部的吸收情况，绒毛的色素、整洁程度等。健康雏鸡体格健壮，精神活泼，体重适中，蛋黄吸收良好，脐带部愈合良好,绒毛洁净有光,色彩鲜艳,体形匀称。弱雏绒毛污乱,蛋黄吸收不良,脐带部潮湿带血污,腹大拖地,站立不稳,精神不振,叫声无力或尖叫,体型臃肿或干瘪,群体整齐度差。残雏或畸形雏弯喙或交叉喙,脐部开口并流血,蛋黄外露甚至拖地,头脚麻痹,瞎眼,扭脖等。

(四)死胚的病理解剖

种蛋品质差和孵化条件不良时,死胚常表现出许多病理变化。温度短期过高或孵化后期长时间过热则出现充血、溢血等现象;维生素 B_2 缺乏时,出现脑膜水肿;缺维生素 D_3 时,皮肤浮肿。因此,在清理孵化器时应对死胚进行解剖。首先判断死亡日龄,观察皮肤、肝、胃、心脏及胸腔、腹腔、卵黄囊、尿囊等有何病理变化,如充血、出血、水肿、肥大、萎缩、变性、畸形等,以确定胚胎的死亡原因。对于啄壳前后死亡的鸡胚要观察胎位是否正常。

二、孵化效果的分析

(一)孵化期胚胎死亡的分布规律

正常孵化时,胚胎死亡在整个孵化期不是平均分布的,而是存在着两个死亡高峰:第一个高峰出现在孵化前期(第 3～5 天),死亡率占 15%;第二个高峰出现在孵化后期(第 18～20 天),死亡率占 50%。但是,对高孵化率鸡群来说,鸡胚多死于第二高峰;而低孵化率鸡群,第一、二高峰期的死亡率大致相似。

(二)胚胎死亡的原因分析

第一个死亡高峰正是胚胎生长迅速、形态变化显著时期,各种胎膜相继形成而作用尚未完善。胚胎对外界环境的变化较为敏感,如孵化温度过高或过低,转蛋不足等,都会使胚胎发育受阻,以至死亡。

第二个死亡高峰正是胚胎从尿囊绒毛膜呼吸过渡到肺呼吸时期,胚胎生理变化剧烈,需氧量剧增,其自温猛增,传染性胚胎病的威胁更突出。对孵化环境要求高,如通风换气、散热不好,势必有一部分本来较弱的胚胎不能顺利破壳出雏。孵化期其他时间胚胎死亡,主要是受胚胎生活力的强弱所左右。

(三)孵化不良的原因分析

1. 无精蛋 蛋未受精,公母比例不合适,种鸡年龄大,种蛋保存时间太长或熏蒸消毒过度,胚胎早期死亡。

2. 臭蛋或腐败蛋 蛋未消毒或消毒不严,被细菌污染,破蛋或裂纹蛋,种蛋保存时间太长,孵化器内感染。

3. 气室过小 种鸡营养不良,蛋重太大,第1～19天相对湿度过高或温度过低。

4. 气室过大 蛋重太小,第1～19天相对湿度过低或温度过高。

5. 提前出雏 蛋重小,第1～19天孵化温度过高或相对湿度过低,温度计不准确。

6. 延迟出雏 蛋过大,第1～19天孵化温度过低或相对湿度过高,温度计不准确,种蛋贮存时间长。

7. 啄壳后死亡 种鸡营养不良或患病,种蛋锐端朝上,蛋壳薄,出雏器湿度过大,通风不良,二氧化碳过高,移盘温度骤然下降或升高。

8. 雏鸡软弱不能站立 整个孵化期温度不稳,湿度过大。种鸡营养不良,维生素缺乏。

9. 胚胎在孵化后2周内死亡 种鸡营养不良、患病,孵化器内温度过高或过低,供电故障,未转蛋,通风不良,二氧化碳过高。

10. 雏鸡大小不一 种蛋品质差且大小不一,湿度过低雏鸡体重小,湿度大雏鸡体重大。

11. 雏鸡脱水 第20～21天湿度过低,出壳后留在出雏器内时间过长。

12. 雏鸡脐部愈合不良,有气味 脐炎,湿度过高,孵化器卫生条件不良。

13.死胚充分发育但喙未进气室　种鸡营养不良，第1～10天温度过高，第19天相对湿度过高。

14.死胚充分发育并且喙在气室内　种鸡营养不良，通风换气不良，第20～21天温度太高或相对湿度过高。

第五章　肉鸡的饲料与日粮配方

第一节　肉鸡的常用饲料

鸡的饲料种类繁多，根据营养物质含量的特点，大致可分为能量饲料、蛋白质饲料、矿物质饲料、维生素饲料和饲料添加剂等。

一、能量饲料

能量饲料富含淀粉、糖类和纤维素，包括谷实类、糠麸类、块根、块茎和瓜类，以及油脂、糖蜜等，是肉鸡饲料的主要成分，用量占日粮的60%左右。此类饲料的粗蛋白质含量不超过20%，一般不超过15%，粗纤维低于18%，所以仅靠这种饲料喂鸡不能满足肉鸡的需要。

（一）谷实类

谷实类饲料的缺点是：蛋白质和必需氨基酸含量不足，粗蛋白质含量一般为8%～14%，特别是赖氨酸、蛋氨酸和色氨酸含量少。钙的含量一般低于0.1%，而磷含量可达0.314%～0.45%。缺维生素A和维生素D。

1. 玉米　玉米是养鸡业中最主要的饲料之一，含代谢能量高达12.55～14.10 MJ/kg，粗蛋白质8.0%～8.7%，粗脂肪3.3%～3.6%，无氮浸出物70.7%～71.2%，粗纤维素1.6%～2.0%，适口性强，易消化。黄玉米一般每千克含维生素A 3 200～4 800 IU（国际单位），白玉米含维生素A仅为黄玉米含量的1/10。黄玉米还富含叶黄素，是蛋黄和皮肤、爪、喙黄色素的良好来源。玉米的缺点是蛋白质含量低，且品质较差，色氨酸(0.07%)和赖氨酸(0.24%)含量严重不足，钙(0.02%)、磷(0.27%)和B族维生素(维生素 B_1 除外)含量亦少。玉米油中含亚油酸丰富。玉米易感染黄曲霉菌，贮存时水分应小于13%。在鸡日粮中，玉米可占50%～70%。

2.高粱　北方喂鸡有喂高粱的习惯，高粱中的碳水化合物和蛋白质含量与玉米相近，总营养价值约为玉米的90%，含代谢能12.3 MJ/kg，粗蛋白质9.0%。饲用价值明显受单宁含量的影响，单宁可降低日粮氨基酸和能量的消化率。红色深的品种皮中含单宁较多，口味涩，鸡不爱吃，喂量应低于10%。低单宁的白高粱或黄高粱一般可占日粮的15%～30%，若能除去单宁，则可大量使用。使用高单宁高粱时，应注意添加维生素A、蛋氨酸、赖氨酸和胆碱等，还应注意色素及必需脂肪酸的补充。

3.小麦　小麦含能量约为玉米的90%，约12.89 MJ/kg，蛋白质多，氨基酸比例比其他谷类完善，B族维生素也较丰富。适口性好，易消化，可以作为鸡的主要能量饲料，一般可占日粮的30%左右。但因小麦中不含类胡萝卜素，如对鸡的皮肤和蛋黄颜色有特别要求时，适当予以补充。当日粮含小麦50%以上时，鸡易患脂肪肝综合征，必须考虑添加生物素。小麦的β-葡聚糖(5 g/kg)和戊聚糖(61 g/kg)比玉米高，在饲料中添加相应的酶制剂可改善肉鸡的增重和饲料转化率。小麦的蛋白质和氨基酸含量受遗传和环境影响较大。一般粗蛋白质含量为12%～15%。

4.大麦　大麦碳水化合物含量稍低于玉米，蛋白质含量约12%稍高于玉米，品质也较好，赖氨酸含量高(0.44%)。适口性稍差于玉米和小麦，而较高粱好。但如粉碎过细并用量太多时，因其黏滞，鸡不爱吃。粗纤维含量较多，烟酸含量丰富，日粮中的用量以10%～20%为宜，大量饲喂会使鸡蛋着色不佳。大麦的β-葡聚糖(33 g/kg)和戊聚糖(76 g/kg)含量较高，在饲料中添加相应的酶制剂可改善肉鸡的增重和饲料转化率，雏鸡日粮中超过30%可引起雏鸡生长减慢，且会因在肠道内发生秘结而死亡。限制饲养的肉种鸡每日下午或停料日，每只鸡喂给约10 g大麦或燕麦效果好。

5. 碎大米、小米、草籽等　碎大米淀粉含量高，纤维素含量低，易于消化，粗蛋白含量约10%，是水稻产区的主要能量饲料。小米以黄色的含胡萝卜素稍多，易消化，蛋白质含量约12%。碎大米、小米可占日粮的20%～40%。稻谷、草籽粗纤维含量高，喂成鸡或后备鸡可占日粮的10%～20%，一般不作肉仔鸡饲料。

6. 燕麦　燕麦外壳占整个籽实的1/5～1/3。故粗纤维含量可超过10%，总养分含量比其他麦类低。能量约为玉米的74%，蛋白质品质优于玉米，含丰富的胆碱和B族维生素，雏鸡日粮中的用量应低于15%。用燕麦喂鸡，可防止麦类、玉米为主要饲料时发生的排软粪、黏结肛门的现象，有利于雏鸡的生长和发育。燕麦可用做肉种鸡饲料。

(二)糠麸类

糠麸类含无氮浸出物较少，粗纤维含量较多，含磷量高，但主要是植酸磷（约70%），鸡对此利用率很低。B族维生素含量丰富。由于这类饲料营养特点，主要用于种鸡和育成鸡。

1. 麦麸　小麦麸蛋白质、锰和B族维生素含量较多，适口性强，为鸡最常用的辅助饲料。但能量低，*ME*约为6.53 MJ/kg，粗蛋白约14.7%，粗脂肪3.9%，无氮浸出物53.6%～71.2%，粗纤维8.9%，灰分4.9%，钙占0.11%，磷0.92%，但植酸磷含量较高(0.68%)，含有效磷0.24%。麦麸纤维含量较高，容积大，属于低热量饲料，不易含量过高，一般可占日粮的3%～15%，育成鸡可占10%～20%。

2. 米糠　含脂肪、纤维素较多，富含B族维生素，用量太多易因起消化不良，常作辅助饲料，一般可占种鸡日粮的5%～10%。

3. 其他糠类　包括高粱糠、玉米糠，其纤维含量高，质量差，用量不宜超过5%。饲料用价值以小米糠（细谷糠）最高。高粱糠易发酵，含单宁。玉米糠粗糙，宜少用。

（三）块根、块茎和瓜类

此类饲料水分含量很高（70%～90%），干物质含量少，不能直接使用。制成干品后营养成分含量较高，可做鸡的能量饲料。马铃薯、甜菜、南瓜、甘薯等含碳水化合物多，适口性强，产量高，易贮藏。甘薯、马铃薯煮熟以后饲喂可提高适口性和消化率，发芽或贮藏变绿后的马铃薯含有毒物质，宜切除后饲喂，清洗或煮沸这种马铃薯的水要倒掉，以免中毒。木薯、芋头的淀粉含量高，多习惯蒸煮后拌于其他饲料中喂给，也可制成干粉或打浆后与糠麸混拌晒干贮存。木薯须除皮浸水去毒（氢氰酸）后饲喂。南瓜含维生素A和维生素B_2较多，鸡爱吃，可促进羽毛生长和加速增重，一般煮熟喂给，用量占日粮的10%左右。生喂时可把南瓜切开，让鸡自由啄食，国外常把这类饲料制成干品，作能量饲料使用。

（四）油脂和糟渣类

1. 动物脂肪和油脂　动物脂肪和油脂是含能量最高的能量饲料，动物油脂含*ME*为32.2 MJ/kg，植物油脂含*ME*为36.8 MJ/kg，适合于配合高能日粮。在饲料中添加动、植物油脂可提高生产性能和饲料利用率。脂肪具有额外热能效应，添加高水平脂肪时，日粮氮校正代谢能值（*MEn*）高于各种原料的加合值。饲喂高水平脂肪时，饲料在肠道的停留时间明显增加，有利于饲料的消化和吸收。动植物两种脂肪混合使用，*MEn*值比两者的加合值高。饱和脂肪酸与不饱和脂肪酸在吸收上可能具有协同作用，在饲料中添加牛脂，混入少量植物油或饲料原料中含有不饱和脂肪酸，是十分有益的，亦可提高牛脂的利用。添加油脂还可改善日粮品质和生产性能，提高适口性和蛋白质约为14.7%，粗脂肪3.9%，无氮浸出物53.6%～71.2%，粗纤维素8.9%，灰分4.9%，钙占0.11%，磷0.92％，但其中植酸磷含量高(0.68％)，含有效磷0.24％。麦麸纤维含量高，容积大，属于低热能饲料，不宜用量过多，一般可占日粮的3％～15％，育成鸡可占10％～20％，有轻泻作用。小麦粗粉含能量较高，常用来代替小麦麸。大麦麸在能量、蛋白质和粗纤维含量上都优于小麦麸。

2.米糠　含脂肪、纤维较多，富含B族维生素，用量太多易引起消化不良，一般可添加5％～10％。脂肪易氧化酸败，从而降低适口性，且易引起机体消化代谢的紊乱，酸败油脂(酸价大于6)不可饲用。当脂肪和油脂需要保存一段时间，或饲料混合后不立即使用时，应在脂肪中添加抗氧化剂。

糖蜜、酒糟渣、糖渣、豆腐渣、药渣、玉米淀粉渣经风干和适当加工也可做鸡的饲料。糖蜜通常是制糖工业的副产品，含能量较高，粗蛋白质含量3％～6％，在日粮中用量超过5％时可产生轻泻作用。酒渣含纤维较多，不可多用，但由酒渣制作的低纤维饲料含蛋白质和B族维生素较多，还含有未知因子，可增加用量。豆腐渣、药渣和玉米淀粉渣中含有较多的能量和蛋白质。试验证明，以上糟渣类饲料加入鸡饲料中，不仅可以代替部分能量和蛋白质饲料，而且还可以促进鸡的生长和健康，喂量可占日粮的5％～10％。

二、蛋白质饲料

凡饲料干物质中粗蛋白质含量超过20％、粗纤维低于18％的饲料均属蛋白质饲料。根据来源不同，分为植物性蛋白质饲料和动物性蛋白质饲料两大类。

(一)植物性蛋白质饲料

植物性蛋白质饲料包括饼粕、豆科籽实及一些加工副产品。

1.豆饼和豆粕　大豆经压榨法榨油后的产品通称“饼”，用溶剂提油后的产品通称“粕”，它们是饼粕类饲料中最富有营养的一种饲料。蛋白质含量为42%～46%，粕高于饼，含能量则相反。大豆饼（粕）含赖氨酸高，味道芳香，适口性好，营养价值高，一般用量占日粮的10%～30%。大豆饼（粕）的氨基酸组成接近动物性蛋白质饲料，但蛋氨酸、胱氨酸含量相对不足，故以玉米-豆饼（粕）为基础的日粮，通常需要添加蛋氨酸。但是，如果日粮中大豆饼（粕）含量过多，可能会引起雏鸡粪便黏着肛门的现象，还会导致鸡的爪垫炎（Jenson等，1970）。加热处理不足的大豆饼含有抗胰蛋白酶因子、尿素酶、血球凝集素、皂素等多种抗营养因子或有毒因子，鸡食入后蛋白质利用率降低，生长减慢，产蛋量下降。经110℃ 3 min热处理或100℃ 30 min处理的大豆或豆饼基本可破坏这些有害因子。生产中确定豆饼（粕）是否经过加热处理，可采用以下方法：取粉碎大豆饼粉10份放入瓶内，加入1份尿素，再加5份水，立即混匀并将瓶盖拧紧密封，置于20℃环境静止20 min后打开瓶盖，在瓶口能嗅到氨气味则是加热不足的豆饼；如果无氨味，说明是熟豆饼，可以直接使用。

豆饼加热过度（棕色），使大豆蛋白质产生凝结反应，促进碳水化合物-蛋白质相互作用，形成不易被消化的酰胺键产物，导致蛋白质消化率下降，降低其蛋白质的营养价值，特别是赖氨酸的损失很大。用压榨法生产豆粕时，在提油工艺中需加热105～130℃，蛋白质产生一定的凝结反应。豆粕在用溶剂浸提工艺中，豆粕只加热到50～60℃浸提油脂，最后回收溶剂时使用蒸汽温度考点可达100℃，但时间很短，不足以完全破坏有害的酶类及其他抑制因子，应在工艺中经过0.5 h以上的蒸汽加热或蒸煮0.5 h，才能保证饲喂安全性。豆粕加工只在回收溶剂时，用100℃的温度蒸0.5 h，蛋白质的质量比用高温榨油法生产豆饼质量好。

2.花生饼粕　其营养价值仅次于豆饼，适口性优于豆饼，含蛋白质38%左右，有的饼粕含蛋白质高达44%～47%。含精氨酸、组氨酸较多。其他必需氨基酸含量少于豆饼。配合饲料时可以和鱼粉、豆饼一起使用，或添加赖氨酸和蛋氨酸。花生饼易感染黄曲霉毒素，使鸡中毒，因此，贮藏时切忌发霉。一般用量可占日粮的15％～20％。

3. 菜籽饼粕　蛋白质含量34％左右，粗纤维含量约11％，含有一定量的芥子甙（含硫甙）毒素，具辛辣味，适口性较差。产蛋鸡用量不超过10％，后备生长鸡5％～10％，经脱毒处理可增加用量。菜籽饼用量过多，鸡会由于甲状腺肿大停止生长，所产的蛋有时带有“鱼腥”味或其他异味，是蛋黄中含有过量的三甲胺引起的，日粮中的用量不要超过5％。

4. 棉仁饼粕　蛋白质含量丰富，可达32％～42％。氨基酸含量较高。微量元素含量丰富、全面。含代谢能较低。粗纤维含量较高约10％，高者达18％。棉仁饼粕含游离棉酚和棉酚色素，棉酚含量取决于棉籽的品种和加工方法。一般来说，预压浸提法生产的棉仁饼、粕棉酚含量较低，赖氨酸的消化率较高。幼鸡对棉酚的耐受力较成年差。棉酚中毒有蓄积性，棉酚可使鸡蛋呈橄榄色，鸡蛋蛋白变成粉红色。棉酚可与消化道和鸡体内的铁形成复合物，导致缺铁，添加0.5％～1％硫酸亚铁粉可结合部分棉酚而去毒，并可提高棉仁饼的营养价值。棉仁饼一般不宜单独使用，喂量过多不仅影响蛋品质，而且还降低种蛋的受精率和孵化率，种鸡尽量不用。一般用量不超过日粮的5％，低毒或去毒棉仁饼可增加用量，如添加少量鱼粉或蛋氨酸及赖氨酸可代替豆饼使用。

5. 其他饼类　芝麻饼、向日葵仁饼和亚麻仁饼粕等，粗蛋白质含量30％以上，蛋氨酸含量较高，但粗纤维含量较高。去壳向日葵仁饼粕可以代替豆饼喂鸡，只是喂量不宜过大。亚麻仁饼喂量过多，可使鸡体不饱和脂肪酸含量上升，体脂变软。用温水浸泡亚麻仁饼可产生氢氰酸而使鸡中毒，应加注意。

6. 豆类籽实　包括大豆、黑豆、蚕豆，含蛋白质较高（25％～40％）。生豆类含抗胰蛋白酶因子等有害物质，应经适当的热处理

(110℃ 3 min)后使用。国外报道，全脂大豆 121℃加热 40 min 喂鸡，其增重最快。目前，发达国家已广泛应用全脂大豆粉或膨化大豆粉做鸡的饲料，尤其是肉仔鸡饲料，因大豆粉中除蛋白质含量高达 38%外，含油脂多，能量高，可代替豆饼，而且提高了代谢能值。我国也应适当发展全脂大豆粉或膨化大豆粉做鸡的饲料。

7. 玉米蛋白粉和其他蛋白质饲料　玉米蛋白粉一般含蛋白 40%～50%，高者可达 60%。但由于必需氨基酸含量甚少，故蛋白质差，饲喂时应考虑氨基酸水平，与其他蛋白质饲料配合使用。玉米蛋白粉经微生物发酵制成单细胞蛋白(酵母)饲料，饲用价值提高。一些糟渣类饲料含蛋白质较丰富，如以干物质计算，蛋白质含量在 20%以上，可做蛋白质饲料使用。有些酿造厂家将啤酒糟、酒糟等副产品经分离再加工后制成蛋白质饲料，其饲用价值大大提高，可部分代替豆饼。

(二)动物性蛋白质饲料

动物性蛋白质饲料包括鱼粉、肉骨粉、蚕蛹粉、蛆蚓粉、虾糠、血粉、羽毛粉及饲料酵母等。特点是蛋白质和必需氨基酸含量高，矿物质含量多，钙、磷含量很高，B 族维生素含量丰富，特别是维生素 B_1 和维生素 B_{12}。

1. 鱼粉　鱼粉是养鸡最佳的蛋白质饲料，营养价值高，必需氨基酸含量全面，特别富含植物性蛋白质饲料缺乏的蛋氨酸、赖氨酸、色氨酸，并含有大量 B 族维生素和丰富的钙、磷、锰、铁、锌、碘等矿物质，还含有硒和促生长的未知因子，是其他任何饲料所不及的，可用于调节日粮氨基酸的平衡，对雏鸡生长和成鸡产蛋、繁殖都有良好效能。含粗蛋白质可达 55%～77%，一般进口鱼粉含粗蛋白质 60%左右，多为棕黄色。国产优质鱼粉含粗蛋白质可达 55%，而一般鱼粉含粗蛋白质 35%～55%，灰褐色，含盐量高。选用鱼粉要注意质量，以免引起鸡的食盐中毒。鱼粉含粗脂肪约 10%。一般用量占日粮的 2%～8%。饲喂鱼粉可使鸡发生肌胃糜烂，特别是加工错误或贮存中发生过自燃的鱼粉中含有较多的“肌胃糜烂因子”。鱼粉还会使鸡肉和鸡蛋出现不良气味。鱼粉应贮存在通风和干燥的地方，否则容易生虫或腐败而引起中毒。因鱼粉含大肠杆菌较多，易污染沙门氏菌，国内有关部门规定曾祖代鸡日粮不用鱼粉，祖代鸡不用或少用。国外早已采用无鱼粉饲料，国内开发出的无鱼粉日粮，不仅降低了饲料成本，还有利于种鸡健康，受到养鸡场的普遍欢迎。

2. 肉骨粉　肉骨粉是屠宰场或病死畜尸体等成分经高温、高压处理后脱脂干燥制成，营养价值取决于所用的原料，饲用价值比鱼粉稍差，含蛋白质50%左右，含脂肪较高。最好与植物蛋白质饲料混合使用，雏鸡日粮用量不要超过5%，成鸡可占5%～10%。肉骨粉容易变质腐败，喂前应注意检查。

3. 蚕蛹粉、蚯蚓粉　全脂蚕蛹粉含粗蛋白质约54%，粗脂肪约22%。脱脂蚕蛹粉含粗蛋白质约64%，粗脂肪约4%，维生素B_2含量较多。蚯蚓粉含蛋白质可达50%～60%，必需氨基酸组成全面，脂肪和矿物质含量较高，加工优良的蚯蚓粉饲喂效果与鱼粉相似。鲜蚯蚓喂鸡效果更佳，其含蛋白质也较多，还含有未知因子，可促进鸡的生长和产蛋。

4. 羽毛粉、血粉　水解羽毛粉含蛋白质近80%，含有较多的含硫氨基酸，但赖氨酸、色氨酸和组氨酸含量低，这是造成羽毛粉蛋白质生物学价值低的主要原因。羽毛粉制作方法适宜，蛋白质消化率可达75%以上。羽毛粉仅做蛋白质补充饲料，使用量一般限制在2.5%左右。水解羽毛粉的加工大多是高压蒸煮后烘干粉碎制成。血粉是动物鲜血经蒸煮、压榨、干燥或浓缩喷雾干燥或用发酵法制成，呈黑褐色，其粗蛋白质含量达80%以上。但其蛋白质可消化性较其他动物性饲料差，适口性不好。据研究，发酵血粉和喷雾干燥血粉可提高蛋白质利用率。血粉氨基酸的含量很不平衡。赖氨酸非常多，但异亮氨酸、蛋氨酸缺乏，钙、磷含量很少。铁含量很高，每千克血粉可含铁 1 000 mg。没有设备的地方土法也能生产血粉。夏日，从屠宰场收集新鲜血液在 6 h 内与等量的麸皮混合，摊在水泥地上，越薄越好（不超过 2.5 cm），每小时翻动一次，6 h 左右可晒干，并可久存。

5. 其他动物性饲料　如河虾、虾糠、蚌肉等，经加工煮熟处理后饲用，并注意防止腐败。牛奶蛋白质含量丰富，而且最容易消化，是育雏的最好饲料，有条件时，可在第 1 周补喂，用量每只每天 5 g。孵化厂的无精蛋也可喂 1 周龄雏鸡，习惯用量每 100 只雏鸡 4 个。

饲料酵母蛋白质含量一般为 50％左右，赖氨酸、蛋氨酸含量低，B 族维生素含量丰富，缺少磷，含钾多，尚含有未知生长因子。蛋白质消化率不太高，粗蛋白质中有部分核酸氮。作为唯一蛋白质源用于养鸡饲料效果不佳，可与鱼粉并用，肉鸡饲料中可添加 2％～5％。饲料酵母质量差别较大，显微镜检查酵母菌体数可判断是否掺假及酵母浓度。因加热过度无法分辨菌体的产品，可用核酸或血色素的定量来鉴别质量。

三、矿物质饲料

植物性饲料中普遍缺乏钠、氯和钙，一般天然饲料配成的日粮，矿物质在数量上和比例上都不能满足鸡的需要，须添加各种矿物质饲料。

（一）含钙饲料

贝壳、石灰石、蛋壳均为钙的主要来源，其中贝壳最好，含钙多，易被鸡吸收，饲料中的贝壳最好有一部分碎块。石灰石含钙也很高，价格便宜，但有苦味，注意镁的含量不得过高（不超过 0.5％），还要注意铅、砷、氟的含量不超过安全系数。蛋壳经过清洗煮沸和粉碎之后，也是较好的钙质饲料。这 3 种矿物质饲料用量，雏鸡占日粮的 1％左右，产蛋鸡占日粮的 5％～8％。此外，石膏(硫酸钙)也可做钙、硫元素的补充饲料,但不宜多喂。

(二)富磷饲料

骨粉、磷酸钙、磷酸氢钙是优质的磷、钙补充饲料。骨粉是动物骨骼经高温、高压、脱脂、脱胶、碾碎而成,因加工方法不同,品质差异很大(表 5-1),选用时应注意磷含量和防止腐败。一般以蒸制的脱胶骨粉质量较好,钙、磷含量可分别达 30%和 14.5%。磷酸钙等磷酸盐中含有氟和钒等杂质,未经处理不宜使用。骨粉用量一般占日粮 1%～2.5%,磷酸盐一般占 1%～1.5%。磷矿石一般含氟量高,并含其他杂质,应做脱氟处理。饲用磷矿石含氟量一般不宜超过 0.04%,美国制成的脱氟磷矿石、上海化工研究院制作的脱氟磷肥代替骨粉,效果良好。

表 5-1　几种钙、磷饲料的钙、磷含量　%

饲　料	磷	钙
煮骨粉	10.95	24.53
煮骨粉(脱脂)	11.65	25.40
蒸汽处理骨粉	12.86	30.71
蒸汽骨粉(脱脂)	14.88	33.59
骨制沉淀磷酸钙	11.35	28.77
磷酸氢钙(商业用)	18.97	24.32
磷酸氢钙(化学纯)	22.79	29.46
过磷酸钙	26.45	17.12
磷酸氢钠	25.80	
磷酸氢二钠	21.81	

(三)食盐

食盐为钠和氯的来源,雏鸡用量占日粮的 0.25%～0.3%,成鸡占 0.3%～0.4%。如日粮中含有咸鱼粉或饮水中含盐量高时,应确定含盐量,在配合饲料中减少食盐用量或不加。

(四)其他

沙砾有助于肌胃的研磨,笼养和舍饲鸡一般应补给。虽然最新研究认为,喂沙砾并不能提高饲料转化率和生产性能,但是有研究表明,现在用低纤维、高能饲粮养鸡,喂沙砾可减少肌胃腐蚀的发生。不喂沙砾时,雏鸡啄食垫草或羽毛,损伤肠道,日粮中一般添加0.5%～1%的沙砾。亦可单独补饲,但要注意,种鸡停料日喂沙砾,容易采食过量。麦饭石、沸石和膨润土等,不仅含有常量元素,还富含微量元素,并且由于这些矿物质结构的特殊性,所含元素都具有可交换性和溶出性,因而容易被动物所吸收利用,因而可提高鸡的生产性能。饲料中添加2.5%～5%麦饭石、5%沸石、1.5%～3%的膨润土,对提高鸡的生产性能和饲料转化率均有良好效果,此外,它们还具有较强的吸附性,如沸石和膨润土有减少消化道氨含量的作用。

四、维生素饲料

维生素饲料可分为两类:一类是商品维生素添加剂;另一类是各种青绿饲料以及加工的产品如青贮料、青干草粉、树叶粉等。青绿多汁饲料,适口性强,能促进鸡的食欲,胡萝卜素和某些B族维生素含量丰富,并含有一些微量元素,大小鸡都爱吃。农家小规模养鸡可有效地利用。常用的青绿饲料包括各种蔬菜叶、苜蓿、树叶及瓜果。较大规模养鸡的情况下,使用青绿饲料较为困难,多用干草粉(如苜蓿粉)、叶粉(如槐树叶粉、松针粉),可补充维生素、矿物质和蛋白质(含量15%～20%),草叶粉可占日粮的2%～7%,有条件的地区应积极开发利用。伴随机械化养鸡业的发展,为平衡、全面地供应鸡的营养,维生素的供应已渐为医药化工原料生产的添加剂所代替。在这种情况下,尤其应注意自然资源的开发利用。

五、饲料添加剂

为满足特殊需要而加入饲料中的少量或微量营养性或非营养性物质，统称为饲料添加剂。包括营养性添加剂（微量元素、维生素、氨基酸及其类似物等）和非营养性添加剂（抗生素、生长促进剂、驱虫保健剂、酶制剂、诱食剂、饲料品质改善剂等）。

在选择与使用各类饲料添加剂、配制预混料时，必须做到：使用的抗生素和药物类是经过政府有关部门批准的，并按规定的使用量及使用阶段进行添加；选用的添加剂原料中有毒有害成分符合国家卫生标准的规定。

（一）矿物质微量元素

鸡必需的矿物质微量元素如铁、铜、锰、锌、钴、碘、硒等，鸡必需的微量元素需要量虽低，却不可缺乏。随着集约化养鸡业的发展，鸡对微量元素需要量与基础饲料中微量元素提供量差距较大，故一般情况下，需要使用含微量元素的饲料添加物。这种添加物提供形式，主要有三类产品：首先是无机盐类产品，如硫酸亚铁、硫酸锰、硫酸铜等；为了提高微量元素的吸收率，使用了简单有机酸盐类产品（如柠檬酸铁）和微量元素-氨基酸螯合物（如氨基酸铁），后者也叫蛋白微素精。选择各种微量元素添加物时，必须考虑它们的生物利用性、稳定性、物理性质、价格和铅、镉、汞、砷等重金属含量等因素。

（二）维生素

维生素是必需的微量营养成分。每一种维生素都起着其他物质所不能替代的特殊作用，所有用于鸡营养的维生素，都是用化学和微生物学方法进行大规模工业化生产的。它们的性质和作用都同自然界存在的维生素相同。由于它们是按特殊药物制剂配方生产的，所以在应用效果方面优于天然的维生素。它们的贮存期稳定性可通过采用一些保护措施加以提高，甚至在延长贮存期后，仍然可以使动物饲料达到预期的效果。维生素的种类及功能详见本章第二节。

(三)蛋氨酸及其类似物

1. *DL*-蛋氨酸　蛋氨酸是有旋光性的化合物，分为 *D* 型和 *L* 型。在鸡体内，*L* 型易被肠壁吸收。*D* 型要经酶转化成 *L* 型后才能参与蛋白质的合成。工业合成的产品是 *L* 型和 *D* 型混合的外消旋化合物，是白色片状或粉末状晶体，具有微弱的含硫化合物的特殊气味，易溶于水、稀酸和稀碱，微溶于乙醇，不溶于乙醚。其1%水溶液的 pH 值为 5.6～6.1。

2. 蛋氨酸羟基类似物及其钙盐　别名：液态羟基蛋氨酸；分子式：$(C_5H_{10}O_3S)_2Ca$。羟基蛋氨酸是深褐色黏液，含水量约 12%。有硫化物特殊气味。其 pH 值为1～2。它是以单体、二聚体和三聚体组成的平衡混合物，这些多聚体能在鸡肠道水解成单体。单独添加羟基蛋氨酸的饲喂效果和 *L*-蛋氨酸的一样。羟基蛋氨酸是液态，在使用时喷入饲料后混合均匀。这种添加工艺具有一定的优越性：操作方便，无粉尘，节省人工，降低贮存费用。这种产品尤其适用于大中型颗粒饲料厂，可在压粒调质时喷入，而且是一种天然的黏结剂。

3. 羟基蛋氨酸钙　别名：MHA-Ca；分子式：$(C_5H_9O_3S)_2Ca$。羟基蛋氨酸钙盐是液体的羟基蛋氨酸与氢氧化钙或氧化钙中和，经干燥、粉碎和分筛后制得。我国于 1987 年批准进口该产品。根据农业部制定的羟基蛋氨酸钙盐的质量标准，羟基蛋氨酸钙应为浅褐色粉末颗粒。

4. *L*-赖氨酸盐酸盐　*L*-赖氨酸化学名称是 *L*-2，6-二氨基乙酸，分子式：$C_5H_{14}N_2O_2 \cdot HCl$，白色结晶。赖氨酸由于营养需要量高，许多饲料原料中含量又较少，故常常是第一或第二限制性必需氨基酸。谷类饲料中赖氨酸含量不高，豆类饲料中虽然含量高，但是作为鸡饲料原料的大豆饼或大豆粕均是加工后的副产品，赖氨酸遇热或长期贮存时会降低活性。在鱼粉等动物性饲料中赖氨酸虽多，但也有类似失活的问题。因而在饲料中可被利用的赖氨酸，只有化学分析得到数值的80%左右。在赖氨酸的营养上尚存在与精氨酸之间的拮抗作用。肉用仔鸡的饲粮中常添加赖氨酸使之有较高的含量，这易造成精氨酸的利用率降低，故要同时补足精氨酸。

商品含*L*-赖氨酸盐酸盐98%，但*L*-赖氨酸含量为78%左右。

5. 苏氨酸和色氨酸　工业生产的苏氨酸是淡褐色粉末，色氨酸是白色或类白色结晶，均是很重要的饲料添加剂，由于目前工业生产的成本较高，世界上作为饲料添加剂每年使用数量只有数百吨。随着工业生产成本的降低，其用量将有较大幅度的提高。

目前苏氨酸、色氨酸生产主要在美国、日本和德国，我国武汉制药厂也少量生产色氨酸。

(四)有机酸

有机酸可降低胃中的pH值，以及维持鸡嗉囊适宜的酸环境，有利于乳酸菌的生长，抑制大肠杆菌的生殖，并可促进胃蛋白酶原向胃蛋白酶的转化，提高消化率。另外，有机酸可能作为一种螯合剂，促进盲肠中矿物质的吸收。

1. 天然腐殖酸　天然腐殖酸含有20种左右的金属元素以及未知促生长因子，很适于做饲料添加剂。具有能调节鸡的电解质、酸碱平衡、提高鸡的生产性能和抗病力、防止鸡的啄肛癖和脚弱症、改善肉质和减轻鸡排泄物臭味的作用。

2. 海藻酸　海藻是海洋低潮线下浅海中的水生藻类植物，属褐藻类，普通干海藻中含有粗蛋白质17%～32%，粗脂肪1.2%，海藻酸17%～20%，无机盐24%～28%，叶黄素0.2%。此外，还含有糖类和维生素，如维生素A、维生素B_1、维生素B_2、维生素B_{12}、维生素C、维生素D等。海藻酸即海藻类所特有的黏液质的主要成分。近年来，很多国家用纯海藻干粉作饲料添加剂，获得较为满意的效果。饲养实践证明,海藻酸具有刺激鸡生长、提高鸡抗应激能力、改善饲料利用效率、改善鸡胫部和皮肤颜色等良好作用。其添加量为每日0.5～0.7 g/只。

3.延胡索酸　延胡索酸(反乙烯1,2-二羧基酸)为白色结晶粉,无臭,难溶于水,不吸湿,抗氧化和温度变化,其主要作用如下:①鸡抗应激剂,养鸡业中,为避免转群、运输和疫苗接种等应激造成的不良影响,在上述工作前后10天给鸡投喂延胡索酸,每千克体重100 mg,可防止鸡死亡、减重等。②增重剂,在肉仔鸡和产蛋鸡全价饲粮中添加0.15%～1.0%延胡索酸,降低采食量2%～7%,同时提高饲料转化率3.8%～7.3%,提高氮利用率4.7%和脂肪利用率2.7%。③预防啄癖,减少肠道有害菌。④抗氧化作用。

4.柠檬酸　据报道,柠檬酸可促进雏鸡的生长和产蛋,减少脂肪肝,增加血磷含量,改善营养物质的消化吸收,减少消化道中细菌数量及其营养物质的竞争。柠檬酸给量超过1.5%可提高鸡的饮水量,再多可导致尿酸沉积,甚至减慢生长。

(五)保健助长药物添加剂

1.抗球虫药物添加剂　如表5-2所示。

表5-2　鸡抗球虫药种类及其特性

名称	对象	抗药性	对免疫力的影响	屠前停药期(天)
硝酸二甲硫胺	肉鸡	轻度	慢	0
莫能霉素	肉鸡、蛋鸡	轻度	严重抑制	3
盐霉素	肉鸡、蛋鸡	轻度	严重抑制	0
马杜霉素铵盐	肉鸡	轻度	不明	5
拉沙洛西钠	肉鸡	轻度	严重抑制	3
氯嗪苯乙氰	鸡	慢	不明	0
球痢灵	鸡	较慢	无	3
丁喹酯	肉鸡、生长鸡	不明	不明	0

2.聚醚类抗生素 这类抗球虫药是由发酵生产的，具有广谱抑制球虫的抗生素。它们对金属离子有特殊的选择性，可与钠、钾及二价金属离子结合形成络合物，使球虫子孢子和第一代裂殖体的钠离子量急剧增加，导致细胞膜离子交换平稳失调，子孢子和裂殖体中过剩的钠离子不能从细胞中排出，膨胀而死，因而球虫不易产生抗药性。对其他药物已产生耐药性球虫使用时，同样有效，即不发生交叉耐药性。该药很快排出体外，无显著的积累作用，因此，是目前较为理想的抗球虫药物添加剂。此类抗生素主要品种介绍如下：

莫能霉素：每吨饲料添加 90～120 g 莫能霉素，用于肉鸡屠宰前 3 天停药。莫能霉素不能与泰妙菌素和竹桃霉素同时使用。莫能霉素本身较稳定，可保存 2 年，制成预混剂或混入饲料，其效价仍可保存 3 个月。

盐霉素钠：别名沙利霉素钠盐、萨里诺马辛，是安全有效的抗球虫剂。盐霉素钠抗球虫的机理与莫能霉素相近，盐霉素钠在鸡体内残留量很少。盐霉素钠随鸡粪排出，对农作物无害，对鱼类安全，对生产操作人员没有刺激，故不影响对鸡粪的综合利用。我国规定每吨鸡饲料中添加 50～70 g 盐霉素钠，停药期 5 天，产蛋期禁用。

拉沙洛西钠：其预混剂的商品名为“球安”(AVATEC)。规定用量，每吨鸡饲料添加 75～125 g 拉沙洛西钠，屠宰前 3 天停药，产蛋期禁用。

马杜霉素铵盐：马杜霉素铵盐是一种有效球虫杀灭剂，可杀死宿主体内的寄生虫，而不是球虫的抑制剂。其活性期是在球虫生命周期的最初 1～3 天。可杀死子孢子和裂殖子。它对许多革兰氏阳性菌有效。与其他抗生素间不产生交叉耐药性。美国 FDA 规定：仅用于肉鸡，每吨饲料添加 4.54～5.45 g，停药期 5 天，产蛋期禁用。注意：当马杜霉素铵盐的量在 5×10^{-6} 以上时，肉鸡有吃羽毛的现象。当使用 6×10^{-6} 时，对增重有不良影响，且不改善饲料转化效率。

3. 抗硫胺类　盐酸氨丙啉：氨丙啉是传统使用的抗球虫药，已广泛应用于世界各国。它的安全性最高，美国 FDA 不仅批准用于种鸡，还是唯一可以用于产蛋鸡的抗球虫药，没有停药期的规定。单独使用氨丙啉时，每吨鸡饲料添加 62.5～125 g，无停药期。

硝酸二甲硫胺：我国规定的添加量是每吨鸡饲料添加 62 g。

(六)抗菌促生长饲料添加剂

(1)多肽类抗生素。杆菌肽锌、硫酸黏杆菌素(硫酸黏菌素、硫酸多黏菌素 E)、恩拉霉素(安来霉素、恩霉素)。

(2)大环内酯类抗生素。北里霉素。

(3)四环素类抗生素。土霉素、金霉素。

(七)酶类饲料添加剂

酶是动植物机体合成的具有特殊功能的蛋白质。在鸡饲料中添加的酶主要属消化性酶类，可提高营养物质的消化率，其中最主要的是帮助消化植物细胞壁结构的分解酶类。这些酶在许多国家的应用中取得良好效果。对鸡消化饲料有帮助的酶主要有以下几类：蛋白酶类主要分解蛋白质，常用的有酸性蛋白酶、中性蛋白酶、碱性蛋白酶等；淀粉酶主要有 α 和 β 淀粉酶、支链淀粉酶；纤维素分解酶类；糖类分解酶：乳糖分解酶和 β-葡萄糖酶、非淀粉多糖酶类，如 β-葡聚糖酶、木聚糖酶、果胶酶等。酶制剂的应用要针对饲料组成和畜禽种类来选用。

目前多用发酵法生产酶，有的将酶从发酵培养基中提出来制成酶制剂，有的将培养物混合后直接制成添加剂，也有的将酵母菌和培养基混合制成。国外产品主要有福美多(Fermacto)、八宝威(Kemzyme)等。国内酶制剂产品很多，如溢多酶、太湖酶、华芬酶等。

(八)改进饲料质量的添加剂

抗氧化剂：我国批准在饲料中使用的有二丁基羟基甲苯(BHT)、丁基羟基茴香醚(BHA)与乙氧基喹啉(乙氧喹，EMQ)。

(九)防霉剂

作为饲料防霉剂必须有抑制霉菌作用，又对鸡无毒。

(1)有机酸：如丙酸、山梨酸、苯甲酸、乙酸、脱氢乙酸和富马酸等。

(2)有机酸盐和酯：如丙酸钙、山梨酸钠、苯甲酸钠、富马酸二甲酯等。

(3)复合防霉剂：如 Monoprop，Mold-X，Agrosil 和 Adofeed 等，它们是由两种或多种有机酸与某种载体结合而成，既保持甚至增进了有机酸原有的抑制霉菌功能，又免除或降低了有机酸的腐蚀性与刺激性。

(十)颗粒黏结剂

在制作颗粒饲料的原料中添加少量黏结剂有助于颗粒硬度、颗粒性能的提高、增加生产能力、延长压模寿命，也可以减少制粒后和运输中的粉碎现象。常用的颗粒饲料黏结剂有黏土、膨润土、聚丙烯酸钠。

(十一)抗结块剂

海泡石，通过吸着和半吸着作用，海泡石滞留多种液体物质，充当抗结块剂、自由流动剂，控制混合物的湿度或包住产品的表面使呈流态。

(十二)调味诱食剂

调味剂通常也称为香味剂、诱食剂、风味剂，常含有甜味剂和香味剂。饲料甜味来自有机化合物，如蔗糖、某些多糖、甘油、醇、醛和酮，另外一些稀碱和无机元素也有甜味。饲料的香味来自挥发性有机物，其类型很多，绝大多数是低分子有机化合物。在饲料中添加调味剂可增进鸡的食欲，掩盖某些饲料组分的不良气味，增加鸡喜爱的某种气味，从而改善饲料的适口性、增加鸡的采食量、提高非常规饲料资源的利用，提高鸡的生产性能、节约饲粮资源、降低养鸡生产成本，如美国的美味香及化十香味素等均属此类产品。

（十三）鸡产品着色剂

为了提高鸡产品的美观性和商品价值，以更受消费者欢迎，有些饲料中添加着色剂，如蛋鸡和肉鸡饲料中加入黄、红色着色剂后，可使蛋黄及鸡皮颜色加深。欧洲共同体批准使用的饲料着色剂包括共同体允许的所有食用色素、类胡萝卜素与叶黄素类。据报道，欧洲共同体每年饲料用着色剂已超过 100 t。美国在肉鸡和蛋鸡饲料中添加红、橘黄、黄 3 种颜色的食用着色剂以增加蛋黄及肉鸡皮肤的颜色。

天然植物中含有较高的胡萝卜素和叶黄素等成分，如苜蓿叶粉（含叶黄素 400～500 mg/kg）、玉米面筋粉（含叶黄素 90～185 mg/kg）、干红辣椒（含叶黄素 185 mg/kg）等。合成类色色剂主要是胡萝卜素衍生物、柠檬黄、胭脂红、栀子黄色素等。

近年来，稀土也用做饲料添加剂，并取得一定的效果。

第二节　饲料中营养物质及其作用

饲料营养物质与鸡的生长发育、繁殖和抗病力都有密切的关系。饲料中所含的营养物质大致可分为能量、蛋白质、矿物质、维生素、水分和其他营养物质 6 大类。

一、能量

能量对肉鸡具有最重要的营养价值，根据鸡的排泄特点，目前普遍采用表观代谢能（*ME*）来表示饲料的能量价值。饲料总能减去粪、尿、气体能即为 *ME*。鸡的产气可忽略不计，所以 *ME* 代表饲料总能减粪尿能。以鸡体内氮沉积为零进行校正即得氮校正代谢能（*MEn*）。饲料总能减去饲料源的粪尿总能（粪尿能减去内源能）为真代谢能（*TMEn*）。代谢能是生理有用能。饲料中能量表示方法是 MJ/kg（兆焦/千克）、kJ/g（千焦/克）。饲料能量是鸡的一切生命活动，包括呼吸、循环、消化吸收、运动、排泄、生长繁殖、体温调节必需能量的来源。能量不是一种营养素，饲料中的脂肪、碳水化合物和蛋白质都含有能量，以化学潜能的形式存在，经氧化后供机体利用，在一般饲养条件下，饲料中的脂肪和碳水化合物是主要的供能物质。蛋白质多余或能量供给不足时，蛋白质也可分解供能。

(一)碳水化合物

碳水化合物包括淀粉、糖类和纤维素。己糖、蔗糖、麦芽糖和淀粉是鸡可以利用的碳水化合物。饲料中的己糖主要为葡萄糖、果糖、半乳糖、甘露糖。鸡不能利用乳糖，因为鸡的消化液中没有乳糖酶。鸡消化道中不分泌纤维素酶，对纤维素的消化能力低，故饲料中纤维不可过多。但纤维过少时肠蠕动不充分，易发生食羽、啄肛等不良现象。饲粮的纤维含量一般应在 2.5%～5%。碳水化合物除作为主要供能物质外，还是鸡体组织器官的构成物质，在鸡体内还可转变为糖原和脂肪而作为营养储备；碳水化合物的某些中间产物，可与氨基结合而形成非必需氨基酸，如谷氨酸、丙氨酸等。

(二)脂类

脂类包括中性脂肪和类脂肪，广泛存在于鸡体和蛋中。鸡体经各种消耗后剩余的糖类和氨基酸都可转化为脂肪。脂肪氧化供能效率高，是碳水化合物的 2.25 倍，热增耗最低，适口性好，是脂溶性营养素的溶剂。国内外通常在肉用仔鸡或产蛋鸡日粮中添加 1%～5%的脂肪，对肉鸡生长和成鸡产蛋，特别是对提高饲料效率和缓解高温影响效果较好。饲用脂肪中应添加抗氧化剂，以防止不饱和脂肪酸的破坏。脂类是鸡体组织细胞的重要组成部分，是合成某些激素的原料，尤其是生殖激素大多需要胆固醇作原料；脂肪还是脂溶性营养素的溶剂，脂溶性维生素A、维生素D、维生素E、维生素K及胡萝卜素和某些色素等均须先溶于脂肪，而后才能被吸收和在体内转运。

脂肪可由其他营养成分转化而来，而且大部分脂肪酸均能在鸡体内合成，一般不存在脂肪缺乏的问题，唯有亚油酸(C_{18}：2，n-6)在鸡体内不能合成，必须从饲料中提供，称为必需脂肪酸(EFA)。α-亚油酸(C_{18}：3，n-3)是否为必需脂肪酸尚未得到完全证实。这两种不饱和脂肪酸(PUFA)在鸡体内不能合成，要经过去饱和与碳链延长形成二十碳和二十二碳PUFA，进而合成类二十烷，类二十烷是生物活性极强的调节物质，具有类似激素的功能，在鸡的生长、胚胎发育、繁殖、免疫反应和骨骼发育中都起重要作用。必需脂肪酸缺乏，影响磷脂代谢，造成膜结构异常，通透性改变，皮肤和毛细血管受损。典型的症状是水需要量增加，对疾病的抵抗力下降；雏鸡生长不良，还会干扰精子形成，影响受精率；蛋鸡产蛋少，蛋重下降，孵化率低。以玉米为主要谷物的饲粮通常含有足够的亚油酸。而以高粱、麦类为主要谷物的饲粮则可能出现缺乏现象。植物油中含有大量的亚油酸。新NRC标准(1984，1994)增加了亚油酸的需要量。

(三)蛋白质

蛋白质也可分解供能，但蛋白质的主要作用不是供能。以蛋白质作能量不仅不经济，还会增加机体的代谢负担。但当鸡体内供给热能的碳水化合物和脂肪不足时，多余的蛋白质可在体内经分解、氧化供能，以补充热能的不足。在过度饥饿时体蛋白质也可分解供能。机体内多余的蛋白质可经脱氨基作用，将不含氮部分转化为脂肪或糖原，储备起来，以备营养不足时供能。饲料中的能量与其他营养物质要有一个合适的比例，使鸡食入的能量与各种营养素之间保持平衡，这也是现代营养学中很重要的原则。鸡能把饲料中超出需要的能量物质转化为脂肪贮存在体内，主要贮存在腹腔和皮下。鸡的能量供给不足时，生长缓慢，产蛋水平下降，健康状况恶化，饲料能量用于生产的效率降低。

二、蛋白质

蛋白质是构成生物体的基本物质，同时也是生物有机体最重要的营养物质。鸡的内脏器官、肌肉、骨基质、皮肤羽毛、血液、激素、酶以及鸡蛋等主要由蛋白质组成。在新陈代谢中，蛋白质用于肌体蛋白质的更新和组织细胞的补偿等，是生命的物质基础，构成蛋白质的基础物质是氨基酸(AA)，体蛋白含有22种氨基酸，可分为必需氨基酸与非必需氨基酸两大类。

(一)必需氨基酸

必需氨基酸是指在鸡体内不能合成，或者合成速度慢，量又少，不能满足需要，必须由饲料中提供的氨基酸。鸡的必需氨基酸有10种：蛋氨酸、赖氨酸、组氨酸、色氨酸、精氨酸、亮氨酸、异亮氨酸、苏氨酸、缬氨酸、苯丙氨酸。对雏鸡来说，甘氨酸也是必需氨基酸。最重要的氨基酸是蛋氨酸、赖氨酸和色氨酸，它们在饲料中的含量常低于鸡的需要量，这3种氨基酸缺乏或比例不当时，其他氨基酸的利用就会受到限制，使蛋白质的合成减少。因此，这3种氨基酸又称为限制性氨基酸。在生产中，首先要保证这3种氨基酸的供应。

(二)非必需氨基酸

非必需氨基酸是指能在鸡体内生物合成，或者可以由其他氨基酸代替，一般不会缺少的氨基酸，如酪氨酸、谷氨酸、丙氨酸、天门冬氨酸、脯氨酸等。值得注意的是：非必需氨基酸仍是鸡体所需要的，其需要量占氨基酸总量的60%。非必需氨基酸绝大部分由日粮提供，不足部分才由体内合成。

(三)氨基酸的平衡

蛋白质品质的优劣,主要取决于必需氨基酸的种类、含量比例是否合适。必需氨基酸中任何一种氨基酸不足都会影响鸡体内蛋白质的合成,饲养时必须注意氨基酸的平衡,尤其是蛋氨酸、赖氨酸、色氨酸和胱氨酸。在一般谷物中含量较少,鸡利用其他各种氨基酸合成蛋白质时,均受到它们的限制。蛋白质水平低的日粮更要注意氨基酸的平衡。实践上单喂植物性蛋白质时,鸡生长慢、产蛋少,而补加一些动物性饲料就能显著改善。主要是动物性饲料氨基酸组成完善、含量较高,特别是蛋氨酸、赖氨酸含量高,使饲料氨基酸平衡。此外,动物性蛋白质还含有维生素 B_{12} 和未知生长因子。因此,在养鸡业中,饲料种类要多样化,补充一部分动物蛋白质饲料或添加人工合成的氨基酸,以保证氨基酸的平衡,是保持蛋白质全价性的重要措施。氨基酸缺乏时,鸡生长迟缓,羽毛生长慢而蓬乱,体重低,性成熟晚,产蛋率低,蛋重小;鸡的精液质量、繁殖性能、受精率和孵化率下降。

但是,氨基酸过量或不平衡,均使蛋白质和整个饲料的利用率降低,剩余的氨基酸经脱氨基作用,一部分以尿氮形式排出,一部分转化为体脂肪蓄积起来,而使鸡体过肥,食欲减退。氨基酸极度过剩时,不仅造成浪费,还会引起代谢上的种种生理障碍。如蛋氨酸过多时,与蛋氨酸缺乏一样,可使采食量减少,增重下降。酪氨酸过多时眼和脚发生病变。但是,在自然条件和正常生产中几乎不存在这种情况。某些氨基酸的替代关系和拮抗作用,在确定鸡的营养需要时也必须加以考虑。蛋氨酸可替代胱氨酸,苯丙氨酸可替代酪氨酸。但反过来则不能代替,只能是减少蛋氨酸和苯丙氨酸的需要量,最多可分别减少60%和30%。丝氨酸可以代替部分甘氨酸。甘氨酸在雏鸡体内合成少,不能满足需要,必须由饲料中补充。通常饲料总蛋白质量满足需要时,甘氨酸和丝氨酸也够用。某些氨基酸过量时,会干扰别的氨基酸的代谢,产生拮抗作用。亮氨酸—异亮氨酸—缬氨酸、精氨酸—赖氨酸、色氨酸—苏氨酸之间均存在着拮抗作用。增加一种或两种氨基酸用量也能提高拮抗氨基酸的用量。氨基酸的拮抗还会加重限制性氨基酸的缺乏,因为此时限制性氨基酸的利用率下降。

(四)氨基酸的有效性

氨基酸的含量常用氨基酸占饲粮的百分比或氨基酸占粗蛋白的百分比表示,后者常用于比较蛋白质品质。饲料中的氨基酸不仅种类、数量不同,有效性也有很大差别。近年来对鸡蛋白质质量的研究已从粗蛋白质和氨基酸发展到可利用氨基酸。可利用氨基酸是指饲粮中可被动物消化吸收的氨基酸,有时叫可消化氨基酸或有效氨基酸,实际饲养时应加考虑。从发展趋势看,可消化氨基酸将会取代粗蛋白与总氨基酸。根据饲料的可消化氨基酸含量进行日粮配合,能够更好地满足鸡对氨基酸的需要。许多因素影响氨基酸的可消化性,不同饲料和不同氨基酸的利用率存在差异。例如,羽毛粉和大部分结缔组织中胱氨酸和二硫键含量较高,蛋白质的稳定性好,不易被消化酶消化。抗营养因子如高粱中的单宁和大豆中的胰蛋白酶抑制因子也降低氨基酸的可消化性。未变性蛋白质的结构和抗营养因子造成的不利影响,可以通过适当的加热处理部分或全部消除。

(五)影响必需氨基酸需要的因素

饲料中必需氨基酸的含量和比例必须保持均衡,缺一种必需氨基酸,其他必需氨基酸的含量充足,也不能合成蛋白质。饲料中非必需氨基酸的含量和比例也应保持均衡,以满足机体蛋白质合成的需要。否则,会加强必需氨基酸向非必需氨基酸的转化,使必需氨基酸的需要量增加。如胱氨酸不足会增加蛋氨酸需要,酪氨酸不足会增加苯丙氨酸需要。按含氮量计算,必需氨基酸和非必需氨基酸的最佳比例为6∶4。日粮的能量浓度过高,导致鸡采食量下降,减少了其他营养物质的进食量。因此,日粮的能量浓度提高时,需要提高包括必需氨基酸在内的各种营养物质的浓度。日粮的蛋白质水平影响必需氨基酸的需要。当蛋白质水平提高时,必需氨基酸的需要相应增加。日粮中某些维生素的含量影响必需氨基酸需要,如维生素 B_{12}、胆碱及硫的不足会妨碍蛋氨酸的利用,蛋氨酸需要增加;当尼克酸不足时,机体利用色氨酸合成尼克酸,从而增加色氨酸需要。日粮中的蛋白质补充料因加工不当,如饼类、豆类饲料加热过度,使某些必需氨基酸消化吸收率下降,特别是会降低赖氨酸、蛋氨酸、胱氨酸和色氨酸的吸收率,而使其需要量增加。

(六)鸡对简单含氮化合物的利用

试验表明,在饲粮中必需氨基酸平衡的前提下,鸡可利用尿素、磷酸氢铵和柠檬酸铵等作氮源合成非必需氨基酸——谷氨酸、天门冬氨酸、丙氨酸等。有人试验,在含可消化粗蛋白10%~12%的低蛋白日粮中补加尿素和铵盐。对雏鸡生长和饲料利用率均有良好影响;用铵盐代替1.8%~2.5%的粗蛋白对母鸡产蛋率和饲料报酬均无明显不良影响。

三、矿物质

矿物质是鸡体组织、细胞、骨骼和蛋壳的重要成分,是酶、激素及某些维生素的组成成分或激活剂,在鸡体内参与调节血液渗透压、维持酸碱平衡和神经兴奋性,是保持鸡正常生理功能和生产性能所必需的无机营养成分。鸡体内必需的矿物元素有16种,根据其含量的不同,可分为常量元素和微量元素两类。体内含量大于或等于体重0.01%的元素为常量元素,包括钙、磷、镁、钠、钾、氯和硫;占动物总重量0.01%以下的元素为微量元素,包括铁、锌、铜、锰、碘、钴、钼、硒和铬。此外,鸡还需要氟、硅、钒、砷,可能还需要锡、镍。体内矿物质元素存在形式多种多样,大多数元素以结合态形式存在。矿物质在体内不产生热能,但它参与体内各种生命活动。饲料中矿物质元素的含量过多或缺乏都可能产生不良的后果。

(一)常量元素的营养作用

1. 钙　钙是构成骨骼和蛋壳的主要成分,鸡体内99%的钙存在于骨骼中,分布于细胞和体液中的钙约为1%。钙的主要功能是促进骨骼、羽毛生长和提高生产率,调节神经、肌肉的正常活动,维持体内的酸碱平衡。缺钙会引起血钙降低,雏鸡发育不良,出现佝偻病,病雏瘫痪、胸骨变形;种鸡蛋壳变薄或产软壳蛋或无壳蛋,产蛋量下降,易骨折,甚至出现瘫痪。钙过量时,若高于需要标准的50%也会引起不良后果,阻碍锰、锌、碘的吸收和发生不同程度的钙中毒,饲料适口性下降使摄食减少,饲料转化率降低,影响生长和产蛋。适宜的钙、磷比例和充分满足维生素D需要,可增进钙的吸收;乳糖和蛋白质水解后的氨基酸均有利于钙的吸收。钙、磷的适宜比例雏鸡为1.2∶1,其允许范围是(1.1～1.5)∶1;产蛋鸡为(5～7)∶1。钙多磷少(过钙症)或钙少磷多(过磷症)都会导致营养代谢病,两者的外表症状很难区分。如果盲目补钙或磷,都会导致不良后果。

2. 磷　磷是构成鸡体骨骼的主要成分,鸡体内约80%的磷存在于骨骼中。蛋壳、体组织、血液和脏器含磷也较多。磷能调节肌腱活动,在新陈代谢过程中参与多种酶的活动,在碳水化合物和脂肪代谢以及维持机体的酸碱平衡也是必要的。磷缺乏时,食欲不振,生长缓慢,并影响钙的吸收,鸡出现软骨、弯腿、关节僵硬等症状。鸡对不同来源的磷利用效率不同,植物性饲料中含有较多的植酸磷(肌醇六磷酸盐),其利用率大致为雏鸡、仔鸡30%,产蛋鸡50%。鸡对无机磷的利用率很高,日粮中应补充骨粉、磷酸钙、磷酸氢钙等。

3. 钠和氯　其是调节机体内渗透压和酸碱平衡,维持肌肉和神经兴奋性及调节体液容量;组成消化液,增加饲料适口性,增进消化和氮的利用。钠和氯缺乏时,鸡表现为生长缓慢,消化不良,食欲减退,体重减轻,产蛋率下降,容易出现啄肛、啄羽趾和食血癖。食盐过多,轻者饮水量增加,便稀,重者可造成中毒死亡。

4. 镁 约有70%的镁存在于骨骼中,镁有促进骨骼生长的作用。在鸡体参与酶的活动和碳水化合物、蛋白质的代谢。日粮中镁缺乏时,鸡神经过敏、易惊厥,出现神经性震颤,呼吸困难。雏鸡表现为生长缓慢、昏睡、心跳气喘,在受惊扰时出现痉挛并进入昏迷状态,这种状态有时是暂时的,却常常是致命的。产蛋鸡则表现为产蛋率下降。鸡对镁的吸收率可达60%。

5. 钾 钾在细胞内形成缓冲系统,维持酸碱平衡,调节神经、肌肉的正常活动。钾缺乏时,肌肉的弹性和收缩能力降低,表现为肌肉衰弱,四肢无力,肠道膨胀。在应激条件严重时,易发生低钾血症。

6. 硫 硫主要以有机形式存在于含硫氨基酸(蛋氨酸、胱氨酸和半胱氢酸)、含硫维生素(维生素 B_1 和生物素)及激素(胰岛素)中。羽毛中含有大量的硫,其功能也通过上述各种物质表现出来。缺硫时表现为食欲降低。体弱脱毛,多泪、食毛癖、产蛋减少、蛋重下降。机体内的硫来源于饲料蛋白,蛋白质缺乏时,常出现缺硫现象。用无机硫作添加剂,用量超过0.3%时,可产生毒性反应,厌食、腹泻、抑郁,甚至出现死亡。

(二)微量元素的营养作用

1. 铁 铁是构成血红蛋白、肌红蛋白和许多酶的主要成分,其功能是参与氧的运输和组织呼吸过程。缺铁时鸡发生贫血,同时使羽毛颜色消退,补充铁后,新生羽毛的颜色重新出现。一般饲料中含量不足,应另外补充。铁的吸收受年龄、健康、体内铁的状况、胃肠环境、铁的形式和数量等因素的影响,吸收率一般为5%~30%,机体缺铁时可达40%~60%。

2. 铜 铜参与血红蛋白的合成及各种酶的合成与激活,骨骼的构成、被毛色素沉着等都需要铜。铜缺乏时，铁的吸收降低，出现与缺铁相同的贫血症状，同时抑制生长，羽毛松乱、粗糙、脱色而无光泽。缺铜还影响钙、磷代谢，骨脆易断，瘸腿或骨畸形；也表现运动失调和痉挛性瘫痪，产蛋率下降，种蛋在孵化过程中胚胎死亡。钼、锌、硫等元素可拮抗铜，当饲料中这些元素含量高时就易缺铜。铜的吸收率为5%～10%。

3. 锰　锰是鸡最重要的微量元素，与骨骼的生长和繁殖有关，在碳水化合物、脂类、蛋白质和胆固醇代谢中作为酶活化因子或组成部分，还是维持大脑功能必不可少的元素。缺锰时，鸡发生胫骨短粗症（脱腱症），使跗关节肿大，腓肠肌腱从髁骨的腱槽中滑出，脚扭向一侧，鸡不能行走。饲料中钙、磷过多时，阻碍锰的吸收，加重症状。产蛋鸡的产蛋率下降，蛋壳质量差，强度下降；孵化时，鸡胚发生软骨营养障碍症而死亡，孵化率显著降低。缺锰能使雏鸡产生共济失调。

4. 锌　锌鸡体内含量少，每千克体重含30 mg，分布广。锌是体内酶的组成成分，参与维持上皮细胞和被毛的正常形态、生长和健康，维持和保护生物膜的正常结构和功能。轻度缺锌时，鸡的生长受阻，增重减慢。严重缺锌时，食欲减退，饲料利用率下降，生长停滞，严重时可死亡；腿骨短粗，跗关节肿大，皮肤有鳞片屑，尤其是在脚上；羽毛蓬乱，羽梢磨损；成年鸡性成熟推迟，产蛋量减少，蛋壳品质差，种蛋孵化率降低，大部分鸡胚畸形，弱雏多。锌过多会引起食欲减弱，羽毛脱落，停产。日粮含钙量过高，会阻碍锌的吸收利用。

5. 硒　硒在体内含量微少，每千克体重含0.05～0.20 mg。它是谷胱甘肽过氧化物酶（GSH-PX）的组成成分，起抗氧化作用，维持细胞膜结构完整和功能正常。硒与维生素E有协同效应，硒可减少维生素E用量，一个硒分子大致要代替700～1 000个分子的维生素E。硒还参与辅酶A和辅酶Q的生成。对胰腺组成和功能有重要影响，防止胰腺变性，从而使脂肪的消化正常。缺硒的鸡发生渗出性素质和胰腺变性、心肌损伤、心包积水，还可发生水肿、腹泻等变化。渗出性素质实际上是一种缺硒引起的水肿，因体液渗出毛细血管积于皮下，特别是腹部皮下可见蓝绿色体液蓄积。患病鸡生长缓慢，死亡率高，同时，动物对硒又非常敏感，过量会影响鸡的生产力甚至中毒。每千克日粮含硒超过 5 mg，将引起雏鸡生长受阻，羽毛蓬松，神经过敏；种鸡性成熟推迟，产蛋减少，孵化率下降，胚胎异常。日粮含量 10 mg/kg 以上会引起鸡中毒。我国东北、西北、西南及华东地区都有缺硒地带，东北到西南的狭长地带内均发现不同程度的缺硒。植物中的硒含量与土壤硒含量及 pH 值有关，酸性土壤使植物硒含量减少。

6. 碘　碘参与甲状腺素组成，调节代谢和维持热平衡，对生长、繁殖都有影响。缺碘时，甲状腺分泌减少，刺激甲状腺肿大，鸡生活力弱，新陈代谢受影响。种鸡性机能下降，产蛋减少或停止。身体肥胖，孵化率降低。内陆山区都缺碘，应在饲料中添加。一般在食盐中加入碘化钾 50～100 g/t，同时加入 4 倍于碘化钾的碳酸钠作为稳定剂，以防碘化钾分解。

7. 钴　钴参与合成维生素 B_{12}，维生素 B_{12} 是形成血红蛋白和红细胞所必需的，也是某些氨代谢的重要因素，缺乏时引起贫血及维生素 B_{12} 缺乏症。日粮中一般不缺钴，允许量为 4 g/t 料。超过 5 g/t 鸡生长受阻；达到 50 g/t 时鸡就会死亡。

8. 钼　钼是多种氧化还原酶的组成成分，参加体内氧化还原反应，对促进小鸡生长，提高种蛋孵化率起重要作用。缺钼时鸡生长缓慢，尿酸生成能力下降。

其他一些微量元素，如氟、铬、硼、硅、镍、钒、砷、铅等在鸡的新陈代谢中同样起一定的作用，实验证明，鸡缺硼，生长缓慢，血浆碱性磷酸酶活性增加。缺砷，鸡生长慢，损害繁殖机能。小鸡缺钒，翅和尾羽生长差，血浆中胆固醇和甘油三酯含量降低，生长慢，骨骼发育不良。鸡缺硅，骨的有机基质形成减少，日增重下降。但是，由于这些微量元素的需要量甚微，且需要量与耐受限度尚未确定，一般可由饲料得到满足，不再另行补饲。又由于某些元素的毒性大，使用时要慎重。另外，存在于体内而生理作用不详的元素还有15～20种，它们或由饲料带入或由环境污染进入体内。

四、维生素

维生素是一类动物代谢所必需的低分子有机化合物。体细胞一般不能合成维生素（维生素C、烟酸例外），必须由日粮提供或提供其前体物。消化道的微生物能合成各种维生素，但鸡消化道短，合成量有限，肠道合成的维生素被消化吸收的可能性很小。维生素不是机体的结构成分，也非能源物质，需要量微少，但生物学作用很大。它们主要以辅酶和催化剂的形式广泛参与体内代谢的多种化学作用，从而保证机体组织器官的细胞结构功能的正常，调控物质代谢，以维持动物健康和各种生产活动。缺乏可引起机体代谢紊乱，影响动物健康和生产性能。目前已确定的维生素有14种，另类似维生素物质的有10多种。按其溶解性，可将维生素分为水溶性维生素和脂溶性维生素两大类。

（一）脂溶性维生素

脂溶性维生素包括维生素A、维生素D、维生素E、维生素K，在消化道随脂肪一同被吸收，吸收的机制与脂肪相同。有利于脂肪吸收的条件，如充足的胆汁和形成良好的脂肪颗粒，也有利于维生素的吸收。鸡必须由日粮提供脂溶性维生素。

1. 维生素A（视黄醇）　维生素A具有以下生理功能：①维持上皮组织结构的完整性。维生素A能促进上皮细胞合成黏多糖，从而促进黏蛋白的合成。②维持正常的视觉。③维持生长发育。维生素A能促进肾上腺皮质类固醇的生物合成，促进黏多糖的生物合成，对核酸代谢和电子传递都有促进作用。④提高繁殖力，促进性激素的形成。⑤维生素 A 具有改变细胞膜和免疫细胞溶菌膜的稳定性，增加免疫球蛋白的产生，提高机体免疫能力的功效。⑥维持骨骼的正常生长和修补。

当维生素 A 严重缺乏时，一般 2～3 个月出现明显症状，种鸡缺乏维生素 A 时，孵化后的雏鸡表现出明显症状，病鸡精神委顿，食欲不振，生长停滞，消瘦、衰弱，羽毛蓬乱；趾爪卷缩，步态不稳，甚至不能站立，往往用尾支地。本病的特征性症状是病鸡眼中流出一种牛奶样渗出物，眼睑肿胀，被渗出物黏合，严重时眼内有干酪样物沉积，眼球凹陷，角膜混浊呈云雾状，变软，严重者失明，最后因采食困难而衰竭死亡。种鸡缺乏维生素 A，由于睾丸生殖上皮变性，公鸡的采精量减少，精子活率低，母鸡的卵巢退化，产蛋率降低，孵化率降低，弱雏比例增多。由于肾小管上皮变性，滤过功能降低，造成尿酸盐沉积而排泄白色石灰渣样的粪便。初生雏可因种蛋缺乏维生素 A，出壳时就双目失明或患眼病，幼雏缺乏维生素 A 时，一般在 6～7 周龄发病，主要表现为生长停滞，运动失调，鼻眼发炎等症状，如不及时补充维生素 A，会造成大批死亡。

维生素 A 是黄色片状结晶体，在无氧条件下可耐热至 120℃，但在有氧条件下受热或受紫外线的照射均可使其破坏。

维生素 A 的需要量常以“国际单位(IU)”表示，胡萝卜素的衡量单位一般用质量单位(mg，μg)，1 IU 维生素 A＝1 USP(美国药典单位)维生素 A＝0.3 mg 维生素 A 醇＝0.344 mg 维生素 A 醋酸酯＝0.6 mg β-胡萝卜素。

2. 维生素 D　维生素 D 又称为钙化醇，种类很多，均系类固醇衍生物，其中以维生素 D_2 和维生素 D_3 较为重要。维生素 D_2 又叫作麦角固醇、麦角钙化固醇。维生素 D_2 为白色至黄色的结晶粉末，易溶于乙醇、丙酮、微溶于脂肪油，几乎不溶于水，熔点为 113～118℃，遇光、氧和酸迅速被破坏。

维生素 D_3(胆钙化醇)为白色针状物，易溶于乙醇、三氯甲烷，微溶于油脂，不溶于水，熔点 82～88℃，也会因光和氧气而变化，但维生素 D_3 比维生素 D_2 稳定，维生素 D_3 的效价比维生素 D_2 高约 30 倍。

维生素 D 在鱼肝油中含量最丰富，在动物的肝脏和禽蛋中含量亦较多。一般植物性饲料中含量甚少或不含维生素 D，在青绿饲料中存在大量的麦角化醇，在紫外线照射下可形成维生素 D_2，因而经阳光曝晒调制的干草粉含有部分维生素 D。此外，动物的皮肤和脂肪组织中合成 7-脱氢胆固醇，在紫外线照射下，可转变为维生素 D_3。因此在一般情况下，饲料中并不特别需要补充维生素 D，但若家禽完全舍饲，饲料中就需补充维生素 D_3。

维生素 D 在肝脏中转化为 25-羟维生素 D_3，在甲状旁腺素的作用下，25-羟维生素 D_3 在肾脏中转化为 1，25-二羟维生素 D_3，1，25-二羟维生素 D_3 在肾脏中或通过血液输送到肠、骨骼等组织中而发挥其生理作用。

雏鸡维生素 D 缺乏时，食欲尚好，但生长不良，甚至完全停止生长，腿部无力，步态不稳，以飞节着地，最后不能站立。骨骼变得柔软或肿大，喙和爪变软易弯曲 ，肋骨也变软，肋骨和肋软骨、肋骨与椎骨交接处肿大，形成圆形结节，呈“串珠状”，脊椎在荐部和尾部向下弯曲，胸骨侧弯，胸廓正中急性内陷，使胸腔变小。

产蛋鸡缺乏维生素 D 时，初期产薄壳蛋、软壳蛋，随后产蛋量下降，以致完全停产，种蛋孵化率降低。雏鸡出壳困难，孵出的雏鸡体弱无力。严重的胸骨变形、弯曲，肋骨和趾爪变软，胸骨和椎骨连接处内陷呈弧形、肿胀。长骨因脱钙变脆，易骨折，病鸡跛行，表现为身体坐在腿上的蹲坐姿势。

维生素 D 常用国际单位（1 U）、国际雏鸡单位（ICU）、mg/kg 表示：1 IU＝1 ICU＝1 美国药典单位＝0.025 μg 结晶维生素 D_3 的活性。

3. 维生素 E（生育酚、生育醇）　具有抗氧化作用，是细胞膜的一种代谢调节剂，与硒和胱氨酸有协同作用；与繁殖有关，能改善氧的利用而促使组织细胞呼吸过程恢复正常；作为抗氧化剂，防止易氧化的维生素 A、维生素 D 及不饱和脂肪酸在饲料消化道中氧化。维生素 E 缺乏时，鸡繁殖紊乱，胚胎退化，脑软化，红细胞溶血，血浆蛋白减少，肾退化，发生渗出性素质病，脂肪组织退色，肌肉营养障碍及免疫力下降等。因此，维生素 E 不足时出现白肌病、心肌衰弱和麻痹，发生突然死亡；还会出现肝坏死，血管和神经系统病变；雏鸡发生渗出性素质病，形成皮下水肿与血肿及腹水症，造成小脑出血与水肿引起脑软化；种鸡繁殖机能紊乱，降低产蛋量和受精率，胚胎死亡率提高，种公鸡睾丸萎缩。

维生素 E 需要量很难确定，除取决于品种、生长速度外，还受日粮中不饱和脂肪酸、酸败脂肪、抗氧化剂、含硫氨基酸和硒水平的影响，需要量随日粮不饱和脂肪酸、氧化剂、维生素 A、类胡萝卜素和微量元素的增加而增加，随脂溶性抗氧化剂、含硫氨基酸和硒水平的提高而减少。实验证明，日粮中每克不饱和脂肪酸需增配 3.5 mg 的维生素 E，鸡对维生素 E 的耐受量百倍于需要量。现已发现 8 种维生素 E 同分异构体，常见的有 α，β，γ 3 种形式活性最强。青绿干鲜饲料及谷实（主要含于胚油中）均含有维生素 E。由于易氧化，谷实饲料经保存 6 个月后其维生素 E 含量可损失 30%～50%，甚至更多。维生素 E 的营养需要量常用国际单位(IU)或 mg/kg 表示：1 IU 生素 E=1 mg *DL*-2 生育酚醋酸酯。

4. 维生素 K　维生素 K 是一类可促进血液凝固的萘醌衍生物，有多种化合物具有维生素 K 活性，最主要的为维生素 K_1、维生素 K_2、维生素 K_3，其中维生素 K_3 为人工合成。维生素 K 缺乏可引起鸡的凝血时间延长，易出血不止，皮下和肌肉间隙出现出血现象，肠黏膜上有大量出血点。雏鸡则表现在颈、胸、翅、腹腔等部分呈现大片出血斑点。绿色饲料含维生素 K 丰富，其他饲料含量也较多，肝、蛋和鱼粉含有较丰富的维生素 K_2。年龄影响维生素

K需要，饲料中维生素K的拮抗物（如双香豆素）、抗生素及磺胺类药物的使用，感染疾病和寄生虫等都可影响鸡对维生素K的需要。维生素K无毒，但大剂量的维生素K_3可引起溶血。

（二）水溶性维生素

水溶性维生素主要包括维生素B_1、维生素B_2、维生素B_6、维生素B_{12}、泛酸、烟酸、叶酸、生物素、胆碱及维生素C等共10种。B族维生素的主要作用是作为辅酶催化碳水化合物、脂肪和蛋白质代谢中的各种反应。

1. 维生素B_1（硫胺素）　维生素B_1是构成α-酮酸脱羧酶系的辅酶参加糖代谢。如缺乏硫胺素则丙酮酸氧化分解不易进行，糖的分解停滞在丙酮酸阶段，使糖不能彻底氧化释放出全部能量为机体利用，导致多发性神经炎的产生。雏鸡发育缓慢，母鸡产蛋率和孵化率降低，卵巢萎缩。鸡发病的最初表现为食欲降低，继而表现为体重减轻，羽毛蓬乱，腿无力，步态不稳以及体温降低。随着缺乏症的继续，肌肉出现明显的麻痹，开始是趾的屈肌，随后发展到腿、翅膀和颈部的伸肌也受到损害。由于颈的前部肌肉麻痹，头部向后方呈“观星姿势”。鸡很快失去站立和直坐的能力而倒在地上，在躺着的同时头仍蜷缩着，最后因瘫痪、衰竭而死。

维生素B_1能抑制胆碱酯酶的活性。胆碱酯酶可催化乙酰胆碱水解为乙酸和胆碱，而乙酰胆碱是胆碱能神经末梢在兴奋时释放出来的神经传递物质。当维生素B_1缺乏时，胆碱酯酶活性增强，乙酰胆碱分解过速，胆碱能神经的传导发生障碍。由于消化腺的分泌和胃肠道的运动均受胆碱能神经的支配，故维生素B_1缺乏时，消化液分泌减少，胃肠蠕动减慢，出现食欲不振、消化不良等症状。

肉鸡对维生素B_1较敏感，需要量较多，缺乏时食欲下降，生长缓慢，导致种蛋受精率和孵化率下降；雏鸡体弱、腿软、死亡率增加。种鸡饲料每吨应加2～2.5 g维生素B_1。酵母是维生素B_1最丰富的来源，糠麸类中维生素 B_1 含量丰富，谷物中也较丰富。其需要量受日粮成分、遗传因素、代谢特点以及疾病的影响。维生素 B_1 受热遇碱迅速破坏，在酸性溶液中颇稳定。人工合成的维生素 B_1 常为其盐酸盐，呈白色结晶，有特殊香气，味微苦。1 IU 维生素 $B_1 = 3\ \mu g$ 盐酸硫胺素，一般直接用 mg/kg 表示。

2. 维生素 B_2（核黄素） 维生素 B_2 是生物体内黄酶的辅基的组成成分。在组织中通过参与构成各种黄酶的辅基，在生物氧化过程中起传递氢原子的作用。参与碳水化合物、蛋白质、核酸和脂肪的代谢。具有提高蛋白质在体内的沉积、提高饲料利用率、促进家禽正常生长发育的作用。亦具有保护皮肤、毛囊及皮脂腺的功能。核黄素是各种家禽生长和组织修复所必需的。

雏鸡摄取核黄素缺乏的日粮时，生长极为缓慢，逐渐衰弱与消瘦，羽毛粗乱，食欲尚好，严重时出现腹泻。雏鸡不愿行走，强行驱赶时则经常是借助于翅膀用跗关节运动。无论行走还是休息，脚趾均向内弯曲成拳状，中趾特别明显，足跟关节肿胀，脚瘫痪，以踝部行走，这是维生素 B_2 缺乏的特征症状。成年鸡缺乏时，产蛋率和孵化率均显著下降，胚胎死亡率增多，胚胎多于孵化第 12 天死亡，即使发育到 20 天亦往往难以出壳。孵出的雏鸡瘫痪，由于羽毛生长障碍，而导致羽毛短粗，羽毛黏结在一起，而呈棒状羽。

维生素 B_2 的需要量受日粮蛋白质的影响。日粮蛋白质水平太低，影响吸收；日粮中脂肪或糖类比例高时对维生素 B_2 的需要量也增加。鸡对维生素 B_2 的需要随温度的升高而减少，温度相差 25℃，需要量相差 1 倍。维生素 B_2 为橘黄色针状结晶，味苦，微溶于水，耐热，极易溶于碱性溶液，对光和碱均不稳定，对酸相当稳定。饲料暴露于太阳的直射光线下数天核黄素可损失 50%～70%。常用饲料中维生素 B_2 的含量很有限，每吨饲料应添加 2～6 g。维生素 B_2 中毒量是需要量的几十倍至百倍。

3. 泛酸（遍多酸、维生素 B_3） 泛酸在小肠被吸收，通过小肠黏膜进入门静脉循环供机体利用，在肝、肾中浓度较高。泛酸在组织中是辅酶 A 和酰基载体蛋白（ACP）的组成成分，在糖、脂肪、蛋白质的代谢中起着十分重要的作用。

泛酸不足或缺乏将使机体代谢紊乱，致使家禽出现多种缺乏症。雏鸡表现为羽毛生长阻滞且粗糙。病鸡消瘦，骨变短粗，口角出现局限性痂样病变。眼睑边缘呈颗粒状并有小痂形成，眼睑常被黏性渗出物粘在一起而变得窄小，并使视力受到局限。皮肤的角化上皮慢慢脱落。脚趾之间及脚底部皮肤外层有时发生脱落，并在此处形成小的破裂与裂隙。这些破裂与裂隙逐渐扩大并加深，从而使雏鸡很少走动。雏鸡不能站立，运动失调。

泛酸的缺乏对成年鸡的影响不像对雏鸡那样严重，母鸡仍可正常产蛋，但孵化率低，鸡胚常在孵化最后的 2～3 天内死亡，而且发育中鸡胚因缺乏泛酸常出现皮下出血和严重水肿，育雏成活率低。

植物性和动物性蛋白质饲料及糠麸类饲料中泛酸含量丰富。泛酸不稳定，易吸湿，也易被酸、碱和热破坏。泛酸钙是该维生素的纯品形式，为白色针状物，人工合成的多为白色粉状结晶。种鸡和肉鸡需要量较高。

4. 烟酸（尼克酸、维生素 B_5、PP）　烟酸在动物体内转化为烟酰胺后才具有活性。烟酰胺是辅酶Ⅰ（烟酰胺腺嘌呤二核苷酸，NAD）和辅酶Ⅱ（烟酰胺腺嘌呤二核酸磷酸，NADP）的组成成分。烟酸以这两种辅酶的形式参与动物体内碳水化合物、脂肪、蛋白质等供能代谢反应中氢和电子的传递。

烟酸缺乏时，雏鸡食欲不振，生长停滞，出现黑舌症，舌暗红发炎，舌尖白色，口腔及食管前端发炎，黏膜呈深红色，羽毛生长不良，羽被蓬乱，脚和皮肤有鳞状皮炎，关节肿大，腿骨弯曲，趾底发炎，下痢，结肠与盲肠有坏死性肠炎。产蛋鸡产蛋率及种蛋孵化率降低；羽毛脱落，口腔与食道出现深红色炎症，胫骨畸形；胚胎死亡率高，出壳困难或出弱雏。

谷物、糠麸、酵母中烟酸含量丰富，但可利用率非常低，计算时一般不予考虑。烟酸呈酸性，泛酸钙呈碱性，放在一起泛酸效价下降很快，使用时应注意。烟酸为白色无味的针状结晶，性质稳定。

5. 维生素 B_6（吡哆素） 维生素 B_6 是易于相互转化的 3 种吡啶衍生物，即吡哆醇、吡哆醛、吡哆胺的总称。维生素 B_6 是白色结晶体，易溶于水及乙醇。在酸性溶液中稳定，在碱性溶液中只有吡哆醛容易失去活性。光或紫外线照射均能使其破坏，特别是在碱性或中性溶液中更是如此。3 种衍生物中吡哆醇更耐加工和贮藏。饲料工业中一般用盐酸吡哆醇。

维生素 B_6 在大多数食物或饲料中以吡哆醇、吡哆醛和磷酸吡哆胺的蛋白质复合体形式存在。进入机体后，维生素 B_6 经体内的磷酸化作用转变为相应的磷酸酯。参与代谢作用的主要是磷酸吡哆醛和磷酸吡哆胺。

磷酸吡哆醛和磷酸吡哆胺是维生素 B_6 在体内的活性形式，它们既是氨基酸转氨酶和某些氨基酸脱羧酶的辅酶，也可促进半胱氨酸脱硫酸的酶促反应。

维生素 B_6 缺乏时，雏鸡表现为生长不良，食欲不振，骨短粗病和特征性的神经症状。雏鸡表现出异常兴奋，不能自控地奔跑，并伴有吱吱叫声，听觉紊乱，运动失调，严重时甚至死亡。成年鸡盲目转动，翅下垂，腿软弱，以胸着地，伸屈头颈，剧烈痉挛以至衰竭而死。骨短粗，表现为一侧腿严重跛行，一侧或两侧爪的中趾在第一关节处向内弯曲。产蛋鸡产蛋率和孵化率降低，严重缺乏时导致成年产蛋母鸡的卵巢、输卵管和肉髯退化。成年公鸡发生睾丸、鸡冠和肉髯退化，最终死亡。

吡哆醇在一般日粮中含量丰富，但每吨饲料应补加 4～5 g。杂交鸡比纯种鸡需要量多。维生素 B_6 对热、酸和碱稳定，遇光尤其是在中性和碱性溶液中易破坏。

6. 生物素（维生素 B_7、维生素 H） 生物素的分子结构中含有3个不对称碳原子，因此，它可能有8种立体异构体，其中只有右旋异构体存在于自然界，并且有维生素活性。生物素是无色针状晶体，溶于热水而不溶于乙醇、醚及氯仿，在普通温度下相当稳定，高温及氧化剂可使其丧失生理活性。生物素广泛存在于动植物体中，以大豆、豌豆和奶汁、蛋黄含量较多。

在动物体内，生物素以辅酶的形式，直接或间接地参与蛋白质、脂肪和碳水化合物等许多重要的代谢过程，在脱羧、某些羧基转换、脂肪合成、天门冬氨酸的生成及氨基酸的脱氨基中起重要作用。

雏鸡及青年鸡表现为生长迟缓，食欲不振，生长速度下降，鸡的爪、胫、嘴和眼周围皮肤炎症、角化、开裂出血，生成硬壳性结痂，类似于泛酸的缺乏症。但生物素缺乏引起的皮炎是从脚开始，而泛酸缺乏症的损伤首先表现在嘴角及脸上，严重时才损害到脚。雏鸡还会发生胫骨弯曲，脚底、喙边、眼圈、肛门部皮炎。

种鸡生物素缺乏时，对产蛋率无不良影响，但种蛋的孵化率降低，胚胎可发育形成并趾，即第3趾与第4趾之间形成延长的蹼。不能出壳的许多胚胎表现为软骨营养不良，其特征是体型小，鹦鹉嘴，胫骨严重弯曲，跗跖骨变短或扭曲，翅膀与头颅变短以及肩胛骨变短且弯曲。胚胎死亡可能有两个高峰：一个在第1周，另一个是在孵化的最后3天。

肉用雏鸡生物素缺乏时出现脂肪肝和肾综合征，雏鸡表现出生长抑制；肝脏、肾脏与心脏脂肪浸润，血糖降低；并且肝脏和脂肪组织中C16∶1脂肪酸对C18∶0脂肪酸的比值升高。此外，肉鸡猝死综合征被怀疑与生物素缺乏有关。

动植物组织都含有生物素，饲料中一般不缺乏。但由于笼养或舍饲，鸡食粪机会减少，饲料加工贮存过程中生物素的破坏，抗生素的服用，低生物素工业生产新饲料的应用，日粮中不饱和脂肪酸增加，维生素 B_6、维生素 B_{12}、维生素 B_1、维生素 B_2、叶酸、维生素 C 及肌醇水平的偏低和使用大量生物素利用率低的饲料（小麦、大麦、高粱和棉籽饼）等，使生物素需要量增加，笼养鸡尤为明显。鸡日粮中的生物素含量应为 0.11～0.18 mg/kg。合成的生物素呈白色针状结晶，在常规条件下很稳定，酸败的脂肪和胆碱能使它失去活性，紫外线照射可缓慢破坏。安全量 4～10 倍于需要量。

7. 叶酸（维生素 B_{11}） 叶酸因其普遍存在于植物绿叶中而得名，又称维生素 B_{11}。它是由蝶酸和谷氨酸结合而成，而蝶酸又是由 2-氨基-4-羟基-6-甲基蝶呤啶和对氨基苯甲酸构成的。

叶酸本身不具有生物活性，需在体内进行加氢还原后生成 5,6,7,8-四氢叶酸后才具有生理活性。四氢叶酸是传递一碳基团如甲酰、亚胺甲酰、亚甲基或甲基基团的辅酶。在转甲酰酶的作用下，四氢叶酸参与嘌呤环的合成。与维生素 B_{12} 和维生素 C 共同参与红细胞和血红蛋白的生成，促进免疫球蛋白的生成，增强对谷氨酸的利用率，保护肝脏并具解毒作用。

叶酸广泛分布于动植物产品中，酵母、肝脏、豆饼、苜蓿粉中含量丰富，在通常情况下都能供给充分的叶酸，而且鸡的肠道微生物还能合成部分叶酸。但若只靠肠道微生物合成的叶酸是不能满足其最大生长需要和生产需要。另外，当吸收不良、代谢失常及长期使用磺胺类药物时，家禽就会患叶酸缺乏症。鸡叶酸缺乏症的特征性症状是颈麻痹。初期颈前伸，如鹅样，站立不稳。随后颈麻痹，颈非常软，可任人摆布而毫无反抗，颈直伸不能抬起，以喙着地，与两爪构成三点式。后期腿麻痹、倒地，两腿伸直。若不及时治疗 2 天以内就会死亡。此外叶酸缺乏时，鸡生长受阻，羽毛生长不良，有色羽毛退色，羽被差。雏鸡还发生胫骨短粗症，贫血，伴有水样白痢等。种鸡则产蛋率与孵化率下降，胚胎死亡率显著增加。

叶酸外观为黄至橙黄色结晶性粉末，易溶于稀碱、稀酸，稍溶于水，不溶于乙醇、丙酮、乙醚和三氯甲烷中，熔点为 250℃。结晶的叶酸对空气和热均稳定，但受光和紫外线辐射后则降解，在中性溶液中较稳定。酸、碱、氧化剂与还原剂对叶酸均有破坏作用。

叶酸是橙黄色结晶粉末，无臭无味，有多种活性形式，是一种无毒性的维生素。鸡饲料每吨加入 0.5～1.0 g 叶酸是合适的。

8. 维生素 B_{12}（钴胺素） 维生素 B_{12} 是一种结构复杂的红色化合物，分子中含有钴和多个酰氨基，因其分子中含有氰和大约 4.5% 的钴，又称作氰钴胺素或钴胺素，是唯一含有金属元素的维生素。维生素 B_{12} 的主要商品形式有氰钴胺、羟基钴胺(水含钴胺)等。

维生素 B_{12} 在动物体内必须转变成辅酶的活性形式才能发挥生理功能，一种辅酶是辅酶 B_{12}（腺苷钴胺素），另一种是甲基 B_{12}（甲基钴胺素），其主要功能是参与体内一碳基团的代谢。

缺乏维生素 B_{12} 时，幼鸡发育迟缓，贫血、消瘦，羽毛粗乱，食欲降低，以至死亡。当同时缺乏胆碱和蛋氨酸时，雏鸡则易发生滑腱症，表现为腓肠肌腱从跗关节滑脱，病鸡不能站立，小腿垂直外展，发生肌胃黏膜炎症，肌胃糜烂。成年鸡产蛋量下降，种蛋的孵化率急剧下降，胚胎壳内死亡，死亡率以孵化的第 17 天左右最高。孵出的幼雏体质较弱、死亡率高。

植物性饲料基本不含维生素 B_{12}，自然界只在动物和微生物体中发现维生素 B_{12}，在动物肝脏、鱼粉、肉粉等动物蛋白质中含量较高，厚垫料陈鸡粪中含量也较多，磺胺类药物和抗生素、饲料钴不足可抑制微生物在鸡消化道内合成维生素 B_{12}，所以日粮中仍需补饲，一般每千克饲料补加 12～15 μg 即可。中毒量至少是需要量的数百倍。

维生素 B_{12} 是粉红色结晶，熔点 300℃，无臭无味，能溶于水，晶体的性质稳定，室温下久置不改变其活性。它的水溶液在弱酸下相当稳定，强酸、强碱下极易分解。日光及氧化剂、还原剂均能将其破坏。

9.胆碱 胆碱与其他B族维生素的差别在于胆碱在代谢过程中不作催化剂。严格地说，胆碱对大鼠和其他哺乳动物不是维生素，假若能供给足够的甲基的话，这些动物自身能合成足够胆碱来满足其需要。但对雏鸡来说，胆碱却是起着维生素的作用。胆碱作为卵磷脂的成分在脂肪代谢过程中可促进脂肪酸以卵磷脂的形式被运输，而且还可提高肝脏利用脂肪酸的能力，从而防止脂肪在肝中过多的积累；胆碱是构成乙酰胆碱的主要成分，对神经冲动的传递起着重要作用；胆碱是甲基的供体，三个不稳定的甲基可与其他物质生成化合物，如与同型半胱氨酸生成蛋氨酸，与胍基乙酸结合生成肌酸，还可与其他物质合成肾上腺素等激素。另外，胆碱与蛋氨酸、甜菜碱有协同作用。蛋氨酸有一个甲基，甜菜碱有三个甲基。在甲基的转移反应中，蛋氨酸和甜菜碱有代替部分胆碱的作用。当有足够的叶酸和维生素B_{12}时，在机体内利用蛋氨酸和丝氨酸可经生化作用合成胆碱。由此可见，缺乏胆碱可导致家禽脂肪代谢障碍，使脂肪在细胞内沉积，出现肝脂肪变性。

肉鸡胆碱不足时，除表现生长缓慢或停滞外，雏鸡缺乏胆碱的明显症状是胫骨短粗症。最初表现为跗关节周围针尖状出血和轻度肿大，继而是胫跖关节由于跖骨的扭曲而明显地变平。跖骨进一步扭曲则会变弯或呈弓形，以至于和胫骨不成直线。进而腿失去支撑能力，关节软骨变形，跟腱从所附着的髁脱落。病鸡跛行，瘫痪，该症状与缺乏锰和生物素相似。成年鸡出现产蛋率下降。产蛋鸡易出现脂肪肝，死亡率增加。

自然界存在的脂肪都含有胆碱，鱼粉、豆饼、酵母中含胆碱较多。肉用鸡、雏鸡对胆碱的需要量较大，日粮中氯化胆碱一般添加0.1%～0.13%。成年鸡饲料添加0.05%即够。胆碱呈碱性，吸湿性强，且用量大，市售添加剂中不配有胆碱，可在预混料中单独包装，用时随用随拌。鸡的耐受量为需要量的2倍。

10.维生素C(抗坏血酸) 维生素C具有可逆的氧化和还原

性，广泛参与机体多种生化反应，最主要的功能是参与胶原的生成和氧化还原反应；能刺激肾上腺皮质合成；促进肠道内铁的吸收，使叶酸还原成四氢叶酸；能促进蛋壳形成，具有抗应激和提高抗病力作用；在热应激条件下，补加维生素 C 能提高存活率、产蛋率和蛋壳厚度，并可促进肉鸡增重；能改善鸡的总体状况，对产蛋鸡笼养疲劳症也有良好作用。鸡体内能合成维生素 C 并满足正常生长发育需要，一般不会缺乏。但在生长迅速和处于高温、寒冷、断喙、患病、防疫接种、转群运输等应激情况一下，以及日粮能量、蛋白质、维生素 E、硒和铁不足时，需要量可大大增加，补充维生素 C 具有良好作用。因此，在这些应激发生的前后 3 天，通常经饲喂或饮水补充维生素 C，能缓解应激反应，减少损失，效果良好。

维生素 C 是一种白色带黄的结晶粉末，不存在于干燥的食物中。果、菜和青绿饲料中含量丰富。加热很容易被破坏。在干燥空气中比较稳定，但有少量金属离子可加速它的破坏。维生素 C 尚无需要量，抗应激用量一般为 100～300 mg/kg 饲料。鸡对维生素 C 耐受力很大。

11. 类维生素物质　除上述 10 种维生素外，还有一些物质，虽然还不能完全证明它们是维生素，但不同程度上具有维生素的属性。它们在鸡饲料中是否有必要添加还有待研究。类维生素物质主要有机醇、甜菜碱、肉毒碱、乳清酸、VP、T、F、U 等。

五、水

水是动物体的主要组成成分，是营养物质吸收、代谢和运输所必需的溶剂。水是鸡体内生化反应的介质，并具有调节体温和润滑作用。缺水或长期供水不足，会给生长发育、生产和健康造成危害。鸡体内水的来源有三条途径：饮水、代谢水和饲料水；排泄途径有五条：肾、皮肤、肺、消化道和蛋。

第三节 饲料的营养价值

饲料中的营养物质具有4种功能：一是作为机体的构成物质，如蛋白质、矿物质、脂肪和水等就具有这种功能；二是作为产热活动和脂肪沉积的能量来源，如碳水化合物、脂肪和蛋白质都具有这一功能；三是调节机体的生命过程或动物产品的形成，如维生素、酶、激素、矿物质及某些氨基酸和脂肪酸都具有这一功能；四是养分的附加功能，对鸡来说，形成蛋即属于饲料养分的附加功能。

一、饲料的可消化性和可代谢性

饲料中的物质一般都是难溶解的大分子物质，其分子结构极为复杂，不能直接被鸡所利用，因此，必须经过消化才能吸收利用。养分的消化是指饲料进入消化道后经过物理的、化学的及微生物的作用，由大分子不溶性物质变为构造简单的可溶性物质（如氨基酸、葡萄糖、脂肪酸、甘油等）的过程。消化主要在小肠里进行。消化后的终产物经消化道黏膜的上皮细胞进入血液或淋巴液的过程，称为吸收。鸡的营养物质吸收主要在空肠里进行。大肠在饲料消化过程中的作用不大，主要是吸收和分泌水分。鸡的盲肠在消化过程中的作用也不大，由小肠来的物质有6%～10%进入盲肠，盲肠主要消化吸收少量的粗纤维（表5-3）。

被消化后的养分，经血液循环运送到机体各组织，以供机体利用或形成产品。如葡萄糖经过肝脏时，大部分变为肝糖原或合成脂肪贮存，并分散于全身，给鸡提供能量。运到身体各组织器官的氨基酸，供形成体蛋白和卵蛋白。剩余的氨基酸则分解供能或转化为脂肪和葡萄糖。脂肪酸和甘油被吸收后又合成体脂或分解供能。微量元素和维生素的吸收则受机体需要状况等因素的影响。未经消化吸收的营养物质和代谢产物成为粪尿排出体外。

表 5-3 鸡对各种饲料的消化系数表 %

饲料原料	有机物	粗蛋白质	粗纤维	粗脂肪
大麦	76	75	7	62
粉碎小麦	72	59	8	87
全粒玉米	87	76	12	86
碎玉米	88	79	6	88
棉籽粉	72	76	12	86
小米	78	76	17	78
玉米粉	87	74	7	89
燕麦	66	74	12	84
高粱	89	83	31	78
全米	74	75	5	72
米糠	52	46	3	87
黑麦	79	68	8	27
黄豆	79	74	20	86
黄豆粉	77	83	2	82
小麦	82	75	8	50
小麦麸	46	66	9	42
小麦次粉	68	69	13	85
鱼粉	90	91	—	—
肉粉	87	90	—	—
紫花苜蓿叶粉	30	99	4	—
紫花苜蓿粉	29	64	2	22
苜蓿干草	23	71	10	36

营养物质被消化的百分率称为消化率,分为“表观消化率”和真消化率。不同饲料的营养价值不同,因此在评定饲料营养价值时,不仅要看养分含量,更重要的是看饲料养分的可消化性。现将鸡对某些饲料养分的消化率列表 5-3 供参考。养分的可代谢性指鸡吸收的营养物质被利用的过程。在代谢过程中,养分在鸡体内经受多种复杂的化学反应,包括合成代谢和分解代谢。所吸收的

养分并非全部被机体利用，一些养分经分解代谢主要从尿中与机体组织分解代谢产物一起排出体外。测定鸡饲料养分消化率和代谢率的方法很多，由于鸡的排泄特点异于哺乳动物，一般测定其代谢率。

二、能量代谢

鸡需要的能量主要来源于饲料中三大有机营养物质：碳水化合物、脂肪和蛋白质。饲料中的能量以化学能形式存在，在化学反应中将能量释放出来。营养学中，把存在于饲料中的能量称为总能（燃烧热值），总能是物理能值，包含可利用的和不可利用的两部分能量，不经动物试验难以得知可利用能（如代谢能）的确切数值，故不能用总能评价饲料质量。能量在动物体内的转化可概括如下：其中粪能又包括来自调料的能量和代谢粪能（主要有代谢产物、黏膜、细菌、酶等所含能量）。尿能包括来自饲料和代谢不全产物及内源性代谢产物所含能量，故有表现消化能和代谢能与真消化能和代谢能之分。代谢能是鸡可用于维持生命和生产的能量，是评定鸡饲料的能量指标。常用的 *ME* 是指表现代谢能（*AME*）。由于蛋白质在鸡体内代谢后排泄的产物仍然含有能量，而饲喂不同饲料氮平衡不同（正、负、零平衡），因此，有人主张比较饲料的 *ME* 时应在相同的氮平衡基础上进行。大多数人建议将 *AME* 校正到氮零平衡，使用氮校正代谢能（*AMEn* 或 *MEn*）来衡量饲料的代谢能。又由于在计算 *AME* 及 *AMEn* 时，粪能（*FE*）和尿能（*UE*）都未考虑代谢粪氮和尿内源氮中所含能量的校正，因此低估了饲料代谢能值。为了弥补 *AME* 和 *AMEn* 之不足，Sibbald(1982)提出了禽真代谢能（*TME*）测定方案。分别计算饲料 *TME* 和零氮平衡真代谢能（*TMEn*）。NRC(1994)鸡的营养标准已开始使用 *MEn*（即 *AMEn*）。各种代谢能计算公式如下：

$$\underset{(\text{kJ/kg,干物质})}{AME}=\frac{\text{食入饲料总能}-\text{粪能}-\text{尿能}-\text{气体能(kJ)}}{\text{食入饲料干物质重(kg)}}$$

$$\underset{(\text{kJ/kg,干物质})}{MEn}=\frac{\text{饲料总能}-\text{粪能}-\text{尿能}-\text{气体能}\pm 34NB}{\text{食入饲料干物质重(kg)}}$$

式中：NB(g)＝进食饲料氮(g)－粪尿氮(g)＋内源粪尿氮(g)。

$$\underset{(\text{kJ/kg,干物质})}{TME}=\frac{\text{食入饲料总能}-(\text{粪能}-\text{代谢粪能})-(\text{尿能}-\text{内源尿能})-\text{气体能(kJ)}}{\text{强食饲料干物质重(kg)}}$$

饲料 ME(AME)除用测定法获得外，还可通过饲料的养分含量计算估测。鸡可用下式：

· 混合饲料 $ME(\text{MJ/kg, DM}) = 0.034\text{EE} + 0.0165\ \text{CP} - 0.0175\ \text{STA} + 0.0158\ \text{SUG}$

式中：EE 为粗脂肪；CP 为粗蛋白质；STA 为淀粉；SUG 为糖；DM 为干物质。

· 或 $ME(\text{MJ/kg, DM}) = 0.0178X_1 + 0.0398X_2 + 0.0177X_3 + 0.0177X_4 \pm 3.21\%$

式中：X_1 至 X_4 为每千克饲料中可消化 CP、可消化粗脂肪、可消化粗纤维和可消化无氮浸出物的克数。MEn 与 ME 回归方程为：$MEn = 0.009 + 0.948ME$（$r = 0.995$，Sibbald，1963）。

此外，在评价饲料 ME 时，还应注意脂肪的附加效应。

三、蛋白质的品质与利用率

蛋白质的利用率高低是蛋白质好坏的最终体现，蛋白质品质愈好，利用率愈高。评定蛋白质质量的方法常有以下几种：

（一）蛋白质的生物学价值（*BV*）与净蛋白质利用率（*NPU*）

BV 是指动物利用的氮占从肠道吸收氮的百分比。

$$BV=\frac{食入氮-(粪氮+尿氮)}{食入氮-粪氮}\times 100\%$$

计算时应扣除来自机体的内源性代谢粪氮（*MFN*）和内源尿氮（*EUN*）。*BV* 越高，蛋白质品质越好，调料蛋白质的 *BV* 一般在 50%～80%。

鸡的粪尿难以分开收集，用 *BV* 评定有困难，有人主张采用净蛋白质利用率（*NPU*）。*NPU* 为机体沉积蛋白质或氮占食入蛋白质或氮的百分比。可用蛋白质消化率 *BV* 求得。

（二）净蛋白质效率比（*PER*）

PER 及是每食入 1 g 蛋白质或氮的增重（g）。显然，蛋白质品质愈好，其 *PER* 也就愈高。

（三）可消化氨基酸

可消化氨基酸也称可利用或有效氨基酸，是指能被鸡消化吸收而利用的氨基酸（表 5-4）。

表 5-4 几种常用饲料氨基酸可利用率 %

饲料原料	赖氨酸	蛋氨酸	胱氨酸	苏氨酸	精氨酸
玉米	85	92	87	87	93
次粉	77	87	74	69	81
麸皮	80	77	69	77	86
豆粕	91	93	39	91	93
向日葵粕	92	95	86	90	93

续表 5-4

饲料原料	赖氨酸	蛋氨酸	胱氨酸	苏氨酸	精氨酸
花生粕	73	87	78	85	92
菜籽粕	73	89	64	73	89
棉籽粕	66	73	82	73	89
绿豆蛋白	86	—	—	86	97
乳清粉	97	99	84	98	97
鱼粉(秘鲁)	90	93	80	92	93
肉骨粉	73	80	63	74	76

矿物质饲料的质量常用利用率表示，不同来源和不同化合物中的的矿物质元素利用率不同。维生素饲料除了考虑含量外，主要考虑其效价、稳定性等。

第六章　肉鸡的营养需要和饲料配合

第一节　肉鸡的营养需要

一、维持需要

鸡的营养需要可分为维持需要和生产需要两部分。鸡的维持需要是指鸡不生产产品，保持体重不变，体内营养素和体成分相对恒定，分解代谢和合成代谢处于零平衡状态下的营养需要。在动物营养中，维持是指动物生存过程中的一种基本状态。在维持状态下，鸡的营养用于维持自身的正常生理活动，如维持体温、保持心跳、呼吸循环、消化器官的正常机能以及新陈代谢过程中的生化反应，蛋白质组织的更新修补等。维持需要是最低限度的营养需要，这种需要仅维持生命活动中基本的代谢过程，弥补周转代谢损失以及必要的基本活动。营养物质满足维持需要的生产利用率为零，鸡不能满足维持营养需要，就会动用体内的养分，出现体重减轻的现象；如果供给的养分超过维持需要，剩余的养分就用于长肉和产蛋。在生产实际中，降低鸡的维持需要，增加生产需要，可提高生产效率和经济效益。

(一)维持的能量需要

鸡的维持需要由基础代谢和随意活动两部分需要组成。基础代谢是指动物在理想条件下维持自身生存所必要的最低限度的能量代谢。这种代谢只限于维持细胞内必要的生化反应和有关组织器官必要的基本活动。基础代谢是维持需要中比较稳定的部分。

各种动物都有自己的最低代谢率。

基础代谢消耗的能量，一是用于心跳、循环、呼吸等所需要的机械能；二是用于细胞内必要代谢过程中生化反应所需要的能量。基础代谢的理想条件是：适温环境条件，必须处于饥饿和完全空腹状态，必须处于绝对安静和放松状态，必须处于健康良好的状况。由于动物很难达到基础代谢测定的条件，故常用绝食代谢，也叫饥饿代谢或空腹代谢。成年鸡需饥饿 48 h，于安静适温（25℃）条件下测定。鸡的饥饿代谢产热量为 300 kJ/(kg · $W^{0.75}$)，按代谢能转化为维持净能（*NE*）的效率 80% 计算，折合代谢能（*ME*）375 kJ/(kg · $W^{0.75}$)。绝食代谢加随意活动耗能可作为肉鸡的维持需要，生长肉鸡增加 25%左右活动消耗，这样生长肉鸡维持代谢能为 375 kJ/(kg · $W^{0.75}$) + 25% × 375 kJ/(kg · $W^{0.75}$) = 468.8 kJ/(kg · $W^{0.75}$)。

(二)维持的蛋白质需要

通常给予鸡无氮日粮的情况下，测定其基础氮代谢，即内源尿氮、代谢粪氮和体表氮损失的总和，确定维持蛋白质需要，通常用基础氮代谢（总内源氮）×6.25÷*BV* 得出，*BV* 是日粮蛋白质用于维持的生物学价值，即机体利用氮占从肠道吸收氮的百分比，小肉鸡可用 0.65。日粮蛋白质的消化率对鸡一般为 0.80～0.85，平均为 0.82。所以肉鸡的维持蛋白质需要计算如下：

基础氮代谢（总内源氮）＝195－338 mg/(kg · $W^{0.75}$)

净蛋白质＝195×6.25－38×6.25 mg/(kg · $W^{0.75}$)＝1.22～2.11 g/(kg · $W^{0.75}$)

消化蛋白质＝净蛋白质/*BV*＝1.88－3.25 g/(kg · $W^{0.75}$)

粗蛋白质＝消化蛋白质/消化率＝2.29－3.96 g/(kg · $W^{0.75}$)

(三)维持的矿物质元素和维生素需要

鸡体内矿物质元素代谢同样存在内源损失，不过多数矿物质元素，特别是微量元素可以反复循环利用。维生素代谢与其他营养素不同，没有内源损失，不便于用析因法评定维持需要。用饲养试验评定，因需要量甚微，衡量标准又难选定，测定误差较大。从生产角度讲，把维生素维持需要与生产需要分开没有能量和蛋白质那样重要。目前，尚缺乏鸡对矿物质和维生素维持需要的资料。

（四）影响维持需要的因素

维持需要在实际研究和生产中是个变量，受许多因素的影响。

1. 动物的影响　鸡的品种、年龄、体重、性别、生产水平、健康状况、活动量、羽毛状况等均可影响维持需要。同种而不同品种的动物，维持需要不一样，产蛋鸡的维持能量需要比肉鸡高 10%～15%。同一个体在不同生理状态下的维持需要不同，如生长、产蛋就不一样。年龄和体重越小的动物，单位体重或代谢体重的维持能量需要越高，如初生雏最低产热量为每克体重每小时 23 J，而成年鸡仅为其一半。生产水平高的鸡，维持需要增加。健康状况良好的鸡维持需要低于处于疾病状态的鸡。羽毛良好的鸡，在低温时维持需要明显低于羽毛生长不良的鸡。公鸡的维持需要高于母鸡。活动量对维持需要的影响甚大，常常难以准确估计。

2. 饲养和饲料的影响　鸡的日粮种类、组成不同对维持需要的直接影响甚大，其中热增耗是一个重要影响因素。蛋白质含量高的饲料日粮热增耗大，仅蛋白质就可高达 20%，总日粮热增耗 25%～40%或以上。不同饲料、不同日粮配合，三大有机营养素的绝对含量和相对比例不同，热增耗也不同。低温时，群饲鸡比单饲鸡维持需要少，鸡在傍晚喂料，让其在晚上消化代谢，饲料利用率较高，用于维持的部分相应减少。饲养水平提高，生产加快或生产水平提高，使体内营养物质周转代谢加强，维持需要增加。日粮代谢能浓度增加，也增加维持需要。

3. 环境因素的影响　环境因素中对维持需要影响最大，研究最多的是环境温度。它直接与体温、体产热相联系。气温低时维持的能量需要增加，鸡在临界温度以下，温度每降 1℃，维持需要的代谢能相应增加1.4%。

二、能量的需要

(一)肉仔鸡的能量营养需要

肉仔鸡生长快，7周龄左右即可上市，饲养较好的平均体重可达2.5 kg左右。肉仔鸡饲养一般分为3个阶段，即0～3周龄、3～6周龄、6～8周龄，都采用高能量、高蛋白质日粮，自由采食，以充分发挥它的生长速度，提高饲料效率；反之，生长减慢，饲料效率降低。美国 NRC（1994）3 个饲养阶段的能量标准均为13.39 MJ/kg。我国肉仔鸡饲养标准中采用两阶段饲养，即0～4周龄和5周龄以上，日粮代谢能水平为12.13 MJ/kg和12.55 MJ/kg，比NRC低10%左右，在生产中已很少采用。值得注意的是，肉仔鸡营养水平过高，肉鸡生长太快，往往造成不良影响，特别是在饲养管理条件差、环境条件较差、通风不良的情况下，肉鸡易发生猝死症和腹水症等。因此，生产中也可以根据饲料资源状况和饲料成本，适当降低营养水平，使饲料能量水平保持在12.13～13.99 MJ/kg。若*ME*在12.6 MJ/kg之内，采用玉米、豆饼和少量鱼粉配制日粮即可达到；若在12.6 MJ/kg以上，则需要添加动、植物油脂。

(二)肉用种母鸡的能量营养需要

肉用种母鸡的能量需要包括维持需要和产蛋需要两部分。一只成年母鸡的基础代谢为345 kJ/(kg·$W^{0.75}$)，以0.80作为代谢能用于维持的利用率，则*ME*为430 kJ/(kg·$W^{0.75}$)。体重为2.5 kg的肉种鸡的*ME*维持需要则为：

$$430\times2.5^{0.75}\times1.5(\text{活动量})=1\ 282.4\ \text{kJ}$$

由于家禽的活动量不同，其维持需要也不同。一般将平养鸡在基础代谢之上增加50%。

一枚重 50～60 g 的蛋含 *NE* 293～377 kJ，以一枚中等大小的蛋含 *NE* 355 kJ，*ME* 用于产蛋的效率为 0.65 计，则一枚鸡蛋约含 *ME* 545 kJ。若产蛋率为 80%，则产蛋需要则为 545×0.8＝436 kJ。肉种鸡若还有增重，则每增重 1 g 约需 *ME* 12 kJ。因此，2.5 kg 体重，产蛋率为 80%，日增重 7 g 的肉用种鸡的各项代谢能需要总和约为 1 800 kJ/(天·只)。

肉用种母鸡的特点是易于肥胖，必须限制养分的摄入，以维持适宜的体重。每日能量消耗量随年龄、生长阶段和环境温度变化而异，产蛋高峰期通常 *ME* 在 1.67～1.88 MJ/(天·只)。

(三)种公鸡的能量需要

种公鸡能量不足，影响性机能和精液质量；能量过多，会造成公鸡过大、过肥，常发生脚垫及腿伤，随之受精率、孵化率下降。为了获得大量的精液和良好的精液质量，每千克日粮代谢能为 11.30～11.72 MJ 较合适。平养每日供给 *ME* 1 674～1 916 kJ/只，笼养时可供给 *ME* 1 448～1 498 kJ/只。NRC(1994)规定肉用种公鸡 20～60 周龄的代谢能需要为 1 464～1 674 kJ。

三、蛋白质的需要

(一)肉仔鸡的蛋白质需要

NRC(1994)肉仔鸡三阶段饲养 0～3 周龄、3～6 周龄和 6～8 周龄的日粮蛋白质含量分别为 23.0%，20.0%和 18.0%，这是当日粮代谢能为 13.39% MJ/kg 时。由于鸡“为能而食”，可根据日粮中能量浓度而调节采食量，从而最终使采食的能量绝对量基本一致。因此，在配制日粮时应使蛋白能量比保持不变。我国肉仔鸡的饲养标准中规定肉仔鸡前期(0～4 周龄)和后期(5 周龄以上)日粮粗蛋白质水平分别为 21%和 19%。肉仔鸡对蛋白质的利用率较高，平均为 60%左右，公鸡单位体重需要蛋白质较多。肉仔鸡对蛋白质的要求是前期高于后期。

蛋白质的营养主要是氨基酸的营养。肉鸡不需要粗蛋白质本身，而是需要其中的各种氨基酸和小肽，但必须供给足够的粗蛋白以保证合成非必需氨基酸的氮供应。粗蛋白建议值是基于玉米-豆粕型日粮提出的，添加合成氨基酸时可下调。肉仔鸡最重要的必需氨基酸主要是蛋氨酸和赖氨酸，也就是常用日粮的第一、第二限制性氨基酸。肉仔鸡三阶段饲养0～3周龄，3～6周龄和6～8周龄的蛋氨酸在日粮中需要量分别为0.50%，0.38%和0.32%；蛋氨酸＋胱氨酸分别为0.90%，0.72%和0.60%；赖氨酸需要量在前期、中期、后期分别为1.10%，1.0%和0.85%。其他氨基酸的需要可见下节中肉鸡饲养标准。

（二）肉用种母鸡的蛋白质需要

肉用种母鸡如果饲喂氨基酸平衡的蛋白质，产蛋高峰期需要23 g/(天·只)(Jeroch等，1982；Schlofel等，1988)，一般产蛋水平时，18～20 g/(天·只)可能就满足了(Waldroup等，1976；Pearson等，1981；Spratt等，1987)。NRC(1994)规定肉用种母鸡蛋白质需要量为19.5 g/(天·只)。生产中应注意氨基酸的平衡，避免粗蛋白食入过量，每天摄放量27 g/只，对孵化率有不良影响。实际生产中，补充氨基酸时摄入较少的粗蛋白就足够了。饲喂理想的氨基酸混合物时，每日摄入粗蛋白质15.6～16.5 g/只就足够了。饲喂玉米-豆粕型日粮时，每日蛋白质摄入量达16 g，再补充赖氨酸和蛋氨酸不会提高生产性能(Waldroup等，1976)。

特定氨基酸需要量的研究很少。Harms等(1980)报道，肉种鸡每日蛋氨酸需要量介于400～478 mg。Halle等(1984)用氮平衡试验研究表明，含硫氨基酸的日需要量为694 mg。Wilson等(1984)的研究结果表明，每只种母鸡每日摄入682 mg含硫氨基酸，808 mg赖氨酸，1 226 mg精氨酸，223 mg色氨酸及18.6 g粗蛋白质获得了满意的生产性能。NRC(1994)规定肉用种鸡每只每日含蛋氨酸、硫氨基酸、赖氨酸的需要量分别为450 mg，700 mg

和 765 mg。

矮小型种母鸡的粗蛋白质需要量不超过 13.6%(Larbier 等，1979)，蛋氨酸和赖氨酸日需要量分别为 360～380 mg 和 750 mg。

(三)种公鸡的蛋白质需要

美国家禽饲养委员会建议，小群配种情况下，种公鸡日粮粗蛋白质为 15%。国外一些肉鸡育种公司建议蛋白质水平为 12%～15%。笼养鸡群，前苏联学者发现日粮含蛋白质 16%时射精量最大。NRC(1994)推荐蛋白质水平，0～4 周龄为 15%，4～20 周龄为 12%，20～60 周龄为 12 g/(天·只)，笼养鸡供给 10.9～14.8 g/(天·只)。NRC(1994)综述的资料认为：饲喂蛋白质 12%的日粮时，提供精液到第 53 周龄的公鸡数比喂较高蛋白质组的多(Willson 等，1987)。我国有人建议种公鸡蛋白质水平应为 14%～15%，笼养种鸡采精次数可提高至 16%。

四、矿物质的需要

(一)肉仔鸡的矿物质元素需要

不同矿物质元素的研究主要是从经济角度或预防实际日粮的缺乏症出发的，所以钙、磷研究较多，而微量元素研究较少。钾、镁和铁的准确需要仍未确定，因为实际日粮中这些元素一般供应充足。饲喂半纯合日粮时，植酸和纤维含量很低，雏鸡对铁、锰、锌的需要量比饲喂实际日粮的需要量低，主要是因为实际原料中这些元素的生物利用率较差。例如，大多数实际原料中锰的利用率很低，而实际日粮中营养成分还会降低日粮中无机锰的利用率(Halpin 等，1986)。无机矿物质补充料中矿物质元素利用率变化也很大。例如，硫酸锌中锌的生物利用率比氧化锌中锌的利用率高得多(Wedekind 等，1990)。正是由于矿物质补充料的生物利用率差异和干扰矿物质元素利用率营养成分的利用，不同研究者报道的需要量有较大的出入。

NRC(1994)推荐肉仔鸡0～3周龄、3～6周龄和6～8周龄日粮中钙的含量分别为1.0%,0.90%和0.80%;非植酸磷分别为0.45%,0.35%和0.30%;氯在日粮中含量前、中、后期分别为0.20%,0.15%和0.12%;钠的需要量同氯。微量元素在肉仔鸡整个生长期日粮中含量都相同,NRC(1994)规定0～3周龄、3～6周龄、6～8周龄日粮中铜的含量均是8 mg/kg,碘0.35 mg/kg,铁80 mg/kg,锰60 mg/kg,硒0.15 mg/kg,锌40 mg/kg。我国肉仔鸡饲养标准中规定0～4周龄、5周龄以上日粮中钙含量分别为1.0%和0.90%;总磷为0.65%和0.65%;有效磷分别为0.45%和0.40%;食盐为0.37%和0.35%。微量元素需要量同NRC(1994)。

(二)肉用种母鸡的矿物质需要量

钙:肉用种母鸡的蛋壳强度随钙的升高而增加(Mehring,1965)。平养时,每日钙供给超过3.91 g不会进一步提高产蛋量和孵化率(Wilson等,1980)。确定钙最适需要量的最佳指标之一是测定蛋的特殊密度,特殊密度达1.080或以上时孵化率较好(McDaniel等,1979)。因为肉用种母鸡通常是在蛋壳明显沉积以前的早晨供给饲料,下午补充钙可提高蛋壳质量(Farmer等,1983;Van Wambeke等,1986)。如果钙全在下午供给,又会使蛋壳变厚,明显降低孵化率(Brake,1988)。NRC(1994)规定肉用种母鸡钙需要量为4.0 g/(天·只)。

磷:每日总磷供应量从532 mg提高到1 244 mg不会明显增加产蛋量、受精蛋孵化率或蛋的特殊密度[即163～863 mg非植酸磷/(天·只)],喂给718 mg总磷(338 mg非植酸磷)时产蛋数增加(Wilson等,1980)。NRC(1994)推荐肉用种母鸡磷需要量为350 mg非植酸磷/(天·只)。

钠和氯:每天摄入量在154 mg/只以上不会进一步提高产蛋量、饲料利用率、蛋重、受精率和孵化率(Damron等,1983),钠摄入量超过 320 mg 会降低受精率。Harms 等(1984)报道,每日摄入量 254 mg 时全期产蛋量和孵化成绩最好,但与 185 mg 试验组没有显著差异。NRC(1994)规定肉用种母鸡对氯需要量为 185 mg/(天·只),钠为 150 mg/(天·只)。

对于其他矿物质元素和微量元素对肉用种母鸡研究较少,可参考蛋鸡标准。

(三)种公鸡的矿物质需要

种公鸡对钙的需要量比产蛋鸡低得多,但喂给予蛋鸡含相同钙的日粮对繁殖性能并无不良影响。Norris 等(1972)用单冠白来航公鸡进行的钙平衡试验结果表明,每天需要量为 7.98 mg/kg 体重。Kappleman 等(1982)认为,每天钙的摄入量为 0.5～7 g/只,繁殖性能没有明显差异。对磷的需要,Bootwalla 等(1989)发现,维持繁殖性能和骨骼完整的磷需要量不高于 110 mg/(天·只)。NRC(1994)推荐肉用种公鸡 20～60 周龄每日钙需要量为 200 mg/只,非植酸磷为 110 mg/只。种公鸡日粮含钙 1.0%～1.2%,有效磷为 0.45%,其微量元素需要可参考蛋用型后备母鸡需要量。

五、维生素的需要

肉仔鸡对维生素的需要,NRC(1994)推荐的 0～3 周龄、3～6 周龄、6～8 周龄 3 个阶段在日粮中的含量基本相同,除胆碱和烟酸之外。我国肉仔鸡饲养标准中规定推荐量维生素 A、维生素 D 比 NRC 高,其他维生素与 NRC 相近。肉仔鸡的品种标准如 AA 肉仔鸡推荐维生素量以及世界上生产多维素的大公司维生素的推荐量都比 NRC(1994)和我国饲养标准高出许多,有的近 10 倍。这是因为 NRC 和 ARC(英国农业理事会)的家禽营养需要是“最低需要量”,它是在试验条件下测定的,以不发生特定的缺乏症为主要依据。它不是家禽最快生长需要量或者最佳经济效益需要量，因此，在生产实际中，往往根据具体情况酌加安全量，维生素A、维生素D、维生素E易损破坏，实际使用量通常超过NRC规定量的2～3倍，甚至更多。肉仔鸡品种标准较高，这是它考虑了各种不利因素对维生素需要量的影响。导致需要提高的因素如表6-1所示。此外，饲料加工过程（如制粒加温）及饲料成分（如矿物质、酸等）均可影响维生素的有效性，使实际添加量发生变化。

表6-1 各种不利因素对维生素需要量的影响

因素	受影响的维生素	需要量的增加
饲料成分	所有维生素	提高10%～20%
环境温度	所有维生素	提高20%～30%
舍饲笼养	B族维生素、维生素K	提高40%～80%
未稳定的脂肪	维生素A、维生素D、维生素E、维生素K	提高100%
球虫、蛔虫、线虫	维生素A、维生素K及其他	提高100%或更多
亚麻籽饼粕	维生素B_6	提高50%～100%
疾病	维生素A、维生素E、维生素K、维生素C	提高100%或更多
应激	维生素A、维生素D、维生素E、维生素K、维生素E、维生素C、维生素B_2、维生素B_3、维生素B_{12}	提高 30%～100%或更多

肉用种母鸡和种公鸡的维生素需要量研究较少，可参考蛋用型产蛋鸡的维生素需要量。

六、水的需要

尽管水的需要量是不确定的，但仍应视为一种必需营养素。家禽对水的需要量与下列因素有关：环境温度、相对湿度、日粮的成分、生长或产蛋率等。一般假定肉仔鸡饮水量是采食量的2倍，实际上的饮水量变化很大。

几种日粮因素会影响饮水量和水料比。提高粗蛋白水平会增加饮水量和水料比，增加日粮中食盐含量会增加饮水量；环境温度对肉仔鸡饮水量影响明显，温度比 21℃ 高出 1℃，耗水量增加 7%。当环境温度 21℃时，肉仔鸡每周每只需水量分别为：第 1 周 225 mL，第 2 周 480 mL，第 3 周 725 mL，第 4 周 1 000 mL，第 5 周 1 250 mL，第 6 周 1 500 mL，第 7 周 1 750 mL，第 8 周 2 000 mL(NRC,1994)。

第二节　肉鸡的饲养标准

动物营养不但要研究阐明不同种类动物需要的营养素种类和作用，而且还要研究阐明每一种营养素需要的数量。为便于在实际生产中使用已有研究成果，动物营养学家总是定期或不定期地将这些研究成果，特别是定量研究结果总结一套系统而简明的资料供生产、科研应用。因此，饲养标准或营养需要既是科学研究的结晶，也是生产实践的科学指南。

一、饲养标准的性质和作用

(一)饲养标准的含义

饲养标准是根据大量的科学试验，结合生产实际经验而制定的鸡在不同体重、不同生理状态和不同生产水平条件下，需要各种营养物质的数量。

饲养标准是一个传统名称。现行饲养标准更确切一些含意是：系统表述经试验研究确定的特定动物的各种营养物质需要量，经有关专家组集中审定后，定期或不定期以专题报告性的文件由有关权威机关颁布发行。饲养标准或营养需要的指标及其数值大都体现在一定形式的表格或所给出的模式计算方法中。其营养需要量通常以各种养分在日粮中的含量(%,mg/kg,MJ/kg 等)或鸡每天所需养分的绝对数量两种方法分别表述。文件还同时列出大量参考文献,主要饲料营养价值成分表以及确定需要量的原则等,供使用者参考。

饲养标准是动物营养需要研究应用于动物饲养实践的最有权威的表述。反映了动物生产对营养物质的客观要求。高度概括和总结了营养研究和生产实践的最新进展。具有很强的科学性和广泛的指导性。它是动物生产计划中组织饲料供给,设计饲粮配方和对动物实行标准化饲养的技术指南和科学依据。

(二)饲养标准的局限性

饲养标准是动物饲养的准则,它可使动物饲养者做到心中有数,不盲目饲养。但饲养标准并不能保证动物饲养者合理养好所有动物,因为在生产实际中影响动物需要量的因素很多,饲养标准不可能将所有影响因素都考虑在内。在饲养标准中未考虑的影响因素有:动物个体差异对需要量的影响,饲料的适口性和物理特性对需要和采食的影响,不同环境条件的影响,饲料营养素含量和可利用性变化对需要量的影响,非特异性应激因素对需要量的影响等。因此要结合生产中具体情况,按饲养标准规定的原则灵活应用。通常,蛋白质应用时要根据环境、管理和饲养方法以及健康状况和应激等情况酌情加上安全量。对于维生素和微量元素,个别易缺乏者安全系数可提高,对于相当少量就能引起中毒的微量元素如硒等,添加时要小心。

二、我国肉鸡的饲养标准

中华人民共和国鸡的饲养标准是经国家原农牧渔业部(现农业部)批准于 1986 年 10 月 1 日起施行,这是我国正式颁布的第一个鸡的标准,包括蛋鸡和肉鸡的饲养标准。鸡的饲养标准代号为 ZBB43005-86,经过十几年的使用,特别是改革开放以来,随着畜牧生产水平的进一步提高与配合饲料工业的迅猛发展，以及营养科学研究资料的积累，有些指标已不适用。预计不久将对我国鸡的饲养标准进行再次修订。

肉鸡的饲养标准中有肉仔鸡的代谢能、粗蛋白质、氨基酸、钙、磷、有效磷及食盐的需要量；各种维生素、微量元素及亚油酸需要量；肉仔鸡的体重及耗料量；地方品种肉用黄鸡的代谢能、粗蛋白质需要量；地方品种肉用黄鸡的体重及耗料量。具体需要量如表6-2和表6-3所示。

表6-2 肉仔鸡的代谢能、粗蛋白质、氨基酸、钙、磷及食盐需要量

项目	0～4周龄		5周龄以上	
代谢能(MJ/kg)	12.13		12.55	
粗蛋白质(%)	21.0		19.0	
蛋白能量比(g/MJ)	17		15	
钙(%)	1.00		0.90	
总磷(%)	0.65		0.65	
有效磷(%)	0.45		0.40	
食盐(%)	0.37		0.35	
氨基酸	(%)	氨基酸能量比(g/MJ)	(%)	氨基酸能量比(g/MJ)
蛋氨酸	0.45	0.37	0.36	0.28
蛋氨酸＋胱氨酸	0.84	0.70	0.68	0.54
赖氨酸	1.09	0.90	0.94	0.75
色氨酸	0.21	0.17	0.17	0.13
精氨酸	1.31	1.08	1.13	0.90
亮氨酸	1.22	1.01	1.11	0.88
异亮氨酸	0.73	0.60	0.66	0.52
苯丙氨酸	0.65	0.54	0.59	0.47
苯丙氨酸＋酪氨酸	1.21	1.00	1.10	0.37
苏氨酸	0.73	0.60	0.60	0.55
缬氨酸	0.74	0.61	0.68	0.54
组氨酸	0.32	0.26	0.28	0.22
甘氨酸＋丝氨酸	1.36	1.12	0.94	0.75

表 6-3　肉仔鸡的维生素、亚油酸及微量元素需要量

（每千克饲粮中含量）

营养成分	0～4 周龄	5 周龄以上
维生素 A(IU)	2 700	2 700
维生素 D_3(IU)	400	400
维生素 E(IU)	10	10
维生素 K(mg)	0.5	0.5
硫胺素(mg)	1.8	1.8
核黄素(mg)	5.5	3.6
泛酸(mg)	10	10
烟酸(mg)	27	27
吡哆醇(mg)	3	3
生物素(mg)	0.15	0.15
胆碱(mg)	1 300	850
叶酸(mg)	0.55	0.55
维生素 B_{12}(mg)	0.009	0.009
铜(mg)	8	8
碘(mg)	0.35	0.35
铁(mg)	80	80
锰(mg)	60	60
锌(mg)	40	40
硒(mg)	0.15	0.15
亚油酸(g)	10	10

肉鸡饲养标准使用说明：

（1）本标准以日粮的代谢能水平为基础，确定各种营养素浓度代谢能。高于或低于本标准规定的代谢水平时，应根据蛋白质能量比和氨基酸能量比，调整蛋白质和氨基酸所占日粮的含量（%）。其他养分也应如此。

（2）肉仔鸡饲养标准规定的各项营养水平都较低，如能添加脂肪提高代谢能水平，并相应提高其他营养素水平，单位增重的耗料

量可以减少。

(3)本标准规定的维生素和微量元素为最低需要量,可以把饲料内的含量作为安全富裕量,本规定量作为添加量。当维生素添加剂贮存过期或鸡群和饲养管理条件异常时,可酌增维生素水平。微量元素的添加量,应考虑饲料本身的特点。

(4)鸡生产性能的遗传性对相同营养水平的日粮有不同反应,故本标准中肉仔鸡体重及耗料量分别为两类生产成绩。

(5)在使用含盐高的鱼粉和其他饲料时,应把它们的含盐量计算到0.37%的规定量内。

(6)肉用种鸡的限制饲养,在育成期5~24周龄可采用隔日饲喂法,饲喂量为自由采食量70%,偏离预期体重时,可酌情增减喂料量。进入产蛋后期的限饲方法,可采用每日饲喂采食量的85%。限饲方法也可引用出售该种鸡的公司所介绍的限制料方案。

三、国外肉鸡的饲养标准

(一)美国NRC(1994)肉鸡的饲养标准

在美国NRC(1994)鸡的饲养标准,如表6-4至表6-7所示,肉鸡的饲养标准有商品肉用仔鸡、产蛋肉种鸡和肉用种公鸡的营养需要。肉仔鸡的营养需要分0~3周龄、3~6周龄和6~8周龄3个饲养阶段,营养需要的表示是每千克含量(MJ/kg,mg/kg)和百分含量。产蛋高峰期肉用种母鸡营养需要主要规定了代谢能、蛋白质和各种氨基酸、钙、非植酸磷、氯和钠、生物素的营养需要量,是以每只鸡每天绝对需要量表示的(MJ,g)。肉用种公鸡的营养需要量,是以每只鸡每天绝对需要量表示的(MJ,g)。肉用种公鸡的营养需要分0~4周龄、4~20周龄和20~60周龄3个阶段,主要规定了蛋白质、代谢能、赖氨酸、蛋氨酸、蛋氨酸+胱氨酸、精氨酸、钙、非植酸磷的需要量,其他营养指标由于缺乏研究资料未列出。

表 6-4　肉仔鸡营养需要(90%干物质)(NRC,1994)

营养素	0～3 周龄	3～6 周龄	6～8 周龄
代谢能(kcal* /kg)	3 200	3 200	3 200
蛋白质和氨基酸(%):			
粗蛋白质	23.00	20.00	18.00
精氨酸	1.25	1.10	1.00
甘氨酸+丝氨酸	1.25	1.14	0.97
组氨酸	0.35	0.32	0.27
异亮氨酸	0.80	0.73	0.62
亮氨酸	1.20	1.09	0.93
赖氨酸	1.10	1.00	0.85
蛋氨酸	0.50	0.38	0.32
蛋氨酸+胱氨酸	0.90	0.72	0.60
苯丙氨酸	0.72	0.65	0.56
苯丙氨酸+酪氨酸	1.34	1.22	1.04
脯氨酸	0.60	0.55	0.46
苏氨酸	0.80	0.74	0.68
色氨酸	0.20	0.18	0.16
缬氨酸	0.90	0.82	0.70
亚油酸(%)	1.00	1.00	1.00
常量元素:			
钙(%)	1.00	0.90	0.80
氯(%)	0.20	0.15	0.12
镁(mg/kg)	600	600	600
非植酸磷(%)	0.45	0.35	0.30
钾(%)	0.30	0.30	0.30
钠(%)	0.20	0.15	0.12

续表 6-4

营养素	0～3 周龄	3～6 周龄	6～8 周龄
微量元素(mg/kg)：			
铜	8	8	8
碘	0.35	0.35	0.35
铁	80	80	80
锰	60	60	60
硒	0.15	0.15	0.15
锌	40	40	40
脂溶性维生素：			
维生素 A(IU/kg)	1 500	1 500	1 500
维生素 D_3(IU/kg)	20	200	200
维生素 E(IU/kg)	10	10	10
维生素 K(mg/kg)	0.50	0.50	0.50
水溶性维生素(mg/kg)：			
维生素 B_{12}	0.01	0.01	0.007
生物素	0.15	0.15	0.12
胆碱	1 300	1 000	750
叶酸	0.55	0.55	0.50
烟酸	35	30	25
泛酸	10	10	10
吡哆醇	3.5	3.5	3.0
核黄素	3.5	3.5	3
硫胺素	1.80	1.80	1.80

注：1 kcal＝4.186 8 kJ。

表 6-5　肉仔鸡的典型体重、饲料需要和能量消耗

周龄	体重(g)		每周耗料(g)		累积体重(g)		每周摄入(MJ/只)		累积摄入(MJ/只)	
	公	母	公	母	公	母	公	母	公	母
1	152	144	135	131	135	131	432	419	432	419
2	375	344	290	273	425	404	928	874	1 360	1 293
3	636	617	487	444	912	848	1 558	1 422	2 918	2 715
4	1 085	965	704	642	1 616	1 490	2 256	2 056	5 174	4 771
5	1 576	1 344	960	738	2 576	2 228	3 075	2 519	8 249	7 290
6	2 088	1 741	1 141	1 001	3 717	3 229	3 651	3 045	119 000	10 335
7	2 590	2 134	1 281	1 081	4 998	4 310	4 102	3 459	16 002	13 794
8	3 077	2 506	1 632	1 165	6 430	5 475	4 585	3 728	20 587	17 522
9	3 551	2 842	1 577	1 246	8 007	6 721	5 049	3 986	25 636	21 508

注：饲喂平衡日粮的典型值，能量水平 *ME* 3 200 kcal/kg (1 kcal＝4.186 8 kJ)。

表 6-6　产蛋高峰期肉用种母鸡营养需要

(单位/(只·天)，90 %干物质)

营养素	需要量	营养素	需要量
代谢能(kcal)	400～450	苯丙氨酸(g)	0.61
蛋白质(g)	19.5	苯丙氨酸＋酪氨酸(g)	1.112
蛋氨酸(g)	0.45	缬氨酸(g)	0.75
蛋氨酸＋胱氨酸(g)	0.70	苏氨酸(g)	0.72
赖氨酸(g)	0.765	钙(g)	4.0
精氨酸(g)	1.11	非植酸磷(g)	0.35
亮氨酸(g)	1.25	氯(g)	0.185
异亮氨酸(g)	0.85	钠(g)	0.15
色氨酸(g)	0.19	生物素(μg)	16
组氨酸(g)	0.205		

注：表中没有列出的营养素参考蛋用型母鸡的数据；1 kcal＝4.186 8 kJ。

表 6-7 肉用种公鸡的营养需要(%或单位/(只·天),90 %干物质)

营养素	0～4 周龄(%)	4～20 周龄(%)	每天需要量(20～60 周龄)
代谢能	—	—	350～400 kcal
蛋白质	15.0	12.0	12.0 g
蛋氨酸	0.36	0.31	0.34 g
蛋氨酸＋胱氨酸	0.61	0.49	0.49 g
赖氨酸	0.79	0.64	0.475 g
钙	0.90	0.90	0.20 g
非植酸磷	0.45	0.45	0.11 g

注:氨基酸需要量是根据 Smith(1978)模型得出的估计值;1 kcal＝4.186 8 kJ。

肉用仔鸡生长速度快,饲料消耗量大,对能量和蛋白质的需求量高,NRC(1994)中肉仔鸡代谢能浓度(MJ/kg)比较高,比我国标准高 10%。为满足快速生长的需要,肉用鸡的氨基酸需要量也较高。商品代肉鸡从出壳到 6 周龄,其体重增加 50～55 倍。这种增加主要来源于蛋白质的沉积,因此,适宜的氨基酸营养对肉鸡的饲养非常关键。对常规的玉米-大豆粕日粮来说,蛋氨酸是第一限制性氨基酸,到目前为止,尽管有许多试验研究了肉鸡的蛋氨酸需要量,但并未确定出肉鸡对该氨基酸的准确需要量。主要原因在于添加人工合成氨基酸日粮与实际日粮有差异;另一原因是,蛋氨酸、胱氨酸和胆碱的复杂关系。赖氨酸在肉鸡营养中也起很重要的作用,NRC(1994)已将 0～3 周龄肉仔鸡赖氨酸的需要量从 1.2% 降至 1.1%,其他两个阶段基本没有变化。色氨酸需要量已从 0.23%降至 0.20%。苏氨酸的需要量做了大量研究工作,规定苏氨酸需要量为 0.80%。NRC(1994)对部分矿物质和维生素的需要量进行了调整,大多数仍维持上一版的数值。

(二)国外优良肉鸡品种的推荐标准

国外著名的优良肉鸡品种主要有爱拔益加(AA 肉鸡)和艾维茵肉鸡。现主要介绍 AA 肉鸡的品种标准。AA 肉鸡、AA 肉种鸡的营养需要推荐量如表 6-8 和表 6-9 所示，AA 肉仔鸡公母雏的营养成分如表 6-10 所示，AA 肉仔鸡喂料量及体重如表 6-11 和表 6-12 所示。

表 6-8　爱拔益加(AA)肉鸡营养成分建议

营养成分	育雏期（0～21 日龄）	中期（22～37 日龄）	后期（38 日龄至上市）
粗蛋白质(%)	23.0	20.2	18.5
代谢能(MJ/kg)	13.0	13.2	13.4
蛋白能量比(g/MJ)	135	158	173
粗脂肪(%)	5～7	5～7	5～7
亚油酸(%)	1	1	1
叶黄素(mg/kg)	18	26～33	26～37
抗氧化剂(mg/kg)	120	120	120
抗球虫药	+	+	—
矿物质(%)：			
钙	0.9～0.95	0.85～0.90	0.80～0.85
可利用磷	0.45～0.47	0.42～0.45	0.38～0.43
盐	0.30～0.45	0.30～0.45	0.30～0.45
钠	0.18～0.22	0.18～0.22	0.18～0.22
钾	0.70～0.90	0.70～0.90	0.70～0.90
镁	0.06	0.06	0.06
氯	0.20～0.30	0.20～0.30	0.20～0.30
氨基酸(%，最低量)：			
精氨酸	1.25	1.22	0.96
赖氨酸	1.18	1.01	0.90
蛋氨酸	0.47	0.45	0.38
蛋氨酸+胱氨酸	0.90	0.82	0.75
色氨酸	0.23	0.20	0.18
苏氨酸	0.78	0.75	0.70

续表 6-8

营养成分	育雏期（0～21 日龄）	中期（22～37 日龄）	后期（38 日龄至上市）
维生素(附加量/kg)：			
维生素 A(IU)	8 800	8 800	6 600
维生素 D_3(IU)	3 300	3 000	2 200
维生素 E(IU)	30	30	30
维生素 K(mg)	1.65	1.65	1.65
硫胺素(mg)	1.1	1.1	1.1
核黄素(mg)	6.6	6.6	5.5
泛酸(mg)	11	11	11
烟酸(mg)	66	66	66
吡哆醇(mg)	4.4	4.4	3
叶酸(mg)	1	1	1
氯化胆碱(mg)	550	550	440
维生素 B_{12}(mg)	0.022	0.022	0.011
生物素(mg)	0.2	0.2	0.11
微量元素(附加量/kg)：			
锰(mg)	100	100	100
锌(mg)	75	75	75
铁(mg)	100	100	100
铜(mg)	8	8	8
碘(mg)	0.45	0.45	0.45
硒(mg)	0.3	0.3	0.3

表 6-9　爱拔益加推荐营养标准(种鸡)

养分	公鸡和母鸡			母鸡		公鸡
	育雏料	育成料	预产料	产蛋Ⅰ期料	产蛋Ⅱ期料	种鸡料
粗蛋白质(%)	17.0～18.0	15.0～15.5	15.5～16.5	15.5～16.5	14.5～15.5	12.0
代谢能(MJ/kg)	11.7～12.1	11.0～12.0	11.7～12.1	11.7～12.1	11.7～12.1	11.7
脂肪(%)	3.00	3.00	3.00	3.00	3.00	3.00
纤维素(%)	3.00～5.00	3.00～5.00	3.00～5.00	3.00～5.00	3.00～5.00	3.00～5.00
亚油酸(%)	1.00	1.00	1.00～1.75	1.25～1.75	1.00	1.00
钙(%)	0.90～1.00	0.85～0.90	1.50～1.75	3.15～3.30	3.30～3.50	0.85～0.90
磷(%)						
有效磷(%)	0.45～0.50	0.38～0.45	0.40～0.42	0.40～0.42	0.35～0.37	0.35～0.37
总磷(%)	0.55～0.70	0.50～0.65	0.55～0.70	0.55～0.70	0.50～0.55	0.50～0.65
钠(%)	0.18～0.20	0.18～0.20	0.16～0.20	0.16～0.20	0.18～0.18	0.18～0.20
盐(%)	0.45～0.50	0.45～0.50	0.40～0.45	0.40～0.45	0.40～0.45	0.40～0.45
氯(%)	0.20～0.30	0.20～0.30	0.20～0.30	0.20～0.30	0.20～0.30	0.20～0.30
氨基酸(%,最低):						
精氨酸	0.90～1.00	0.75～0.90	0.90～1.00	0.90～1.00	0.88～0.94	0.66
赖氨酸	0.92～0.98	0.60～0.70	0.80～0.85	0.80～0.85	0.78～0.81	0.54

续表 6-9

养分	公鸡和母鸡			母鸡		公鸡
	育雏料	育成料	预产料	产蛋Ⅰ期料	产蛋Ⅱ期料	种鸡料
蛋氨酸	0.34～0.36	0.30～0.35	0.30～0.32	0.30～0.32	0.30～0.32	0.24
蛋氨酸＋胱氨酸	0.72～0.76	0.56～0.60	0.60～0.64	0.60～0.64	0.54～0.56	0.45
色氨酸	0.17～0.19	0.17～0.19	0.16～0.17	0.16～0.17	0.16～0.17	0.12
苏氨酸	0.52～0.54	0.45～0.52	0.50～0.53	0.50～0.53	0.50～0.53	0.40
异亮氨酸	0.66～0.70	0.58～0.60	0.58～0.62	0.58～0.62	0.58～0.62	0.48
微量元素(mg/kg):						
锰	66	66	120	120	120	120
锌	44	44	110	110	110	110
铁	44	44	40	40	40	40
碘	1.1	1.1	1.1	1.1	1.1	1.1
铜	5.0	5.0	8.0	8.0	8.0	8.0
硒	0.30	0.30	0.30	0.30	0.30	0.30
维生素(每千克饲料含量):						
维生素 A(IU)	11 000	11 000	15 400	15 400	15 400	15 400
维生素 D_3(IU)	3 300	3 300	3 300	3 300	3 300	3 300

续表 6-9

养分	公鸡和母鸡			母鸡		公鸡
	育雏料	育成料	预产料	产蛋Ⅰ期料	产蛋Ⅱ期料	种鸡料
维生素 E(IU)	22	22	33	33	33	33
维生素 K_3(IU)	2.2	2.2	2.2	2.2	2.2	2.2
维生素 B_1(mg)	2.2	2.2	2.2	2.2	2.2	2.2
维生素 B_2(mg)	5.5	5.5	9.9	9.9	9.9	9.9
泛酸(mg)	11.0	11.0	13.2	13.2	13.2	13.2
烟酸(mg)	33.0	33.0	44.0	44.0	44.0	44.0
维生素 B_6(mg)	1.1	1.1	5.5	5.5	5.5	5.5
生物素(mg)	0.11	0.11	0.22	0.22	0.22	0.22
胆碱(mg)	440	440	330	330	330	330
维生素 B_{12}(mg)	0.013	0.013	0.013	0.013	0.013	0.013
叶酸(mg)	0.88	0.88	1.65	1.65	1.65	1.65
抗氧化剂(mg)	120	120	120	120	120	120

表 6-10 爱拔益加(AA)肉仔鸡公母雏的营养成分

营养成分	育雏料（0～21 日龄）		中期料（22～37 日龄）		后期/宰期料（38 日龄至上市）	
	公鸡	母鸡	公鸡	母鸡	公鸡	母鸡
粗蛋白质(%)	23.0	23.0	21.0	19.0	19.0	17.5
代谢能(MJ/kg)	12.96	12.96	13.38	13.38	13.38	13.38
热能蛋白比	135	135	152	168	168	193
钙(%)	0.9～0.95	0.9～0.95	0.85～0.88	0.85～0.88	0.80～0.85	0.80～0.85
可利用磷(%)	0.45～0.47	0.45～0.47	0.42～0.44	0.42～0.44	0.40～0.42	0.40～0.42
赖氨酸(%)	1.25	1.25	1.10	0.95	1.00	0.90
总含硫氨基酸(%)	0.96	0.96	0.85	0.75	0.76	0.70

表 6-11 爱拔益加肉仔鸡公雏喂料量及体重

周龄	体重(g)	每周增重(g)	料量(g/周)	累计料量(g)	料重比
1	170	130	144	148	0.87∶1
2	420	250	306	454	1.08∶1
3	770	350	509	963	1.25∶1
4	1 200	430	718	1 680	1.4∶1
5	1 700	500	972	2 652	1.56∶1
6	2 245	545	1 209	3 861	1.72∶1
7	2 800	555	1 403	5 264	1.88∶1
8	3 345	545	1 627	6 891	2.06∶1
9	3 865	520	1 767	8 658	2.24∶1
10	4 365	500	1 993	10 651	2.44∶1

表 6-12 爱拔益加肉仔鸡母雏喂料量及体重

周龄	体重(g)	每周增重(g)	料量(g/周)	累计料量(g)	料重比
1	160	120	144	144	0.88∶1
2	390	230	288	429	1.1∶1
3	690	300	447	876	1.27∶1
4	1 060	370	650	1 526	1.44∶1

续表 6-12

周龄	体重(g)	每周增重(g)	料量(g/周)	累计料量(g)	料重比
5	1 470	410	826	2 352	1.6∶1
6	1 905	435	1 020	3 372	1.77∶1
7	2 340	435	1 191	4 563	1.95∶1
8	2 765	425	1 326	5 889	2.13∶1
9	3 155	390	1 462	7 351	2.33∶1
10	3 525	370	1 567	8 918	2.53∶1

第三节　肉鸡的饲料配合

一、饲料配合的原则

(一)科学性

科学性就是以肉仔鸡饲养标准为依据。考虑肉鸡对主要营养物质的需要,结合鸡群生产水平和生产实践经验,对饲养标准某些营养指标可作10%上下的调整。但能量和蛋白质等其他营养素比例应符合饲养标准的需要。鸡具有依能而食的能力,当日粮能量浓度发生变化时,鸡能够调节采食量而最终使采食的有效能(代谢能)的总量不变。在设计饲料配方时,可根据原料来源和生产要求,确定一个经济的能量水平,按饲养标准中的比例关系来调节蛋白质、氨基酸和其他营养物质的含量。在确定适宜的能量水平时,要以饲养标准为依据,不可与标准差别太大,因为肉仔鸡日粮就是要求高能量高蛋白,当能量水平过低时会影响日增重,降低饲料报酬。

(二)多样化

多种饲料搭配使用,可发挥各种营养成分的互补作用,提高营养物质的利用率。配合饲料中能量饲料占的比例大,可选用2或3种,但这些饲料蛋白质含量少,氨基酸不平衡,缺蛋氨酸和赖氨酸,且钙、磷等矿物质不足。蛋白质饲料种类多、来源广,如果条件允许,可选用 2 或 3 种蛋白质饲料,包括动物性和植物性蛋白质饲料,通过日粮搭配以及氨基酸、矿物质、维生素和食盐等添加剂的补充,最终能够满足肉鸡的全部营养需要。各类饲料在肉仔鸡日粮中比例大致如下:谷物饲料 50%～70%,糠麸类 5%以下,植物性蛋白质饲料 15%～25%,动物性蛋白质饲料 2%～7%,矿物质饲料 1%～2%,添加剂 1%,油脂为 1%～4%。

(三)安全性

制作饲料配方选用的各种饲料原料,包括饲料添加剂在内,必须注意安全,保证质量,对其品质、等级必须经过检测。因发霉、酸败、污染、毒素含量而导致失去饲喂价值的原料,以及其他不合规定的原料,不能使用。对某些含有毒有害物质或抗营养因子的饲料,如棉籽饼和菜籽饼等应脱毒后使用,或对喂量进行限制,使配合日粮中的有毒有害物质不能超国家饲料卫生标准。饲料卫生标准代号 GB 13078—2001,是国家强制性标准,必须执行。

制作饲料配方时,必须遵守某些添加剂停药期的规定和禁止使用的法规法令,以及添加剂之间的禁忌配伍。这部分可参考添加剂章节。

(四)实用性和经济性

制作饲料配方必须保证较高的经济效益,以获得较高市场竞争力。为此,应因地制宜,充分开发和利用当地饲料资源,选用营养价值较高而价格较低的饲料,尽量降低配合饲料的成本。

注意饲料品质、消化特点和适口性。对于雏鸡不能喂纤维多的饲料,发霉饲料也要禁用,适口性差的饲料限用。

二、饲料配方的设计

(一)饲料配方设计所需资料

1. 肉鸡饲养标准　饲养标准是设计饲料配方的主要资料,也是科学依据和理论基础。肉鸡的饲养标准参照本章第二节。

肉鸡的饲养标准指标最多,达 41 项。尽管饲养标准中规定指标的增加反映了营养科学研究的成就，但饲养实践与试验研究在条件控制和成本考虑上存在着较大差距，因而对饲养标准中所规定的营养指标在实际实施中就有必要进行重点控制，即在饲养实践和配方设计中不要求全面考虑饲养标准中规定的所有指标。在设计肉鸡饲料配方时，要考虑的营养指标如下：代谢能、粗蛋白质、蛋白能量比、蛋氨酸、蛋氨酸＋胱氨酸、赖氨酸、钙、磷、有效磷和食盐。其他微量元素和维生素等微量成分可通过添加剂预混料形式添加。

在饲养实践中为了保证养殖动物的健康，促进其迅速生长等目的，常见在饲粮中添加饲养标准规定营养指标以外的物质。诸如为保健及加速生长等目的而添加的非治疗剂量的药物及其他促生长剂；为刺激食欲、增加采食量而添加的调味剂、饲料着色剂以及动物营养过程调控剂；为改善饲料品质而添加的抗氧化剂、防霉剂以及为适应消费市场需求，增加蛋黄色泽及仔鸡皮肤色泽而添加的色素等。这些物质的使用必须严格遵守相应法规的规定，以免间接威胁人类健康，同时也应根据饲养条件，有的放矢地科学使用。

2. 饲料成分及营养价值表　中国饲料成分及营养价值表中(2002 年修订版，中国饲料数据库)主要列了能量饲料和蛋白质饲料的常规成分、钙、磷、有效磷；能量指标及各种微量元素含量；赖氨酸、蛋氨酸等 12 种氨基酸含量。对于有些原料成分变化大，则以实际化验分析结果为准。

3. 各种饲料原料的价格　无论是手工计算配方，还是计算机辅助设计的最低成本配方，都需要知道饲料原料的价格，尽可能选用当地资源充足、物美价廉的饲料，这样设计的配方成本才可能较低，最终使经济效益较高。

(二)饲料配方的设计方法

配合日粮是一项繁琐的运算过程。为了较好地满足饲喂动物对各种营养物质的需要，人们往往追求构成日粮的饲用原料种类复杂,以求得日粮中营养物质含量的均衡、全面。因而在配合日粮时,更增加了运算的繁重程度。在计算机尚未在畜牧业得到应用的年代,人们为了简化繁杂的运算而创立了各种简化配合日粮的方法,如试差法、四边形法、联立方程法等。随着分析手段的进展及营养科学研究的深入,饲养标准中规定的指标逐渐增多。在此种情况下靠手算速度较慢,有时几乎是不可能的。随着计算机的进展与普及,应用计算机进行线性规划,使这一运算过程大大加快,配方成本更低。

1. *试差法* 这种饲料配方计算方法,仍是目前国内较普遍采用的方法之一,又称凑数法。它的优点是可以考虑多种原料和多个营养指标。具体做法是:首先根据经验初步拟出各种饲料原料的大致比例,然后用各自的比例去乘该原料所含的各种养分的百分含量,再将各种原料的同种养分之积相加,即得到该配方的每种养分的总量。将所得结果与饲养标准进行对照,若有任一养分超过或不足时,可通过增加或减少相应的原料比例进行调整和重新计算,直至所有的营养指标都基本满足要求为止。调整的顺序为能量、蛋白、磷(有效磷)、钙、蛋氨酸、赖氨酸、食盐等。这种方法优点是简单易学,学会后就可以逐步深入,掌握各种配料技术,因而广为利用。缺点是计算量大、十分繁琐、盲目性较大,特别是对初学者,不易筛选出最佳配方,成本可能较高。

[例 1] 用玉米、麸皮、豆粕、棉仁饼、鱼粉、油脂、骨粉、石粉及维生素预混料和微量元素预混料,配合 6～8 周龄肉仔鸡配方。

第一步,查饲养标准。我国肉仔鸡为两阶段饲养法,现应用较少,查 NRC(1994)6～8 周龄肉仔鸡饲养标准如下:

代谢能 (MJ/kg)	粗蛋白 (%)	钙 (%)	非植酸磷 (%)	蛋氨酸 (%)	赖氨酸 (%)	食盐 (%)
13.39	18.0	0.80	0.30	0.32	0.85	0.40

第二步,根据饲料成分表查出所用各种饲料的养分含量(表6-13)。

表 6-13 饲料的养分含量

原料	代谢能(MJ/kg)	粗蛋白(%)	钙(%)	非植酸磷(%)	蛋氨酸(%)	赖氨酸(%)
玉米	13.56	8.7	0.02	0.12	0.18	0.24
麸皮	6.82	15.7	0.11	0.24	0.13	0.58
油脂	37.66					
豆粕	9.62	43.0	0.32	0.31	0.64	2.45
棉仁饼	9.04	40.5	0.21	0.28	0.46	1.56
鱼粉	10.29	61	7.0	3.50	1.65	4.30
骨粉			20.0	10.0		
石粉			35.0			

第三步,按能量和蛋白质的需求量初拟配方。根据饲养工作实践经验或参考其他配方,初步拟定日粮中各种饲料的比例(表6-14)。

表 6-14 初拟配方

原料	日粮组成(%)	代谢能		粗蛋白	
	①	饲料中 ②	饲粮中 ①×②	饲料中 ③	饲粮中 ①×③
玉米	60	13.56	8.14	8.7	5.22
麸皮	5	6.82	0.34	15.7	0.79
油脂	5	37.66	1.88		
豆粕	20	9.62	1.92	43	8.6
棉仁饼	5	9.04	0.45	40.5	2.03
鱼粉	3	10.29	0.31	61	1.83
	98		13.04		18.47
标准			13.39		18.0

肉仔鸡饲粮中各类饲料的比例一般为：能量饲料 60%～70%，蛋白质饲料 25%～35%，矿物质饲料等 2%～3%（其中维生素和微量元素预混料一般各为 0.1%～0.5%）。据此，先拟定蛋白质饲料用量，棉仁饼适口性差并含有毒物质，日粮中用量要限制，一般定为 5%；鱼粉价格昂贵，可定为 3%，豆粕可拟定为 20%。矿物质饲料等按 2%；能量饲料若麸皮为 10%，则玉米为 60%。

第四步，调整配方，使能量和粗蛋白质符合饲养标准规定量。方法是降低配方中某一饲料的比例，同时增加另一饲料的比例，两者的增减数相同，即同一定比例的某一饲料代替另一种饲料。计算时，可先求出每代替 1%时，饲粮能量和粗蛋白质改变的程度，然后结合第三步中求出的与标准的差值，计算出应该代替的百分数。

上述配方经计算可知，饲粮中代谢能浓度比标准低 0.35 MJ/kg(13.39－13.04)，粗蛋白质高 0.47%。先调整能量，用能量较高的玉米代替麸皮，每代替 1%可使能量提高 0.067 4 MJ/kg[(13.56－6.82)×1%]，粗蛋白降低 0.07[(15.7－8.7)×1%]。用玉米代替麸皮的量等于(0.35/0.067 4×1%)＝5.2%，这样可将 5%的麸皮全部用玉米代替，这时配方日粮中代谢能为 13.38 MJ/kg，粗蛋白为 18.12%(18.47%－0.07×5%)。此时代谢能和粗蛋白指标与标准相近，可不做调整。

第五步，计算矿物质和氨基酸用量。根据上述调整好的配方，计算钙、非植酸磷、蛋氨酸、赖氨酸的含量。从表 6-15 中可知饲粮中钙的含量比标准低 0.50%，磷低(非植酸磷)0.04%，蛋氨酸和赖氨酸在配方中含量与饲养标准相近或相等，可不做调整。调整矿物质含量先调整磷，用骨粉补充磷，骨粉的用量为(0.04%÷10%)×100%，即 0.4%，由骨粉补充的钙为 20%×0.4%＝0.08%，尚需由石粉补充的钙为 0.80－(0.30%＋0.08%)＝0.42%。石粉用量为(0.42%÷35%)×100%＝1.2%。

原估计矿物质和添加剂约占饲粮的2%，现计算骨粉为0.4%，石粉为1.2%，食盐应占0.37%，维生素和微量元素预混料各为0.1%，总加起来为2.07%。

表 6-15　饲粮配方钙、磷、氨基酸与标准比较

原料	饲粮组成(%)	钙(%)	非植酸磷(%)	蛋氨酸(%)	赖氨酸(%)
玉米	65	0.02	0.12	0.18	0.24
豆粕	20	0.32	0.31	0.64	2.45
棉仁饼	5	0.21	0.28	0.46	1.56
鱼粉	3	7.0	3.5	1.65	4.30
油脂	5				
饲粮中含量		0.30	0.26	0.318	0.85
标准		0.80	0.30	0.32	0.85

第六步，列出配方及主要营养指标。

6～8周龄肉仔鸡饲粮配方及其营养指标如下：

饲粮配方(%)：玉米65，豆粕20.0，鱼粉3.0，棉仁饼5.0，油脂5.0，骨粉0.4，石粉1.20，食盐0.37，维生素预混料0.1，微量元素预混料0.1，合计约100。

营养水平：代谢能(MJ/kg)13.38，粗蛋白18.12%，钙为0.80%，非植酸磷0.30%，赖氨酸0.85%，蛋氨酸为0.32%，食盐为0.37%。

2. 交叉法　又称方形法、对角线法。基本方法是由两种饲料配制某一养分符合要求的混合饲料。但通过连续多次运算，也可由多种饲料配合两种以上养分符合要求的混合饲料。此法简便、快捷、直观，但适合于较少饲料种类和营养指标的运算，当考虑营养指标较多时，运算繁琐。

[例2] 用粗蛋白含量分别为10%和40%的谷实饲料和豆饼，

配制粗蛋白为16%的混合饲料。

将两种饲料的粗蛋白含量分别置于正方形的左方上、下角，所求粗蛋白含量置于正方形中间，在两条对角线上分别相减（大值减小值），则所得结果分别为两种饲料应在混合饲料中占有的份数，即按谷实料24份、豆饼6份混合，便得粗蛋白为16%的混合料。折合成百分数为谷实料为80%[24(24/+6)]，豆饼20%[6/(24+6)]。

谷实料 10　　　24(份) $\frac{24}{24+6}\times 100\% = 80\%$

　　　　16

豆饼 40　　　6(份) $\frac{6}{24+6}\times 100\% = 20\%$

[例3] 蛋白质混合饲料配方连续计算，要求配制粗蛋白40%的蛋白质混合料，其原料有血粉、脱毒棉仁饼、豆粕和肉骨粉。

第一步，查原料粗蛋白含量，血粉、脱毒棉仁饼、豆粕、肉骨粉的粗蛋白质分别为80.2%，36.3%，46%和52%。

第二步，70%豆粕和30%的棉仁饼组成植物性蛋白质饲料，其蛋白含量为43.09%，60%肉骨粉和40%血粉组成动物性蛋白质饲料，其粉蛋白为63.28%。

第三步，作图：

植物蛋白料 43.09　　23.28

　　　　　　40

动物蛋白料 63.28　　3.09

第四步，求出各原料比例：

植物蛋白料比例　$\frac{23.28}{23.28+3.09}\times 100\% = 88.28\%$

动物蛋白料比例　$\frac{3.09}{23.28+3.09}\times 100\% = 11.72\%$

豆粕用量： 70%×88.28%=61.8%

棉仁饼用量： 30%×88.28%=26.48%

肉骨粉用量： 60%×11.72%=7.03%

血粉用量： 40%×11.72%=4.69%

3.公式法 又叫联立方程法。此法是利用数学上联方程求解法来计算饲料配方。优点是条理清晰，方法简单；缺点是饲料种类多时，计算较复杂。

[例 4] 用含粗蛋白 8%的能量饲料和粗蛋白 35%的蛋白质补充料，配制一个含粗蛋白 15%的配合饲料。

(1)设配合饲料中能量饲料中所占百分比为 x，蛋白质补充料所占百分比为 y，$x+y=100$

(2)能量混合料的粗蛋白含量为 8%，补充料含粗蛋白 35%，要求配合饲料含粗蛋白质为 15%，得出 $0.08x+0.35y=15$。

(3)列联立方程组 $\begin{cases} x+y=100 \\ 0.08x+0.35y=15 \end{cases}$

求解得出：$x=74.07\%$

$y=25.93\%$

即能量饲料为 74.07%，蛋白质补充料为 25.93%。

4.计算机设计饲料配方 应用计算机设计饲料配方速度快，可以考虑多种原料和多个营养指标，最主要的是能够设计出最低成本饲料配方。现应用计算机技术，多是应用线性规划，就是在所给饲料种类和满足所求配方的各项营养指标的条件下，能使设计的配方成本最低。这是手工运算所无法比拟的。但是计算机也只能是辅助设计，需要有经验的营养专家进行修订、原料限制等以及最终配方的检查确定，有时配方计算无解，需要调整。有些原料受适口性差、有毒有害物质的影响，要进行限量。这些都需要有经验的设计者来对计算机设计的最佳饲料配方进行修正调整。

三、配合饲料的种类

- 全价配合饲料
  - 浓缩料
    - 料精
      - 预混料
        - 添加剂
          - 营养性添加剂
            - 氨基酸、维生素
            - 微量元素等
          - 非营养性添加剂
            - 抗生素、激素、酶
            - 制剂，驱虫剂
            - 饲料保质剂
        - 载体玉米粉、稻壳粉、麸皮等
      - 常量矿物质
        - Ca，P
        - Na，Cl 等
    - 蛋白质饲料
      - 动物性，植物性
      - 微生物蛋白质饲料等
  - 能量饲料
    - 如玉米
    - 麦类、谷类等

(一)按营养成分分类

1. 配合饲料　它是采用科学配方和通过合理加工而得到的营养全面的复合饲料，能满足鸡的各种营养需要，经济效益高，是理想的配合饲料。配合饲料可由各种饲料原料加上预混料配制而成，也可由浓缩饲料稀释而成。配合饲料在鸡用得最多。

2. 浓缩饲料　又叫平衡用混合饲料或蛋白质补充饲料。它是由蛋白质饲料、矿物质饲料与添加剂预混料按规定要求混合而成。不能直接用于喂鸡。一般含蛋白质 30％以上，与能量饲料的配合比应按生产厂家的说明进行稀释，通常占全价配合饲料的 20％～30％。

3. 添加剂预混料　由各种营养性和非营养性添加剂加载体均匀混合而成。可供浓缩饲料和配合饲料使用，其添加量在配合饲料中小于 10％。

4. 混合饲料　又叫初级配合饲料或基础日粮。由能量饲料、蛋白质饲料、矿物质饲料按一定比例组合而成，它基本上能满足鸡的营养需要，但营养不够全面，只适合农村散养户搭配一定青绿饲料饲喂。

5. 精料补充料、代乳饲料　前者由浓缩饲料和能量饲料所组成，多用于牛、羊、马等；后者专为哺乳动物而配制的。

（二）按动物种类、生理阶段分类

鸡的配合饲料分为肉鸡、蛋鸡及种鸡 3 种。肉仔鸡按周龄分为 3 种或 2 种，蛋鸡及种鸡按周龄及产蛋率分为 6 或 7 种，即 0～6 周龄、6～12 周龄、12～28 周龄、18 周龄至开产、产蛋率＞80%、产蛋率 65%～80%、产蛋率＜65%等。

（三）按饲料物理形状分类

鸡的饲料按形状可分为粉料、颗粒料和碎裂料，这些不同形状的饲料各有优缺点，可酌情选用其中的一种或两种。通常生长后备鸡、蛋鸡、种鸡喂粉料；肉仔鸡 2 周内喂粉料或碎裂料，3 周龄以后喂颗粒料；肉种鸡喂碎裂料。

1. 粉料　是目前国内最常见的一种饲料形态，它是将饲料原料磨碎后，按一定比例与其他成分和添加剂混合均匀而成。这种饲料的生产设备及工艺均较简单，品质稳定，饲喂方便，安全可靠。鸡可以吃到营养较完善的饲料，由于鸡采食慢，所有的鸡都能均匀采食。适用于各种类型和年龄的鸡。但粉料的缺点是易引起挑食，使鸡的营养不平衡，尤其是用链条输运饲料时。喂粉料采食量少，且易飞扬散去，使舍内粉尘较多，造成饲料浪费，在运输中易产生分级现象。粉料的细度应在 1～2.5 mm。磨得过细，鸡不易下咽，适口性变差。

2. 颗粒料　是粉料再通过颗粒压制机压制成的块状饲料，形状多为圆柱形。颗粒机由双层蒸煮器与环模压粒机组成，混合好的颗粒饲料加入到蒸煮器的上层，由搅拌桨慢慢推进，并加入少量水蒸气，20～30 min 后顺序进入环模压粒机，由一对压辊压入环模无数特定直径的孔隙挤出切制成颗粒，再经干燥机干燥后过筛，筛上为颗粒饲料,筛下的破碎细末再送回重加工。为增强颗粒的结实度,还常加入黏着剂如糖蜜、膨润土等。脂肪的加入是在饲料制成颗粒冷却后喷涂在表面,或将油脂喷洒入环模内,这样颗粒不易破碎。若将油脂直接加入饲料中,由于润滑作用胜过它的黏合力,添加到3%就能使颗粒开裂或不成型。颗粒料的直径由环模的孔隙大小所决定的,因鸡的种类和年龄而异。我国采用的直径是中鸡<4.5 mm,成鸡<6 mm。

颗粒饲料的优点是适口性好,鸡采食量多,可避免挑食,保证了饲料的全价性;鸡可全部吃净,不浪费饲料,饲料报酬高,一般可比粉料增重5%～15%;制造过程中经过加压加温处理,破坏了部分有毒成分,起到了杀虫、灭菌作用,饲料比较卫生,有利于淀粉的糊化,提高了利用率。但颗粒饲料制作成本较高,在加热加压时使一部分维生素和酶失去活性,宜酌情添加。制粒增加了水分,不利于保存。饲喂颗粒料,鸡粪含水量增加,易发生啄癖。还由于鸡采食量大,生长过快,而易发生猝死症、腹水症等。

3.碎裂料(粗屑料) 碎裂料是颗料经过粗磨或特制的碎料机加工而成,其大小介于粉料和粒料之间,它具有颗粒料的一切优点和缺点,成本较颗粒料稍高。因制小颗粒料成本高,所以,一般先制成直径6～8 mm的大颗粒,冷却后将颗粒通过辊式破碎机辗压成片状,再经双层筛,将破裂粒筛分为2 mm和1 mm的碎料与粉碎料,喂给1～2周龄的雏鸡,特别适于作1日龄雏鸡的开食饲料。制粒时含水量可达15%～17%,冷却后可降为12%～13%。

四、配合饲料的生产工艺流程

配合饲料的生产工艺流程如图6-1所示。配合饲料的生产是把各种饲料原料经过清除各种杂质后,经必要的粉碎,按照配方进行混合,并根据要求制成一定形状的饲料。

配合饲料生产工艺流程中各道工序的工作质量直接影响到

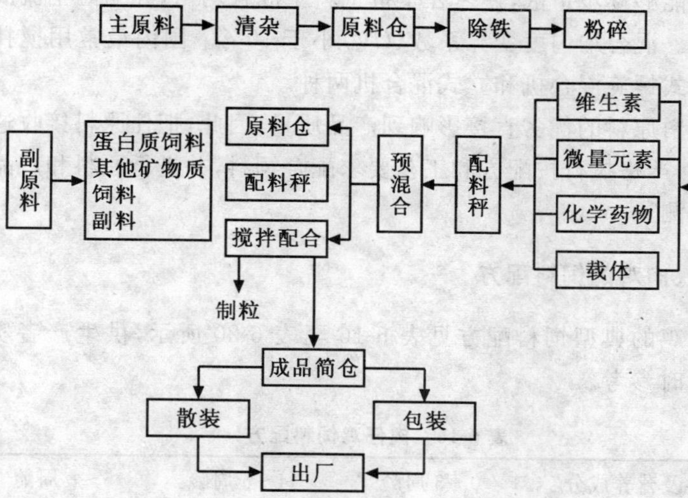

图 6-1　配合饲料的生产工艺流程示意图

注：人工加入是指先将各种维生素、微量元素和化学药物等添加剂由人工按需要量称重投入，添加剂和载体通过配料秤分别称重，以 1∶10 的比例送入搅拌机进行预混合。经搅拌均匀后，再以 1∶20 的比例送入大搅拌和各种饲料混合。

产品的质量。其中包括清理、粉碎、计量、混合等工作。饲料厂要清理的原料主要是谷类及其加工副产品，主要是筛选和磁选，最常用的圆筒初清筛和永磁滚筒。粉碎要求饲料力度均匀，推荐的粒度范围，幼鸡粉料 $\phi<1.0$ mm，中鸡粉料 $\phi<2.0$ mm，成鸡粉料 ϕ 为 2.0～2.5 mm。最常用的粉碎设备为锤片式粉碎机，它粉碎的饲料粒度均匀，还可以对粒度进行调节。我国最常用电脑控制的配料秤计量，能够完成配方的设计要求，字盘定值配料秤也较常用。饲料混合是保证配合饲料质量的关键工作。在饲料加工过程中，为了保证混合均匀度，混合可分为预混合和主混合两步进行。预混合是将各种添加剂与载体进行一次预先混合，其目的是让微

量成分能够逐步扩散，使之在全价饲料中混合均匀，并缩短主流混合时间。混合均匀度变异系数(*CV*)小于10%。国内最常用搅拌机为卧式螺旋混合机和立式混合机两种。

饲料原料的优劣直接影响到产品质量，因此，把住原料接收这道关口，严格执行按配方和工艺要求配合饲料，并进行原料和产品质量检测。

五、肉鸡的饲料配方

肉鸡的典型饲料配方见表6-16至表6-20所示，供生产者实际应用时参考。

表6-16 肉仔鸡饲料配方 %

原料及营养成分	0～3周龄	4～6周龄	6～8周龄
玉米	59	56	63.3
大豆粕(44%)	22.5	20	20
鱼粉(68%)	7.5	7.5	5
乳清粉	2.5	—	—
玉米蛋白粉	3.0	3.0	3.0
苜蓿粉	1.5	1.5	1.5
骨粉	1.8	1.5	1.0
石粉	1.2	1.0	0.8
油脂	1.0	3.0	4.0
食盐	0.37	0.37	0.37
DL-蛋氨酸	0.05	—	—
预混料	1.0	1.0	1.0
营养成分			
ME(MJ/kg)	12.40	13.20	13.40
CP	22.0	20.0	18.0

表 6-17　0～3 周龄肉仔鸡饲料配方　%

原料及营养成分	配方编号					
	1	2	3	4	5	6
玉米	60.5	60.9	62.3	60.5	54.9	61.5
豆粕	31	20.5	18	15	40	25
棉仁粕		5.0		10		5.0
菜籽粕		5.0	4.0	4.0		
鱼粉	5	3.0		4.0		3.0
肉骨粉		4.0	12.0			
血粉						20
蚕蛹粉			2.0	3.0		
磷酸氢钙	1.2			1.5	1.8	1.0
石粉	0.8			0.40	1.0	1.0
DL-蛋氨酸	0.11	0.20	0.30	0.20	0.20	0.10
L-赖氨酸	0.07	0.05	0.12	0.08		0.10
食盐	0.35	0.37	0.30	0.35	0.35	0.35
预混料	1.0	1.0	1.0	1.0	1.0	1.0
代谢能(MJ/kg)	12.1	12.5	12.6	12.0	11.9	12.3
粗蛋白	21.5	22.0	21.5	20.4	22.0	21.0
钙	1.0	0.91	1.1	1.02	1.05	0.95
磷	0.62	0.70	0.80	0.75	0.73	0.68
赖氨酸	1.20	1.1	1.10	1.07	1.20	1.09
蛋氨酸＋胱氨酸	0.80	0.81	0.90	0.82	0.85	0.82

表 6-18 0～4 周龄肉用仔鸡饲料配方 %

原料及营养成分	配方编号							
	1	2	3	4	5	6	7	8
玉米	59.5	50.5	52.2	22	44.1	57.1	56.2	38
小麦		10	9					
大麦				20				15
碎米			8	10	5			
麸皮	4.0				7.0			
米糠				8.0				
豆粕	25	30	27	30	32	29	31	35
玉米蛋白粉					6.0	5.0	4.0	3.0
苜蓿粉		2.0	2.0					
鱼粉	8	5	5	4	3.0	6.0	6.0	5.0
磷酸氢钙	1.0	0.5	0.5	0.5	1.0	1.0	1.0	1.2
石粉	1.0	0.5	0.7	1.0	0.5	0.8	0.8	1.5
蛋氨酸	0.20	0.20	0.25	0.10				
食盐	0.35	0.35	0.40	0.40	0.37	0.37	0.30	0.30
预混料	1.0	1.0	1.0	1.0	1.0	1.0	1.0	1.0
代谢能(MJ/kg)	12.1	12.2	12.3	12.1	12.0	12.1	12.3	12.0
粗蛋白	21.3	22.3	21.0	20.7	22.8	20.0	20.2	21.6
钙	1.10	1.0	1.01	1.04	0.90	0.80	0.90	1.20
磷	0.69	0.74	0.71	0.75	0.69	0.60	0.71	0.80
赖氨酸	1.15	1.10	1.11	1.13	1.08	1.10	1.14	1.16
蛋氨酸	0.62	0.50	0.49	0.51	0.48	0.49	0.50	0.45

表 6-19　3～8 周龄肉用仔鸡饲料配方　%

原料及营养成分	配方编号					
	1	2	3	4	5	6
玉米	65.5	39	44.5	46.1	71.2	68.0
大麦		10.5		15		
碎米		9	8.7			
小麦		9	10			
米糠				10		
麸皮		6	10			
次粉						
豆粕	26.5	16	17.5	15.5	8.9	12.4
棉籽饼					10	12
苜蓿粉		2.5	2.5			
玉米蛋白粉				6.0	2.0	
鱼粉	5.0	5.0	4.0	5.0	6.0	4.0
石粉	1.0	1.0	1.0	0.4	0.5	1.0
磷酸氢钙	1.0	0.5	0.5	0.5	1.3	1.3
预混料	1.0	1.0	1.0	1.0	1.0	1.0
食盐	0.40	0.35	0.35	0.4	0.35	0.35
代谢能(MJ/kg)	12.5	12.1	12.2	12.4	12.1	11.8
粗蛋白	19.0	18.0	17.7	19.7	17.4	17.8
钙	1.0	1.0	0.94	0.91	0.85	1.01
磷	0.58	0.66	0.67	0.70	0.75	0.74
赖氨酸	0.90	0.91	0.87	1.01	0.90	0.85
蛋氨酸	0.32	0.28	0.30	0.37	0.42	0.33

表 6-20 4～8 周龄肉用仔鸡无鱼粉饲料配方(1～6) %

原料及营养成分	配方编号					
	1	2	3	4	5	6
玉米	59.0	60.0	6.2	69.5	76.3	63.0
豆饼	33.5	32.0	16.0	10.9	5.0	32.0
棉籽饼			16.0			
菜籽饼				5.0	5.0	
叶粉	1.0	2.0				2.4
肉骨粉				9.0	6.8	
蚕蛹粉				2.1	2.4	
骨粉			0.5		0.5	
贝壳粉	1.5	1.0				0.5
油脂	3.0	3.0				
石灰石粉				0.4	1.0	
磷酸氢钙	1.0	1.3	1.0			1.5
DL-蛋氨酸	0.1	0.15		0.15	0.09	0.25
L-赖氨酸		0.05			0.05	
其他添加剂	0.5	0.1		2.5	2.5	
食盐	0.4	0.4	0.3	0.35	0.36	0.35
代谢能(MJ/kg)	12.59	12.76	12.30	12.72	12.80	12.22
粗蛋白	19.0	17.9	17.2	18.4	15.5	19.0
钙	1.21	0.73	0.54	1.08	1.28	0.93
磷	0.51	0.58	0.70	0.68	0.65	0.57
赖氨酸	1.08	0.98	0.81	0.87	0.75	0.97
蛋氨酸	0.35	0.34	0.33	0.42	0.34	0.50
胱氨酸	0.22	0.41	0.28	0.26	0.23	0.31

第七章　肉种鸡的饲养管理

肉种鸡的生产性能近20年来已有了巨大的进展，目前，随着快大型肉仔鸡产品占据着国际市场，肉用种鸡也随之而改进为宽胸型 。该品种入舍肉种母鸡66周龄产合格种蛋数已达182个，产蛋率从5%至高峰仅需5周。生产性能的提高无疑会给饲养者带来丰厚的利润，但同时在饲养管理上也带来了新的挑战。培育成一个优秀的鸡群必须具备以下几个条件：首先要有优良的品种；其次要有优质全价的饲料；最后，就现在看来也是极为重要的一个条件，是要有科学的饲养管理。这是因为：品种方面，由于育种专家不遗余力的努力和商业竞争的结果，当前国际上几大知名品种在生产性能上已无多大的差别；饲料方面，随着动物营养研究的不断深入和饲料生产设备改进，优质饲料的配制已不成问题；在生产中，越是优秀的鸡种，一旦饲养管理跟不上，受到的影响越大。据调查，肉种鸡生产潜力得不到正常发挥致使经济效益下降的事例中，经分析饲养管理因素占65%以上。

肉用种鸡不仅本身需具备高产性能，而且还要有较高的种用价值，即要求种蛋合格率高、受精率高、孵化率高，并且下一代的生产性能也高。这就增加了养好肉种鸡的难度。肉种鸡具有肉用型鸡的特点：生长速度快、饲料转化率高、容易肥等；但又必须完成种鸡的任务，即尽可能多产蛋，且多产优质种蛋。然而产蛋多的鸡应具备的基本条件是体重适宜，不能过大，更不能过肥。这表明肉种鸡虽不适于多产蛋，却又承担着多产蛋的任务。本身的特点与其承担的任务是一对很难解决的矛盾，而生产实践却要求人们必须解决好，力争从肉用种鸡获取尽量多的优质种蛋。这就进一步增加了难度。只有根据各阶段的特点和要求，准确而严格地搞好各项饲养管理工作，才有可能实现这一目标。

在整个肉用种鸡饲养的过程中，必须按照该品种的标准体重曲线进行体重控制，也就是在肉用种鸡的一生中始终都要提供准确的饲料营养及采取科学的管理措施，使其一直保持良好的体重增长及种用体况。另外，由于种鸡的健康程度及成活率高低不仅影响本身，而且还会影响到下一代的健康及生产性能。所以，无论任何阶段的种鸡，饲养管理及卫生防疫工作都要求十分严格。

肉种鸡饲养过程一般分 3 个阶段：育雏期、育成期、产蛋期。由于在育成后期和产蛋前期之间 4～5 周生长发育具有特殊性，许多育种公司建议此阶段最好使用预产料，因此，如果用预产料，可再加一预产期，这样更利于饲养管理。

第一节　育雏期的饲养管理

肉种鸡的育雏期种母鸡是从 0～4 周龄，种公鸡是 0～6 周龄。肉种鸡育雏总的目标是保证种雏鸡 1～7 日龄的顺利生长，饮水开食顺利进行，使整个鸡群迅速建立活力，刺激食欲，促进羽毛、骨骼生长和免疫系统、心血管系统的发育，同时保证全群均匀的成长，在 7 日龄（1 周龄）达到或超过体重标准，并确保到 28 日龄（4 周龄）这一阶段保持平稳的生长发育。为雏鸡创造适宜的生长环境、提供最优的营养饲料、做好各项免疫接种，使鸡群发挥出最佳的生产潜力。

肉种鸡育雏是为整个种鸡生产周期打基础的关键阶段，在育雏前，要了解雏鸡的生理特点，并根据其特点，采取相应的技术措施，为雏鸡提供适宜的温度、通风等有利于雏鸡生长发育的环境条件，使雏鸡便于饮水开食，最大限度地使雏鸡达到预期的生长和发育。出生的雏鸡体温调节能力不健全，体温要比正常鸡低 2～

3℃,需到7～10日龄趋向正常,但3～4周龄时才具有较好的体温调节能力。初生雏鸡全身着生的是绒毛,缺乏御寒保温能力,既怕冷又怕热。因此,对温度变化敏感,在育雏工作上要严格掌握好育雏温度。初生雏鸡消化系统不够健全,其营养来源主要是体内残留的蛋黄,出生后48 h以内可以不喂不饮,给雏鸡运输提供方便条件。雏鸡嗉囊小,胃肠消化能力差,开始应喂易消化饲料;雏鸡生长发育很快,5周龄时体重已达出壳重的10倍左右,平均每周增长2倍,所以在日粮配合时应尽量使用高能量、高蛋白质以及含维生素、微量元素充足,容易消化,营养全面的饲料,以满足雏鸡对营养的需要。雏鸡对外界环境反应敏感,在养育过程中,要创造安静的环境,以防止不必要的刺激所造成的损失。雏鸡体小娇嫩,抵抗力和抗病力差,并易感染各种疾病,应精心饲养管理,提高雏鸡体质并做好各项卫生防疫工作。

一、育雏前的准备

(一)清洗消毒

清洗和消毒所有的鸡舍,清除全部家禽和人类携带的病原微生物。尽最大可能地消除上批种鸡遗留下的细菌、病毒和昆虫。这就要求认真彻底打扫和冲洗鸡舍、笼具、用具,做到鸡舍、鸡笼等无粉尘,无粪迹,无羽毛,无残留饲料。保证鸡舍清洁干净。根除以往鸡群和外界环境污染中的任何病原体,为鸡群提供干净舒适的环境。

(1)进鸡前鸡舍及设备的冲洗工作要做彻底,不留死角,避免交叉感染。包括栖架、饮水器、开食盘、网子、风机扇叶、百叶、鸡舍房屋的死角的冲洗、消毒、熏蒸。栋舍的周围、路面用3%火碱喷洒,裸露土地洒石灰水。

(2)饮水系统的清洗,排干水箱和水管内所有的水,用高压喷枪冲水线,清除水箱内的污物和水垢,并排出鸡舍外。水管内易形成水垢，应经常处理避免影响水的流速和造成细菌污染。

(3)鸡舍内绝不能有残留垫料和鸡羽毛，因为垫料里的细菌和病毒能传染给雏鸡，大鸡羽毛的毛囊中可能含有马立克氏病毒。雏鸡早期容易受到野毒的攻击，野毒一旦先占领靶细胞后，疫苗毒株就不能很好地繁殖，抗体的产生就不理想，因此，易造成免疫失败而感染发病。

(4)鸡舍的消毒不在于次数，而在于消毒的质量。整个鸡舍彻底清洗干净以及所有的维修保养工作完成之后，才能对鸡舍进行消毒。有条件的尽量采用三步消毒法：第一步用专制的火焰喷射器喷烧一遍(主要指笼具、地面、墙裙等火能烧的地方)；第二步用广谱消毒剂喷洒消毒；第三步进行熏蒸消毒，熏蒸消毒要在进鸡前一个月进行，鸡舍最好封闭 2 周，所用器具都应放在鸡舍内一同熏蒸；熏蒸时温度应达到 21℃，湿度不低于 65%，否则消毒效果较差。至少在进鸡前 1 周开始通风换气，以除掉残留的甲醛，防止雏鸡中毒。熏蒸消毒每立方米 21 g 高锰酸钾、42 mL 甲醛溶液。熏蒸前升温加湿：最低温度 24℃，最低相对湿度为 75%，这样可以达到最佳的熏蒸效果。

(5)人员、饲料、垫料、工具、车辆的消毒。进入生产区的任何物品均要消毒。车辆尽量不进入生产区，进生活区的车辆司机不下车，作业后尽快离开。人员要经淋浴消毒后更换干净衣服才能进入生产区。

(6)通过细致管理及适时的预防免疫，确保鸡群的健康并增加鸡只的抵抗力，同时减少各种应激，定期做好日常的消毒工作。

(7)鸡舍应至少空置 14 天，雏鸡舍与大鸡舍间隔距离至少 25 m。避免同一饲养场内饲养不同日龄的鸡，实行全进全出制度更有助于生物安全措施的落实。

(8)尽可能减少来访者的数量和次数。

(9)废弃物、排泄物及病死鸡进行无害化处理，焚烧或深埋，以免造成病原的进一步扩散、蔓延。

(二)设备维修

进雏消毒前是对鸡舍和设备进行维修的最好时机,调节设备能够正常运转,可以避免以后过多人员进出鸡舍,影响正常生产以及鸡群的防疫。

(三)通风换气

用甲醛熏蒸消毒时应严格掌握剂量和时间,熏蒸结束后换气通风,在接雏前 48 h,以人进入后无明显的刺激气味,人眼不明显流泪为宜。

(四)饲料、垫料、药品

(1)根据本场的育雏规模及合理的育雏密度,准备足够的育雏面积,要求育雏舍保温良好,便于通风、清扫、消毒及饲喂操作。

(2)垫料与燃料:均要按计划的需要量提前备足。平养垫料厚度要达到 5~7 cm。笼养在笼底铺纸,防止雏鸡站立不稳或别腿。

(3)饲料:育雏之前,应按计划落实雏鸡的饲料,可以准备 7~14 天的肉种鸡育雏料,要保证品质良好,无霉坏、不变质。

(4)药品:应备用适量的抗细菌、病毒的预防性药物。

(五)预升温

冬季提前 3 天预温,其他季节应提前 2 天预温。提前预温,有利于鸡舍的地面、墙壁、垫料等在雏鸡到达前有足够的时间吸收热量,使雏鸡到场时鸡舍温度均匀达到 30℃、或伞下垫料温度达到 29~31℃,舍内湿度达到 70%。平养育雏使用育雏伞进行温差育雏法,效果会较好。

二、雏鸡的运输

初生雏在经过挑选和雌雄鉴别后就可起运,最好在 48 h 内到达目的地。运输雏鸡的基本原则是迅速及时、安全舒适,并注意卫生。雏鸡最好在出壳后 24 h 前到达育雏室,如果远距离运输,也不能超过 48 h,以减少路途死亡。装雏最好用专用运雏盒。专用的有纸制的、一次性的,也有用塑料做的永久性的。专用盒顶盖四壁都有通风孔,盒内有分四格的挡板,四角有支柱。专用盒顶盖使用前要严格进行消毒,并在盒内铺上草纸,每箱装 100 只(夏季装 60~80 只)。装车时盒与盒之间都要留好空隙。如用其他工具运雏,也要注意透气、通风、防止压死,运雏有空运条件的地区,最好空运,如用车运输,最好使用空调专用车。运输前要做好清洗消毒,装盒要平衡、牢固、不能有缝、最好在白天行车。夏季运雏,车要通风良好,在早晚凉爽时行车。无论何时运雏,途中都要不断检查,发现过冷、过热或通风不良,都应及时采取措施。另外,行车要平稳,防颠簸,不可路途经常停车。

雏鸡到场时,尽快卸车。雏鸡的放置应事先有个计划,按来自不同年龄种鸡群的雏鸡分栏或栋育雏。雏鸡盒应放在通风透气的地方,且两盒一落,绝不能叠堆在育雏舍内,正确清点盒数后,把雏鸡直接倒在饮水器和料盘附近,8 h 后可以挑出没有进食饮水的弱小鸡,人工喂食、助饮。在雏鸡初饮、开食前,留出几盒雏鸡用于称取初生重,并做好记录,公、母鸡分别取样 2%~3%。

三、育雏期饲养管理

雏鸡在一生中前 1~3 周特别是最初的 72 h 尤为重要,这不仅能确定其抵御疾病侵袭的能力,心血管系统的发育和全身羽毛的生长状况,而且更为重要的是,这最初的阶段决定着鸡只骨架的发育。为雏鸡提供适宜的温度、湿度、通风、充足清洁卫生的饮水、优质的饲料,并进行精心的护理,使雏鸡能健康、快乐地生长发育,并达到预期的体重、均匀度及成活率,为今后生产性能的提高奠定良好的基础。

(一)雏鸡的初饮和开食

1. 雏鸡初饮　鸡雏到育雏舍后,应稍事休息,待适应环境后,再开始饮水、开食。1 日龄雏鸡第一次饮水称为初饮，一般在毛干后 3 h 即可接到育雏室，给以饮水，因出雏后大量消耗体内水分。据研究：出雏 24 h 后消耗体内水分 8%，48 h 后耗水 15%，所以应先饮水后开食，这样有促进肠道蠕动、吸收残留卵黄、排除胎粪、增进食欲、利于开食之效。早期饮水非常重要，一定要让小鸡学会饮水，以减少死淘。鸡舍灯光要明亮，让饮水器的水反射到鸡只眼睛中，吸引雏鸡喝水。

用手触摸鸡只颈部左下方，如无小球状物时说明鸡只未喝水，此时要人为驯水，方法为：用手指压鸡头，将鸡嘴侵入水中，再放开，如此反复 2 或 3 次即可。对于饮水不好的鸡只，可用滴瓶滴口的方法给鸡只饮水。

初饮时在水中加 3%～5%葡萄糖，同时加抗生素、多维素或电解质营养液，有良好效果。鸡雏初饮后，无论何时都不应该再断水。水分在雏鸡体中占体重 60%～70%，它对饲料的消化吸收、物质代谢和体温调节等方面都有着重要的作用。饮用葡萄糖或电解多维的时间不要超过 2 h，饮用时间过长同样会使雏鸡消化系统受到影响。

成功的初饮，是提高成活率的关键，建议初饮时饲养员采用唤鸡和敲打饮水器的方法，吸引鸡只饮水，使其养成习惯，更有利于开食工作。

饮水器要充足，初饮时 40 只幼雏至少应有 1 个，2 L 大小的真空饮水器，并均匀分布在鸡舍各部。饮水器随鸡日龄增大而调整，立体笼育开始在笼内饮水，1 周后应训练在笼外饮水；平面育雏随日龄增大而调整高度。1 周内应用凉开水，水温保持 25℃左右，1 周后直接用自来水即可。用凉水时要先在鸡舍内预温。

要加强对饮水器的管理，增加清洗次数，并摆放整齐。将饮水器放在垫料上，为防止垫料不平和稻壳进入饮水器，在垫料中铺设一块编织袋。无免疫时，可适当添加一定浓度的消毒剂(2 周后)，如 3 mg/kg 的次氯酸钠。随着鸡只生长，在 5 日龄后，鸡只基本学会饮水，要逐渐提高饮水器的高度，以防稻壳进入饮水器。洗饮水器时，除免疫前中后 3 天不得使用消毒剂外，其他时间用消毒剂。刷洗次数不少于 3 h 1 次。要及时清出饮水器内稻壳。育雏前期鸡喝水量较少，饮水要以少添、勤添的原则，既要保证饮水卫生又要保证饮水器内长期有水，饲养中要防止长时间缺水后引起雏鸡暴饮，饮水器每 3～4 h 要刷洗并应更换一次。

2. 雏鸡开食　雏鸡第一次吃食称为开食，开食何时进行为宜，试验证明在孵出后 24～36 h，这时已有 60%～70%的雏鸡有啄食表现。有人曾试验，雏鸡在毛干后分别于 8 h、16 h、24 h、36 h 开食，结果是 24 h 开食的死亡率最低。开食过晚会使鸡变得虚弱而影响发育和增加死亡。开食的方法是将饲料撒在反光性强的硬纸、塑料布或开食盘内。雏鸡饮水 2～3 h 后，触摸鸡只嗉囊，感觉到有水，同时鸡群表现出不停地跑动，对声音反应敏感。鸣叫伴有寻食行为，此时即可开食。对长距离运输有脱水现象的鸡只，为防止糊肛先用碎玉米料。开食为 3 g/只，喂料要少喂勤添。吃完后及时加料(每天 7～8 次)。经常触摸鸡只嗉囊：雏鸡采食 24 h 后 80%以上的雏鸡嗉囊充满。雏鸡采食 48 h 后 90%以上的雏鸡嗉囊充满。雏鸡采食 72 h 后 100%的雏鸡嗉囊充满。对于即不饮水又不采食的鸡只，应单独放在一栏内，加强管理，适当增加多维和抗生素的用量。喂料时要驱赶围栏边缘鸡只。开食盘的摆放要整齐均匀，当舍内温度无法保证均匀时，开食盘要相应的调整到有鸡只的地方。要确保有充足采食面积。前一周用湿料，水料比由 1∶3 逐步过渡到干料。方案为 1～3 天 1∶3；4～5 天 1∶4；6 天后可喂干料。

(二)育雏期的管理措施

1. 温度　为给雏鸡提供舒适的温度，是保证鸡只正常发育的基础，尤其是对早期的成活率和均匀度都有非常重要的作用。舍内温度计要以鸡背部高度为标准，寒冷季节育雏的批次要使用保温伞，其他季节可用地炉供温。前3天31～30℃，第4天、第5天30～28℃，第6天、第7天28～26℃，第3周降到24～23℃，一般温度要求如表7-1所示。温度计放在有代表性的地方。雏鸡行为是鸡舍温度合适与否最重要的指示，还可以根据雏鸡的鸣叫声和分布来判断雏鸡是否舒适。由于新生雏鸡绒毛稀薄，体温调节机能尚未健全，故对环境温度的变化十分敏感。如果育雏温度过低，雏鸡因怕冷而向热源靠近，甚至拥挤扎堆，体质稍弱的小鸡就会因扎堆、挤压而死。但如果育雏温度过高，则会降低雏鸡食欲，影响其正常代谢，使雏鸡体质变弱，生长发育缓慢。高温还易引起呼吸道病。因此，育雏温度是否适宜直接影响着雏鸡的发育和成活率，经常观察育雏期的鸡群尤为重要。通过观察鸡群的分布状态，可判定鸡舍温度是否适宜。温度适宜时，雏鸡分布均匀、活动自如或睡姿伸展。随鸡只日龄增大，温度应缓慢降低。降温要尽量平稳，不能使雏鸡因温度突然变化而引起应激，尽量使雏鸡保持舒适环境下所需要的温度和相对湿度。育雏期(尤其是第一周)要特别注意防止后半夜无人看守时舍温突然变化的事故发生。

表7-1 育雏期温度要求 ℃

周龄	日龄	舍内温度	伞下温度	整舍温度
1	1～3	26～24	35～33	31～33
	4～7	24	33～31	29～30
2	8～14	24～21	30	29
3	15～21	21～28	27	26
4	22～28	18～16	24	23
5	29	16	24～16	21

饲养员要每小时记录温度一次，并结合鸡群分布情况，确定温度是否适宜。当温度过高时，可使当加大通风量，停止加热系统；

当温度过低时，最大程度地发挥地炉加供温作用。并不是温度越高越好，而是将其控制在适当范围内，特别要注意整舍温度均匀性。温度过高会抑制雏鸡的采食，夏季更应注意。

2.湿度　雏鸡对湿度也很敏感，舍内干燥幼雏容易脱水，且易诱发呼吸道疫病，湿度过大则羽毛松乱、精神沉郁，并利于球虫繁殖。第一周60%～70%，不足可在走道或垫料上洒水，并翻动垫料；或在加热器附近放置水盘，如果第一周内低于50%～65%会导致生理发育差，进而导致均匀度差。雏鸡前期对湿度要求稍高，出雏时孵化器内的湿度为70%左右，到育雏舍后第一周也必须接近此湿度，湿度随日龄增大逐渐降低，育雏后期降低为50%～60%。当湿度过低时，雏鸡体内水分散失过多，卵黄吸收不完全，容易出现脚趾干瘪、消瘦，羽毛生长缓慢，精神不振等脱水症状，会影响以后的均匀度和生产成绩。

3.光照　光线分布均匀、明亮，可刺激雏鸡的活动，帮助雏鸡适应周围环境，使其能够在小范围内找到水、料。母鸡第一天24 h，第二、三天各减1 h，以后每天减2～3 h，最后到8 h。育雏期使用这种递减的光照程序，目的是让雏鸡有更多的时间采食、饮水，建立良好的食欲，以达到早期目标体重。如果体重增重不足，则应顺延光照时间。熄灯前应检查嗉囊的软硬度和耗水量，来判定鸡群饮水的多少及效果。不管采取何种光照制度，一经实施，不宜经常变动，不可忽照忽停，时间不可忽长忽短，强度不可忽强忽弱，尽可能保持舍内照度的均匀。

1周后体重达标，每日定量供料时，光照强度由30 lx降为5～10 lx即可，3周后注意进风口、风机、门等漏光处。育成期防止产生啄癖和性成熟过早，可以用15 W的灯泡、用5 W节能灯可隔一个亮一个。

4.通风　清洁而新鲜的空气，对雏鸡来说是和饲料及饮水同样重要的。在育雏期间，不需要太大的通风量，第1周风速小于

0.5 m/s。在不影响温度的情况下，通风换气，适当地补充氧气、去除由鸡或是加热系统产生的二氧化碳和有害气体，以及空气中的尘埃、细菌微生物、病毒、多余的水分和热量。通风不良会使雏鸡易受到呼吸道疾病的威胁。因此，良好的通风换气对于保持雏鸡健康、羽毛良好、生长迅速是非常重要的。早期良好的通风尤其对马立克免疫的保护同样十分重要。通风换气也可以达到保持舍温分布均匀，调节湿度的效果。通风换气时最忌的是贼风，特别是在冬天，外界温度低，冷空气进入鸡舍后容易引发一些疾病。所以要防止贼风，重要的是合理调整进风口的位置，再者是进风口处要放置热源，对入舍的冷空气进行预热。

随着雏鸡日龄的增长逐渐扩大育雏围栏，保证合理饲养密度，并逐步增加通风换气量。注意检查进风口与风机之间空气的流通，避免出现“短路”或只有排风而没有进风的现象。使通风能够达到冬季提供比较均匀、没有贼风的新鲜空气，同时将混浊而潮湿的陈腐空气排除室外，夏季直接提供充足的空气，排除热空气，并尽可能提供冷空气。最好是根据季节及育雏各期的特点，用可调节的温控和时控风机进行通风换气。把温控探头放置在鸡舍中最具代表温度的地方，当超过某设定温度时，风机启动通风，当低于某设定温度时风机关闭，如 32℃开 30℃关。定时风机控制通风是设定停止通风时长和通风时长的间歇通风方式，如在 12 min 内停 10 min 转 2 min。

寒冷季节，进风口不能直接吹到鸡群。鸡舍每间房的房檐下可安装一个直径约 15 cm 的通风管，冬季通过控制通风管开启的数量，再根据不同日龄调节通风量，达到通风换气的效果。用燃煤进行保温育雏时，切忌门窗长时间紧闭，以防止通风不良。加温炉必须有通向室外的排烟管，使用时检查排烟管是否连接紧密且畅通。

5. 密度　雏鸡入舍时，饲养密度大约为每平方米 20 只，此后，饲养面积应逐渐扩大，28日龄(4周龄)时每平方米的饲养密度应降至6～7只。种公鸡每平方米三四只。

6.断喙　对种公鸡和种母鸡实施断喙的目的是防止鸡相互啄斗，减少鸡群啄斗时的损伤。然而新的品种不实施断喙的趋势在上升。在遮黑条件下不断喙的鸡群生产表现性能较好。如需实施断喙时需有训练有素的工作人员，使用正确的设备进行断喙。上喙切除1/2，下喙切除1/3。目前从国外引进的红外线断喙技术可使喙尖部在不受任何剪切的条件下得到处理。断喙应在6～7日龄进行，公鸡可以晚一点，在7～10日龄进行。断喙前一天在饲料或饮水中加维生素K，并检查调试断喙设备，调整好刀片的温度、操作时间快慢，由训练有素的专业人员操作。保证做到断后的喙部长短适宜、表面平整、左右端正、上下一致。饲料盘中的料可以满一些、细一些，避免吃料时喙部与盘底接触，光线可以暗一些，减少其活动。断喙后一定要巡视检查，发现有出血的要及时再补烙烫一下，断喙不精确会影响育成期的均匀度。断喙后应加强管理，防止感染。在密闭式遮黑鸡舍中饲养，母鸡断喙。

7.饲喂　雏鸡第一次按每只鸡8～10 g饲喂经筛过并除去料面的颗粒破碎料，饲料盘要均匀分布在栏内，也可在垫料上铺塑料布或饲料袋，将饲料撒在上面满足雏鸡需要的料位。雏鸡生长速度很快，在日粮配合上应尽量使用高能量高蛋白质及含维生素、微量元素充足，容易消化营养全面的日粮。在量和次数上要做到少给勤添，不可一次加足，每次3～5 g/只。前三天3～4 h喂一次，使雏鸡迅速建立食欲。每天清刷一遍料盘，除去料盘里的粪便，料盘中不能有饲料粉末存在，否则影响雏鸡对饲料的适应。

育雏期饲料粗蛋白要高于20%，能量要满足11 932 kJ/kg，才能达到早期理想增重，不能加工颗粒的最好1～2周使用肉鸡1号颗粒破碎料。第3周过渡肉种鸡育雏料，第4周完全使用肉种鸡育雏料。每次饲料之间变更时要平稳过渡3～4天。饲料保存要卫生、安全，防止潮湿发霉。

前一周用开食盘喂料，一周后逐步过渡到料桶，使用料线不能早于7周。育雏料母鸡饲喂至4周末，公鸡饲喂至6周末，然后用三分过渡法过渡到育成料。

参考饲喂程序：

(1)母鸡1周龄自由采食，每3 h喂1次，2周龄限量采食，每天喂2或3次；3周龄后每天喂1次。公鸡1～2周龄自由采食，每3 h喂1次；3周限量采食，每天喂1次；无论公母鸡自由采食料量，如果达到下一周标准料量时，不再增加料量，可维持7～14天。

(2)体重高出或低于标准，需要调整时，用3～4周时间。

(3)减少饲料撒到垫料中的机会，对霉变的饲料不能用于鸡群。

(4)随日龄增长，及时调整料桶高度。

(5)母鸡4周末，公鸡6周末体重达不到标准时，可适当延长育雏料的使用时间。

(6)饲喂量的确定必须以体重为依据，避免忽长忽降，如无特殊情况，不要降低料量。料量的增长要平稳，只有均匀的料量增长才会有均匀的体重。

从1日龄起，要记录饲料量，从而保证自由采食向限制饲喂平稳过渡。喂料量只能增加，不能减少。

8. 饮水　在雏鸡到场前1 h，同时加水、加料。第一次饮水中可加3%～5%葡萄糖和多维电解质，以减缓运输应激。3日龄开始试用水线，调整好高度，并安全从饮水器过渡到使用水线。有条件最好前1周饮用25℃的凉白开水。7～8日龄后可过渡到自动饮水系统，在确定雏鸡已经学会使用新的饮水设备后，才可以将饮水器移走。

要求每3～4 h换水时刷洗一次饮水器，每6～8 h消毒一次饮水器。雏鸡入舍后应适当投一个疗程的抗生素，对预防一些细菌病及呼吸道疾病的发生非常重要。除免疫当天及前后2天外，每天用含消毒剂的水冲水线10 min，保证水线管道的卫生。每天除记录采食量外，记录饮水量是非常好的管理方法。

水应干净、无有机物或其他可疑物，应定期进行水线末端细菌微生物含量的检验监测，确保纯净及无病原微生物。水中加入1～3 mg/kg的氯能有效杀灭细菌。

9. 水位、料位　若水位料位不充足，易造成雏鸡采食、饮水不足，雏鸡发育不整齐，均匀度较差。一般要求0～5日龄，50只鸡/真空饮水器或8～12只鸡/乳头或50～60只鸡/钟式饮水器。50只鸡/料盘，料位5 cm/只鸡，水、料均匀分布，使雏鸡能在最短的时间和距离内找到水和饲料。

10. 控制体重　雏鸡应达到不同品种要求的体重，如北京大风家禽育种有限公司要求，罗斯308种雏鸡第一周末，母鸡应超过标准达到120～130 g，公鸡必须超过标准达到150～160 g。第3周末母鸡必须达到330 g以上，公鸡必须达到490 g以上。要求早期骨架必须长大，否则母鸡因内脏发育不好影响产蛋，公鸡因个矮影响受精率，特别在平养情况下，更为严重。育雏期每周称重2次，第1～5周2天调整一次料量，第6～7周3天调整一次料量。通过调整喂料量来控制体重，保证鸡群的周增重。在育雏育成期绝不能减少料量，喂料量只能维持或增加。出现体重不达标或食欲不振，要立即采取措施，避免育雏后期由于均匀度不好或重要生理器官发育受阻而产生的不良后果。称重时抽样鸡数应不少于鸡群总数的5%。称重最好是在每周同一天的同一时间在吃料后4～6 h进行。周末调群，对提高均匀度应是一个简单易行且有效的方法，要常坚持不懈，育雏期获得好的均匀度及目标体重，对今后的生产管理及生产性能的发挥都有不可忽视的作用。

(三)育雏生产中应注意的问题

(1)各项准备工作必须准确细致到位，使雏鸡第一时间进入能够满足其生长的最佳环境。否则，雏鸡到场后，饲养管理人员还要做通风除味或升温或加水加料或修补围栏等操作，影响正常的雏鸡及时的饮水开食工作。

(2)育雏前期使用自己饲养场配制的粉料，饲料质量差，蛋白不足，能量不够，不能保证雏鸡前期正确的增重。或饲喂商品肉鸡1号料时间太短，突然变更饲料对雏鸡应激较大，需要对饲料变化调整适应的时间过长。3～4周换料时注意体重的变化，一定要让体重平稳上升，不能出现因换料造成的周增重不足。

(3)注意垫料的管理，球虫接种后应加强鸡舍的垫料管理，及时扩栏，降低鸡群密度，勤于观察粪便，了解球虫卵囊发育状况，以便及时进行药物预防，确保免疫成功。第2～3周，为了使卵囊能很好地孢子化，垫料需要保持在25%～30%的湿度范围内。这段时间后，虽然仍需要维持垫料的合适湿度，但这通常很容易做到，因为较大日龄的鸡比小鸡排出更多的水分到垫料中，这段时间之后，只有在加温的鸡舍、或空气中缺乏湿度、或垫料过干时才有必要增加湿度。

(4)饮水过程中水线容易漏水，造成湿度过大，应及时更换湿垫料，防止造成垫料板结。在常温20℃的条件下，鸡只饮水量大约是饲料摄入量的2倍，核对并记录每天整舍鸡群饮水量。每天喂料后触摸检查嗉囊中的料水，饮水不足会影响鸡消化吸收及增重效果。注意饲料存放地点，发霉变质的饲料易造成鸡的口腔溃疡。

(5)硒是鸡只机体必需的微量元素，6～8周饮水中加0.2 mg/kg亚硒酸钠或料中加亚硒酸钠维生素E粉3～5天，可以有效预防鸡的白肌病。

(6)限制饲喂过程中，尤其是限饲后第一天，由于鸡只抢食，极易发生噎食现象。因此，在限饲后第一天不能因各种原因而推后喂料时间。应用4—3(4天停料，3天喂料)限饲程序的过程中发生啄食的几率要大一些。啄食发生后将鸡只放在通风处，半小时后大多都可自行恢复，少数造成死亡。

(7)随时观察鸡群，在最短时间内解决突发事件，如发病、断水、跑水、淤料、挤压、饱食休克、停电、通风受阻等。减少这些对鸡群造成的应激。

(8)意外伤害。在日常操作工作中避免放料盘和饮水器时压死雏鸡，在栏中行走时注意脚下勿踩死雏鸡。检查栏中围挡或设备上的铁丝头避免在雏鸡活动时被刺伤，造成葡萄球菌感染。免疫圈雏鸡时注意密度要适中，减少被挤压时间过长窒息死亡的机会，同时注意免疫操作时对雏鸡的伤害。垫料内不能有杂物，如口袋绳等，易缠到鸡的舌头或腿上。及时解救仰面躺在垫料上起不来的雏鸡。做好消灭老鼠、防止野禽野鸟工作。

(四)做好免疫工作

使用科学的免疫程序，给鸡群进行免疫接种而产生主动免疫，保护其免受野毒感染，使鸡群在各时期都处在较高抗体水平的保护之下，定期进行特异性抗体水平的监测。

(1)制定详细的免疫计划工作。接雏前要制定好免疫计划，其中包括雏鸡数量、拟用疫苗、免疫程序、器械准备、人员安排、免疫后可能出现问题的解决方案等，做到工作有计划，防范有预案。

(2)必须根据制定的免疫程序和定期的抗体监测，随时掌握鸡群健康状态，确定每种疫苗接种的最佳时机并衔接好前后次的接种，确保鸡群在各时期的抗体处在较理想水平范围。制定的免疫程序既要参考已有经验又要结合当地、当时的疫病流行情况，测定母源抗体确定疫苗接种的首免时机。当前防疫形势严峻，病毒变异较快，如选择疫苗不当、使用剂量不准或免疫时机不对，会造成免疫失败。在两次免疫间隔时间较长时，使用单苗免疫比使用联苗效果要好。进行紧急免疫时要先免健康群，再免假定健康群，最后免发病群。

(3)选购各厂家的拳头产品。疫苗种类繁多，而每种疫苗又都有特定的适用范围。疫苗应提前购进，疫苗保存、运输必须按要求进行，不要暴露于烈日阳光下。使用疫苗前，仔细阅读说明书，注意疫苗包装是否完好，颜色、容量是否正常，如有异常不能使用，核对疫苗的名称、有效期和失效期、羽份，每次免疫最好使用同一批次的疫苗。

(4)免疫方法剂量要正确。饮水免疫省时省力，但受疫苗种类的限制，像鸡新城疫弱毒疫苗、鸡传染性法氏囊病弱毒疫苗、鸡传染性支气管炎弱毒疫苗等可以使用，但油乳剂灭活疫苗只能使用注射免疫方法。不管采用何种免疫方法，每只雏鸡的剂量必须符合要求，不能盲目增加疫苗用量。同时注意严格按照瓶签要求的浓度稀释疫苗，如果稀释浓度不准，疫苗用量也很难把握。

(5)用具要严格消毒。免疫时使用的注射器、针头、镊子等，必须经过严格的清洗和消毒；稀释好的疫苗瓶上，应固定一个消毒过的针头抽取疫苗，盖好酒精棉球；饮水器、喷雾器等用具，也必须清洗干净。

(6)在最短的时间内使用完疫苗。疫苗稀释后使用的时间与免疫力的产生的保护率存在负相关性。因此，疫苗要现配现用、快速使用。使用饮水法免疫时，饮水中要加 0.1%的脱脂奶粉，要确保鸡只在 2 h 之内将稀释后的足够的疫苗饮完。灭活油乳苗要防止冻结、油水分层，灭活苗使用注射法免疫前充分摇匀升至室温 15～25℃时，开启后必须 6 h 之内用完。马立克氏疫苗应在 0.5 h 之内用完。注射器针头排气时溢出的疫苗，应吸附在酒精棉球上，不可随意抛洒。

(7)操作方法恰当。使用皮肤刺种法时，将配套的两叉针浸入疫苗溶液。展开翅膜。小心地将疫苗刺种到翅膜内，不要伤及血管。接种每只家禽时，针头应重新充满疫苗溶液。使用注射法时，深度要合适，防止注入内脏器官或针头穿出注空，中间要适当更换针头，不要图省事一个针头用到底。使用点眼法时，滴苗后应稍做停留再放雏鸡，以确保疫苗能完全吸入。使用滴鼻法时，应在雏鸡吸气时滴入疫苗，如果不准，应重复一次。使用气雾法时，稀释疫苗应用去离子水或蒸馏水，雾滴大小要适中，喷雾时房舍要密闭（停风机、关灯），遮蔽直射阳光，保持一定的温度、湿度，最好在夜间鸡群密集时进行。

(8)正确处理销毁废物。使用过的酒精棉球和未用完的疫苗，应集中销毁，未用完的活毒疫苗、疫苗空瓶应煮沸消毒后再行处理。

(9)免疫前后加强饲养管理。接种后3天内，给雏鸡补饲或饮用抗应激物质，如电解多维、速补或维生素C等，可以减轻接种疫苗带来的应激反应。接种后48 h内，应禁止使用消毒剂，禁止投喂抗病毒类药物，防止药物对疫苗产生抵抗。使用饮水免疫的鸡群，在免疫前还应停水2～4 h，以便使鸡能尽快而又一致地饮用疫苗。

(10)注意观察鸡群。雏鸡接种疫苗后，都会有一段时间的应答期，短时间内不但不会产生足够的抗体，而且抵抗力还会有所下降，因此，接种后应注意观察，做好护理。

(11)记录操作过程。免疫接种的操作过程和免疫后雏鸡的反应情况，都要做详细记录，这样可以及时积累经验、教训，更好地指导今后的生产管理。记录内容包括：鸡群日龄、鸡群状况、免疫时间、免疫方法、免疫人员，疫苗名称、厂家、批号、规格、生产日期、失效期等（上述部分资料引自北京大风家禽育种有限公司）。

第二节 育成期的饲养管理

育成鸡的羽毛已丰满，具备了调节体温及适应环境的能力，消化机能已健全，采食量与日俱增，骨骼肌肉的生长都处于旺盛时期。

在日粮配合上，蛋白质水平不宜过高，含钙不宜过多。育成鸡性腺开始活动，喂高蛋白质的饲料会加快鸡的性腺发育，使鸡早熟，然而鸡的骨骼和内脏不能充分发育，使鸡骨骼细体形小，开产时间虽有所提前，但蛋重偏小，产蛋持续性差，种用价值低。喂蛋白质水平较低的饲料，可抑制性腺发育，再配合限饲，能保证骨骼和内脏正常发育。育成期不能喂以高钙饲料，否则会降低母鸡体内储存钙的能力，到产蛋时就不能对钙很好地利用，影响产蛋性能和种蛋合格率，过高的钙甚至会造成种鸡内脏痛风。由于育成期与育雏期的饲养管理有很大的不同，所以必须很好地完成这两个阶段的过渡，尽可能减少应激，保证鸡群正常生长、提高整齐度。首先，转群，如果育雏和育成是在同一鸡舍内完成，则不存在转群问题，只须疏散鸡群减少饲养密度。为了保持鸡群的健壮整齐，应当把较小、较弱的鸡挑出单独饲养，使它们逐渐赶上全群的生产水平。如果育雏和育成不在同一鸡舍内，到 3 周龄末 4 周龄初则须把雏鸡转到育成舍中。其次，脱温，此时只要昼夜温度稳定在 18℃以上，即可撤温，但如遇到突然大风降温天气，则应及时升温，以防意外。第三，是饲料的过渡。雏鸡料和育成鸡料在营养成分上有较大的区别，在 4 周末时可用三分过渡法将育雏料更换为育成料。

一、育成期的饲养与限制饲养

(一)育成期的饲养

育成期饲料中粗蛋白质含量应低于育雏和产蛋期，为 14%～15%，具体情况应参考所饲养品种的《饲养管理手册》。此阶段须通过采用低水平的营养来控制鸡的早熟早产和体重过大，这对于以后产蛋量和产蛋持久性有好处；否则，过早开产对鸡的健康不利，鸡体重小、蛋重小，产蛋高峰推迟，且持续时间短，所产的蛋受精率、孵化率也比较低。育成期矿物质含量要充足，钙、磷比例应保持在(1.2～1.5)∶1。同时，饲料中各种维生素及微量元素比例要适当。育成阶段食槽要充足，饮水槽要每天清洗，经常消毒。为改善育成鸡的消化机能，地面平养每100只鸡每周喂沙砾0.5 kg，笼养可按饲料的0.5%喂给。

(二)育成期限制饲养

育成阶段体重过大，会使鸡成熟过早，而且成年后体重相应增大，产蛋减少。为了控制体重，养鸡者有意识的控制喂料量，并限制日粮中的能量和蛋白质水平，这种饲养方法叫做限制饲养。

1.限制饲养的目的和作用

(1)控制生长速度，使种鸡的体重符合品种标准。肉用种鸡具有易沉积体脂的本能、采食量大、生长速度快的特点。如果任其自由采食，20周龄鸡的体重可达3.6 kg(标准体重为2 kg)，不仅饲料消耗量大，而且鸡体过肥。超重过多，必然使母鸡产蛋量减少，种蛋合格率降低。公鸡超重则会使腿病增多，配种困难，受精率降低。

(2)防止性成熟过早，提高种用价值。性成熟过早、过晚对肉用种鸡都不利。要想使种鸡适时开产，除了品种遗传特性外，控制光照对限饲也是有效措施。

(3)减少腹内脂肪含量，降低产蛋期死亡淘汰率。在不影响鸡体和生殖系统正常发育的前提下，强行限制饲养，以控制母鸡体重，使在最适宜的年龄和最适宜的体重开产，以达到最佳的生产水平和经济效益。有资料表明，限制饲养可将鸡腹部内的脂肪减少20%～30%；能控制性成熟，一般可使性成熟延迟5～10天；节省饲料10%～15%。并可减少产蛋初期的小蛋比率，增加种蛋合格率，又可防止脂肪过多沉积，利于产蛋性能的发挥。生产实践证明，腹部内脂肪少的鸡在产蛋期发生脱肛、难产、死亡的情况较少，因而产蛋期的死亡淘汰率大大降低。因为，弱鸡多半受不了限制饲喂而死亡或被淘汰了，这样从总体上核算，经济上也是划得来的。

2. 限制饲养的方法　限制饲养有限时、限量、限质等多种方法。

(1)限时。每天限时饲喂，限定时间内喂料，其他时间取走或盖上、吊起料槽。

隔日限饲，第一天喂料，第二天不喂料，喂料日把 2 天的料放在一天中喂给，停料日只给饮水。

每周喂四停三，一般在周一、周三、周五(或周六)3 天不喂料。

每周喂五停二，一般在周三(或周四)和周日 2 天不喂料。

每周喂六停一，1 周喂 6 天，一般在周日停料 1 天。

(2)限量。每天每只的喂料量减少到充分采食量的 70%～75%，采用这种方法必须先掌握鸡的正常采食量和鸡的数量。而且每天的喂料总量应该正确地称量。本法要求饲料质量较高，营养齐全；否则，因质差量少而使鸡群生长受阻。

(3)限质。使日粮中的某种营养成分低于正常水平，达到限饲的目的。限质法由于饲料消耗增加，对饲料资源是一种浪费。还易使鸡患营养缺乏症和代谢病，影响鸡群健康，故不常用。限质法常采用低能量、低蛋白质或低赖氨酸饲料。

低能日粮：使日粮中的能量低于正常 15%～20%，此方法已较少使用，因为低能日粮可使鸡采食量增加，使成本提高。

低蛋白日粮：育成期日粮中含粗蛋白质一般为 12%～15%。而低蛋白质日粮只含 9%～11%粗蛋白质。要注意粗蛋白质日粮限制饲喂时，育成鸡每只每日蛋白质摄入量不可过低，尤其在 12～18 周龄期间，每天应给 7.5～9 g 蛋白质；否则，将影响产蛋后期的产蛋性能。

实际生产中，多采用限量和限时相结合的方法进行限饲。如 AA^+ 肉用种鸡母鸡 1～24 周龄的标准体重及限饲计划如表 7-2 所示。25周龄后和不同季节(顺季,逆季)的限饲计划见相应品种的肉用种鸡饲养手册。

表7-2 AA⁺肉用种母鸡的标准体重及限饲计划

周龄	标准体重(g)	日标准料量(g)	限饲方法	累积料量(g)
1	100	21	每日饲喂	147
2	200	29	每日饲喂	350
3	330	31	每日饲喂	567
4	410	35	喂五停二	812
5	505	39	喂四停三	1 085
6	600	43	喂四停三	1 386
7	695	45	喂四停三	1 701
8	790	48	喂四停三	2 037
9	885	51	喂四停三	2 394
10	980	54	喂四停三	2 772
11	1 075	56	喂四停三	3 164
12	1 170	59	喂四停三	3 577
13	1 270	64	喂五停二	4 025
14	1 380	70	喂五停二	4 515
15	1 490	74	喂五停二	5 033
16	1 620	80	喂五停二	5 593
17	1 750	84	喂五停二	6 181
18	1 880	88	喂六停一	6 797
19	2 020	92	喂六停一	7 441
20	2 160	100	喂六停一	8 141
21	2 300	105	喂六停一	8 876
22	2 450	110	喂六停一	9 646
23	2 620	115	每日饲喂	1 0451
24	2 800	120	每日饲喂	1 1291

(三)限制饲喂应注意事项

(1)投料时，最好能使所有的鸡同时采食，不管在什么周龄喂料时，无论采用什么样的喂料方式，都要保证在 3 min 内将饲料分布到整栏或整栋；否则，会出现抢食而使吃料不均匀，影响限制饲喂的效果。

(2)每周末，在固定时间，随机抽取鸡群的 10%进行空腹称重，并将称重结果与体重标准进行对比，可用精确度不小于 20 g 的称重器称量，有些场家选用更为精确地电子秤。以每栏内实际平均体重与体重标准的相互关系为依据，确定加料方案，整个育成期可以维持又可增加料量，但是不能减少料量。

(3)在限饲前，必须严格挑出病、弱鸡，给予淘汰或单独饲养，否则这些鸡会在限饲中死亡。

(4)限饲进行中，如鸡群发病或处于其他应激状态，应停止限饲，改为自由采食。

(5)限饲要满足各种营养物质(包括氨基酸、矿物质元素、维生素等)的需要，做到日粮的营养平衡；否则，达不到应有的效果。如此阶段营养不良，将会出现体重增长不足、蛋重增加缓慢、产蛋数低于标准等现象。

(四)调整肉种母鸡整齐度应遵循的基本原则

要想获得健康、高产的种鸡群，就必须下功夫提高其群体均匀度。均匀度主要包括 3 个方面的内容即体重均匀度、性成熟均匀度和免疫力均匀度，生产中三者缺一不可。

体重均匀度要从小抓起，加强育雏、育成期的管理，每周末体重应基本符合标准体重，保证每周有恰当的增重幅度，体重波动不宜过大。确定料量应结合周末体重、净增重、体况、饲料的营养水平和舍内温度等进行，料量呈梯度增加，总料量不得长期不变更，不能降低，体重只能升不能降。鸡群的均匀度应在 10 周龄前得到控制，通常体重均匀度在 80%为最低标准，80%～85%或以上为优秀鸡群。

(1)加强育雏期的管理,防止雏鸡早期感染疾病,以使其从育雏开始即能健康生长并得到充分发育,获得健壮的体况,为均匀度的提高打下良好基础。

(2)有足够的采食、饮水位置和快捷的送料速度。不管采取哪种饲养方式,自始至终应有足够的采食、饮水位置。上料则要做到快、匀,采食过程中保证供水,以保证每只鸡都能采食到应吃的饲料。

(3)加强体重管理。体重抽测每次称取10%左右,采取多点随机围圈,围起全称的方法逐只进行,称重时坚持"四同一":同一时间、同一地点、同一衡器、同一人员读数。每次抽测不得少于50只,注意抽样鸡只要具有代表性并能真正反映群体水平,不可舍弃大鸡或小鸡。

称重频率:育雏育成期至45周前每周称重一次,45周龄以后每2周称重一次。

称重时间:每日限饲者,于下周一投料前空腹称重;限饲日最好选择在周末日,以便于空腹称重。

量具选择:所用量具的感量一般以10 g或20 g为宜。均匀度计算:一是要计算样本平均体重±10%均匀度和标准差;二是品种标准体重±10%均匀度,同时求其标准差和变异系数,以便分析鸡体重的达标程度及整齐度。

如果鸡群均匀度太差(低于75%),就应采取第2次全群称重并按大小分群,但应在12周前完成,建议在第9～10周进行。调群作为一种很有效的辅助措施,应在12周前进行,调群后各群的数量应维持稳定。15周以前主要抓体重均匀度,15周后主要抓体况和性成熟均匀度。

(4)全群称重及分栏管理。在雏鸡刚出壳时,鸡群的体重呈正态分布,变异系数小,随着种鸡的生长,不同个体对免疫、疾病或环境的反应不同，同时个体间的采食竞争力也有差异，将导致均匀度差。一般要求在第 4 周对雏鸡进行全群称重，适时扩栏，降低鸡只饲养密度。如果分栏太早，则分栏不一定持久有效。如 5 周后分栏，让鸡群在指定周龄恢复均匀度达到体重标准的有效时间太短。分栏后应加强各栏的管理，通过给予不同的料量，使每一栏的种鸡都能在骨骼生长发育阶段，即 9～10 周达到体重标准，在混群时各栏容易合并，整体均匀度高。

每周都应结合上周末称重情况同时结合手模、目测等将鸡群至少分成大、中、小 3 个小区，体重过大过小的部分鸡只应再细分 2 或 3 个小群，并喂给不同的料量进行饲养。挑鸡分群应坚持每周进行。16 周龄后，分群不应再单纯依体重大小为依据，还要观其冠、肉垂的发育及体况来进行，以使体重偏小、发育差的鸡只在开产前逐步赶上去。

由于公母生长速度和性成熟时间不同，分饲有利于准确地分别公母和控制鸡的体重，并使性成熟同步化，还可有效地防止公鸡腿病，提高受精率。

(5)确定限饲方案，实现理想的体重曲线。生产中应采取综合限饲方案并灵活应用各限饲方法。育成前期以 3/4 限饲为主，随着日采食量的增加，一般在 18 周改为 2/5 限饲法，19 周和 22 周改为 1/6 限饲法，23 周逐渐改为每日饲喂，目的主要是稳定种鸡的新陈代谢，减少限饲对种鸡的应激。为了使种鸡在喂料日能获得尽可能均匀的料量，要求加料时均匀、快速，并给鸡只提供充足的水位与料位。使用自动供料、供水设备，这一点会很容易做到，但对于人工料桶加料来说，就要求加料时集中人员、器具，在尽可能短的时间内完成对每栋(群)的操作，同时减少人为造成的饲料浪费。3/4 限饲的鸡群要求每周采食的料量是恒定的，且每周料量都应有一定的增加，料量的增加应以每周体重的标准增量为基础，尽量做到料量的均匀持续的增加。鸡只的进食日粮在体重上的体现应在 3 周之后，要求增加料量时应有一定的预见性，并熟知以后几周的周增重标准。料量仅是实现体重目标的一种手段，具体的料量还应依据体重标准、鸡群状况、饲料品质、舍内条件等综合确定。但整个育成期严禁出现料量的减少及体重的负增长。

(6)合适的增料、增重幅度。育雏育成期的增料原则是：应根据不同的品种结合其手册提供的体重及料量标准，以现场的实际情况进行适当的加料，总的原则是根据标准加料，但是，在 12 周龄以前鸡只对饲料的敏感度要小于 12 周龄以后；所以，6～12 周龄期间加料幅度可以稍小些在 2～3 g，12 周龄以后为满足其性腺发育所需的能量及蛋白质水平，加料幅度可大些在 4～6 g。新的宽胸系品种为满足 18 周龄以后的周增重，在 15 周龄左右加 10%～15%的料量。另外，还要根据温度情况适当的加料。

(五)育成鸡的光照

在饲料营养平衡的饲养条件下，光照对育成鸡的性成熟起重要作用。生长期育成鸡光照的要点是：避免增加光照，也就是说，光照时间只能缩短而不能增加。光照时间过长会使鸡早产早衰，产蛋鸡的残废率高。

1. 开放式鸡舍的光照　在开放式鸡舍饲养育成鸡，利用自然光照。不同季节的自然光照时数不同。

(1)对于顺季鸡群来讲，如果鸡群 20 周龄时自然光照少于 12 h，在育成期间应使用一种恒定光照时间，即相当于鸡群 20 周龄时的自然光照时间，20 周龄后每周增加 1 h 直到 16.5 h 或 17 h。

对于顺季鸡群来讲，如果鸡群 20 周龄时的自然光照将超过 12 h，在育成期间使用自然光照直至 20 周龄开始加光，加光时一次性加到 15 h，1 周后加到 16 h。

(2)逆季鸡群有两种方法可供选择：

①12 周龄时自然光照在减少，锁定自然光照时间，通过人工

补光使鸡只在12周龄以后拥有相当于12周龄时的恒定的光照时间。20周时开始加光到14 h，以后每一周半时间增加1 h光照直到16.5 h。

②使用自然光照到19周龄，如19周龄的光照时间在12 h以上，20周龄时一次性加到16 h，1周后加到17 h。如自然光照不足12 h，初次加光可到15 h，然后在紧接着的两周内分别加到16 h和17 h。

2.遮黑式鸡舍光照管理　有必要在育雏前3天给鸡只提供23/24 h的光照，并且光照强度要求100 lx以上，这有助于帮助鸡只在新环境中尽快学会采食和饮水。母鸡饲养前2周，公鸡饲养前4～5周采食时间较长，这一阶段内鸡只采食的料量都受光照长度和光照强度的影响。如果雏鸡体重早期不达标，我们可以采取延迟减光时间，使光照长度和强度的减少放慢，来获得目标体重。

因为肉种鸡对光线的变化比较敏感，鸡舍遮黑一般要求较严格：鸡舍遮黑期间应完全遮黑，避免鸡舍进风口、出风口等有漏光现象，开灯时间的光照强度必须至少是关灯时间的10倍或再多一点。关灯后，鸡舍内应是一片漆黑（光照强度小于0.5 lx），如果通过进气孔、风扇漏入舍内的光线使得鸡群即使在关灯以后仍然活跃，就要采取措施来控制，使鸡群在关灯后短时间内安静下来，如在湿帘一端的鸡舍尽头，在室外铺架园艺花网，以控制通过湿帘漏入舍内的光线，在风扇一端安装遮光罩等方法。

遮黑育成的鸡舍鸡群均匀度好，产蛋高峰来的快而高，后期产蛋率下降平稳。遮黑式鸡舍使种鸡育成期间的光照时间和强度得以人工控制，因此光照刺激时机较好掌握。在种鸡的生长发育状况正常的情况下，一般肉种鸡的第一次加光时间在22周龄，可以一次性由8 h加到14 h，之后每2周增加1 h光照时间，直到16 h或16.5 h的光照。如使用白炽灯，光照强度在22周龄一次性加到30 lx或50 lx；如使用荧光灯光照强度应不低于50 lx。

(六)垫料及通风的管理

垫料的管理建议以日常平整适时添加为主,辅以定期的松动。要求湿度适宜,保持在25%~30%即可,并且要平整、疏松、无异物,严禁结块、发霉。夏季稍薄5~7 cm,根据需要增加翻动次数,加强散热;冬季为了加强保温,翻动次数不宜太多,且垫料要适当加厚,应在10 cm以上。

通风能为鸡只提供新鲜空气,并带走舍内污浊气体,灰尘以及有害微生物,能调节舍内的湿度,改善舍内环境。通风口的大小和通风时间的长短与鸡龄的大小、舍内外温差及通风方式有直接关系,应根据具体情况适当调节。注意夏季要保持鸡舍有最大通风量,冬季要保持最低通风量。总之,在保持鸡舍温度适宜的情况下,尽量增大通风量。

(七)公母鸡比例及混群时间

在22周混群较好,混群晚些可更有效地控制体重,采用一次性混入效果好,逐只挑选最佳公鸡,且比例不应超过10%。为防止公鸡过凶及偷吃母鸡料,可以在混群前一周给公鸡插鼻签。为防止混群后种公鸡周增重不理想,可采取混群前4周更改产蛋期公鸡所用的饲喂设备,使公鸡有个适应过程,混群后增加应激料,每周称重2次,观察公母分饲效果,确保周增重。

二、预产期的饲养管理

肉种鸡预产期是指18~23周龄,虽然时间较短,却是肉种鸡从发育到成熟的一个生理转折的重要时期。此期间的饲养管理首先要对体成熟和性成熟做出正确的估测,然后制定一个合理的增重、增料、增光计划,使之与产蛋期的管理相衔接。

(一)体成熟和性成熟的估测

种母鸡进入预产期后,体增重和性腺发育处于最旺盛的阶段,为即将开产做机体上的准备,此时体征和性征都迅速发生变化,利用这些变化可正确估测开产时间，以便实行光照和增料计划。体成熟程度可由体重，胸肌发育和主翼羽脱换二方面综合评定。

(1)体重：体重是体成熟程度的重要标志，育成期体重应符合要求，如果前期体重超出标准，预测开产体重应比标准体重高一些。另外，应考虑生长期所处的季节不同，顺季鸡群开产体重轻一些，而逆季则重一些。

(2)胸肌：肌肉发育状况以胸肌为代表，19 周龄时用手触摸鸡的胸部，胸肌应由育成期的 V 形发育成 U 形，但不应过肥。

(3)主翼羽脱换：有关换羽研究表明，20 周龄左右的鸡主翼羽停止脱换，此时虽有 2 或 3 根尚未更换，但会因性激素分泌量的增加而终止。如果主翼羽脱换根数少，说明鸡的体成熟和性成熟时间将会延迟。

(4)性成熟：母鸡产下第一个蛋表明生殖系统发育成熟，开产前特征为冠和肉垂开始红润、耻骨开张，此时只要群体体征和特征表现明显集中，即表明鸡群已处于临产状态。

(二)预产期的饲养管理

如果在整个饲养期不喂给预产料，则不必划分此期。不用预产料，从 21 周龄开始为产蛋期，20 周龄以前为育成期。使用预产料，肉种鸡的预产期一般定为 18～23 周龄。从 18～19 周龄开始，种母鸡逐渐性成熟，肝脏和生殖器官迅速发育，钙的储备也增加，体重也继续生长，因此，此阶段也是关系肉种鸡产蛋率等生产性能的重要时期。

1. 增重与增料　20～24 周龄鸡的体重增量最大。试验表明，在 16～23 周龄期间得以充分发育的鸡对光刺激反应敏感，并且在体成熟过程中也达到了性成熟；而此期发育不足较瘦的个体对光刺激敏感，因性激素分泌不足而使性成熟推迟。所以预产期要根据实际情况调节鸡体增重，将发育正常或超重鸡群每周增重控制在 160 g 之内，发育不良的调至 160 g 以上。为便于控制体重，此时可把低于标准体重的鸡挑出，单独饲养管理。

此期应将育成鸡料换成预产鸡料，预产鸡料的营养水平要高于产蛋期，这样能改进育成母鸡营养状况，增加必要的营养储备。如果鸡群体重低于标准或偏瘦时，使用预产料则更能体现出优越性。如果不使用预产料，还可以通过增加育成料或产蛋料的采食量来促进鸡只生长。与此同时，每天喂料量也应随之增加。此时应改用5/2或6/1或每天限饲方式，保持体内代谢的稳定性，减轻限料造成的应激。单独挑出的、低于标准体重的鸡可适当增加饲料中蛋白质含量（额外添加2%优质鱼粉）、优质多维、微量元素，每日喂料量不应增加过多，以免体成熟快于性成熟。

肉种母鸡的整齐度可能会下降，但此时切不可过分强调体重和整齐度，低于推荐标准的鸡要适当多增料，高于标准的鸡绝不可减料，可在原给料基础上少增料，因为此时的营养绝大部分用于生殖器官的发育，一旦减料就会影响其将来的生产性能。

2. 饲养密度　育成鸡和产蛋鸡分开饲养时，应于20～21周龄时及时转群，以便鸡在开产前有充足时间熟悉新环境，减少应激反应，保证适时开产。全地面垫料平养，每平方米养鸡4或5只；板条床面与地面垫料混合平养，每平方米可养鸡5或6只。饲养过密，影响垫料质量和舍内空气，影响鸡的健康和产蛋。另外要注意，天气炎热时饲养密度要降低10%～20%。

3. 环境控制　产前鸡舍环境控制的基本要求是温度适宜、地面干燥、空气新鲜，以保证肉用种鸡的健康和高产。鸡舍的适宜温度为13～23℃，冬季尽可能保持在13℃以上，夏季采取纵向通风或蒸发冷却措施，尽可能降低舍温。

4. 槽位　根据鸡数配备充足的槽位，将一天的喂料量一次于早晨喂给。采用链式食槽每只鸡采食位置25 cm，采用圆形料桶时每12只母鸡一个，喂料器要在整个鸡群内分布均匀。

(三)预产期的光照

适当地进行光照是控制肉种鸡开产和达到最大量合格种蛋数和蛋重的基础。改变光照时间和强度对性成熟和产蛋量有非常大的影响。

开放式鸡舍中,顺季鸡群一般应于20周龄末开始光刺激,光照应在原自然光照的基础上增加2～2.5 h,以增加光照的刺激作用;逆季鸡群在18周龄末时应给予14 h的光照,光照应在原自然光照的基础上增加3 h左右。此后,再使光照逐渐增加至产蛋期的16 h。

在遮黑式鸡舍中,光刺激应在21～22周龄进行。光照由8 h增至14 h。此后,再使光照逐渐增加至产蛋期的16 h。

无论在何种鸡舍,在21～22周龄光照时间应为14 h,达到16 h的最长光照应根据具体情况在22～24周龄进行。光照强度应为15～22 lx(3.5 W/m^2),AA公司的建议光照强度为30 lx。

此时的光照应注意:当鸡群从育成舍转到产蛋鸡舍时一定不要减少光照强度;体重也是影响性成熟的重要因素,在体重达不到标准时切不可增加光照时间或强度,以防使鸡早衰;在特别炎热的天气,将补充光照的时间安排在一天较凉爽的时候,可在早晨补充,这样有利于鸡只采食和休息。

第三节　产蛋期的饲养管理

产蛋期是从22周龄至淘汰,肉种鸡一般在66周龄淘汰。如果不用预产料(也叫产前料),应在22周换成产蛋料;如果用预产料,可在24周换料。肉种鸡的正常开产周龄在24～25周龄(产蛋率达5%叫开产,鸡群产第一枚蛋叫见蛋)。从开产到高峰这段时期的营养供给和饲养管理尤为重要,一旦鸡群受到应激,产蛋率就会下降,且无论如何补救,也恢复不到预期的正常水平,致使整个饲养期效益降低。

一、饲喂

一般 24～25 周龄开产鸡数可达 5%，27～28 周龄时产蛋率应达 50%，这个阶段的喂料量要参考所养品种规定的标准进行，同时也要随着产蛋率上升快慢而适当地增加喂料量。

在正常情况下，产蛋率到 10%以后，每天产蛋率会增加 3%（遮黑式鸡舍中，产蛋率每天可上升 4%～5%），直到产蛋率到 70%。产蛋高峰期为 29～36 周龄。

（一）饲喂原则

从开产到产蛋高峰之前，为使母鸡有足够的营养来满足生殖系统的生长发育、体重增加的生长需要、卵黄物质积累的产蛋需要，还要储备下一周的预期营养需要，饲料量的增加要先于产蛋率的增加，鸡群在进入产蛋前期之后、产蛋高峰期之前，绝不可减少鸡群的饲喂量，否则会影响产蛋量。

在产蛋期，鸡群的体重即使超过标准，也不能试图通过减少饲喂量来使体重降到标准，只能减少饲喂量的增加幅度，相反应增加饲喂量，以满足其产蛋的需要，保持体重在产蛋期缓慢地增加，这对于高峰期产蛋率的出现和维持极为重要。

（二）饲喂方法

肉种鸡的能量需要从开产到高峰期持续增加，但每周增加量不是固定的，开产后 3～4 周内的能量递增速度比接近高峰时的速度快，因为产蛋初期产蛋率的急速上升和蛋重的增加。因此，在开产后 3～4 周内每周应少量、多次、快速地增加饲喂量，一次增加幅度不能过大，否则会增加鸡群脱肛的比例。一般从 3%产蛋率开始急速增加饲喂量，每周增加日喂料量 5～8 g/只，则鸡群的产蛋率每天上升 3%～5%，直至产蛋高峰料量。如果产蛋率的增长达不到 3%～5%或停止，可增加日喂料量 9～10 g/只，以促进产蛋率的上升。通常在 27～28 周龄时饲喂量达到最大。

产蛋高峰期的饲喂

(1)饲喂产蛋高峰料量的时机。一般情况下，产蛋高峰饲喂量的给予应根据产蛋率的升幅来确定，通常情况下，鸡群 25 周龄产蛋率为 5%，日饲喂量增加 5 g/只[摄入代谢能 1.77 MJ/(只·天)]，以后产蛋率每提高 5%～8%，每只鸡每天应增加 3～5 g 料量。一般当产蛋率达 35%～40%时给予高峰料量，也可以根据产蛋率上升速来确定饲喂量，当鸡群的产蛋率每天上升 4%～5%，产蛋率达到 30%时给予高峰料量。产蛋率每天上升 2%～3%，高峰料量最好在产蛋率达到 40%时给予，产蛋率每天上升低于 2%时，高峰料量在产蛋率达到 60%时给予。高峰料量确定后，要保持 6～8 周，目的是把产蛋率下降减少到最低程度，尽量维持产蛋曲线的高度和持续时间。

(2)试探性增料。在接近产蛋高峰日(30～31 周龄)，产蛋率上升迟缓，可进行试探性增料，以试探鸡群是否达到产蛋高峰或最大料量。鸡群的产蛋率达高峰后持续 5 天不再增加，在高峰料量的基础上每只鸡增加料量 3～5 g，连喂 3～5 天，如产蛋率继续上升，则再应用此法，直至产蛋率不再上升，再恢复到前一次的饲喂量。

(3)产蛋高峰后饲喂量的维持。产蛋高峰后的 4～5 周内 34～36 周龄前，饲料量一般不能减少，因为产蛋数虽然减少了，但蛋重仍在增加，因此，鸡对营养的需要量仍然保持与高峰期的需要量相近，应保持最大饲喂量，以延长产蛋高峰的持续时间、减缓产蛋率的下降。

(三)产蛋后期的限饲

1. 试探性减料　对于平均体重超标或处于标准体重上限的鸡群，在产蛋高峰过后就应及时进行试探性减料，以防止母鸡过肥而影响以后的产蛋率和受精率。试探性减料在产蛋率连续两周没有增长之后开始，每周每只鸡减料 1～2 g，然后用 3～4 天的时间观察产蛋率下降是否正常，如果产蛋率下降幅度在正常范围内（一般每周下降 1%左右），下周按此方法继续减料。如果产蛋率下降幅度超出正常范围，则恢复原来的料量，并在 1 周内不再尝试减料。

2. *产蛋后期的减料*　当鸡群的产蛋率降至 80%以下时（43 周龄后），种鸡的体重和蛋重增加速度减缓、产蛋率下降，故种鸡对营养的需要量开始减少，为避免种鸡采食过量引起脂肪沉积，而导致产蛋率的急剧下降，必须逐渐地削减饲喂量。鸡群产蛋率每降低 1%，每只鸡料量应减少 0.6 g，但每周每只鸡的减料量不能多于 2.3 g，而且只能在产蛋率下降之后才能减少，当料量减到最大料量的 70%～72%时，不再继续减料，减料只是降低鸡的增重，而不能使体重减轻，产蛋高峰后鸡群保持每周 10～15 g 的增重，才能取得良好的生产成绩。

二、提高种蛋受精率

肉用种鸡受精率普通较低，其主要原因是公鸡体重偏大和母鸡过肥，整齐度不好。这也是限饲不当的结果，公鸡过肥，不爱活动，行动迟缓，性欲减退，配种能力差，精液品质也不好，同时体重越大越容易发生腿病，给交配带来困难。人工采精时公鸡过肥，性反射冷漠，采不出精液或精液很少，随着鸡龄的增大，这种情况会愈加严重。倘若公鸡太小、体重相差悬殊，交配时也很难成功，即使公母搭配比例合适，受精率也不会太高。如果公鸡没有断趾或断趾不当，在交配时就会抓伤母鸡脊背，引起母鸡疼痛因而拒绝交配，也是造成受精率低的原因。

提高种鸡受精率的办法，除了正确的限制饲喂，严格控制体重和防止腿部的疾病发生之外，还可采取如下措施：

(1)地面厚垫草养鸡撒布谷粒于垫草上任其自由啄食；网上养

鸡可悬吊青菜，以促进其活动，增强体质。

(2)没有断过趾的公鸡要进行断趾和断距，对于断过趾又重新长出的趾、距，要再次切断。

(3)加大公鸡数量，以公母鸡比例不低于1∶8为宜。

(4)产蛋5～6个月后更换年轻公鸡以代替老龄公鸡，但青年公鸡往往害怕母鸡。

(5)剪去母鸡的尾羽和肛门周围的羽毛，同时也剪去公鸡肛门周围的羽毛，以利于交配。

(6)增加日粮中维生素A、维生素E的供给量。

三、防疫与免疫

预防疾病的措施包括对种鸡设备的消毒和严格执行防疫程序以减少疾病传入鸡群的可能性。

(1)坚持全进全出。这种方式在很大程度上减少疾病暴发的危险性，避免了鸡群在转群时产生的应激。防疫是鸡场生存的基本条件。谢绝一切参观人员。执行最严格的卫生管理措施以防止将疾病带入种鸡场。

(2)种鸡场应有阻栏以阻止未经许可的人员入内。每个场应有自己的设备和工具，不允许场与场之间共用设备。带入鸡场的物品必须事先熏蒸消毒或用消毒液浸泡消毒。只能用消过毒的塑料蛋盘来转运种蛋。

(3)种鸡场的所有进出口处必须有消毒设施。所有工作人员必须经消毒后方可允许入内，这些消毒设施包括热水淋浴，彻底更换衣服和鞋。建议饲料用散装料或一次性使用的袋装饲料，饲料厂的所有车辆必须在鸡场的入口处彻底消毒。运送饲料日程表应该按照鸡群的日龄顺序编排。发病的鸡场或鸡舍必须最后一个送料。每栋鸡舍或每栏鸡群的进口处应设有消毒池，消毒池应经常保持有效的消毒液。进出口人员须经过消毒池而进出鸡舍。定期更换消毒池的消毒液。每栋鸡舍一人管理是最理想的。

(4)父母代种群必须进行严格地免疫,使其具有抵抗疾病的能力,同时使其商品代仔鸡有适当的母源抗体。免疫程序的制定除参考有关书籍外,还要考虑本场的情况和周围环境。

(5)鸡舍用孔径 2 cm 的铁丝网来阻止野鸟和其他食肉动物进入鸡舍,由于地鼠身上带有许多病菌,所以最主要的办法是控制老鼠。

(6)饮用水必须无诱发疾病的有机物,盐或矿物质含量的浓度也不要危害鸡群的健康,病原体的存在常常是由于水井太浅,需要用漂白粉(1～5 g/L)对饮用水进行消毒处理,饮用水的酸碱度为 pH 6.5～7.0,对饮用水一年应进行 2 或 3 次水质分析以测定细菌数和矿物质浓度。

(7)在严格执行全面的卫生健康和生物安全系统的前提下,应由兽医专家及种鸡场的生产管理人员协商制定免疫程序。

四、肉种鸡开产推迟的原因及预防

在生产中有的种鸡开产推迟,一般 27～28 周龄才见第一枚蛋,有的甚至 29～30 周龄才见第一枚蛋,见蛋后产蛋上升缓慢,特别是开放式鸡舍尤甚,给用户造成较大的经济损失。

(一)开产推迟的原因

造成种鸡开产推迟的原因较多,据陈合强报道常见的原因主要有以下几个方面:

1. 体重控制不当

(1)育雏期体重没有达标,导致骨骼发育不良及羽毛发育不好,致使鸡群对光照刺激不能产生良好的反应。

(2)10 周后将超重鸡群违背其生长发育规律,强行通过少给料量拉回标准体重。

(3)10 周后周增重不达标。17 周后,实际体重与标准体重相差5%以上，导致性成熟不均匀。

(4)为了片面追求体重均匀度，对大体型鸡过分限饲，而对小体型鸡拔苗助长，生产出了所谓的大轻鸡和小重鸡，从而影响生产性能的发挥。

2.均匀度控制不佳　均匀度主要是指3个方面：一是体重均匀度；二是体型均匀度；三是种鸡丰满度，包括下腹部、胸部、翅膀等的丰满度。体重一致而骨骼大小有着差异的鸡群间的体型是有差别的，这种鸡群对光照和饲料水平变化的反应并不同步，从而影响种鸡的生产性能。经验表明：均匀度每增减3%，每只入舍母鸡产合格种蛋增减4枚左右。表7-3显示了种鸡均匀度对生产性能的影响。

表7-3　种鸡均匀度对生产性能的影响

9～20周稳定的均匀度(%)	产蛋80%以上的周维持时间	产蛋90%以上的周维持时间	产蛋高峰(%)	种蛋数	雏鸡数
≤75	5		81	168	134
75	9		83	175	145
80	12	1	87	187	154
85	15	2	91	192	162
90	19	3	94	207	176

3.光照的影响　光照对肉种鸡生殖系统的发育起着关键性的促进作用。光照一般包括光照时间、光照强度、光的波长以及光照均匀度。用户一般只重视光照时间，而忽视了光照强度、光的波长以及光照均匀度，从而造成种鸡晚产。

4.逆季鸡群管理不好　逆季鸡群特别是饲养在开放式鸡舍中的逆季鸡群更容易晚产。同时，对逆季鸡在12周后光照时间没有恒定，使鸡群置于光照时间逐渐减少的环境中饲养。从而造成种鸡晚产。

5. 饲料质量不佳　饲料质量的好坏直接影响着种鸡饲养的成败。有的用户为了片面追求降低饲料成本，使用不符合种鸡饲养标准的饲料饲养种鸡，导致种鸡体重大大低于标准要求，人为造成种鸡晚产。

6. 环境条件太差　饲养密度过大，饲养器具少，投料速度慢且不均匀，垫料质量差等都会造成种鸡晚产。

7. 种鸡在育雏、育成期患病　特别是球虫和其他肠道疾病，影响种鸡对营养物质的消化吸收利用，造成种鸡生长发育迟缓，体重难达标，导致种鸡晚产。

(二)预防措施

在实际生产中，应采取切实有效的措施，降低种鸡晚产给造成的不应有的损失。

1. 按照种鸡的生长发育规律严格控制体重　4周末体重应达标或略超标准，不能有低于标准体重的鸡，使种鸡有比较好的骨架发育，因为种鸡在8周末85%以上的骨架发育已基本完成。10周前通过料量的控制使尽可能多的种鸡体重达到饲养管理手册建议的体重标准。10周后特别是15周后周增重应达标，对10周后体重超标准的鸡群应重绘体重曲线，不能强行拉回标准曲线，而应沿标准曲线平行增长。40周以前每周至少称重1次，40周后每2周称重1次，以便及时掌握种鸡的生长发育趋势，适时调整。

2. 保持种鸡良好的均匀度　预防出现均匀度的问题比出现问题再采取措施加以改正其生产价值和经济实效性更高。因此，从1日龄起就应重视抓好种鸡的均匀度。均匀度越好，鸡群的生产性能越高。10周前应重点抓好均匀度的调控工作。均匀度控制的目标必须达到80%以上或更高。

3. 加强光照管理　不仅要重视光照时间的作用，更不能忽视光照强度的效果。鸡群对光照刺激反应的好坏取决于：体重是否达标？鸡群均匀度的好坏？营养摄入是否足够？因此，应根据以上 3 点适时进行光照刺激，并注意光照应均匀。同时，光照刺激的强度应至少达到刺激前的 10 倍以上，效果才最好。

4. 避免各种应激因素　保持合理的饲养密度，配备足够的饲养器具，投料快且均匀，保持良好的通风，加强垫料管理，供给优质全价的饲料，精心管理，减少应激，为鸡群稳产、高产创造良好的环境。

5. 提倡使用遮黑鸡舍育成种鸡　在开放式鸡舍饲养的逆季鸡应按逆季鸡的体重标准饲养，这样可以减少逆季鸡群晚产的问题，使种鸡按时开产，提高种蛋数量及合格率。

6. 健全生物安全体系，预防各种疫病的发生　采用全进全出的生物安全体系，一个种鸡场只养一批种鸡，防止病原体微生物侵袭鸡群，制定合理的免疫程序并精确实施，选择适当的药物，在适当的时间进行预防性投药，严格执行全面的卫生管理程序，保持鸡群良好的健康状态，尽最大可能发挥父母代种鸡的生产性能。

第四节　肉用种公鸡的饲养管理

种用公鸡饲养的好坏不但直接影响到当批次的种蛋受精率，而且还影响到商品代肉鸡的生长性能。因为肉鸡的生长速度和饲料转化率 60%左右来自于种鸡的遗传，环境、饲料质量、管理水平、水、光等因素的影响为 40%左右。种公鸡性成熟良好的标志是：腿长平胸，羽毛光泽，鸡冠红润，目光明亮有神，行动灵活敏捷，叫声洪亮，睾丸发育良好，体重比母鸡重 30%～35%，行动时应龙骨与地面成 45°。这是肉种公鸡的饲养目标。

随着育种的进展，其趋势是选择大腿肌发达和生长快的商品代肉鸡，而这些性状与受精率呈负相关。所以，提高受精率为目标的种公鸡饲养方法，是肉鸡业发展的必然趋势。公母分开育雏育成，产蛋期混群后公母分开饲喂，并供以不同的饲料都成了现时必要的管理办法。

一、育雏期的饲养管理

(一)饲养管理要点

虽然公鸡的数量只占鸡群总数的10%左右,但公鸡在整个鸡群生产中承担的义务和责任大大超过50%,因此饲养管理者需要为此做出百分之百的努力。育雏阶段更为重要。

(1)饲养管理中最关键的要素之一就是要使雏鸡有一个良好的开端。只有育雏育成期培育大骨架、胫骨长的公鸡,才能有效地提高公鸡在产蛋期的交配成功率,获得较高的受精率。

(2)从1日龄开始严格执行公母分饲,这一点很重要。育雏和育成期间,公母鸡分栏饲养。公母鸡混群后,使用分饲设备,防止公鸡偷吃母鸡料。如果确实不能将种公鸡与种母鸡分开饲养,种公鸡应饲养在鸡舍入口处最前端的围栏内,便于育雏育成期进行观察和管理。

(3)有条件最好平养公鸡,这样可以减少腿病。因为6～12周龄期间,是鸡只肌肉,肌腱组织和韧带发育的关键时刻,棚架会对鸡只腿关节造成重大应激。最好小群饲养公鸡,每群不超过500只。数量越少越便于管理和观察公鸡的采食和饮水,也便于提高均匀度。随着不断生长,种公鸡会需要更多的饲养面积。所以,要按照鸡群相应的年龄为其提供正确充裕的饲养密度和采食空间。5～10周龄公鸡需要10 cm/只的采食位置。公鸡需要充裕的饲养面积,密度不要拥挤,应该控制在每平方米3或4只。

(4)5～7日龄实施断喙,应倍加小心,否则断喙不当会造成公鸡均匀度差。全阶段笼养,则公鸡也可以用烫喙方法,把上下喙的生长点烫去即可。在公鸡称重、免疫和转群时,要用抓住公鸡两条腿的方法,以减少应激。

(5)由于公鸡在孵化厂鉴别后,还要比母鸡多做两项剪冠和断趾的工作，应激较母鸡严重，在第1周的前3天精神状态采食增重情况都不如母鸡。因此，第1周在饲养管理上公鸡更应该受到特别的照顾。舍内光线分布要均匀、明亮，光照0～3天24 h，以后每天减1 h，第3周12 h，第4周10 h，第5周8 h。让公鸡有更多的时间采食、饮水，建立良好的食欲，以达到早期目标体重。

(6)在正确的育雏温度、湿度、通风(同母鸡)的条件下，使用高质量的育雏料，运用合理的饲喂方法，确保前3周的体重达标。第3周每日要少量多次投料，培养公鸡良好的食欲。7日龄时要达到或超过目标体重。前3周是鸡只生长骨架、机体组织和内脏器官的关键时期，可以使用无球虫药的商品代肉鸡的育雏Ⅰ号颗粒破碎料。

(7)14日龄后影响鸡群均匀度的最大因素是种公鸡能否获得和吃掉其所应得到的料量。种公鸡的均匀度十分关键，要保持良好的均匀度，饲喂系统必须能够在同一时间为所有的公鸡提供准确的料量。要密切观察鸡只行为，特别是从手工喂料转换到自动饲喂系统喂料的阶段，确保供料均匀，确保鸡群均匀地生长。在获得正确体重生长曲线的同时，种公鸡的均匀度从35日龄开始应一直保持在80%以上，从而在混群和交配时，公鸡的性成熟基本相同。

(8)1～21日龄公鸡体重不足会造成体型骨架不均匀，弓背及羽毛生长不健全。28日龄每只称重并开始分栏，然后每周称重2次。密切关注均匀度、体重、骨架生长。育成期间，采用手工喂料，确保鸡只采食均匀。一定要以体重曲线来饲喂公鸡，千万不要以料量来饲喂，因为各公司饲料质量有很大差异。4周龄全群称重分栏时，淘汰特别小的公鸡。

(9)6周必须达到体重标准，最迟到8周龄获得所规定的标准体重。10周龄时做最后一次选种工作，必要时重新制定体重生长曲线，此后至交配开始不要再对种公鸡做任何工作。

(10)1～10 周龄的体重和均匀度非常重要。85%的骨架在 1～8 周龄长成,90%的骨架在 1～10 周龄长成。5～10 周龄期间可以调整体重。15 周以后不要再调整体重,体重超标要重新制定曲线。15 周龄以后(在育雏期培养出良好的食欲的条件下)公鸡食欲增长较大,要注意控制好体重,防止超重;否则,没有一个良好的骨架,种公鸡就会趋于肥胖、堆积脂肪,产蛋后期形体就会很差,这样会限制其交配的成功率。

(二)种公鸡的断喙、断趾、剪冠

人工授精的公鸡要断喙,以减少育雏育成期的伤亡,因为人工授精的鸡在笼养环境下,易诱发啄癖。自然交配的公鸡虽在断喙的同时还须断去内侧二趾。一些品种公鸡的冠大,遮挡视线,往往影响正常活动:如采食饮水、交配、运动等,并且也容易被笼具等划伤,所以,要把鸡冠剪去,自然交配的种公鸡为有效防止公鸡偷吃母鸡料,可以选择不剪冠。

(三)种公鸡的第一次选留

①6 周末时对公鸡进行 15%的抽样称重;②先淘汰次劣鸡;③决定留汰的第一标准是体重;④达平均重上线的公鸡,要逐只选择;⑤6 周末,选取下来的公鸡平均体重应比母鸡平均体重高出 40%～50%;⑥留下相当于母鸡数 15%的公鸡,多的淘汰。

二、育成期的饲养管理

(一)均匀度控制

正确的称重程序有助于管理人员及时察觉公鸡体重潜在的问题,并通过调整喂料量来达到目标体重。一般而言,在 0～6 周龄,每周至少称重 2 次;在 7～35 周龄,每周至少称重 1 次;在 36～64 周龄,每两周至少称重 1 次。在育雏期,最好选用电子秤来称重;在育成期和产蛋期,可以使用刻度最大为 20 g 的吊秤来称取体重。抽样比例依据鸡群规模而定,公鸡抽样比例一般不低于 5%,

或抽样数目最少不得低于 50 只。

由于公鸡的采食速度很快，个体间争斗次序比较激烈，因此，很容易造成均匀度的差异。若饲养密度过大，采食和饮水位置不足，就更容易加大公鸡个体体重的差异。为了更有效地控制好公鸡的均匀度，必须为公鸡提供适宜的饲养密度，充足的采食和饮水位置。

(二)喂料

公鸡每周的增料量，原则上要依据每周的目标体重而定。例如，在育雏期，只要能够达到目标体重，一般不提倡自由采食(第一周除外)。在育成期，一般 7～15 周龄，由于改进型公鸡的生长速度快，饲料转化效率高，对料特别敏感，因此，这一时期的周增料幅度很小。但是，在加光前的 18～22 周龄，为确保公鸡的体重和周增重能达标，以满足生殖系统的生长和发育的需要，这一时期的周增料幅度就比较大。而到了产蛋期，公鸡的体重既不能超标，又不能失重，否则，会对受精率产生较大的影响。一般而言，30 周以后，每周的周增重必须控制在 15～20 g 以内，因此，周增料的幅度就更小了(特殊情况下，甚至不增料或在保持体重的前提下适当减料)。

在制定每周的周增料时，除考虑饲料本身的品质之外(如代谢能、蛋白质、维生素、微量元素等)，还要考虑环境的温度变化、疾病及各种应激因素的影响，以便及时对周增料进行微调。

(三)体重控制

对现代肉种鸡而言，种公鸡和种母鸡在管理上有很多相似之处，但是，由于种公鸡比种母鸡有更快的生长速度和更高的饲料转化效率，因此，种公鸡在体重控制方面的难度要比种母鸡大很多。如果其体重控制不成功，将很难在父母代获得一个理想的受精率。

为了更精确地控制好公鸡的体重，从 1 日龄到 140～154 日龄，必须采用公母分栏或分栋饲养，一直到混群为止。此项工作将有利于公鸡育雏育成期的体重控制。

从公母混群到整个饲养期结束，都要采用公母分饲，即公母分别使用不同的饲喂设备。为防止公鸡偷吃母鸡料，一定要在母鸡料槽上加上“隔鸡栅”，同时，给公鸡戴上“鼻签”，必要时，公鸡还可以不剪冠，这样就可以通过控制喂料量来控制产蛋期公鸡的体重了。除此之外，还要加强整个产蛋期母鸡饲喂设备的管理，及时修补被损坏或发生变形的“隔鸡栅”，发现丢失了“鼻签”的公鸡，要及时将“鼻签”补上。

公鸡的营养需求是通过饲料的营养成分和喂料量进行控制的，在环境相同的情况下，每天的能量、氨基酸和其他营养成分的摄入量决定了种鸡的生产性能。在育雏育成期，公鸡可以吃与母鸡相同的饲料，其体重的控制是通过控制喂料量来实现的。

(四)选种与混群

公母混群时，应选第二性征(脸和鸡冠的颜色、肉垂和鸡冠的生长)明显、体重一致，体态无异常，断喙整齐，腿和脚趾强壮且直，羽毛光亮，体型直立，肌肉健壮发达的种公鸡。不选用体重特大或特小的公鸡。混群时间一般在 20～23 周龄，混群比例一般是 8%～10%。

如果种公鸡群内的性成熟存在差异，可以让已经性成熟的种公鸡先与种母鸡混群，而让未成熟的种公鸡继续发育一段时间后再混群。例如，在 22 周龄先混 5%成熟的公鸡，在 23 周龄再混 2%，在 24 周龄再混余下的 2%～3%的种公鸡。另一种方法是，在 22 周龄，一次性混进 9%～10%的公鸡，在 30 周龄时，把那些发育不好、肛门颜色较浅、交配不活跃、特重或特轻的公鸡挑出 1%～2%，并及时淘汰。

三、产蛋期的饲养管理

(一)公母鸡分饲

从公母鸡混群开始,种公鸡和种母鸡应使用各自独立的喂料系统。这可以有效地分别控制种公鸡和种母鸡的体重和均匀度。分饲技术主要利用了公母鸡之间头大小的差异。这项技术不仅需要有良好的管理,而且要求设施本身符合分饲要求、安装到位、维护完好

世界上大多数种母鸡采用槽式喂料系统。限制种公鸡偷料的最有效方法是安装格栅,因种公鸡头部较宽使其吃不到种母鸡料。格栅内侧宽至少为 45 mm。目的是允许所有种母鸡能自如地将头进出格栅吃料,但又能限制大多数种公鸡去种母鸡料槽偷料。在格栅的顶部增加水平铁丝或塑料管,能更有效地防止种公鸡偷料,所以此时可让格栅内宽进一步增加 2～5 mm。

种公鸡不剪冠,并使用 45 mm 宽度的格栅及水平铁丝(或棒或管),就能确保从 147 日龄(21 周龄)起,几乎 100%的种公鸡不能从种母鸡料槽中采食饲料。当使用格栅及水平装置限制未剪冠的种公鸡时,推荐的格栅宽度 47～50 mm,高度 50～55 mm。使用水平装置还能起到加固格栅强度的作用。如果种公鸡剪冠,使用格栅高度应是 45～47 mm。如果格栅的宽度低于 45 mm,将使相当多的种母鸡采食不到饲料,从而造成生产水平的降低。

公母鸡分饲也可选用盘式喂料系统。如果采用盘式喂料系统要使鸡群较容易的找到采食位置,料盘间应保持一定的间距以使种鸡很容易的找到相邻料盘的饲料。种母鸡的采食位置不低于 15 cm。

槽式饲喂系统也可以通过改造达到公母鸡分饲的目的。如加上厚木板、可转动的塑料水管或水平滚动棒等,使用这些方法

时，要有合适的支撑结构来维持其高度。当使用厚木板、可转动的塑料水管用于公母分饲时，其位置应高于料槽 47 mm，同时要有足够的木块和支架为其支撑。木块和支架的高度可随着种鸡的生长而调整。必须经常检查以确保所有的种母鸡随时可以吃到饲料。

盘式或料筒也可通过安装格栅防止种公鸡偷吃种母鸡料。在使用料筒时，要尽量防止吃料时料筒的摆动。要定期对格栅的破损、移位和不规则的间距等情况及时检查、修补、更换。成功的公母分饲取决于对种公鸡饲喂设备的良好管理和均匀的饲料分配。

种公鸡一般使用 3 种类型的喂料设备：自动料盘、悬挂式料筒、悬挂式料槽。这 3 种类型的设备都使用同一技术，即种公鸡吃完料后，提升喂料器的高度，不让任何鸡只接触，然后加料，待下次饲喂时，再降下来喂料。

无论使用哪种喂料设备，每只种公鸡必须至少有 20 cm 的采食位置及均匀分配饲料。对于未剪冠的种公鸡，必须经常检查，确保鸡冠不妨碍种公鸡正常吃料。采用悬挂式料筒人工加料时，有两点非常重要，即每个料筒添加的料量要统一，同时不要让料筒倾斜。种公鸡使用悬挂式长型料槽非常成功，因为饲料可用手匀平，这样更能保证每只种公鸡吃到同样数量的饲料。

不管使用何种类型的喂料设备，饲槽高度必须精确调整到能让所有种公鸡吃到饲料，但同时又能限制种母鸡不能偷吃种公鸡料。必须注意避免料槽下面的垫料堆积。正确的料槽高度取决于种公鸡群的大小及料槽设计，如槽或盘的深度。正确的料槽高度应高出垫料表面 50～60 cm。但最佳高度的确立需要通过一段时间的观察和调整。应该注意避免给种公鸡太多的喂料空间，否则攻击性较强的种公鸡会过食，种母鸡也容易到种公鸡料槽中偷料。在种公鸡的一生中，种公鸡的喂料设备要随着种公鸡数量的减少而减少，最终给每只种公鸡保留 20 cm 的采食位置。

喂料时应注意观察，确保种公鸡和种母鸡都从各自的喂料器中采食。

(二)喂料

繁殖期种公鸡的营养需求也与母鸡有很大的不同。此期，种公鸡不需要与母鸡一样的高蛋白、高钙饲料。用母鸡料，是一种浪费，并且其中的高钙对种公鸡正常生理代谢来说又是不小的负担。配种时的种公鸡日粮，只要氨基酸平衡，粗蛋白仅需 12%～14%，钙在 0.85%～0.9%。

(三)体况的观察

建立每周一次检查鸡群及种公鸡个体状况的工作惯例。根据种公鸡个体状况淘汰不良者，以保持最佳公母鸡的比例。要经常观察和了解种公鸡的机敏性和活动性、种公鸡的物理性状、羽毛状况、采食时间及肛门颜色。淘汰种公鸡时，应首先淘汰肛门颜色最浅的种公鸡，然后再淘汰肛门颜色中等的。肛门色泽鲜艳说明该种公鸡处于良好的交配繁殖状态。公母鸡交配时，如发现种公鸡对种母鸡造成损害，应及时淘汰超重的种公鸡。

(四)过度交配

种公鸡过多会造成过度交配现象，主要表现为：种母鸡颈部、背部羽毛异常脱落，背部皮肤被抓破、撕破，种公鸡打斗现象严重等。这不仅造成种母鸡的体况下降，产蛋率降低，而且，由于种公鸡对种母鸡的过度竞争妨碍了种母鸡得到最佳交配次数，从而影响了高峰受精率的维持。因此，从 27 周龄开始，应每周检查 2 次鸡群是否出现了过度交配现象，当观察到鸡群出现过度交配时，多余的种公鸡应迅速淘汰。刚开始时可按 0.5 只种公鸡/100 只种母鸡的比例淘汰，以后按计划继续淘汰。

第五节 肉用种鸡的笼养管理

传统饲养肉种鸡的全垫料地面方式，由于密度小、舍内易潮湿和窝外蛋较多等原因，现很少采用。目前采用比较普遍的肉用种鸡饲养方式有3种：漏缝地板、混合地面和笼养。

近年来由于笼具改进、饲养技术水平和人工授精技术水平的提高，以及笼养在卫生防疫方面的优越性的体现，肉用种鸡的笼养有逐渐增加的趋势。

一、肉用种鸡笼养的优点

(一)有利于控制体重，提高种鸡的整齐度

现在肉种鸡采食量大，增重速度快，必须在育雏末就开始限饲，根据每周称重结果调整饲喂量，加上合理控光，使性成熟与体成熟保持一致。而全程笼养则为限饲提供了非常有利的条件，抽样称重方便，调群更加直观有效。在育成期，可按大、中、小3种体重分别置于上、中、下三层笼位开展限饲工作，这样很容易使种鸡保持较高的整齐度和理想的平均体重，为日后种鸡取得良好的生产性能打下基础。

(二)提高种公鸡的利用率，降低饲养成本

通过公母分饲、人工授精，大大提高了受精率。笼养种公鸡可在5～6周龄、转群前(19～20周龄)、母鸡开产前期(25～28周龄)进行3次选育。前2次主要根据体重、体型结构、发育好坏等综合评定，开产后主要依据公鸡性反射好坏、精液品质而定。经过3次选育，一般按1：(25～30)的公母比例留种。人工授精还能使患有腿疾、无法进行正常交配的公鸡(但精液品质良好)得到充分合理利用。

(三)减少疾病发生

采取全程笼养,便于控制一些接触性疾病的发生和传播,使球虫、白痢等病很少发生。

(四)增加饲养密度,提高鸡舍的利用率

较早的笼养是群笼,公母混养,每笼养 2 只公鸡 16 只母鸡,由于肉种鸡体重大,行动欠灵活,在金属底网上公母鸡不能很好地配种,受精率偏低,产蛋后期更严重。因此,实际生产中已极少采用。现多为每笼养 2 只种母鸡的单笼,采用人工授精,既提高了饲养密度又可使受精率达 90%以上,因而采用者日趋增多。肉用种母鸡每只占笼底面积 720～800 cm^2,一般笼架上只装两层鸡笼,便于抓鸡与输精、喂料与拣蛋。

肉种鸡笼养,人们往往与胸囊肿和腿病必然联系在一起,这是一种误解。事实上肉种鸡是限制饲养的,其生长速度远比敞开饲喂的肉用仔鸡要慢得多,其成年体重已有相当的控制。无论从生物学观点还是生产实践都证明,肉种鸡采用笼养方式与垫料地面平养胸囊肿和腿病的发生率差异不显著。个别例外情况可能是被笼具划伤或饲养管理不当所致。

许多实验结果表明,笼养的成活率、育成期均匀度、产蛋期存活率和产蛋量均不低于平养组,而且饲料消耗有所降低,受精率明显提高,清洗消毒方便,总的效益好,但是笼具等一次性设备投资较高。

二、肉用种鸡笼养的管理要点及注意事项

笼养的饲养管理同平养大致相同,不同之处是:

(一)满足营养要求

一般在满足蛋白质、能量水平的基础上,更要重视维生素、微量元素、必需氨基酸、氯化胆碱等营养成分要比推荐标准营养水平适当提高 5%～10%,能量稍降低一些,这样才能满足笼养肉种鸡

营养需要。

(二)人工授精操作人员操作熟练

人工授精是笼养鸡成败的关键,必须对操作人员进行严格培训。因为操作不当,不仅使受精率低,而且还可使种公鸡和种母鸡受到伤害,致使种公鸡性反射减弱、精液品质降低,种母鸡产蛋率下降。

(三)夏季注意防暑

笼养使饲养密度加大,特别是在产蛋期,肉种鸡体重大,产热量多。因此,在高温季节,笼养鸡产蛋鸡舍的降温问题较为突出。据经验介绍,进行纵向负压通风,在进风口装置水帘降温设施,降温幅度为3～5℃。在使用过程要注意以下几点:一要经常检查风机转速,随时清除风扇、百叶窗上的尘埃;二是除进风口外,鸡舍密封性要好,否则影响通风效果;三是最好采用地下水、深井水(温度低)作为水帘用水,以提高降温效果。

(四)注意鸡群神经质和笼养鸡疲劳症

神经质(也叫歇斯底里症,俗称炸群),此病原因目前尚不清楚,可能与遗传有关。发作前无任何预兆,鸡群突然惊恐怪叫,无目的地乱飞乱撞,经常导致翅膀及腿折断、身体撞伤、内脏出血、死亡,造成产蛋量急剧下降甚至停产,损失惨重。本病在笼养方式发生率较高,高产鸡,尤其在高峰期易发。控制此病要加强管理,一些异常的声音、颜色、不常见的动物物体,都可能成为诱因。

笼养蛋鸡疲劳症是现代蛋鸡(包括种鸡)最重要的骨骼疾病。这是过去平养时很少见的病,本病的主要特征是笼养产蛋鸡的骨骼结构疏松脆弱,导致瘫痪与骨折。发病率在单笼(一笼一只)比一笼养几只的更高些,这似乎是由于单笼的活动量更小之故。过去,发病严重的鸡群每月损失的鸡超过3%,现在的损失已小得多。

本病的症状是最初见病鸡瘫痪在笼中,精神常良好,但后期沉郁和死于脱水（如果及时将瘫痪病鸡由笼内移出，放在地面上，使其能吃料和饮水，则病鸡常在 4～7 天恢复）。尸体解剖时，瘫痪或死亡的骨骼容易断裂。骨折可见于腿骨、翼骨和胸椎。胸骨常变形，在胸骨和椎骨的结合部位，肋骨特征性地向内弯曲。肋骨变形是与胸骨的骨折和胸椎骨折有关。

近期的研究认为，本病主要与笼养鸡所处的特定环境条件有关，同时在饲粮中钙、磷或维生素 D_3 不足，尤其是可利用磷不足时也易导致本病的发生。曾有试验表明，同样在饲粮中仅补充磷（可利用磷）0.05%～0.1%，平养的鸡死亡率为 2.8%～4.2%，而笼养鸡的竟高达 30%～55%。而且饲料中磷含量不足，使笼养鸡死亡率的增高比产蛋量的下降影响更大。

由于笼养鸡疲劳症较多发生于产蛋高峰期（主要在蛋用型鸡）和产蛋初期（肉用种鸡），预防本病的重点应放在产蛋前期和高峰期，使饲料中有足够的钙和维生素 D，可利用磷宜保持在 0.40%。

第六节　肉种鸡的强制换羽

人工强制换羽是指采用人工措施，以缩短换羽时间和延长产蛋期为目的的一项生产技术。其经济效益非常显著，是一个减少开支的有效措施。强制换羽的原理是使鸡强行换羽，停止产蛋，休息一段时间，让鸡经过长期产蛋的体质得以恢复，在这段期间，让鸡体重下降 25%～30%，将沉积在子宫腺中的脂肪耗尽，使其分泌蛋壳的功能得以恢复，从而改善蛋壳品质，降低破损率，提高种蛋合格率。人工强制换羽目前已成功应用到各鸡场实际生产中，作为调控生产的一项实用技术在实践中发挥出诸多优势，表现在：①缓解市场和生产压力，抢占市场空间，发现和预测市场规律后，换羽是调整生产的最佳方案。②降低生产成本，缩短生产周期，灵活性、机动性强。第二个生产周期单位成本能比第一个生产周期降低 20%，生产时间缩短 60%。③净化鸡群，提高苗鸡质量，在换羽期间，体质较差的个体被淘汰，对部分疾病如沙门氏杆菌病、大肠杆菌病、白痢、马立克氏病等起到净化作用。第二个生产周期从体成熟到性成熟以及身体健康状况都比前一周期良好。④重新开产的种蛋大小均匀，减少了畸形蛋，改善了初期蛋重，种鸡一旦开产，蛋就可作种蛋，种蛋的合格率增加，并能改善种蛋质量，提高孵化率和健雏率。

一、强制换羽的方法

根据强制换羽的措施不同，人工强制换羽方法大致可分 4 种：畜牧法（饥饿法）、生物学法（激素法）、化学法、综合法（畜牧学法与化学法相结合）。

生物学法因对鸡有副作用，现已不采用。化学法原理是根据饲料中含过高或过低的矿物质或微量元素，能引起母鸡停止产蛋或产蛋急剧下降，诱发换羽。采用在饲料中加入过量的锌或喂给低钙或低食盐的饲料，以促使母鸡停产换羽。这种方法特点是对母鸡应激较少，死亡率较低，母鸡停产较快，一旦改喂正常饲料，母鸡可迅速恢复产蛋；缺点是大多数母鸡换羽不完全，换羽后产蛋率低于其他方法。畜牧学法是采用停水、绝食（或限制喂给单一的谷物如整粒燕麦、大麦）和控制光照等措施，使鸡群的生活条件和营养产生剧烈变化，强制母鸡换羽的传统强制换羽方法。由于这种方法操作简便、效果明显，故被普遍采用。近几年，有人采用畜牧学法与化学法相结合的强制换羽方案，并取得了良好的效果。

二、饥饿法强制换羽

在许多国外的报道中，认为采用谷物限制饲喂法最佳，日粮顺序为：整粒燕麦、整粒大麦、整粒小麦。而在国内的报道则认为，限饲法换羽不完全，经比较，绝食法为最好，它既节省饲料，管理又方便，实践中证明效果也好，至于绝食时间的长短，应根据鸡种、年龄、产蛋率、体质情况以及季节不同而异。主要依据应以鸡体重的失重率、死亡率和鸡群精神状态这3种情况而定。以绝食8～10天乃至16～17天。

(一)准备工作

(1)肉种鸡的强制换羽在产蛋9个月进行较为适宜，也可根据市场需要确定换羽时机。

(2)鸡舍冲洗、消毒，更换垫料，窗子遮黑，准备好异地换羽鸡舍。

(3)选鸡。要求饲养员熟练掌握挑鸡的标准，剔除肿头、冠白、有腿病、翅有异、肛门污秽、腹部下垂过大、腹部过硬、背部有伤、趾关节肿胀、体重过大或过小的鸡只。

选留生产性能好、耻骨间距3指以上、腹部柔软、肛门收缩肌松弛、冠大而红润、身体发育匀称、体重适宜、体格健壮、没有自然换羽的鸡只。

(4)分群。按体重将鸡群分为大鸡(体重大于3.9 kg)、中鸡(体重3.3～3.9 kg)、小鸡(体重小于3.2 kg)，分群饲养，每群鸡数不超过500只。

(5)免疫接种。换羽前3周进行产蛋期疫苗接种。

(6)确定体重消耗指标。大鸡减重32%～36%，中鸡减重30%～32%，小鸡减重25%～30%。

(7)换羽前3～5天进行24 h光照，投抗生素，补粒状碳酸钙，5 g/(天·只)。

(8)设备。料桶1个/12只，饮水器1个/60只，灯泡15 W，一般不开，产蛋箱第一周使用，之后搬出鸡舍。

(二)方法

强制换羽的完成必须具备3个重要指标：产蛋停止、减重完成、主羽全换。

任何一个优良换羽方案都应具有产生应激最小，换羽过程最快，母鸡恢复产蛋也最快的特点。肉种鸡强制换羽一般采用饥饿法，即限水、限料、限光照，此法操作简便，效果好。断水和断料可造成鸡的失重，快速换羽造成快速失重，而快速失重则会产生高死亡率。因此，种鸡采用饥饿法强制换羽，其关键技术是掌握失重率和死亡率。

肉种鸡的失重率达到25%～30%时，输卵管中的脂肪开始分解，只有当蛋壳腺中的脂肪耗尽后，第二产蛋期的产蛋率和蛋壳质量才最好。在生产中，应根据季节、种鸡的体重，制定强制换羽方案，肉种鸡的失重率以25%～32%为宜。季节不同需要断料的时间也不相同，温暖季节要比寒冷季节长，寒冷季节要进行提温，延长断料期有助于鸡的生殖系统更好地恢复机能，提高换羽后的产蛋量。应灵活掌握停水和绝食天数，死亡率控制在3%内，换羽后的生产性能表现最好。

下面介绍周大薇提供的一种开放式鸡舍慢速换羽方案，失重率达32%，强制换羽后70天见蛋，77天产蛋率达5%，90天产蛋率达50%，最高产蛋率达87%，死亡率为2.5%。

(1)限水。冬季1～2天停水，3～14天每天饮水中补充多维素2次，上、下午各1次，每次2 h，3～5周每天8 h，夏季不限水。

(2)限料1～14天停料，15～30天给破碎玉米粒，由10 g/(天·只)，逐渐增至110 g。以防肝肿大，31～68天恢复营养，饲喂含2%钙的预产料，首次喂料110 g/只，每天增料15 g，直到155～160 g/只，暂停增料。68～79天饲料量增至165～170 g/只。

(3)限光。1～30天停止人工光照，鸡舍遮黑；31～40天自然光照，41～50天每天14 h光照；51 ～67天每天15 h光照；68～79天每天16～17 h光照，直至产蛋结束。

鸡的强制换羽有多种方案，下面介绍光控鸡舍(表7-4)和自然光照鸡舍(表7-5)肉种鸡强制换羽方案示例。

表 7-4 肉种鸡强制换羽方案实施程序(实例 1)

分期	处理日期（第 x 天）	处理天数（天）	饲料[g/(天・只)]	饮水	光照(h)
实施期	1	1	60 g/(天・只)	限水(2 次/天)	8
共 18 天	2～3	2	绝食	停水	停光照
	4～18	15	绝食	限水(2 次/天)	2
恢复期	19～20	2	育成料 30 g/(天・只)	限水(2 次/天)	6
共 38 天	21～28	8	育成料每 2 天增加 20 g,至	供水	8
	29～34	6	120 g/(天・只)后自由采食	供水	10
	35～42	8		供水	12
	43～49	7		供水	14
	50～56	7		供水	16
产蛋期	9～33 周	175	产蛋料	供水	16
共 25 周					

表 7-5 艾维茵父母代肉种鸡强制换羽方案实施程序(实例 2)

分期	处理日期(第 x 天)	处理天数(天)	饲料[g/(天·只)]	饮水	光照(h)
实施期	1	1	60	限水(2 次/天)	
	2～3	2	绝食	停水	
	4～16	13	绝食	限水(2 次/天)	
恢复期	17～18	2	育成料 30		
共 38 天	19～28	10	育成料增加 8	限水(2 次/天)	自
	29～30	2	育成料 120	供水	
	31～36	6	育成料 130	供水	然
	37～42	6	育成料 140(母)	供水	
			135(公)		光
	43～48	6	育成料 150(母)	供水	
			140(公)		照
	49～54	6	育成料 160(母)	供水	
			140(公)		
	50～60	6	采用逐步换料法由育成料换为产蛋料		
			162(母)		
			140(公)		
产蛋期	61～82	26 周	产蛋料 160(母)	供水	16
共 25 周			140(公)		

说明:使用此程序整个换羽期死亡率 3.21%,体重下降 28.7%。第 6 天产蛋量下降 1%,第 42 天产蛋率为 8%,第 60 天产蛋率为 53%,又经 3 周产蛋率达 71.5%,以后几周维持此水平(孙希忠提供)。

(三)饲养管理措施

1.限饲期的饲养管理　此期为30天,是指饥饿开始至体重下降到27%～32%或死亡率达3%的时期,失重率和死亡率是重要的管理指标。

鸡舍要求有适宜的温度,以13～29℃较为适宜,停止人工光照,开放式鸡舍窗子应遮黑,弱光下的鸡群安静,并且在饮水时开灯,饮完水关灯。称重,换羽第1天随机抽样10%称重,并做好记录以确定降重目标。换羽第2天定点称重5%,并做好记号。以后每3～4天称重1次,接近目标体重前1～2天称重1次,以掌握失重率。及时清扫脱落的羽毛,以防被啄食。在限食的前7天,每只鸡一次补给贝壳粒25 g,以防母鸡软脚,影响产蛋,并要常拣地面蛋。饮水器和鸡常打堆处常换垫料,晚上适当打开草帘通风。每天洗饮水器2次,舍内外消毒2次。每天数次赶动鸡群以便饮水,特别是晚上,这是降低死亡率的关键措施。1周后对弱鸡开食1～2天。每天巡视鸡群,保持鸡舍安静,所有操作都应避免巨大响声,密切观察鸡群动态,统计死亡率,当死亡率达到3%时,应立即停止限食,恢复喂料。

2.恢复喂料期的饲养管理　此期是指强制换羽鸡体重下降到27%～32%开始喂料,直至产蛋率达5%的时期。这是强制换羽鸡群最重要的时期,它既要恢复减少的体重,又要生长新的羽毛。所以,此期要加强管理。

(1)恢复喂料。失重率达到目标体重时,应马上停止限食,恢复喂料。此时鸡群表现安静、迟钝,冠发紫,背羽易脱毛。采取逐渐换料和增加饲料的限饲法,至产蛋率达5%改为正常的蛋鸡料,随产蛋率上升增加饲料量,直至高峰料180 g。

(2)营养。为促进体重的恢复和羽毛的生长,喂给高蛋白、高能量、高维生素的饲料,在饲料中需添加0.1%～0.2%的蛋氨酸,饮水中需添加电解多维。

(3)光照。从恢复喂料起,恢复自然光照。此时鸡群体重开始恢复,主羽仅剩 1～3 根。光照时间逐渐延长,每周增加 1 h,至 16～17 h。

(4)防疫。严格执行生物安全措施,创造适宜的环境,保持清洁卫生,避免疫病的发生。

(5)配种。母鸡见蛋后即可配种,最好培育新公鸡与其交配。若利用老公鸡进行强制换羽,则配种效果不佳,受精率低。

(二)肉种鸡强制换羽应注意事项

(1)为了减少鸡群应激,采取"逐步减料法"来控制鸡群的喂料。

(2)强制换羽期间的死亡率。鸡群强制换羽第一周死亡率往往比正常情况下要高出 4～5 倍。在整个强制换羽期间(实施期和恢复期),鸡群死亡率大致是;第 1 周 1.0%,第 1～10 天 1.5%,第 1～5 周 2.5%,第 1～8 周 3%。但在实际中,死亡率往往比上述要高一些,一般掌握在强制换羽实施期死亡率不超过 3%,至恢复期结束,死亡率控制在 5%范围内较为适宜。强制换羽期间鸡群死亡率的高低,实际上是强制换羽方案中诸措施的"应激量"是否适中的反映。若死亡率过高,不仅是直接的损失,还使鸡群体质在短时间内很难得到恢复,这样将影响鸡群重新开产时间,第二产蛋期鸡群产蛋性能效果也不佳。

(3)强制换羽期间的体重失重率。根据目前的经验,如果想强制换羽成功就必须使鸡的体重下降。母鸡体重下降间接反映母鸡输卵管中脂肪消耗状况,试验证明下降 25%～30%,才能使输卵管中沉积的脂肪基本消耗尽,这对改善第二产蛋期蛋壳质量是至关重要的。

(4)强制换羽后,重新开产日龄。强制换羽后,重新开产日龄季节因鸡的年龄、恢复期喂料方法和光照恢复等情况的影响而异,一般春、秋、夏季恢复开产较快,年龄小的鸡其休产期也短。

重新开产日龄过早或过晚第二产蛋期的产蛋性能效果均不佳，一般来说，从强制换羽实施期开始至产蛋率恢复到50％为止的时间为70～80天是较适宜的，表明强制换羽是成功的。若60天以前产蛋率就达到50％，说明换羽不完全，以后产蛋高峰和产蛋持续性差。如果90天以后达50％，说明鸡群体况恢复得太慢，同样不能获得理想的产蛋性能。

实际上重新恢复开产的日龄，与恢复期喂料和增加光照刺激等因素有很大关系，本质上是与“体重恢复率”密切相关。一些资料表明，从开始恢复喂料的头10天体重恢复至80％～85％，头20天至85％～90％，头50～60天体重恢复至换羽前的95％～100％较适宜。

(5)肉种鸡在强制换羽恢复期和第二产蛋期，要防止鸡过肥，必要时应采用限制饲喂。

(6)经过强制换羽后第二产蛋期的种母鸡，最好用年轻的公鸡与之交配或人工授精，这样可以获得良好的受精率和孵化率。如果不能补充青年公鸡，为了避免在配种期间由于老龄公鸡自然换羽而造成受精率下降，应与母鸡一同进行强制换羽。公鸡换羽方法与母鸡相似。平养种鸡群进行强制换羽，最好公母分圈饲养，以免在限饲期间公鸡抢食，影响母鸡采食量。如果公母混养，应公母分槽饲喂。

第八章 肉仔鸡的饲养管理

第一节 肉仔鸡的饲养

肉仔鸡是指用配套品系杂交所生产的雏鸡，无论公母，养到6～8周龄，活重2 kg左右，专门作为肉用的仔鸡。现代肉仔鸡养到5周龄活重达1.6～1.8 kg或6周龄活重达2.3～2.5 kg屠宰上市。

一、肉仔鸡的生产特点

(一)生长速度快，饲料报酬高

肉鸡出壳体重在40 g左右，饲养7周龄时体重可达2.5 kg左右，为出壳时体重的60多倍。一只2.5 kg左右的肉仔鸡消耗饲料5 kg左右，料重比已达2：1，甚至更低。一些大型的养殖基地料肉比已达到1.8：1。从各种畜禽料肉比看，肉牛为5.0：1，猪为(3.5～4.0)：1，而肉仔鸡为2.0：1，也就是说，用来生产1 kg猪肉的饲料可生产2 kg肉鸡。

(二)生长期短，资金周转快

肉仔鸡一般7周龄即可出售，国外已提前到6周龄时出售。第一批鸡出售后，鸡舍清扫、消毒等大约2周时间，接着又可饲养第二批鸡。这样每栋鸡舍一年可饲养4～5批肉仔鸡。

(三)饲养密度大，房舍利用率高

与蛋鸡比较，肉鸡不爱活动。尤其是肥育后期，体重大，活动更少，大约70%的时间都是卧地休息。每平方米面积可饲养

8～10 只,国外由于各项技术先进和配套,舍内环境条件好,每平方米饲养的鸡数高达 20 只以上。

(四)工厂化生产,劳动生产率高

肉仔鸡的群居性较强,高饲养密度仍具良好的生产性能,便于工厂化生产。我国目前在一般饲养条件下,地面平养,每人可养 2 000 只左右,机械化饲养可养 5 000 只左右。据美国农业部统计,美国每人可养 8 万～10 万只,每生产 100 kg 肉仔鸡只需 0.22 h 的劳动力。

肉仔鸡的以上特点可概括为"三高一低",即成活率高、产肉能力高、饲料报酬高、成本低。生产中要充分考虑这些特点,采取相应措施,充分发挥其生产潜力。劳动生产率高,便于实行工厂化生产。

二、饲养品种的选择

选择好的肉仔鸡品种及饲养方式是饲养好肉仔鸡的关键。各地区要想饲养肉鸡,应根据本地区的实际情况、气候及市场情况来确定饲养品种,切不可盲目追求生产力,忽视其他因素的制约。首先,选择有较高生产性能的品种,其中生长速度、调料转化率、成活率是选择的重点项目。并且参照各品种生产厂家所提供的生产性能指标,同时还要了解饲养户的反映和实际饲养效果来综合考虑。其次,选择时要看鸡种来源是否有保证,鸡群是否健康,鸡场防疫设施是否健全,运输是否方便等。此外,所选择的鸡种与市场需求是否对路,这一点也很重要。若是产品对路,则产品好销,价格也高。如对胴体加工需求有白条、西装、分割、深加工等。国内市场当前以西装、分割为主要需求;国际则以分割、深加工为主要需求,我国南方和港澳等地偏爱黄羽活鸡自宰。这些不同需求成为选择肉鸡品种时应考虑的条件。理想的肉鸡品种应具有生长速度快、生命力强、饲料转化率高等特点,适于国内外要求的分割和深加工型的肉鸡品种,这才是最佳的选择。

我国从1967年起先后引进商品用肉鸡配套系约16个,对我国肉鸡生产的发展起到了决定性的促进作用。所引进的肉鸡品系主要有:AA⁺肉鸡、艾维茵鸡、罗斯308、哈巴德鸡、星布罗鸡、海布罗鸡、彼德逊鸡、罗曼肉鸡、海佩科鸡、红布罗鸡、伊沙明星肉鸡、塔特姆肉鸡等,生产性能均很高。

三、肉仔鸡的饲养方式

由于肉仔鸡的性情温顺,飞跃能力差,生长快,体重大,容易发生骨骼外伤和胸、脚病,肉仔鸡的抗逆差,对环境条件的变化敏感。因此,在选择饲养方式时对这些特性必须给予充分的考虑。肉用仔鸡的饲养方式主要有以下几种。

(一)厚垫料地面平养

厚垫料饲养是商品肉鸡应用最普遍的一种饲养方式。方法是在鸡舍地面上铺设一层10 cm左右的厚垫料,肉鸡长大出栏后,一次性将粪便和垫料清除,中间不再更换。随着鸡日龄的增加,垫料被践踏,厚度降低,粪便增多,应不断地添加新垫料,一般在雏鸡2～3周龄后,每隔3～5天添加一次,使垫料厚度达到15～20 cm。对因粪便多而结块的垫料,要及时用耙子翻松,以防板结。

要选择好的垫料,优质垫料要具有以下特性:①重量轻;②颗粒大小适中;③吸湿性强;④迅速干燥;⑤柔软并有弹性;⑥导热性低;⑦对空气中水分的吸收量低;⑧价格低廉;⑨适宜作肥料出售。常用的垫料有稻壳、木屑、刨花、谷壳、干杂草、稻草等。厚垫料饲养的优点是:垫料与粪便结合发酵产生热量,可增加室温;垫料中微生物的活动可以产生维生素B_{12},肉鸡活动时扒翻垫料,从中摄取;设备简单,节省劳力,肉仔鸡胸囊肿的发生率低,残次品少。缺点是:鸡只直接接触鸡粪及饮水污染过的垫料,容易感染由粪便传播的各种疾病,舍内灰尘也较多,容易发生慢性呼吸道病和大肠杆菌病，球虫病难以控制，药品和垫料费用大，鸡只占地面积大。

垫料要在熏蒸鸡舍前铺好，进雏前先在垫料上铺上报纸，以便雏鸡活动和防止雏鸡误食垫料。在垫料的日场管理中，应注意育雏初期要防止垫料过干起灰尘，垫料含水 25% 以下时容易起灰尘，所以前期可以用喷消毒药的方法防止垫料过干。后期主要是防止垫料过湿结块，及时将水槽周围的潮湿垫料取出更换，避免环境越来越恶化。加强垫料的日常管理，要求垫料平整，厚度大体一致，不能露出地面。肉鸡出场时将粪便和垫料一次清除。

（二）网上平养

网上饲养是在离地面 60 cm 高处搭设网架，架上再铺设金属、塑料或竹木制成的网、栅片，鸡群在网、栅片上生活，鸡粪通过网眼或栅条间隙落到地面，堆积一个饲养期，在鸡群出栏后一次清除。

目前，网上平养的设备，一般由竹板或竹竿制成，竹竿或竹板的间距 2 cm 左右，也有用铁丝网架制成的。为减少胸趾疾病的发生，可在网上面铺上层塑料网，在塑料网的上面再放上喂料和饮水设备，鸡群在其上面活动，根据日龄的大小，更换孔眼不同大小的塑料网片。在生长的后期为减少粪便在网片上储积污染鸡的羽毛等，可提前撤去塑料网片。这种饲养方式的优点是鸡与粪便不接触，降低了球虫、白痢、大肠杆菌病的发病机会，减少了药费开支，提高了饲料转化率；另外，管理方便，劳动强度小。但也存在一次性投资大，胸、脚病发生率比厚垫料平养高等问题。

竹竿网上平养是选用 2 cm 左右粗的圆竹竿，平排钉在木条上，竹竿间距 2 cm 左右，制成竹竿网，再用支架架起离地 50 cm 左右，可在网上面铺上层塑料网，鸡群就生活在竹竿网上。也可选用 15 cm 左右的圆木或方木搭成木架，上面每隔 10～15 cm 用铁丝串起，在铁丝上面铺塑料网。网上平养很受饲养户的欢迎，在我国的很多地方都推广使用。

(三)笼养

笼养就是将肉仔鸡从出壳到出售一直在笼内饲养。笼养设备有的采用金属制成,有的采用塑料制成。目前,国外多采用塑料制成,特别是新研制的笼底底网,使粪便从孔眼漏下时,粪便不沾网片,大大减轻了疾病的感染。肉仔鸡笼养的优点是:能有效地控制球虫病的发生,提高饲养密度,提高鸡舍空间利用率,便于饲养管理和公母分饲,减少饲料浪费。并能节省燃料、垫料等。缺点是:一次投资费用大,易发生胸囊肿和胸骨弯曲,商品合格率低,对环境和营养条件要求高,很难推广使用。但从长远的观点看,肉仔鸡笼养是发展的必然趋势。

(四)笼养和散养相结合

不少地区的肉鸡饲养户,在育雏阶段,即3～4周龄以前采用笼养,然后转群改为地面厚垫料散养。这种饲养方式由于前期在笼养阶段体重小,胸囊肿发生率低。而且笼养也便于集中供暖,控制好环境温度。

总之,肉仔鸡的饲养方式有很多种,饲养者可根据当地的实际情况,选择最适当的肉鸡饲养方式。

四、肉鸡饲养前的准备

(一)准备足够的饲养设备

肉仔鸡饲养常用的用具、设备包括供暖设备、饮水设备、喂料设备和清粪设备等。

1.供暖设备

(1)热风炉。是以煤等为原料的加热设备,在舍外设立,将热风引进鸡舍。

(2)锅炉供暖。分水暖型和气暖型,育雏供温以水暖型为宜。

(3)红外线供暖。红外线发热原件有两种主要形式,即明发射体和暗发射体,两种都安装在金属反射罩下。

(4)煤炉供暖。这是我国北方常用的供暖设备。

2.饮水器

(1)长形水槽。其优点是结构简单,成本低,便于饮水免疫。缺点是耗水量大,易受污染,刷洗工作量大。

(2)真空饮水器。其优点是供水均衡,使用方便。缺点是清洗工作量大,饮水量大时无法使用。

(3)乳头式饮水器。其优点是既节约用水,又有利于防疫,且不需经常清洗和更换。缺点是每层鸡笼均需设置减压水箱,不利于饮水免疫,材料和制造精度要求也较高。

(4)杯式饮水器。其优点是可根据需要量供水,节约用水。缺点是水杯需经常清洗,且需配备过滤器和水压调整装置。

(5)吊盘式饮水器。优点为节约用水,清洗方便。缺点是需根据鸡群不同生长阶段调整饮水器高度。

3.喂料设备　包括贮料塔、输料机、喂料机和饲槽4个部分。贮料塔一般位于鸡舍的一端或侧面,饲料由输料机送到饲槽。饲喂机有链板式喂饲机和螺旋弹簧式喂料机:前者普遍应用于平养和各种笼养成鸡舍,后者广泛应用于平养成鸡舍。饲槽有喂料槽和喂料桶等类型。

(1)喂料槽。平养成鸡应用得较多。可制成大、中、小规格的长形食槽。

(2)喂料桶。是现代养鸡业常用的喂料设备。

4.清粪设备

(1)牵引式刮粪机。一般由牵引机、刮粪板、框架、钢丝绳、转向滑轮、钢丝绳转动器等组成。主要用于同一平面一条或多条粪沟的清粪,相邻两粪沟内的刮粪板由钢丝绳相连。也可用于楼上楼下联动清粪。该机结构比较简单,维修方便,但钢丝绳易被鸡粪腐蚀而断裂。

(2)传送带清粪。常用于高密度重叠式笼的清粪,粪便经底网空隙直接落于传送带上，可省去承粪板和粪沟。

采用高床式饲养的鸡舍，鸡粪直接落于深坑中，一年后清理积粪，非常省事。

（二）制定合理的育雏计划

应根据肉仔鸡出售日龄、体重、鸡舍条件等确定。

1. 品种　在选择品种时，肉仔鸡尽可能选择来源于同一品种、同一日龄、母原抗体高且一致的父母代种鸡。

2. 数量　在确定饲养数量时，应考虑肉仔鸡出售日龄、体重、鸡舍条件等确定，原则上在现有条件下，不可超出鸡舍的饲养条件和饲养能力多养。

（三）准备好充足的饲料、垫料和药品

如果是平养肉鸡将所需垫料铺好，根据所养肉鸡的数量准备约 1 周的育雏饲料，并储备常用的药物，如治疗大肠杆菌、沙门氏菌、支原体、球虫的药物。

（四）对育雏舍和用具进行严格的消毒和预热

进鸡前，育雏舍和用具要进行严格的消毒。鸡舍消毒程序：鸡粪消毒→清扫→自来水冲洗→干燥→喷洒消毒药→喷洒杀虫剂→搬入经水洗后晒干的笼具→消毒药喷雾消毒→干燥→甲醛熏蒸消毒→通风→进鸡。

鸡场一般应在进鸡前 3～5 天进行鸡舍熏蒸消毒：先关闭所有门窗，保持舍内温度 15～25℃，湿度 70％～90％。估测鸡舍空间大小，每立方米用福尔马林 30 mL、高锰酸钾 15 g 混合后产生挥发性气体，达到熏蒸目的，24 h 后打开门窗通风换气。

五、肉鸡饲喂技术

（一）雏鸡的选择

雏鸡的质量对育雏的效果影响很大，并直接影响全期的饲养效益。为提高育雏成活率，必须把好雏鸡的质量关，严格挑选，确

保种源可靠(必须来自非疫区)、鸡种纯正和雏鸡健康。按照“雏鸡有膘、有毛、有骨、眼大有神、活泼好动”的标准进行选择。通过看、摸、听的方法来鉴别雏鸡的强弱优劣。所谓看,就是看雏鸡的精神状态,羽毛丰满整洁程度,喙、腿、翅、趾有无残缺,动作是否灵活。健雏眼大有神,喙脚正常,精神活泼,两腿站立坚实,羽毛富有光泽且长短正常,肛门清洁无污物。所谓摸,是将健雏抓在手中,触摸有膘,骨架发育正常,腹部大小及松软适度,卵黄吸收良好,脐环闭合。健雏体重适中,握在手中感觉丰满,挣扎有力,腹部柔软,大小适中。所谓听,是听雏鸡的叫声,以判断雏鸡的健康状态。健雏的叫声洪亮而清脆;弱雏表现个体不整齐,瘦小枯干,眼睛不爱睁,羽毛蓬乱无光泽,腹部膨大,肚硬,脐环闭合不全,有黏液或血附着,卵黄外露,握在手中无弹性、软弱,肛门处有污物或粪便,精神不振,站立不稳,反应迟钝,怕冷。

(二)饮水

雏鸡到场后,必须让雏鸡迅速学会饮水,尤其是长途运输后的雏鸡更应及时让其饮上水,最好是在出壳后 12～24 h,最长不超过 36 h 就能饮上水。由于刚出生的雏鸡从较高温度和湿度的孵化器中出来,加之长时间的运输,其体内水分散失的较多,所以适时的饮水可以补充雏鸡生理上所需的水分,有助于促进雏鸡的食欲,帮助消化和吸收。有条件的鸡场可以给鸡饮用凉开水。初饮时在水中加 5%葡萄糖效果最好,同时在水中添加抗生素、多种维生素或电解质营养液效果更好。肉仔鸡初饮后,无论何时都不应该再断水。水分在雏鸡体中占 60%～70%,它对饲料的消化吸收、物质代谢、体温调节等方面都起着重要作用。饲养中要防止长时间断水后引起雏鸡暴饮。

采用自由饮水,饮水器应均匀分布在鸡舍,确保饮水器不漏水,防止垫料和饲料霉变。使用水槽时,每只鸡应有 2 cm 的饮水长度。要尽量选择乳头饮水器,或开始由钟式饮水器再逐渐过渡到乳头饮水器,乳头饮水器为每个乳头供8～15只鸡饮用。如刚开始即直接用乳头饮水器则要注意饮水器高度,育雏头2天调接水管,使饮水器的乳头在雏鸡眼睛的高度位置,第3天加以调整,使鸡只以45°的角度饮水,以后逐步提高饮水器高度,第10天起使鸡垂直从饮水器的乳头下方饮水。要经常检查乳头饮水器是否出水、滴水,要及时更换不出水和滴水过快的饮水器的乳头。

头3天用温水,水温应为18～20℃。应每天更换新鲜的饮水,每天刷洗、消毒饮水设备。消毒完后用清水冲洗引水设备。

(三)开食

雏鸡的第一次吃食称为开食。开食时间一般在出壳后24～36 h,饮水后2～3 h进行,这时已有60%～70%的雏鸡有啄食表现。开食的方法有很多,可以用开食盘或浅边食槽;最简单易行的方法是:将准备好的硬纸片或塑料布平铺在鸡架或鸡笼内,在上面撒上饲料,当有一只鸡开始啄食时,其他鸡也随之模仿食之。每次撒料不易太多,以吃尽为好,既避免浪费,又可避免雏鸡挑食而造成吃进去的营养物质不平衡。

(四)饲喂

雏鸡开食后就进入正式饲喂阶段。大多鸡场都采用让鸡只自由采食,也有的鸡场采用前期限制饲喂,以控制腹脂。不管采用哪种饲喂形式,都可根据具体情况而定。

1日龄时最好采用雏鸡料盘,以便雏鸡自由进出料盘采食;4～5日龄随着围栏的扩大,可以逐渐增加肉鸡饲喂器或料线、料盘;7～10日龄可以逐渐使用料线,并逐渐减少雏鸡料盘的数量。3～4天过渡到全部使用料线。

无论是雏鸡料盘还是其他饲喂器,都应注意随时清理料盘中的粪便和垫料,以免其覆盖饲料影响雏鸡的采食、增重和健康。使用料线和其他饲喂器要随着雏鸡日龄的增大慢慢调整料线或饲喂器的高度,这有助于减少料盘内的垫料和粪便,也可以减少饲料的浪费。适当增加饲喂次数有助于增加雏鸡的食欲。提高增重水平,减少饲料浪费。每次添加饲料过多,除造成饲料溢出料盘饲料浪费外,同时落地垫料的饲料很容易发霉或受到污染,鸡只采食后可能会造成死淘率增加等不良后果,料盘中的料量以料盘 1/4 的高度为宜。实践证明,每天开灯后和关灯前(每天定时开、关灯情况下)鸡只采食活动最为活跃,如果每天开灯较早应注意开灯后料线内有饲料可采食,关灯前也应提供足够的饲料,这有助于提高鸡只的增重。

小日龄使用颗破碎料,21 日龄以后使用颗粒较粉料可以提高鸡的食欲和采食量,有助于提高肉鸡的增重。

同时还应注意更换料、阶段料的过渡,更换或阶段过渡饲料时一般采取以下 3 种方式:假设 A 为前料,B 为后料,两者分别包括不同期或不同批次的饲料。

第一种方式:2/3 的 A 料加 1/3 的 B 料混合饲喂 1～2 天;1/2 的 A 料加 1/2 的 B 料混合饲喂 1～2 天;1/3 的 A 料加 2/3 的 B 料混合饲喂 1～2 天;然后全喂 B 料。

第二种方式:2/3 的 A 料加 1/3 的 B 料混合饲喂 2～3 天;1/3 的 A 料加 2/3 的 B 料混合饲喂 2～3 天;然后全喂 B 料。

第三种方式:1/2 的 A 料加 l/2 的 B 料混合饲喂 3～7 天,然后全喂 B 料。

采用过渡饲料的方式饲喂,目的是减少由于突然换饲料所带来的应激反应。

第二节 肉仔鸡的管理

肉仔鸡的管理分前、中、后 3 个时期,要想做好肉仔鸡的管理,需了解并掌握雏鸡的生理特点,提供适宜的环境卫生条件。在这些管理条件中育雏的温热条件是至关重要的。

一、温度

育雏期在整个饲养过程中是非常重要的时期，是提高养鸡经济效益的关键，育雏期的管理操作直接影响到中、后期的生长发育鸡只的成活率，而育雏中最重要的一关是1日龄关。所以，做好1日龄的管理，尤为重要。要把好1日龄关必须掌握好温度。

育雏的温度是育雏成功的关键，直接影响雏鸡体温调节、运动、采食、饮水和健康，关系到今后的生长发育、饲料转化和成活率。肉仔鸡育雏1日龄的温度一般要求31～34℃，根据气候条件、体质强弱等温度相应改变，冬季或体弱的偏高些，可升高1～2℃，温度要求均匀、恒定，最忌忽高忽低。温度适宜，鸡群分散均匀，安闲休息或来回跑动，羽毛光顺；温度过低，雏鸡闭眼尖叫、扎堆、挤向火源或光照强的地方，影响脐带愈合及卵黄吸收，甚至造成死亡；温度过高，雏鸡分散均匀，两翅展开，张嘴喘气，不爱吃食，饮水增加，排水便，易诱发呼吸道病和脱水症。为了保持舍温恒定，首先要求2～3天预温，夏季要求提前一天预温，以便达到雏鸡要求的温度。

肉鸡对温度非常敏感，无论前期或后期，温度的管理都具有同等重要性。温度高时影响肉鸡采食量，食欲不高、饮水增加，增重受限制；温度低时肉鸡的采食量增加，舍温低1℃时，鸡约多吃料1%，直接影响生长和饲料率，这样用饲料去代替热能维持体温是一种浪费。肉鸡对温度的要求，第1周以30～32℃为好，其中入舍第1～2天可以达到31～34℃。

据闫景晨报道，第1周育雏温度较高（35℃左右）可促进雏鸡卵黄的吸收，促进胎粪排泄，减少弱雏死亡。这是因为35℃更接近于孵化时温度，仔鸡更适应。第2周32～30℃，第3周30～27℃，第4周27～21℃，以后20～21℃为宜。

通常情况下，鸡群本身的表现就可判断温度是否适宜，如图

8-1。如果鸡群吃饱后一个挨着一个整齐平静地躺着，头颈向前伸，自然地歪向一侧，两翅微微张开，呼吸平稳呈悠闲自在的样子，说明温度最为适宜；如果雏鸡远离热源而“打堆”、尖叫，说明温度太高；如果雏鸡都挤向热源打堆尖叫，说明温度太低。饲养者应经常观察鸡群的这种动态，注意随时调节控制好适宜的温度，才能获得良好的饲养效果。

图 8-1　不同育雏温度条件下雏鸡的行为

二、湿度

除温度外，还应注意育雏期的湿度。肉仔鸡对相对湿度适应范围比较广，但第 1 周在 65%～70%为宜，其中入舍第 1～2 天应保持在 70%，第 2～8 周以 50%～65%为宜。在实际生产中，前期因温度高、蒸发量大、雏鸡通过呼吸与排泄排出的水分少而易出现干燥，易诱发呼吸道疾病和鸡群脱水。因此，育雏期需向地面勤洒水，用火炉取暖的鸡舍，可在火炉上放置敞口器皿，盛放开水，以便蒸发，保证湿度。适宜的相对湿度对雏鸡发育有利，不仅能促进卵黄吸收，而且能有效地控制雏鸡饮水量，防止雏鸡脱水。增加湿度的方法还有带鸡喷雾，这也是一项很好的措施。视育雏室的干燥情况，每日做到用背负喷雾器进行 2～3 次带鸡消毒，并视室内温度高低，酌定用凉水还是温开水。后期随着温度下降、仔鸡生长速度加快、饮水量增加、通过呼吸和排泄排出的水分增加而出现湿度增大。易诱发球虫病和霉菌中毒，所以要做好通风换气、调节湿度工作。

三、饲养密度

“密度”的完整概念应包含 3 个方面的内容：一是每平方米面积养多少只鸡；二是每只鸡占有多少食槽位置；三是每只鸡饮水位置够不够。3 个方面缺一不可。

生产实践证明，肉用鸡增重速度、饲料转化率和成活率与饲养密度成反比。但密度过大，舍内空气容易污染，卫生环境不好，吃食拥挤，抢水抢料，饥饱不均，造成雏鸡生长发育缓慢，发育不整齐，易感染疾病和发生啄癖，使死亡率增加；密度过小虽然鸡的生长发育较好，但不易保温，造成人力、物力浪费，使饲养成本增高，因此，要根据鸡舍的结构、通风条件等具体情况确定合理的饲养密度。

肉用仔鸡适合于高密度饲养，但究竟密度多大为好，要根据具体条件而定。例如，在地面垫料上饲养以密度适当低些为好，在竹竿或塑料网上饲养密度可以大一些。通风条件好密度可高一些，通风条件差密度可低一些，寒冷季节密度可大一些，温暖季节密度可低一些。肉鸡的饲养密度通常以出场时的每平方米鸡只数来计算，现将两种密度列于表 8-1。

表 8-1 肉用仔鸡饲养密度 只/m^2

体重(kg/只)	厚垫料群养	竹竿网养	塑料网养	爱拔益加推荐	黄羽肉鸡
1.4	14	17	16	18	16
1.8	11	14	15	14	14
2.3	9	10.5	14	11	
2.7	7.5	9	12	9	
3.2	6.5	8	9	8	
体重(kg/m^2)	20	25	27	25	25

前期饲养密度则不能以体重来计算。入雏时每平方米可饲养到 30～50 只，以后逐渐疏散调整，最后控制在表 8-1 范围内。食槽位置一定要充足，保证每只鸡都能充分采食。一般在第 1 周每 100 只鸡雏要配备 1～2 个平底料盘(大盘 1 个，小盘 2 个)。以后改用食槽，要求每只鸡要占有 5 cm 的位置，如果用料桶则每 50 只鸡一个料桶，大鸡时一般每 20～40 只鸡 1 个料桶。

饮水位置在不断水的前提下，前 2 周每 70 只雏鸡一个饮水器(容量为 4 kg)。以后改用水槽时每只鸡占有 2 cm 的饮水位置，如果用圆钟式自动饮水器，则每个饮水器可供 120 只鸡使用。生产中要根据肉雏的周龄，及时更换不同型号的饮水器，育雏开始使用小型饮水器，4～5 日龄时将小型饮水器移到自动饮水器附近，待 7～10 日龄鸡习惯用自动饮水器时，换掉小型饮水器。自动饮水器数量要足够，布置要均匀，饮水器的间距大约 2.5 m，饮水器相隔太远，鸡不易找到水喝。饮水器距地面的高度应随鸡的日龄增长不断调整，饮水器过高或过低，鸡饮水都不方便。

四、光照

光照的目的主要是便于鸡群采食、饮水和工作人员的日常工作。采用弱光制度是肉用仔鸡饲养管理的一大特点。强光照会刺激鸡的兴奋性，刺激鸡活动量增加，消耗过多，使鸡不安，甚至发生啄斗，影响增重；而弱光照可降低鸡的兴奋性，使鸡经常保持安静的状态，这对鸡增重是很有益的。目前肉鸡生产创造的最好成绩，就是在弱光照制度下取得的。育雏的最初 3 天之内可以给予较强的光照，随后则应逐渐降低，第 4 周开始必须采用弱光照，实际上只要鸡只能看到采食饮水已经足够了。对于有窗鸡舍或开放式鸡舍，要采用各种挡光的方式，避免阳光直射和过强。对于密闭式鸡舍，应安装光照强弱调节器，按照不同时期的要求控制光照强弱。

肉用仔鸡饲养光照有两种方式。一种是连续光照，即第 1 周为 24 h 光照，以后每天光照 20 h 左右，使鸡有充分的时间采食；另一种是间歇性光照，即从第 2 周开始除采食时照明 1～2 h，其余时间段黑暗 2～4 h，如此循环，使其采食饮水后充分休息。

大多数肉鸡饲养者只在进雏后第 1～2 天实行通宵照明，其他时间都是晚上停止 1 h 照明，即 23 h 光照时间。这 1 h 黑暗只是让鸡群习惯，一旦停电不致引起鸡群骚乱，在全密闭的鸡舍，可实行 1～2 h 光照，2～4 h 黑暗的间隙光照方法，肉仔鸡的增重和饲料转化率与持续光照效果相当或略好。这种办法可以节省电费，也可明显提高肉鸡饲养效果。而且越来越多的证据表明，同连续光照相比，应用光照控制程序可以降低腿病的发生率和降低死亡率。这种办法只要在密闭鸡舍内安装定时开关可做到。据笔者多年从事养鸡经验可知，光照的强弱对鸡增重的影响很大，强光尤其是早晨的阳光直射，最容易引起鸡群的骚乱，有时会引起炸群，鸡群来回跑动，严重影响增重。一般情况下，鸡舍内的光照时间和强度可参考表 8-2。

表 8-2　肉仔鸡的光照时间和强度

周龄	第 1 周	第 2 周	第 3 周	第 4 周	第 5 周	第 6 周	第 7 周	第 8 周
时间 (h/天)	23 (3 天后)	23	23	23	23	23	23	23
强度 (W/m^2)	2.5～3.0	1.5～2.0	1.0～1.5	1.0～1.5	1.0～1.5	1.0～1.5	1.0～1.5	1.0～1.5

也有资料和数据表明，在光照强度及光照时数相同的条件下，肉仔鸡在红光环境中比白光增重快，饲料报酬高，腿病发生率低。原因在于红光可使肉仔鸡安静，降低其对外界的敏感性，减少应激。

五、通风

由于肉鸡饲养密度大、生长快，随着体重的增加，气体的交换量也显著增加，舍内空气易变污浊，环境恶化，鸡体缺氧，呼吸困难，易导致腹水症及其他疾病的发生。因此，加强舍内环境通风，保持空气的新鲜是非常重要的。通过通风换气，一是满足雏鸡对氧气的需要和调节温度；二是排出肉仔鸡呼出的CO_2、粪便产生的NH_3和多余水及羽毛碎屑，保证舍内空气新鲜，$CO_2<0.5\%$，$NH_3<20$ mg/L。当鸡舍通风不良，舍内有害气体含量过高。鸡对氨气特别敏感，当舍内氨气浓度超过 20 mg/L 时对鸡的黏膜产生强烈刺激，能引起结膜、上呼吸道的黏膜充血、水肿。硫化氢同样对肉鸡产生危害，它对呼吸道有刺激性和窒息性，长期低浓度硫化氢可使鸡体质下降，抵抗力降低，生产性能下降，浓度超过 10 mg/L 时会导致呼吸中枢麻痹而死亡。另外，用火炉取暖产生的一氧化碳也会对鸡产生毒害作用，特别是当其浓度超过 0.04%～0.05%，鸡会出现一氧化碳中毒症状。

在大型肉鸡饲养场，通风与保温的关系，从设计上已做了充分的考虑。而家庭式的肉鸡饲养尤其是我国北方地区的肉鸡饲养户，对保温与通风的关系往往处理不好，过度地强调保温而忽视通风。

1. 通风换气要求　肉仔鸡整个饲养周期内都需要良好的通风，特别是饲养后期通风换气特别重要。1～3 周龄以保温为主，适当通风换气，氨气浓度小、无烟雾粉尘。通风时尽量用升降隔离塑料膜解决，如仍不能解决时，应开鸡舍门窗通风。4 周龄至出栏以通风换气为主，保持适宜的温度、氨气味小。成鸡每小时换气量为 20～30 m^3/只。

2. 人对氨气的感官指示　5～10 mg/m^3 可嗅出氨气味；10～20 mg/m^3 较轻微刺激眼睛鼻孔；20～30 mg/m^3 较强刺激眼睛和

鼻孔。简单地说，即人到鸡舍时嗅不到氨味、臭味和其他刺鼻气味即为通风良好。

3. 控制办法　育雏前 3 天育雏室封闭，以后可打开顶部通气孔。夏、秋季根据外界气温适当打开门窗但要防止冷空气直接吹到雏鸡身上；寒冷季节通风前先提高舍温 2～3℃，利用中午、下午外界气温高适当打开向阳的窗子，进行通风换气；炎热季节可用排风扇或电风扇等设备辅助通风换气。

4. 注意事项　要严防煤气中毒；随着肉鸡体重逐步增加，换气量也应随之加大；在温度保证的前提下应尽量加大通风量；严防贼风侵袭。

六、垫料的管理

垫料要求干燥松软，吸水性强，不霉变、不污染，厚度以 10 cm 为好。常用的垫料有切短的玉米秸、破碎的玉米棒、刨花、锯末、稻草、麦秸等，以多种混合使用为好。个别地方使用干土、干沙作垫料，但饲养效果较差，建议不用。厚垫料饲养肉用仔鸡要获得成功，其中一个重要关键，就是要保证垫料的质量和加强垫料的管理。垫料管理首先要求垫平，厚度基本一致，防止露出地面，在饲养过程中要经常抖动垫料，防止鸡粪在垫料表面结块，使鸡粪抖落到垫料下面。水槽及料桶周围的湿垫料应及时取出，换上新鲜干燥的垫料。饲养后期必要时应往上面加一层垫料。只有保持垫料的干燥并在饲料中添加适当的药物，才能有效地防止球虫病的发生。

七、采用“全进全出”的饲养制度

所谓“全进全出”，就是在同一场、区内只进同批日龄相同的鸡，并在同一天时间全部出场，做到全场无鸡，出场后彻底打扫、清洗、消毒。切断病原的循环感染，消毒后密闭一段时间，再接着饲养下一批鸡。

全进全出饲养制度是现代肉鸡生产必须做到的一点，它是保证鸡群健康、根除病原的最有效的措施。全进全出饲养制度比过去连续式生产制度，肉鸡生长速度快、饲料报酬高、成活率高。

八、公母鸡分群饲养

公母鸡性别不同，其生理基础代谢不同，因而对环境、营养条件的要求和反应也不同。主要表现在如下几点：生长速度不同，公鸡生长快，母鸡生长慢，56 天体重相差 27%；羽毛的生长速度不同，公鸡长得慢，母鸡长得快；沉积脂肪能力有差异，母鸡沉积脂肪能力比公鸡沉积脂肪能力强；反映出对饲料要求不同，公母鸡分群后按公母鸡调整日粮营养水平，饲喂高蛋白质、高氨基酸日粮能加快公鸡生长速度。另外，胸囊肿的严重程度也不同，公鸡比母鸡胸部疾病发生率高等。

(一)公母鸡分群饲养的优点

公母鸡分群饲养，可以提高均匀度和商品的规格水平，增重快，以哈伯德宽胸肉鸡为例，出栏时混养平均体重量 1 850 g。而公母鸡分饲平均体重 1 887 g，每只平均产量多 37 g。节省饲料，肉仔鸡采用公母鸡分饲技术可节约饲料 1.5%左右。

(二)公母鸡分群饲养主要措施

按公母鸡分别调配日粮营养水平。由于公鸡生长速度快，胸部疾病易发生，因此，应给公鸡提供优质松软的垫料，日粮的营养水平，公鸡比公母鸡混养提高 25%左右，母鸡下降 21%左右。按公母鸡提供适宜的环境条件，前期公鸡环境温度比母鸡高 1～2℃，后期低 1～2℃。公鸡 8 周龄后、母鸡 7 周龄后体重增长速度下降，公鸡 8 周龄时料重比 2.06∶1，母鸡 7 周龄时料重比 1.95∶1，如果再继续饲养，饲料报酬降低，饲养成本加大，因此，应按经济效益分期出栏。

九、限制饲养

肉仔鸡吃料多、增重快，鸡体代谢旺盛，组织耗氧量大，在当前饲养管理及环境控制技术薄弱的条件下，鸡易发生腹水症，降低了商品合格率。在肉鸡早期进行限制饲养，可减少腹水症的发生。限制饲养方法有两种：一种是限量不限质法。据山西农业大学刘桂林、王锦平关于肉仔鸡早期限制饲养的试验研究，对7日龄艾维茵肉仔鸡进行10天限饲饲喂，限饲量分别为对照组的70%，60%，55%和50%，18日龄后各组改为正常饲喂，达56日龄时，除限量为50%组日增重较低外，其他各组分别比对照组提高8.6%，7.8%和7.26%，饲料报酬和腹水综合症发病率以限量60%和55%较好。另一种方法是限质不限量，这是一个切实可行的早期限饲方案，此方案的目的是，使雏鸡3周龄时只有标准体重的90%，在21日龄前降低能量和蛋白质水平(表8-3)。

表 8-3 控制腹水综合征的早期限饲程序

饲料	日龄	粗蛋白(%)	能量(MJ/kg)	赖氨酸(%)	蛋氨酸+胱氨酸(%)
育雏料	0～21	21.0	12.335	1.10	0.85
中期料	22～35	19.0	12.753	1.00	0.80
后期料	36至上市	17.5～18.0	13.172	0.95	0.75

十、观察鸡群

通过观察鸡群，可以了解到鸡群的健康水平，熟悉鸡群情况，及时发现鸡群的异常表现。以便采取相应措施。

健康肉鸡全身羽毛丰满整洁，紧贴体表而有光泽，泄殖孔周围与腹下绒毛清洁而干燥。两眼明亮而有神，鼻、口腔及咽喉洁净，冠、髯鲜红发亮。鸡经常撩起尾羽，鼓动两翅，不时咯咯发声或啼叫，勤采食，对周围事物敏感，反应迅速。患病鸡采食饮水减少，羽毛蓬松，翅、尾下垂，闭目缩颈，精神委顿、摇头，离群独居，行动迟缓，不喜采食，有灰白色、灰黄色、绿色或红色稀便，泄殖腔周围和腹下绒毛经常潮湿不洁或沾有粪便，冠苍白或发绀，肉髯肿胀，鼻腔、口腔有黏液或脓性分泌物，呼吸困难，有喘鸣音，嗉囊空虚或有气体、液体。

十一、合理用药，控制药残

在肉鸡饲养过程中，提供鸡只充足营养和良好的饲养环境，采取各种措施，以减少应激，增强鸡只自身的抗病力。建立严格的生物安全体系，鸡群疫病以预防为主，力争不用或少用药物，必须用药时，须严格遵守《绿色食品兽药使用准则》及附录 A 的规定。

全程禁用克球粉、尼卡巴嗪、螺旋霉素、甲砜霉素、氨丙啉、磺胺哇嗯啉、磺胺二甲基嘧啶，磺胺嘧啶，磺胺间甲氧嘧啶，磺胺-5-甲氧嘧啶、甲酚苯酚类消毒剂及人工合成激素。

十二、正确记录

通过记录可了解每批肉鸡的饲养效果，发现技术和经营上存在的问题，作为总结经验、改进饲养管理和经营的重要参考资料。鸡场要印制各种表格，记录主要包括进雏日期、进雏数量、每日的饲料消耗、鸡群的健康状况、气候变化、投药、疫苗接种等。

十三、肉仔鸡的出栏绝食与送宰

(一)肉仔鸡出栏前的管理

出栏前，必须由当地官方兽医实施产地检疫并出具健康监督证、检疫证及车辆消毒证，即“三证”，方可进入加工厂。捉鸡前 4～6 h 停喂饲料，2 h 停止饮水，搬出舍内所有工具、用具。

停止饲喂时间过短，宰杀过程中易造成污染。在运输途中易增加死亡。宰前饮水应继续供应。送宰前 2 天饲料中加喂抗应激药物，可减少运输、捕捉对鸡群的应激，降低死亡。

（二）送鸡注意事项

送鸡装车的时间，夏季应选择在清晨或傍晚凉爽的时间，冬天应选择在中午较暖和的时间。抓鸡时，鸡舍内光线调暗或用蓝光或红光，并将舍内的饲槽和水槽移出鸡舍，以便抓鸡方便。为减少应激扎堆窒息死亡，可将舍内分成若干小区，用围栏围住鸡群。抓鸡时要注意正确的部位，以免发生骨折或“血印”，降低商品合格率。因此，不要抓鸡的翅膀，最好用双手将鸡抱起，一只只装进特制的笼内，此笼网孔致密，防止鸡的头、腿伸出，笼门要大，利于放进和捉出。装笼时，动作不能粗暴，要轻抱轻放，不要碰伤鸡体各个部位，也不要被笼门刮伤，每笼装鸡数量多少视笼体大小而定，一般每个笼装鸡 8～10 只，不要装得太多，以免拥挤，造成不必要的经济损失。到达目的地后，要及时卸下，防止日晒雨淋。

第三节　肉鸡的防疫与免疫

肉鸡生长速度快，抵抗力弱，若防疫和免疫不当，易感染各种疾病。

一、肉鸡的防疫

（一）防止人员传播

防止人员传播，即防止人员流动而将外界病原带入场区，控制外界人员进场是关键。同时，为避免本场人员将外界病原带入，对本场人员进入场区，生产区也要进行消毒。

鸡场区域周围应设置围墙，防止不必要的来访人员，鸡场所有入口处应加锁并设有“谢绝参观”标志。鸡场门口设消毒池和消毒间，所有进场人员要脚踏消毒池，消毒池选用2%～5%漂白粉溶液或2%～3%氢氧化钠溶液。

要严格控制外来人员进出生产区，特定情况下，外来人员在淋浴和消毒后穿戴消毒过的工作服才可进入。同时要保存来访人员的记录，包括其姓名、工作单位、来访目的、曾到过哪个场、下一个要走访的单位等。

为防止工作人员引起本场交叉感染，要求工作人员进鸡舍前，要遵守生物安全防疫程序，有条件的鸡场要求所有员工必须洗澡淋浴，更换干净的工作服和工作鞋方可进入生产区。如无法做到洗澡淋浴，所有员工进生产区前必须更换为洁净的工作服和工作靴。

对隔离区和生产区，要使用不同的工作靴，防止通过鞋靴机械地传播疾病。进入每个不同区域都要对工作鞋进行消毒。鸡舍门口设消毒池或消毒盆供工作人员消毒鞋用。进入或离开每栋鸡舍时，工作人员和来访人员必须要清洗消毒双手和鞋靴。

由于不同日龄的鸡群抵抗能力不同，年幼的鸡群接种免疫项目少，对某些疾病还没有抵抗力。而大龄鸡群，接种免疫项目多，抵抗力强。因而，管理人员场区内走访鸡群时，应先走年轻鸡群，后走大龄鸡群。

此外，还要防止车辆携带病原，对进出车辆也要进行消毒，设消毒池对车轮消毒，车身用表面活性剂消毒液进行喷雾。由于携带入舍的器具和设施也是潜在的疾病来源，因而只有必要的物品经过彻底清洗和消毒之后方可带入鸡舍。

鸡场要设净道和污道，人员、动物和物品运转应采取单一流向，防止发生污染和疫病传播。每栋鸡舍要专人管理，各栋鸡舍用具也要专用，严禁饲养员随便乱串和互相借用用具。另外，要求工作人员身体健康，无人、畜共患病。

(二)防止动物传播

防止动物传播首先要注意引种来源,雏鸡应来自有种鸡生产许可证,而且无鸡白痢、新城疫、支原体、禽结核、白血病的种鸡场,或由该类场提供种蛋所生产的、经过产地检疫的健康雏鸡。由于不同种鸡场鸡龄可能不同,接种疫苗种类也不同。因而,雏鸡的母源抗体水平有差异,不宜在一块饲养。一般来说,一栋鸡舍或全场的所有鸡只应来源于同一种鸡场。

肉鸡场还要求实行采用全进全出制,即全场同时进鸡苗,同时全部出栏。这样做便于彻底清理、消毒,防止不同日龄肉鸡产生交叉感染。同一养禽场注意不能饲养其他禽类,以免交叉感染。更不能养鸟或其他野禽。因为其他禽类可能是病原的携带者,本身虽然不发病,但能将疾病传给肉鸡。

(三)卫生与消毒

1. 卫生　鸡场卫生是非常重要的,清洁卫生是控制疾病发生和传播的有效手段,包括鸡舍卫生和鸡场环境卫生。

鸡舍卫生即清除舍内污物,房顶粉尘、蜘蛛网,保持舍内空气清洁。

环境卫生指定期打扫鸡舍四周,清除垃圾、洒落的饲料和粪便。鸡舍周围 15 m 内要铲除杂草,地面都要进行平整和清理,设立“开阔地”,不种蔬菜谷物以杜绝鼠或昆虫入侵鸡舍,如滋生杂草要经常铲除,防止蚊虫滋生,给鸡带来疾病传播。场区内不得堆放任何设备、建筑材料、垃圾等,防止野生动物和鼠类繁衍。饲养场院内、鸡舍要经常投放诱饵灭鼠,因为鼠类容易传播疾病和污染饲料,一粒鼠粪含沙门氏菌可达 25 万个。此外还要灭蝇,舍内灭蝇选择诱饵而不是杀虫剂。诱饵投放在鸡群不易接触的地方,舍外灭蝇可采用喷洒杀虫剂。灭蝇、灭鼠药应选择符合农药管理条例规定的菊酯类杀虫剂和抗凝血类杀鼠剂类高效低毒药物,死鼠和死蝇需进行无害化处理。

2. 消毒　消毒是贯彻预防为主方针的首要措施，要定期进行带鸡消毒和对环境采取消毒。

舍内带鸡消毒，即往鸡身上直接喷洒药物的一种消毒方式。该方式由于要考虑消毒药对鸡群的影响，不能用腐蚀性强的消毒药，而采取腐蚀性小，杀菌力强、杀菌谱广的广谱性消毒药，有过氧乙酸、氯制剂、双链季铵盐类消毒剂等。带鸡消毒要求每 2 天 1 次，免疫期前后 2 天不做，要轮换使用不同消毒药。环境消毒是为控制环境中的有害病菌而采取的一种向鸡舍四周环境以及地面喷洒药物的一种方式。环境中有机物多，不需考虑腐蚀性，因而消毒药可以选用杀毒效果强的消毒药。如氢氧化钠、生石灰、苯酚、煤酚皂溶液、农福、农乐、新洁尔灭等。环境消毒周最少一次，还要定期更换消毒池和消毒盆中的消毒液，以免过期无效。

二、肉鸡的免疫接种

由于空气中含有很多病原微生物或称野毒，如果鸡群没有抵抗力的话，感染野毒则容易发病。因而，必须通过免疫的方式使鸡群产生抵抗力。结合当地实际情况，有选择地进行疫病的预防接种工作，并注意选择适宜的疫苗、免疫程序和免疫方法。由于肉鸡母源抗体水平和疫苗类型等因素不尽相同，使用疫苗前最好跟踪监测，以掌握鸡群的抗体水平与动态，然后根据具体情况，制定免疫程序。只有这样，才能使整个鸡群获得有效的免疫力，达到预防传染病发生的目的。

正确的防疫工作能减少或防止疫病的发生，科学的免疫能有效地增强机体的抗体水平，保护鸡群健康。肉用仔鸡免疫程序如表 8-4 和表 8-5 所示。

表 8-4 肉仔鸡免疫程序Ⅰ*

日龄	疫苗名称	免疫方法
1～3	传染性支气管炎 H_{120} 或 Ma5	点眼
7～8	新城疫 Lasota 或 Clone30	滴鼻、点眼
	新城疫、禽流感灭活疫苗	颈部皮下注射
12～14	传染性法氏囊病弱毒疫苗	饮水免疫
20～22	传染性法氏囊病中毒疫苗	饮水免疫
25～26	新城疫 Lasota 或 Clone30 疫苗	4 倍量饮水免疫

* 免疫程序Ⅰ适合于疫病中发地区(供参考)。

表 8-5 肉鸡免疫程序Ⅱ**

日龄	疫苗名称	免疫方法
1～3	传染性支气管炎 H_{120} ＋Ma5 二联疫苗	点眼
7～8	新城疫 Lasota 弱毒疫苗	滴鼻、点眼
	新城疫、禽流感油乳剂灭活苗	颈部皮下注射
12～14	传染性法氏囊病弱毒疫苗	饮水免疫
20～22	传染性法氏囊病中弱毒疫苗	饮水免疫
24～25	新城疫 Lasota 弱毒疫苗	4 倍量饮水免疫
34～35	新城疫 Lasota 弱毒疫苗	4 倍量饮水免疫

** 免疫程序Ⅱ适合于疫病重度流行时间或地区(供参考)。

三、疫病监测

肉鸡场除了进行必要的免疫接种外,还应积极开展疫病监测。虽然给鸡进行了免疫,但免疫效果如何,抗体水平是否达到要求,以及鸡群有没有感染通过空气传播的野毒,都必须通过疫病监测才能清楚。肉鸡场应结合当地实际情况,制定疫病监测方案。常规监测的疾病至少应包括:禽流感、新城疫、鸡白痢与伤寒。除上述疫病外,还应根据当地实际情况,选择其他一些必要的疫病进行监测。此外,当地动物疫病监测机构应根据实际情况定期或不定期进行必要的疫病监督抽查，并将抽查结果报告当地畜牧兽医行政管理部门。

第四节　肉仔鸡的饲养管理规程

任何一个肉鸡饲养场都应有一个详细的饲养管理规程，从而使场内的饲养管理规范化、制度化。肉鸡饲养场一般可以制定以下几个方面的管理规程。

一、肉仔鸡日常管理规程

(1)鸡舍门口设立消毒用的脚盆及手盆，经常检查消毒盆内的消毒药物是否有效，是否应该更换或添加，进门换鞋，穿上工作服经消毒后方可进入鸡舍，工作服、工作靴不许穿出舍外，不许进入其他鸡舍。

(2)观察鸡群状态，活动规律，温度是否适宜。若温度适宜，肉仔鸡在网上分布均匀，吃食、饮水正常，若肉鸡拥挤扎堆、靠近热源，则说明舍温过低；若鸡只分散，张嘴呼吸，则说明舍温过高或通风换气不良。

(3)观察鸡群健康状况，有无精神不振、呆立缩脖、翅膀下垂、羽毛松乱、食欲不振、呆立一旁的仔鸡，有无脚部患病、站立不起来的肉仔鸡，有无死鸡等。

(4)观察鸡群采食饮水情况，健康鸡食欲旺盛，采食迅速，饮水正常，病鸡挑食、拒食、异食或频频饮水。

(5)仔细观察粪便是否正常，有无拉稀、绿便或便中带血等异常现象。

(6)检查饮水器是否有水，饮水是否清洁，饮水器是否洒水，饮水器高度比料桶高度低。检查开食盘是否干净，是否应清洗，检查料桶内是否有料。

(7)饲料桶高度是否合适(与鸡背平行),料位是否充足,饲料浪费是否严重。

(8)饲养密度是否适宜,是否需要转群,适时转群。

(9)舍内空气是否清新,有无刺激性气味;是否需要开窗通气。

(10)检查是否有落地的仔鸡,检查并找出原因及时抓回,修补底网及围栏。

(11)检查光照时间、强度是否合适。检查有无啄癖现象发生。如有被啄仔鸡应及时挑出,涂上紫药水,并分析原因,消除发病因素。

(12)将病、弱鸡隔离治疗,加强饲养管理工作,促使鸡群整齐一致。

(13)按时接种疫苗,严格执行免疫操作规程,检查免疫效果。

(14)根据技术员要求,做好预防性投药。

(15)定期称重,掌握肉仔鸡生长发育情况,如不正常,应立即查找原因并做好记录。

(16)检查用药是否合理,药片是否磨细,用量是否准确,搅拌是否均匀。

(17)加强夜间值班工作,细听有无呼吸系统疾病,鸡群是否安静,防止意外事故发生。

(18)每天做好各项记录,如耗料量、用药、鸡病情况、死亡只数、温度、湿度、密度等。

二、春季肉仔鸡的饲养管理规程

春季是养鸡黄金时间,但也是细菌繁殖旺盛的时节,应注意做好消毒工作。

(1)鸡舍温度要比正常时提高1℃左右。春季易发生寒流,造成温度忽高忽低,鸡的抵抗力降低,易继发各种各样的疾病。所以,春季特别注意天气变化。

(2)饲养人员、管理人员必须提高消毒防疫意识,进入鸡舍必须洗手消毒,进入鸡舍必须穿工作靴、工作服,戴工作帽,并对其进行定期洗刷消毒。

(3)每天清洗消毒饮水器 1 次,每 2 天清洗消毒桶、料槽、料桶 1 次,每天清粪 1 次,并及时运出。

(4)工作通道每天消毒 1 次,鸡舍每 2 天带鸡消毒 1 次,舍外前后要 1 天消毒 1 次。鸡舍与周围环境要有 3 m 消毒隔离带,进入鸡舍的净道门设有消毒池、消毒盆。

(5)鸡出栏后,马上清洗消毒,必要时,可动用消防车对鸡舍及周围环境进行喷洒消毒,空舍 2 周方可进鸡。

(6)在保证鸡舍温度的前提下,尽可能加大通风量,以减少或防止腹水症和其他疾病出现。

(7)增加湿度,春季少雨多风,气候干燥,湿度较低,鸡群易发生呼吸道病,应定时向地面或空中喷水或喷洒消毒剂,以增加适度。

三、夏季肉仔鸡的饲养管理规程

夏季育雏工作便于开展,能节省燃料,但由于天气炎热,气温往往超过生长发育中、后期(4 周至出栏)肉仔鸡的要求,尤其是我国长江以南的地区气温更高,给饲管理带来了很大的不便,此时的饲养管理如果跟不上,会出现采食量下降,增重大幅度下降,饲料转化率降低等现象。为避免以上情况,在饲养管理上应注意以下几点:

(1)加强通风,采取各种有效措施降低舍内温度。肉仔鸡生长中后期,为了降低鸡舍内的温度,应打开鸡舍所有的进风口、排风口和进排风扇。如果这样仍不能将温度降到肉仔鸡所要求的温度范围内,在情况允许的情况下,应在鸡舍地面和鸡舍房顶洒水,每隔 1～2 h 向地面、墙壁喷洒 1 次。有条件的可采用湿帘降温,在进风口处设置水帘，使外界热空气经过冷却之后再进入鸡舍；使用水帘时，可在温度升高之前打开，下午温度降低后关闭。这样可使舍内温度降低 3～6℃。

(2)供足清凉的饮水。天气炎热时，由于肉鸡要不断地张口喘气蒸发体内的水分，以达到散热的目的，因而其对饮水的需要量增加。所以夏季饲养肉鸡必须供给充足饮水，不能缺乏，否则短时间缺水易影响肉鸡生长，长时间缺水则易引起肉鸡中暑死亡。

(3)调整饲喂次数及饲喂时间。高温季节可减少饲喂次数，一般日喂 2 次即可，把 2 次投料时间安排在凌晨和午后 4 时左右。对于育雏鸡，可在晚间增加喂料次数，原则上是早晨喂料越早越好，午后喂料稍晚为佳，但考虑到光照时间要恰当安排，不要前延或后拖的时间太长。生产中晚 8～9 时是发生热应激而出现伤亡鸡只较多的时间，此时亦不可使鸡有额外应激如停水、转群、防疫等。

天气闷热时将料桶吊起来，进行短时间绝食；同时可提高鸡体高处的风速。一般在热应激开始前 3～6 h 开始对鸡绝食，热应激为 4～6 h，所以总的绝食时间为 7～12 h。试验证明，短期绝食可以提高肉鸡存活率，但对生长率影响极少。

(4)降低饲养密度。夏季高温季节，肉鸡的饲养密度如果过大，不利于鸡体的散热，易导致舍温增高，因此必须降低饲养密度，一般地面散养每平方米不超过 8 只，网上平养每平方米不超过 12 只。

(5)提高日粮营养水平。热应激使肉鸡的采食量下降，常规的日粮营养很难满足肉鸡的生长需要。在炎热条件下，应尽量提高日粮中能量、粗蛋白、钙、磷等各种营养物质的浓度，以保证肉仔鸡每日进食的各种营养物质能满足生长发育的需要。采用高浓度饲料(能量增加 10%，其他营养增加 20%)饲喂处于 32℃环境的肉鸡，其生长速度、饲料转化率均比常规日粮组好。日粮中添加 3%

的油脂在高温期可改善能量需要,可保持鸡良好的生产性能。

(6)添加电解质平衡剂,调整酸碱平衡。热应激条件下,肉鸡容易发生呼吸性碱中毒和低血钾症,造成电解质平衡紊乱,影响机体调节机能,在饮水或饲料中添加电解质可缓解热应激造成的危害。国外学者试验表明,给热应激肉鸡饮水中添加0.3%氯化钾溶液,可提高肉鸡采食量,增加饮水量,使肉鸡体温明显降低,对蛋白质和代谢能利用率提高,饲料中添加氯化铵,能显著降低肉鸡血液pH值,缓解呼吸性碱中毒,增加体重。

(7)补充维生素,尤其是维生素C和维生素E。在肉仔鸡饲料中添加维生素C 200 mg/kg,可明显减轻热应激,提高日增重,维生素E是一种细胞抗氧化剂,能促进免疫球蛋白的合成,提高机体的抗病能力。

(8)加强垫料管理。适当降低垫料厚度,尽量令鸡贴近地面,有条件的应采用沙子作垫料,及时更换潮湿垫料,降低舍内湿度,以利于水分蒸发吸热降温。网上平养要及时清理网下鸡粪,防止高温高湿和氨浓度过高。

(9)夏季空气比较湿润,风沙较小,由空气或风沙造成的疫病传播的可能性减小。但夏季蚊、蝇、昆虫较多,如果灭蚊、灭蝇、灭虫等工作做得不好,由蚊、蝇、昆虫引起疫病传播的可能性就会增大,因此,为了控制疫病的发生、传播和蔓延,一定要搞好灭蚊、灭蝇、灭虫工作,这项工作对于养殖小区而言尤为重要。

(10)饮水器要经常刷洗,夏季尽管成功的采取了各种措施来降低鸡舍内温度,但是鸡舍内温度往往还是难以降到肉仔鸡所需的温度范围内,由于鸡舍温度偏高,所以,肉仔鸡的饮水频率和饮水量必然增加,这样肉仔鸡的饮水质量就显得非常重要。为了保证水的质量,一定要做到饮水要勤换,供给肉仔鸡清洁凉爽的饮水,水槽每天至少要用消毒刷洗一次,严禁供给不符合卫生标准的饮水。

(11)尽量减少肉仔鸡的各种应激。对肉仔鸡而言，夏季高温本身就是一种应激，在这种情况下，还存在其他应激，若饲料存贮时间较长，就需要补充维生素，否则对肉仔鸡的生长发育及抗病能力是极其不利的。因此，夏季特别应注意减少各种应激因素。

(12)因夏季气温较高，饲料要尽量少买勤买，尽量减少贮存时间，如必须贮存时，要放在通风、干燥、凉爽的地方贮存，不要放在阴暗的地方贮存，更不要放在阳光直射下贮存，以免引起饲料发霉变质，以及脂类和多种维生素互相变质损失。

(13)防治球虫病。夏季垫料潮湿及高温是球虫发育的适宜条件，容易导致球虫病暴发，建议经常在饲料中添加预防性抗球虫病药物。发现粪便中带血、酱油色粪便、粪中带有肉样物及粪中有未消化饲料的鸡时，应在饲料中或饮水中加入治疗性抗球虫病药物。

肉仔鸡出栏是整个饲养过程中的最后一个环节，夏季出栏肉仔鸡时鸡笼装鸡过多，鸡的体内热量不能及时散发引起肉仔鸡死亡。

每逢夏季和雨季的来临，应积极主动地做好夏季和雨季的肉仔鸡饲养管理工作。

四、冬季肉仔鸡的饲养管理规程

做好冬季肉鸡饲养管理，对保证提高成活率，提高养鸡经济效益关系极大，为此特别注意以下几点。

(一)温度

冬季气候寒冷，而舍内需要的温度与外界气温相差悬殊，既要通风换气又要保持舍内温度，这就是冬季应解决的主要问题。鸡舍要求防寒性能好，达到冬季保温的要求。严防仔鸡由于低温造成扎堆挤压致死的现象发生。

在通风换气的同时，注意不要造成舍内温度忽高忽低，严防由于温差过大造成应激反应引起疾病，通风口以高于鸡背上方

1.5 m以上为宜。当气温急剧下降,防寒保温工作跟不上时,往往易使肉鸡外感风寒,发生咳嗽、喷嚏、气管啰音、呼吸困难等症状为特征的呼吸道疾病。因此,饲养者要掌握好气候的变化,做好防寒保温工作。鸡舍要维修好,防止贼风、穿堂风侵袭鸡群。平地饲养的肉鸡群要加厚垫料,利用垫料来提高室内温度。要勤换垫料,中午开窗通风。一般情况下,6日龄开始通风,并随日龄增加,加大通风量,使鸡群有足够的氧气。雏鸡入舍前3天,将舍内温度控制在34.5～35℃。鸡入舍后,升温1～2℃,第1周温度在35～36℃为佳,此时鸡只状态佳,精神活泼,分布均匀,活动自由,饮食正常。同时,应注意鸡只的变化及时进行调温,若鸡只聚群、"叽叽"颤叫、缩头等,说明温度过低,应提高舍内温度;若出现张口气喘、频繁喝水等,说明温度过高,应降低舍内温度。在2周龄时降到30～32℃,在3周龄时降到26～28℃,再用1周时间降到恒定温度23℃。

(二)注意通风换气,避免氨气蓄积

冬季鸡舍通风与保温相矛盾,不能为了给鸡舍保温而忽视了通风换气,对鸡群排泄的粪便和潮湿的垫料不及时清除,致使鸡舍内氨气蓄积,浓度增大,导致肉鸡氨气中毒或引发其他疾病。氨气能强烈地刺激鸡呼吸道黏膜和眼角膜,通常会对肉鸡造成下述危害:鸡群精神不振,食欲减退,口腔液体黏稠,喝欲增加,重症鸡呼吸困难,咳嗽流鼻涕、流眼泪、角膜发红,直到死亡。因舍内氨气蓄积,氧气相对缺乏,加上天气寒冷,鸡的代谢率增高,对于生长快速的肉鸡,容易引发腹水综合征。

冬季通风原则上从微量通风到逐步增加通风量,但在寒冷季节必须讲究通风方法,也就是尽量做到在确保一定温度前提下做好通风工作。特别是进入4周龄后,开放式鸡舍通风方式尽量开好避风窗,并有一定空气对流量,做到天暖开大一点,天冷开小一点,白天开大一点,晚上开小一点,鸡小时小开一点,鸡大时开大一点，密闭式纵向通风鸡舍要注意进风口开启大小和进风的位置合理，风机转动数的排风量与进风口进风量尽量达到基本相等。要防止风机开动台数过多而进风口面积过小，这样负压过大，外界冷空气从小量进风口急速进入，造成鸡舍空间温度急剧下降。

冬季通风时要利用好舍顶气窗，及时排出氨气和硫化氢气体，并在中午时，打开阳面窗的上角，自上至下，可根据舍内温度的高低确定开窗面积的大小，进行通风；清粪工作应安排下午1时左右为宜，以便及时通风排出有害气体。此外，可使用吸氨除臭剂来降低鸡舍的氨气浓度，常用的有硫酸亚铁、过磷酸、硫酸铜、熟石灰之类。

(三)补充能量

根据肉鸡不同的生长阶段，按饲养标准配制日粮。由于冬季气温偏低，肉鸡的热量消耗较大，配制日粮时可适当提高饲料中代谢能的标准，而适当降低饲料中蛋白质的比例，同时要特别注意日粮中维生素的含量，满足其需要。饲料应现拌现喂，防止冰冻，有条件时可以喂热料，饲温水。所配饲料的原粮必须无霉变、无杂质，以防诱发呼吸道疾病。也可每周给鸡饮一次5%～8%葡萄糖水，以补充能量。

(四)防止潮湿

冬季由于通风量小，水分蒸发少，造成舍内湿度过大，细菌、寄生虫大量繁殖，易引发各类疾病。

(1)铺设的垫料要有一定的厚度，一般在5 cm以上；操作时尽量减少洒水，防止水槽漏水，弄湿垫料；如果鸡舍内湿度过大，则应及时清除舍内粪便及潮湿的垫料。

(2)及时维修水线，防止因水线或饮水器漏水，造成湿度过大或地面积水。

(五)减少应激反应

(1)进雏前1～2天将鸡舍升温到35～36℃,雏鸡入舍前半小时,加大通风,将舍温基本接近于运输温度,防止雏鸡进舍后的突然热应激。

(2)严禁非饲养人员进入鸡舍。

(3)更换饲料要逐渐过渡。

(4)饮水应保证适宜的温度。

(5)适当添加多维素等抗应激药物。

(六)加强垫料管理

现在饲养肉鸡绝大部分是平地饲养,平地饲养肉鸡必须要用垫料。垫料作用不仅可以提高地面温度,而且吸收地面潮湿水分。垫料管理好坏直接影响肉鸡生长环境,因为饲养肉鸡从进苗到上市,鸡活动在地面上,特别在冬季,它所需温度主要是地面温度,有了好的垫料可调节和提高地面温度,也就是只要垫料厚一点,干松弹性好,即使空间温度低一点,地面温度可提高2～3℃。如果光有垫料,不善于管理,垫料潮湿扳结严重,产生大量氨气及其他有害气体,这样就势必导致鸡群引发多种疾病。

垫料管理总的要求从厚到薄,1周龄时垫料厚度不低于8～10 cm,随着鸡群不断扩大和放开,鸡群自温不断提高,垫料厚度也就逐步减薄,到上市前一般不低于4 cm左右。在垫料管理上必须做到始终干松不板结,发现潮湿板结的垫料必须及时取出,新的干松垫料及时补进。在垫料管理上要防止叠加式,即见湿加一点的做法,这样到最后必然是垫料很厚很烂,由于下面腐烂严重,鸡舍整个环境严重恶化。

(七)严防疾病传播

冬季是疾病高发季节,应做好预防病毒性疾病和细菌性疾病的工作。当肉鸡体质较弱,抵抗力下降时,一些疾病的发生还可并发呼吸道疾病。因此,在提高机体抵抗力的同时,要做好有关疾病的防治工作。有疫苗预防接种的要严格按免疫程序进行预防注射，平时要经常使用一些预防疾病的药物。

定期给鸡舍消毒，空鸡舍最好采用福尔马林熏蒸消毒，饲养期间宜采用高效无毒的消毒剂进行喷雾消毒。定期带鸡消毒，一般采用喷洒消毒和饮水消毒配合执行。舍外可用2%～3%的火碱或20%石灰水，每隔2～3天喷洒1次，舍内用双链季铵盐类消毒剂、过氧乙酸、二氯异氰尿酸钠等消毒液，每天及时清扫粪便，并及时向地面喷洒消毒药物。

(八)预防火灾及一氧化碳中毒

冬季风大寒冷、气候干燥，容易发生火灾，要仔细检查烟道、烟具是否跑火，用电线路是否安全等，排除一切火灾隐患。

冬季取暖炉具多，易造成一氧化碳、二氧化碳含量增高，氧气含量降低而导致一氧化碳中毒，烟筒安装要避开主风向，不能倒烟，烟筒连接部不能漏烟。

总之，肉仔鸡的饲养管理工作是一项长期而繁琐的工作，必须经常坚持只有这样，才能饲养好肉仔鸡。

第九章　优质肉鸡生产

第一节　概　述

一、优质鸡的概念和分类

优质鸡一词是在 20 世纪 60 年代初期，广东食品部门根据供香港、澳门地区优质鸡而提出来的。一般来说，人们认为色、香、味俱佳，好吃的鸡即为优质鸡。随着我国肉鸡生产的发展，按照各地方消费习惯对优质鸡提出了不同的要求，故对优质鸡进行准确定义还有待于进一步的研究，但至今形成的共识认为，优质鸡必须为黄羽或黄麻羽，并含有较多的土种鸡血统，按现有配套可将优质鸡分为小型、中型和大型 3 种。

（一）小型优质鸡

小型优质鸡以我国地方鸡种和地方鸡种间杂交后代直接饲养作为肉鸡的配套，快大肉鸡血缘不得超过 10%，其生长期长，生长速度较慢（110～120 日龄，体重 1.5～1.8 kg）。如广东的石岐鸡、江西的苏景黄鸡等。

（二）中型优质鸡

中型优质鸡是选用进口的快大肉鸡与地方鸡种杂交、配套而成，其中快大型鸡种血缘占 25%～37.5%，生长速度中等，70～90 日龄上市，体重 1.6～2.0 kg，是目前市场饲养最多的配套，如江苏的苏禽 96、广东的新兴黄鸡等都属于这一类型。

(三)大型优质鸡

以黄羽、生长速度快为指标,体型及外貌似土种鸡,生产周期短,饲料报酬高,但肉质相对小型优质鸡较差,配套中的外来品种血缘 6%～50%甚至更高,饲养 60～70 天上市,体重 1.6～2.1 kg,属效益型配套。

虽然不同国家、不同地区对鸡肉质量的评定方法与标准不同,但都是用屠体形态学、化学、物理、生物化学、感官方法去评定的。

二、影响肉质的因素

(一)鸡的品种类型

1. *品种对肉鸡蛋白质代谢及胴体氨基酸含量的影响* 国内外研究证明,品种对鸡的生产性能和胴体品质有重要影响。据研究报道,不同品种胴体氨基酸含量存在显著差异,主要是与鸡肉风味有关的氨基酸(谷氨酸等)差异。刘香云等(1991)对 56 日龄海波罗、70 日龄北京三黄、90 日龄北京三黄、120 日龄石岐杂品种鸡进行肉质评价试验发现,含有北京油鸡血缘的 90 日龄北京三黄鸡的各种游离氨基酸含量均高于其他品种,品味最好,而且发现脂肪、谷氨酸、胸肌率都因品种不同而异。品种对肉鸡肌肉蛋白质的影响不仅限于氨基酸含量,也与蛋白质合成代谢有关。许多研究表明,快速生长与蛋白质水解相关,生长较慢的鸡蛋白质水解酶较多,而快速生长的鸡蛋白质水解抑制酶较多,白来航品系鸡肌肉蛋白质水解能力较强,组织蛋白酶活力很高,说明生长速度的提高,肌肉体积的增大,可以通过蛋白质合成代谢的降低得到控制。家禽屠宰后蛋白质的水解与组织蛋白酶的相互作用使得肌肉嫩化。快速生长的鸡,蛋白质的水解能力较低,肌肉的嫩化也差。

2. *不同品种对肉鸡脂肪含量的影响* 不同品种肉鸡间脂肪沉积不同。徐廷生等(1997)认为,优质黄鸡之所以比其他肉鸡风味好,主要是由于肌肉中的氨基酸、系水力、硬度的差异,肌肉中脂肪含量及分布也与其他鸡不一样。快速生长的肉仔鸡脂肪总含量比土鸡低，且脂肪主要分布在腹部及内脏表面，肌肉口感粗糙无味，而土鸡的脂肪在体内分布均匀，特别是肌肉间和皮下的脂肪多，所以吃起来鸡味浓郁、香滑适口。一般来说，肌间脂肪的适度宽度是0.5～1.0 cm，皮下脂肪的适度宽度是0.3～0.5 cm，在该范围之下称为脂肪过少，在该范围之上认为过肥。脂肪的沉积多少除与品种有关外，还与饲养水平、饲养日龄有关。一般地说，饲料的能量水平高则较易肥。在性成熟以前，肥度往往随着日龄的增加而增加，但性成熟以后，特别是公鸡，由于生理机能发生了变化，肥度也就不断下降。这些因素在肉鸡的饲养和适龄上市方面都应当考虑。其次，肌肉的肌纤维粗细对肉质风味的影响，经大量的测定表明，土种鸡及仿土种鸡的肌纤维都显著地细于肉仔鸡。

(二)饲养水平

1. 能量水平及蛋能比对鸡肉品质的影响　能量水平与鸡肉品质密切相关。由于脂肪和胆固醇的关系，人们偏好瘦肉多的鸡肉。当肉鸡能量摄入量超过维持和生长需要时，极易导致过多的脂肪在体内沉积。Keren (1990)认为，肉鸡腹脂率随着能量水平的上升而上升。脂肪经常被添加于肉仔鸡日粮中以提高饲料能量水平。研究表明，添加脂肪的种类、脂肪链的长短和脂肪酸的饱和程度对鸡肉品质都有一定的影响。于会民(1998)研究了不同脂肪对肉鸡营养素沉积及体组织的影响，对于黄油、豆油、牛油3种脂肪在1～3周龄以日粮的1%～2%、在4～6周龄以日粮的1%～3%、在10周龄以日粮的2%～4%替代基础日粮中相同比例的玉米、蛋白质水平不变。结果发现，添加豆油后肝脏脂肪含量下降，而添加黄油和牛油后，肝脏和肌肉中脂肪含量提高。蒋守群(2002)报道，日粮粗蛋白质含量为21%，能量水平分别为13.60 MJ/kg，13.32 MJ/kg，12.92 MJ/kg，12.19 MJ/kg和

11.88 MJ/kg 的条件下，13.60 MJ/kg 组黄羽肉鸡腹脂率显著高于其他水平组，但 11.88 MJ/kg 组体脂肪含量显著低于其他组，其原因是提高了脂肪合成酶和乙酰 CoA 的活性(Belav,1992)

2. 蛋白质、能蛋比及氨基酸水平对鸡肉品质的影响

(1)蛋白质。邹勇，张建军(2003)研究表明，日粮中的蛋白水平提高 4%能极显著降低肉仔鸡的腹脂率；日粮的蛋白水平提高 6%时能显著降低肉仔鸡的腹脂率和血清中的总胆固醇的含量，同时能显著提高肉仔鸡的胸肌率。方立超等(2002)研究表明，增加饲粮蛋白质水平可增加胸肌率、腿肌率，而胸肉钙激活蛋白酶的活性随饲粮能量和蛋白质水平的增加而减小。饲粮蛋白质水平增加，鸡肉中粗蛋白质含量增加，胸肌系水力增加。蛋白质水平过高还会增加鸡肉脂肪沉积。

很多研究者认为，腹脂率随日粮蛋白水平的升高而下降，随能量水平的上升而升高。Velu 等(1974)还认为，增加日粮能量水平使胴体蛋白质含量下降，水分含量也减少。因此，为获得较好的肉质，饲粮能量水平不宜过高，蛋白质水平不能过低。同时，宋代军等(2002)研究还发现，饲粮蛋白质水平增加，肉鸡胸肌纤维密度减小、直径增大。高能中蛋白组胸肌纤维密度最小、直径最大，低能低蛋白组鸡胸肌纤维密度最大，高能低蛋白组鸡胸肌纤维直径最小。Pesti (1999)报道，与饲喂低水平蛋白质(18%)日粮相比，饲喂高水平蛋白质(22%)日粮可提高肉鸡胴体和胸肌肉产量，并且降低腹脂重。方立超(2002)研究表明，增加饲料蛋白质水平可增加胸肌率和腿肌率。

(2)能蛋比。在维持日粮蛋白水平不变的情况下，降低能量水平可降低脂肪的沉积，提高能量水平则可增加体脂肪的沉积。其原因是提高了脂肪合成酶、乙酰 CoA 羧化酶的活性。赖元亮等(1992)报道，保持日粮蛋白含量不变，提高能蛋白比可改善鸡的增重及饲料利用率，也会提高腹脂重。Bartov 等(1998)也报道，采

食较高能蛋比饲粮的肉鸡的腹脂和腿肌脂肪沉积量也相应较高，但胸肉中脂肪不明显，并且含有较多的油酸和亚油酸，而这些物质正是肌肉风味的前体物质。

(3)氨基酸。饲料中氨基酸水平与鸡肉品质也有一定的关系。肉鸡日粮中一种或几种氨基酸含量低时，肉仔鸡的采食量加大以满足自身对限制性氨基酸的需要量，这样导致摄入能量过多，多余的能量转化为脂肪，造成体脂含量增加。适当提高饲粮蛋氨酸水平可降低肉鸡脂肪的沉积，提高胸肉产量。蛋氨酸降低采食量或直接参与控制腹脂的沉积，可能是蛋氨酸能降低腹脂的原因，在赖氨酸缺乏的日粮中，随赖氨酸的添加胴体脂肪含量下降，高能和高赖氨酸水平下可获得最大程度的蛋白质沉积，低能和适中赖氨酸水平下可获得最低的脂肪沉积量(Hloeshelmer 等，1993)。Hurwitz 等(1998)报道，采食含蛋白质 22%的日粮的肉鸡与采食 18%或 20%的肉鸡比较，胴体醚浸出物和腹脂重随蛋白质的降低而增加，随赖氨酸或精氨酸的添加而降低，胸肌也随赖氨酸或精氨酸的添加而升高。Bedford (1985)研究发现，饲料中必需氨基酸与非必需氨基酸之比上升，肉鸡体脂就会减少。另外，在保证日粮可消化氨基酸平衡的情况下，适当提高饲粮中蛋氨酸水平可显著改善肉鸡的增重，饲料的转化率，提高胸肌肉的产量和减少脂肪的沉积。在氨基酸平衡的前提下，提高饲粮中限制性氨基酸的水平可降低饲粮的蛋白质水平而不影响肉鸡生长性能及肌肉品质。这可以在一定程度上缓解蛋白质资源的紧缺情况。

3. 矿物质和维生素

(1)铬。铬作为动物体内葡萄糖耐受因子的重要成分，可协助或增强胰岛素在体内的作用，提高体内葡萄糖及饲料能量利用率。另外，铬还可以促进脂肪分解和蛋白质合成，从而改善胴体品质。在肉鸡 3 周龄日粮中添加 200 g/kg 甲基吡啶羧酸铬，有增加胴体蛋白质含量和减少脂肪含量的趋势。肉鸡日粮中酵母铬含量为

400 g/kg 时，肌肉中的脂肪含量降低(Hossain,1993)。

(2)硒。硒是动物必需的微量元素，作为谷胱甘肽过氧化物酶的必要成分，可发挥抗氧化作用，清除过自由基，防止脂质过氧化的发生，从而提高鸡肉的质量。Edens 等(1996)报道，添加 0.1 mg/kg 有机硒能显著降低鸡肉的滴水损失。日粮中添加硒还可显著提高羽毛外观，改善肉品质量，尤其是在肉色、滴水损失和硫巴比妥反应物质方面。有机硒较无机硒效果明显。硒和维生素 E 是动物体内抗氧化的两种主要物质，两者之间存在着协同作用，联用能更有效地延长肉的保存期。

(3)维生素 E。维生素 E 可有效地阻止脂质氧化的发生，起到保护肉质的作用。在鸡日粮中添加维生素 E 可增强其组织的抗脂质氧化能力。Sheehy(1993)报道，鸡摄食大量的 α-生育酚后，其鲜肉或熟肉经 4℃保鲜或 −20℃冷藏后，肉中硫巴比妥反应物质含量明显低于摄食少量 α-生育酚的肉鸡。生肉中硫巴比妥反应物质含量比熟肉低 4～40 倍。Nveill 等(1998)研究表明，在肉鸡日粮中加入 α-生育酚能降低肉鸡胸肌的滴水损失率。维生素 E 对维持肉的色泽也有一定的作用，King 等(1995)于宰前 3 周在肉仔鸡日粮中添加 150 mg/kg 的 α-生育酚，其未经加热的肌肉在 0～20℃条件下贮藏 8 周仍可维持肉的红色。此外，在鸡日粮中加入类胡萝卜素、维生素 C、丝兰提取物、铁、铜、镁及电解质(特别是钙)都能影响肉鸡的肉质。维生素 E 是肉鸡生长所必需的微量养分，在维持免疫反应，减少炎症反应的副作用，保护细胞膜不被氧化以及作为生物抗氧化剂保护巨噬细胞等方面发挥着重要作用。尽管 20 mg/kg 的维生素 E 能满足肉鸡的生长需要，但研究发现在前 3 周添加 200 mg/kg 的维生素 E 仍能显著提高肉鸡的日增重。这可能与在肉鸡饲养的前 3 周，由于生长速度相对较快，且易受到免疫应激，因此添加高剂量的维生素 E 有利于增强机体的免疫力，从而促进肉鸡的生长等有关。

4. 添加剂类

(1)甜菜碱。甜菜碱可以通过提高肉碱的含量促进脂肪的分解,从而减少体脂的蓄积,提高瘦肉率。王宗沛等(2001)研究表明,在艾维茵肉鸡日粮中添加 1 000 mg/kg 的甜菜碱显著改善肉质,肌肉中肌酸和肌红蛋白含量显著增加。因为肌酸是鸡肉风味的重要前体物,肌苷二酸是肌肉中最重要的鲜味物质,而肌红蛋白与肌肉颜色密切相关,故甜菜碱可明显改善肉质。在肉鸡日粮中添加中草药添加剂不仅可以增强肉鸡的免疫能力,而且能改善肉鸡的肌肉品质。王权等(1996)研究表明,在艾维茵肉鸡日粮中加入少量中草药添加剂能提高肌肉中的蛋白质、氨基酸和矿物质的含量,改善脂肪酸成分,同时,使肉质鲜嫩,汤味口感鲜、甜、香,改变了腥、淡味。

(2)其他类添加剂。如大蒜等对肉鸡腹脂的沉积也有一定的降低作用。刘雨龙等(1994)报道,添加 0.05%或 0.1%大蒜母鸡的腹脂均明显降低。Tang(2000)研究表明,茶叶中含有很高浓度的抗氧化酶,能减少仔鸡鸡肉中的脂质氧化,起保护肉质的作用。李秀波(1997)报道,日粮中添加 1%的绿茶提取物时,肉仔鸡腹脂含量显著下降。这可能是肝脏中脂肪合成量减少引起的。邵淑丽等(2002)的研究发现,在鸡的日粮中添加含沙棘枝叶的添加剂可促进鸡增重,降低饲料消耗,提高鸡肉中氨基酸、蛋白质含量,改善鸡肉品质,增强动物机体免疫力。

5. 饲养管理水平　饲养管理是养禽生产中重要的一环,这一环节对肉质的影响也较大。韩剑众等(2003)研究了不同饲养方式和饲养水平对广西黄羽肉鸡肉质的影响,结果表明,放养(饲喂水平为对照组的 50%)肉鸡的肌纤维直径显著增大、密度减小,肌肉脂肪含量明显升高,肌肉肌苷酸硫胺素含量也显著升高。许冬青(2002)研究发现采用笼养方式饲养的艾维因鸡鸡肉中的各种养分含量均略高于散养组,但干物质、粗蛋白质及氨基酸总量差异均不显著，仅脂肪含量差异显著，而散养组与肉品质相关的氨基酸含量如谷氨酸、天门冬氨酸的含量则显著高于笼养组。同时有试验表明，肉仔鸡的体重、腿肉量不受平养、笼养方式的影响，笼养方式饲养的土种肉鸡的体重、腿肉量比肉仔鸡轻，肉色的亮度也低。平养方式饲养的肉仔鸡和土种肉鸡的肌纤维的面积大，土种肉仔鸡更大。平养方式饲养肉仔鸡和土种鸡，有益于鸡肉的色泽、肌纤维的形成。

（三）其他因素

除上述主要因素外，屠宰日龄对肉质也有着不可忽视的影响，肉鸡的生长前期含水分较多，骨骼较松软，肌肉较嫩，鸡味较淡。肉鸡成年后，骨骼坚硬，肌肉过硬，含水量减少，鸡味浓，但难以嚼食，也影响其食用价值。一般认为优质三黄肉鸡饲养期 90～120 日龄上市较适宜。性别对肉质也有影响，肉用鸡的公鸡比母鸡生长速度快，土种鸡的母鸡比公鸡的性成熟迟。母鸡接近性成熟时肉质最佳，而同龄公鸡因性成熟早，追逐母鸡，肥度下降，肉质下降，这也是公鸡要进行阉割的原因。另外，管理条件也会影响鸡肉质量。优质三黄肉鸡在笼养条件下，比平面饲养时会出现更多的胸部症状，或其他机械性创伤，对屠体外观影响较大。屠宰过程中的放血量也影响着鸡的屠体外观，放血过少，鸡体的血液在组织中滞留，使鸡的屠体呈血红色。此外，屠体的加工、保存方法对肉鸡的肉质也有一定的影响。在常温条件下，随着屠体的存放时间延长肉的质量也会下降。保存屠体的温度不同，对肉质的影响也不同。一般采用软冻和硬冻两种不同的方法，软冻是在 4℃左右的条件下保存，时间较短，肉质变化不大。硬冻将肉鸡保存在－20℃以下，可以存放较长的时间，解冻后肉质受到一定的破坏。

第二节 优质肉种鸡的饲养管理

一、生长发育特点

目前优质肉种鸡主要有两种：一是用外来种与我国育成品种杂交，生产中速黄鸡的种鸡，如仿土鸡繁育体系中的单杂交母鸡；二是我国的地方肉用种鸡。为了饲养好种鸡，首先必须对它们在正常情况下的生长发育特点有所了解。

中速黄鸡父母代种鸡大多用我国地放鸡种与引进肉鸡种杂交而成，它们的成长速度介于两者之间，更接近于母体。如用进口隐性白羽母鸡与石岐公鸡杂交是普遍采用的配套方法。8 周龄体重 1.4 kg，10 周龄体重 1.5 kg。10 周龄后的生长速度逐渐减慢。

土种鸡即我国的地方鸡种。地方鸡种的品种繁多，用途有肉用、蛋用、兼用、药用等，如广东省三黄胡须鸡、清远麻鸡和杏花鸡等。这些肉鸡品种的生长发育特点是：生长慢而性成熟早，母鸡 150 天开产时的体重 1～1.5 kg，成年体重也只有 1.2～2.0 kg。前期生长慢，生长高峰在 8 周龄以后。

从上述两种类型母鸡的生长的情况可见，不同类型种鸡生长发育特点有一定的差异，其中，第一类以前期生长快、性成熟迟为特点，第二类则与前类差异交大。由于第二类即地方鸡种没有种鸡与商品肉鸡之分，本章主要针对第一类种鸡进行讨论。

根据种鸡的生长发育特点和生理要求，对种鸡必须采取分期饲养。种鸡各饲养阶段的分割大致如下：育雏期 0～7 周，育成期 8～22 周，23 周以后为产蛋期。

二、雏鸡的饲养管理特点

雏鸡培育除参考肉种鸡的饲养方法和方式外，还要考虑优质肉鸡的特点。如苏禽96黄鸡父母代母本是生长偏慢的二元杂交系，父本是生长较快的合成系。所以，肉种鸡在育雏期间最好能公母分群饲养，不同的性别施以不同的育雏手段。为了促进母鸡的消化器官发育，以适应在产蛋高峰时需要获取大量营养的生理要求，在肉雏鸡的饲养上除考虑供给充足的营养外，还要注意适当增加一些沙砾和粗纤维，以利刺激消化道的生长发育。

作为种用的鸡，光照制度对其性成熟的年龄及成年后的生产水平影响很大。为了控制其性成熟的年龄，常采用接近自然日照时间的恒定或渐进的光照。雏鸡要有一定的运动量，以便增加体质，一般公雏要求每平方米养7.2只，母雏每平方米养10.8只。种鸡的生产水平受到季节性自然气候的影响，一般来说，在春季培育种鸡最好，初夏与秋冬次之，盛夏最差。

三、育成期的饲养管理

(一)育成期的控制饲养

育成期优质肉种鸡饲喂量控制在自由采食的75%～80%。控制饲养主要有限制饲料的质量和限制饲料的数量两种做法，这两种做法各有缺点和适用性，应根据具体情况选用。

1. 限制饲料的数量　保持饲料的良好质量及其全价性，节俭饲料的投喂量，使鸡的摄入营养量少于自由采食水平。肉种鸡的限喂因品种的不同而有差异，一般为鸡只自由采食量的70%～75%。限制喂料量的方法有：隔日限制饲养、每天限制饲养、每周饲喂5天的限制饲养等做法。此外，还有把限制喂料量改为限制采食时间的，认为限制喂料量要准确估计喂料量，并要称饲料重，花费劳动力。而限定采食时间是定时把饲料器盖起来或吊起来，不用花费劳动去测喂料量和称量饲料，比较易行。

2. 控制饲料的质量　就是使日粮中某些营养素低于正常水平，使生长速度降低，性成熟延缓。控制饲料质量又有以下几种做法：

(1)低能量饲料法。育成期饲料的正常代谢能水平一般是每千克饲料含代谢能 11.30～12.13 MJ,低能量饲料可控制在每千克只含有代谢能 9.20 MJ 左右。这样鸡只食入与正常饲料相同数量的饲料,所获得能量就比正常的低得多,而使育成鸡生长减慢。有人认为低能量饲料虽然代谢能水平低,蛋由于鸡采食粮增加并不经济。

(2)低蛋白质饲料法。育成期一般饲料含粗蛋白质 14%～16%,的蛋白质饲料只含 10%～12%的粗蛋白质,各种必需氨基酸的相对比例与正常饲养的相似。饲喂的蛋白质饲料育成期生长减慢,但用低蛋白质饲料限制饲喂育成鸡,每日的蛋白质摄入量也不可太少。在 12～18 周龄阶段,每天应喂给 7.5～9 g 蛋白质,否则会使育成后期的生长受到抑制。

(3)低赖氨酸饲料法。赖氨酸是组成蛋白质的一种必需氨基酸,也是限制性氨基酸之一,它的含量将限制着其他氨基酸的利用率,故在正常的充分饲养过程中,赖氨酸的含量是不能低于饲养标准所要求的。在育成期,饲料一般含赖氨酸 0.43%～0.59%,而低赖氨酸饲料只含 0.39%,由于必需氨基酸不足,育成鸡的生长减慢,可达到控饲的目的。

必须注意的是,前面叙述的 3 种方法只讨论减少一种营养成分,其他成分保持正常。也有的主张采用低能的蛋白日粮,代谢能 9.6 MJ 左右,粗蛋白质 13%左右,钙的含量 0.7%,总磷 0.5%～0.6%,粗纤维 5%～7%,粗脂肪 4%以下,蛋氨酸 0.2%～0.3%,蛋氨酸+胱氨酸 0.4%～0.5%,赖氨酸 0.45%～0.6%,色氨酸 0.11%～0.14%,各种维生素及微量元素都必须充足和平衡,在饲养过程中让鸡自由采食。这种方法,能使鸡有饱的感觉,适用于群体大而批次多、日龄不一致的鸡群。

3. 开始控制饲喂的周龄　正确确定开始限喂周龄是控制饲养能否成功的关键之一。常因品种不同而异,仿土单交母鸡在 7～8

周龄开始限喂为好。土种鸡由于前期生长较慢,也没有大群饲养,目前尚没有进行限饲的习惯,故本节不做讨论。

4.正确判定喂料量　质量限喂法一般采用自由采食,不定饲喂量,根据种鸡的生长速度与标准体重的吻合程度调整日粮的营养水平。在限量饲养法中,喂料量过多,易使鸡的体重过大;喂料量过少,限制过度,则达不到标准体重,鸡的生长发育受阻、开产推迟。两者都会使母鸡产蛋期的产蛋量降低。确定喂料量主要根据鸡群体重的变化。肉鸡品种的标准体重,都是经过大量的试验得出的最佳发育曲线。在确定喂料量的过程中,应每周抽测5%～10%鸡的个体体重,抽取的鸡只应具有代表性。如果平均体重低于标准体重,则增加喂料量的幅度适当加大;如果超过标准体重,则投喂比计划少的量,直至与标准体重相吻合为止。一般每一种鸡都有一定的饲养管理技术要求,其中必定有标准体重及参考饲料量,生产上可参考使用。

5.控制饲养应注意的事项　在实行控制饲养过程中,由于鸡群采食的营养成分是推测的最低量,实际饲喂时不一定满足其生长发育的需要,容易发生营养缺乏症及疾病,故在限制喂料之前应将鸡群中体重过小和体质衰弱的个体选出单独饲喂,同时把不同体重的鸡分栏,采取不同的饲喂计划,使鸡群的体重趋于整齐。开始限制饲养时要逐渐过渡,第一天用控制喂料的10%,配入90%的原用料中,以后每天增加限饲的比例,在1周内转为控制饲料,使鸡群有一个适应过程,避免因饲料的改变太突然而引起不必要的应激。在鸡群有病或受到其他不良因素影响时,则停止限制喂料,待恢复正常后进行限喂。取样称重要有代表性,分栏饲养的要每栏都取样,不要只称一栏。大群饲养的要分数点取样,称重时间每次要相同,隔日喂料的在不喂料之日称重。要配制足够的饲料器和饮水器,防止由于饲料器和饮水器的不足而引起个别鸡只无法采食导致个体间的不均匀。

(二)育成期的饲养管理

育成鸡的体质比雏鸡强壮，对外界环境变化的适应力和对疾病的抵抗力都比雏鸡强，但由于采用控制饲养，鸡只得到的仅是有限的维持生长发育的营养，很容易出现一些不良情况。管理得当的鸡群，育成期的死亡率在5%以内。

1. *逐渐减少饲养密度和适当分群*　密度过大将影响鸡的正常采食、休息和运动，对鸡的生长发育都有影响。所以，随着鸡只的不断长大，应适当调整饲养密度和分群，以保障育成鸡有较大的活动余地，促进鸡的骨骼、肌肉和内部器官的发育，增强鸡的体质。育成鸡适当的饲养密度如表 9-1 所示。

表 9-1　每只鸡所需地面面积　cm^2

周龄	垫草地面	网上平养	周龄	垫草地面	网上平养
7	680～730	590～680	14	1 160～1 340	1 160～1 220
8	820～900	710～900	15	1 200～1 420	1 240
9	910～940	830～940	16	1 240～1 500	1 300
10	960～1 010	950～960	17	1 350～1 580	1 390
11	1 020～1 100	1 020～1 070	18	1 540～1 666	1 540
12	1 060～1 200	1 020～1 200	19	1 690～1 740	1 690
13	1 080～1 270	1 080～1 210	20	1 860	1800

2. *及时淘汰不适于留种的鸡只*　除在控制饲喂开始时淘汰那些生长发育不良、不符合留做种用的鸡之外，在育成期还应经常观察鸡群，对不健康的鸡只及时取出处理，开产之前再进行一次挑选淘汰。

3. *及时移入产蛋种鸡舍*　育成鸡经过淘汰处理后，及时转移到产蛋鸡舍，使鸡只有足够的时间适应和熟悉新的环境。产蛋设备要及时放入，以利鸡群在开产前熟悉它们。公母鸡分栏饲养的鸡群，在母鸡转群前 2～5 天先转公鸡，以便它们在产蛋前形成群居层次，使母鸡产蛋后稳定配种和减少斗殴。母鸡移入产蛋鸡舍太迟，鸡没有足够的时间熟悉产蛋箱，地面蛋增加，种蛋形成污染，还会增加蛋的破损率。

4.检查鸡喙的生长情况，必要时进行第二次断喙 第一次断喙一般在雏鸡6～9日龄时进行，但往往有一些切的不当，这些鸡有必要进行第二次修整。修整的时间一般安排在13～17周龄。这时鸡喙的神经、血管很丰富，喙已经完全角质化，比较坚硬难切，上喙只能切掉神经血管较少的端部(约1/3)；下喙过长的切短一些，使上喙比下喙稍短。第二次断喙对鸡的应激较大，也容易引起出血，故做好第一次断喙是很重要的。第二次切喙前后，为了减少流血和应激，在前后3天应增加多种维生素的喂量，特别是维生素K(每吨饲料另加50 g)。断喙后要加强检查，发现出血者应立即补烙切面。

5.公鸡的切距 距是公鸡也有的胫部内侧角质突出物。当种公鸡配种时，距常常抓伤母鸡的背部，致使母鸡害怕配种，影响受精率。为了避免这种现象发生，应将种公鸡的距用锐利的小刀或小剪刀切掉，手术的时间在距帽达到完全形成时(一般10～16周龄)进行。

6.注意天气和外界环境对育成鸡的影响 由于育成鸡舍缺乏保暖设备，再加上控制饲养对鸡体制的影响，育成鸡对外界恶劣条件的抵抗力较差，故要做好防寒、降温、防湿工作。特别是在天气突然变化，如台风、暴雨、寒流，很容易因应激而感染呼吸道、消化道或其他疾病。饲养人员应经常注意当地气象部门的天气预报，提前做好各项准备工作。

此外，还要注意光照的管理和鸡舍的环境卫生及鸡群的疾病防疫工作。

四、产蛋期的饲养管理

(一)产蛋鸡的生理特点及要求

从开始产蛋起,产蛋母鸡在体重、蛋重和产蛋量方面都有一定规律性的变化,以这些变化为基础,可将母鸡的第一个生物学产蛋年(即从开产到产蛋满一年为止)分为 3 个阶段,各个阶段都有它的特点。第一个阶段是产蛋前期,指从开产至产蛋率达到高峰期,大约是从开产至 32 周龄。不同品种类型的鸡其产蛋高峰期有所不同,如苏禽 96 种母鸡的产蛋高峰期约在 30 周龄,而石歧杂鸡在 28 周龄左右,土种鸡在 26 周龄左右。在这时期不但产蛋量迅速上升,蛋重也逐渐增加。而且母鸡体重也有所增加。第二阶段是产蛋中期,指从产蛋高峰期到 52 周龄,这时母鸡的产蛋量已开始下降,蛋重则有所增加。第三阶段是产蛋后期,指 52 周龄以后,直到母鸡换羽停产。这时期的产蛋率明显下降,蛋重达最大。此时由于母鸡利用钙质的机能下降,蛋壳的质量有所降低。

(二)开产前的饲养管理

这一时期是种鸡限制饲养结束后到母鸡开始产蛋之前,时间仅有 2 周左右。这时母鸡从育成期进入产蛋期,机体从发育到性成熟,在生理上是一个转折,故鸡体本身必然有一个短暂的过渡时期,这个时期主要是为产蛋期做准备。因此,在饲养管理上,也必须有相应的措施,故这时期的饲养也称为"过渡时期的饲养"。这个时期把控制饲养的饲料改为产蛋鸡饲料。在饲喂方法上,有隔日饲喂改为每日饲喂,由一日喂一餐改为日喂两餐。但必须注意饲料的改变要逐渐进行,一般在 1 周内完全过渡到种鸡产蛋饲料。光照对母鸡的性成熟具有促进作用,要求逐渐增加光照时间。若饲养正确,则新母鸡适时开产,开产后产蛋率迅速上升,30 周龄前后达到产蛋高峰,且产蛋高峰期持续时间长。

(三)产蛋期的饲养管理

1. 产蛋前期的饲养管理　从开产到产蛋高峰期阶段为产蛋前期,即开产至30周龄阶段。在生产性能上该阶段是产蛋率上升时期。在母鸡的生长发育上,也是从性成熟向体成熟迈进的时期,营养需要除供产蛋以外,还要供生长所需。所以,在饲养上,要求日粮的蛋白质、能量、钙、磷水平都较高(表9-2),而且在营养水平不变的情况下,每日的饲喂量日益增加,以适应产蛋率越来越高的营养需要。根据不同品种的特点,从3%产蛋率开始增加饲料喂给量,按周调整饲粮。通常每周增加日喂料为5～8 g/只,直至出现产蛋高峰为止。确定母鸡群的产蛋高峰,饲养上大多采用一种成为"试探性"饲喂的方法。

表9-2　产蛋期不同时期的饲料营养

环境温度(℃)	产蛋前期			产蛋中期			产蛋后期		
	ME (MJ/kg)	*CP* (%)	钙 (%)	*ME* (MJ/kg)	*CP* (%)	钙 (%)	*ME* (MJ/kg)	*CP* (%)	钙 (%)
17～21	11.97	18	3.2	11.97	16.5	3.2	11.97	15	3.4
10～13	12.89	17	3.0	12.89	15.5	3.0	12.89	14	3.2
29～35	11.05	19	3.4	11.05	17.5	3.4	11.05	16	3.7

当新母鸡出现产蛋停止增加或持续几天停留在一定水平时,要想知道是否产蛋高峰已到,不会再增加了,可用增加饲喂量的方法进行试探。一般每只母鸡再原来的基础上,增加5 g饲料,连喂3～4天,观察鸡群的产蛋情况,如果产蛋量有所增加,则说明真正的产蛋高峰尚未到来,应继续增加饲料量,提高产蛋率。如果增加饲料量的第4天以后,鸡群并没有提高产蛋量,则说明产蛋高峰已经来到,应该随即恢复试探期之前的饲料量。

2. 产蛋中期的饲养管理　从产蛋高峰到产蛋量迅速下降阶段称为产蛋中期,一般指32～52周龄阶段。由于该阶段母鸡产蛋量最高，种蛋受精率、合格率最好，故又称为盛产期。这时期的主要任务是使产蛋高峰维持较长时间，下降缓慢一些。由于本阶段产蛋量基本保持稳定，机体的生长发育已完全成熟，要求体重不再增加，故在饲养上，如果所采用的日粮能量、蛋白水平不变的话，饲料量不要增加，当产蛋量下降时还应适当减少。但由于蛋重有增加的趋势，故饲料也不能减的太急。可以调整饲料配方，适当减少饲料中的蛋白质和能量含量，而保持原来的饲喂量。

3. 产蛋后期的饲养管理　产蛋后期是指产蛋量下降到淘汰为止，常指 53～72 周龄(500 日龄)阶段。这时期产蛋量下降速度较快。在生理上，由于体成熟后，多余的营养主要用于沉积脂肪，故在饲养上应根据产蛋量下降的速度适当减少喂量，或者通过降低日粮的蛋白质水平，使营养达到供维持及产蛋的需要便可。但必须注意，随着母鸡年龄增长，母鸡吸收钙的机能逐渐下降，如果不提高钙的含量，将会影响蛋壳的质量，出现软壳蛋、薄壳蛋、蛋破损增加等现象。所以日粮中应适当增加钙的含量。一般种鸡在 500 日龄或 72 周龄以后，便进行淘汰，更新鸡群。这是因为母鸡经过 1 年的产蛋后，第 2 年的产蛋率将降低 20%～30%，蛋重却大幅度地增加，若作为种蛋用，不但孵化率降低，而且饲料成本增加，经济效益差。故大型种鸡场的种鸡利用一般都不超过 500 日龄。

4. 产蛋母鸡日粮饲喂量的确定　母鸡的开产体重和产蛋期母鸡的体重对产蛋性能有较大的影响。实践证明，产蛋期母鸡体重增长过快、长得过肥会使后期的产蛋量降低，种蛋的受精率降低，容易发生软脚病等。但产蛋期体重减少会使产蛋量降低，产蛋高峰不能持久。产蛋期母鸡体重的变化主要取决于喂料量，过多则体重增长快，沉积脂肪多；过少则体重减轻。准确控制投喂量是产蛋期间饲养管理中的一项重要措施。一般喂给自由采食所消耗的饲料量的 85%左右。比较科学的做法是通过实验，制定各种品种或品系母鸡在产蛋期的各周龄的要求体重和大致喂料量。

在特定的条件下制定的生产标准，在实践中还应根据室温、产蛋率、饲料质量适当调整。在气温低、产蛋量高时应适当增加饲料量；在天气热、产蛋量低时应适当减少饲料量，最理想的饲料量是使母鸡不肥不瘦，产蛋又多。这是比较难掌握的。一般原则是宁可瘦一点也不要过肥，因为喂料不足，产蛋量高峰来得迟一些，若把鸡养肥了就很难办了。

在确定产蛋母鸡的喂料量时，还应注意母鸡的产蛋情况是否受到其他因素的影响，如其他意外恶劣条件、应激、接种疫苗或光照管理不当等出现暂时产蛋量下降时，不应减少饲料量。

(四)产蛋期的一般管理

1. *种鸡的饲养方式及密度* 种鸡的饲养方式与饲养密度有关。不同的饲养方式，饲养密度不同。优质种鸡的饲养方式大多为平养，因鸡舍地面的结构不同，又分为垫草地面平养、全部棚上或网上平养和半棚半垫草地面平养3种。这3种方式都有各自的特点。垫草地面平养的建筑投资少，但易潮湿，易患传染性疾病，适于比较干燥的地区使用；棚上或网上平养，鸡只与粪便相隔，适用于温暖潮湿的地方；半棚半垫草地面平养则综合了以上两种方式的特点，适用于气候温和的地方。鸡的饲养密度不仅与饲养成本又关，而且与生产性能有关。饲养密度过大，则舍内空气容易混浊，垫草容易潮湿，鸡群活动范围小，鸡只采食不均匀，不利于鸡只健康；密度过小，则建筑面积利用率低，增加成本。适宜的饲养密度是在不影响种鸡的生长性能及健康的基础上充分利用建筑面积。表9-3列出了优质鸡合理的饲养密度，可作参考。

表9-3 种鸡饲养密度 只/m^2

种鸡类型	全部垫草	全部棚或网	2/3 棚网 1/3 垫草
中型优质种鸡	4.0	6.0	5.0
小型优质种鸡	4.8	7.2	5.3

2. 消除窝外产蛋　可试用如下办法：其一，配备足够的产蛋箱。一般要求四五只母鸡配备一个产蛋箱。产蛋箱的设计和放置要合理，离地棚 30～50 cm 为宜，开始产第一枚蛋前 2 周放入产蛋箱，早上把产蛋箱门打开，晚上把门关上，防止鸡入蛋箱内栖息，以保持产蛋箱的清洁。其二，将近开产时，放置假蛋在产蛋箱内，以诱导母鸡去产蛋。用软的垫料如稻草等铺垫产蛋箱底，使母鸡感到舒服，喜欢进去产蛋。若仍有个别母鸡不习惯进箱产蛋，就要采用人工调教的办法。当母鸡在箱外蹲伏准备产蛋时，把母鸡抱进箱里，将门关好，强迫母鸡在箱内产蛋。数次之后，形成习惯，鸡就懂得进箱内产蛋了。

3. 降低蛋的破损率　种蛋与破蛋的经济价值相差几倍，降低种蛋破损率是提高经济效益的一个不容忽视的管理措施。种蛋破损的原因主要有 2 个：一是由于饲料中钙、磷含量不足或比例失调引起的，可以通过调整饲料配方改正；二是由于人为造成的，如拣蛋次数少，多个蛋在箱内被母鸡压破，或拣蛋时动作过重而碰破等。此外，由于产蛋箱的结构不合理，如底网过硬或过斜，使母鸡产蛋落地时碰破，这种情况必须通过改正产蛋箱的结构来改善。减少人为造成的破蛋率，应采取如下措施：要勤拣蛋，一般视产蛋率的高低每天拣 45 次。拾蛋时动作要轻，验蛋时的敲击要小心轻度。正常的种蛋破损率在 2%～3%，发现破蛋率增加，应及时检查，采取措施，以提高饲养效益。

4. 及时催醒就巢母鸡　母鸡的就巢性因品种而有差异，现代肉鸡的就巢性很弱，而土种鸡的就巢性就特别强。由于就巢，可使产蛋量减少。现介绍催醒就巢母鸡，破坏就巢性的几种方法：将就巢母鸡隔离到通风而明亮的环境，并给予其他物理因素的干扰，如水浸脚、吊起一只脚、用鸡毛穿鼻孔等，数天后即醒巢；皮下注射 1%硫酸铜水溶液，每只鸡 1 mL，据报道有一定效果，有人用 33 只母鸡作过实验，第 3 天醒巢 24 只，有效率 72.8%；注射丙酸睾丸素，每千克体重注射 12.5 mg，效果很好；喂服退热的复方阿司匹林片(APC)，大型母鸡 1 天 2 片，小型母鸡 1 天 1 片，连服数天，有人用 26 只母鸡进行实验，服药后一天醒巢 65.4%，3 天醒巢达到 90%以上。

5. 防止食蛋癖和食毛癖　种鸡的食蛋与食毛是两个常见的恶癖。母鸡有了食蛋恶癖后不但吃自己下的蛋，其他母鸡下的蛋也抢着吃。开始是一只母鸡食蛋，在它的带动下，其他母鸡也学着食蛋，使更多的母鸡养成了吃蛋癖，从而造成经济上的损失。食毛癖表现为母鸡抢食其他个体身上的羽毛，由于抢食，使羽毛掉光，皮肤被啄出血。啄食肛门周围的羽毛，常常使肛门发炎，造成慢性腹泻，严重时被啄鸡肠道露出体外，造成大批死亡。同食蛋癖一样，啄毛癖也给养鸡者带来很大的经济损失。故预防这些恶癖是种鸡管理的重要措施之一。发生恶癖的原因是多方面的，常见的有缺乏蛋白质、矿物质或维生素，缺乏饮水，饲养密度过大，光线过强。有人认为发生食毛的原因是缺乏硫化物，每日每只鸡饲喂 2～3 g 硫酸钙(石膏粉)能防止食毛，也可在饲料中添加含硫氨基酸或羽毛粉。添加沙砾和贝壳粉时，可以另外用食槽盛装，让鸡只自由采食。每 250 只母鸡提供一个盛装沙子和一个盛装贝壳粉的饲料器。第 24 周龄(168 日龄)开始每 100 只鸡每周喂约 1 000 g 贝壳粉。母鸡可以根据需要去采食贝壳粉和沙砾，避免恶癖的产生。

五、种公鸡的特殊饲养管理

种公鸡的管理和母鸡的管理有所不同。种公鸡要求有健壮的体质、较大的体形，精力旺盛，羽毛丰满，直而壮的脚部和趾部，宽长而直的背，广而深的体躯和胸围，龙骨直而长，健壮的头和喙。管理上要注意下面几点：

首先是满足公鸡的运动需要。在育雏与育成期间是公鸡长体格的阶段。这时公雏最好设有运动场，而且饲养密度要适当减少，育雏阶段每平方米 15 只以内，育成阶段每平方米 3.5 只，以便有运动的余地。运动有利于公鸡体格的生长、骨骼的坚实和肌肉的发达，精力旺盛。

其次是注意保护公鸡的脚。公鸡的体形较大，脚部的负担重，易发生脚部疾病。公鸡脚的好坏直接影响其利用价值。脚部有疾病，就无法配种。在育雏、育成和配种期，如果饲养在地面的话，一定要保持有良好的垫草。另外，公鸡不适宜在铁丝网上饲养，因为铁丝网易生锈，而公鸡好动好斗，生锈的铁丝网很容易损伤脚趾。

再次是必须截冠和断趾。公鸡的冠较发达，成年时常因公鸡间的争斗，使冠损伤流血，亦会因冠大影响公鸡的采食和饮水。鉴于此，种用小公鸡最好在 1 日龄截取冠。此外，种鸡体形大、体重大，在成年配种时常出现内侧趾爪抓伤母鸡，使母鸡害怕配种，影响受精率。因此，对种用的小公鸡宜在 1 日龄时断趾。断趾是将两个内侧的趾(第一趾和第二趾)在第一个趾关节处切断。公鸡长大以后，它的趾便长出来，随着年龄的增长而加长。趾和第一、二脚趾一样对母鸡都有影响，常在配种前 18 周左右进行切趾工作。

此外，如果育雏与育成是公母分开饲养的话，在 18 周龄便要按 1∶8 的公母比例，将公鸡与母鸡合群饲养，以便能有时间互相熟识，减少争斗。

六、种鸡的选种选配

对于种鸡，不仅要求产蛋量高，而且还要求群体发育整齐一致，具品种特征。对于那些产蛋少、个体发育不良、不符合品种特征、有生理缺陷的个体都应选出淘汰。此外，对于父母系的配种、公母比例、利用年限等也应考虑。种鸡分别在育成期、产蛋前以及产蛋高峰后进行 3 次选择。

(一)种鸡 8 周龄的选留

对于优质种鸡，无论是祖代、父母代，在饲养到 8 周龄时，都需进行第一次选择。对于小型优质肉鸡的选种，如果考虑提高早期生长速度的话，推迟到 8～10 周龄对体重进行选择也是必要的。为了选择体重，必须对种群进行个体称重，并记录。在个体称重的同时应对那些有生理缺陷的如瞎眼、跛脚、带伤者和有病的鸡先行选出淘汰，然后根据称重资料，公母鸡体重分别统计、排名。现举例说明：8 周龄父母代公鸡 120 只，母鸡 800 只，预计到产蛋时需要选留母鸡 700 只，公鸡 80 只，考虑到育成期的正常死亡和淘汰，现决定选留公鸡 100 只，母鸡 750 只，即要淘汰的公鸡 20 只，母鸡 50 只。这样，可以根据体重的排名资料，把体貌不合格和体重最小的 20 只公鸡，50 只母鸡选出淘汰。

(二)产蛋新母鸡的选留

无论是育成期或性成熟前(产蛋前)转入的产蛋鸡舍，还是一直饲养在原来的鸡舍，都应该进行选留，去除劣等鸡。这时的选择主要依据母鸡生理特征及外貌进行。性成熟的母鸡冠和肉垂颜色鲜红，羽毛丰满，身体健康，结构匀称，体重适中，不胖不瘦。淘汰那些发育不全、生理缺陷、干瘦、两趾骨间距特别小、末端坚硬、腹部粗糙无弹性的个体。对于公鸡的第二性征发育不全如跌冠、面色苍白、精神不佳者也应淘汰。

(三)产蛋高峰后的选留

优质种鸡的第三次选择，也是最后一次选择，是在母鸡产蛋高峰过后，约在 40 周龄后进行。母鸡经过产蛋十几周，高产鸡、低产鸡与无产鸡都明显表现出来，选择最为标准。可以根据外貌特征和母鸡腹部结构两个方面进行。

1. 身体结构与外貌特征　高产鸡身体健康，结构匀称，发育正常，性情温顺，活泼好动，觅食性强；冠和肉垂发达，颜色鲜红；眼大有神；肛门外侧丰满，大而呈椭圆形，内侧湿润。低产鸡、停产鸡与此相反，不是过肥就是太瘦，性情迟钝，觅食性差；冠、肉垂、耳叶小而皱缩、色淡、干燥；眼神迟钝；肛门外侧皱缩，小而圆形，内侧干燥;有时停产鸡还表现体态丰满,羽毛光洁,看上去好看,实际是由于没有产蛋而肥胖所致。对这些鸡一定要淘汰。

2.触摸腹部容积 高产鸡因性腺活动和代谢机能强烈,血流旺盛,卵巢、输卵管和消化器官很发达,因而腹部容积大,皮肤健康,用手触摸肉垂、冠、皮肤,感觉细致柔软、温暖、皮肤有弹性、两趾骨末端柔薄有弹性。低产鸡或停产鸡相反,腹部容积小,皮肤、冠、肉垂有皱褶,触摸感觉粗糙、发硬,冠和肉垂发冷不温暖,皮肤无弹性,两趾骨末端坚硬。鉴定腹部容积大小可以用手指度量母鸡腹部,高产母鸡胸骨末端到趾骨间的距离可容纳一个横放的手掌而且趾骨间的距离可容纳 3 个以上指宽;另外,种鸡的整个饲养过程中,只要发现有不健康、不正常的鸡只,饲养员每天都应及时取出,由技术员鉴定是否要淘汰或治疗。

(四)种鸡的利用年限及公母鸡的比例

母鸡开产以后,第一年产量最高,以后逐年下降,以第一年度为100%计算,第二年80%,第三年只有70%,因此,饲养老母鸡是不经济,现在由于生产水平的提高,培养新母鸡的成本大为下降。生产场为了获的最高的产蛋量,种鸡群是年年更新的,母鸡只用一年便淘汰。

种公鸡的活力也以第一年最强,种公鸡一般随着母鸡的淘汰而一起淘汰。但地方品种公鸡的利用年限可延长 2～3 年,都能保持旺盛的配种能力。种鸡的公母比例不仅影响种蛋的受精率,而且影响公鸡的利用年限。有人认为在种鸡栏中公鸡放多一些可能会提高种蛋的受精率,其实不然。事实证明,过多的公鸡会引起相互斗殴,影响配种降低受精率,也浪费饲料,提高成本。但公鸡过少,使有些母鸡得不到配种机会,或使公鸡配种过频而消耗过大,引起提前衰老而淘汰。正确的公母比例既可以保持高的受精率,又使公鸡的使用时间延长。适当的公母比例与种鸡的品种类型有关。不同类型鸡的公母比例如下:土种鸡为 1∶(12～15);仿土单交种鸡为1∶(10～12)；肉用仔鸡种鸡为1∶(8～10)。

在产蛋期间应经常检查公母鸡比例和公鸡体况。跛脚、有病或精神欠佳的公鸡应及时更换，死亡或淘汰的公鸡应及时如数补充。

第三节　优质商品鸡的饲养管理

一、优质鸡的生长发育特点及饲养阶段的划分

(一)优质鸡的生长发育特点

优质鸡的鸡种一般是用快大型肉鸡品系与地方良种鸡杂交配套而成，其中快大肉鸡的血缘一般占25%～50%，因此，生长发育特点也介于其两亲本之间。研究优质鸡的体重、体组成、料肉比等随饲养时间的变化规律，为我们采取饲养管理措施，总结饲养管理经验提供了理论依据。典型的优质鸡鸡种饲养到10周龄公、母鸡的体重生长情况，如表9-4所示。公鸡的成熟体重、生长高峰时的体重均大于母鸡，而平均生长速度小于母鸡，到达生长高峰的时间比母鸡迟，说明公鸡的成熟比母鸡晚，这是公母鸡在不同时间出售提供了理论依据。

表9-4　优质公、母鸡0～10周龄体重　　g

性别	0	1	2	3	4	5	6	7	8	9	10周
♂	35.7	74	164.3	267	436	543	781.1	1 065	1 231.7	1 393.8	1 619
♀	33.8	68	152.1	286.3	434	577	730	958.6	124.5	1 225.7	1 386.3
X	34.7	71	158.3	278.9	435	560	755.6	1 002.9	1 142.6	1 309.8	1 517.2

(二)饲养阶段的划分

根据大多数优质鸡的体重生长曲线，体成分变化规律及饲养管理特点，将优质鸡的饲养期大致分为3个阶段，即育雏期(0～6

周)、生长期(7～10 周)、育肥期(11～14 周)。当然,饲养期的划分在不同的鸡种、不同的饲养管理条件下,必然不同。如果鸡种生长速度快,气候适宜,则育雏期可提早到 4 周龄结束;如鸡种性成熟早,4～5 周龄即能基本分出公、母,则可提前分群。划分饲养期的目的是为了根据不同阶段、不同性别的生长特点进行科学的饲养管理,在生产上应根据实际情况灵活掌握,才能取得较好的经济效益。

二、优质鸡的饲料营养

优质鸡的营养尚没有可供参考的国家标准,多数饲养场采用育种单位并没有经过认真研究的鸡种推荐标准,有些饲养户甚至是用快大肉鸡的营养标准,这些营养标准绝大多数高于优质鸡的生长需求,因而影响其饲料报酬。优质鸡不同鸡种的差异较大,标准难以统一;满足优质鸡的营养需要是既充分发挥鸡种生长潜力,又提高饲料经济报酬的首要条件。在实际生产中应以鸡种推荐的营养需要标准为基础,以提高饲料经济报酬为目标,适当降低营养标准。此外,还要注意饲料的多样化,改善肉鸡品质。

第四节 优质肉鸡品种介绍

一、"苏禽 96"黄鸡

"苏禽 96"分为快大系、优质系和麻羽系 3 个配套系,1996 年由江苏省家禽科学研究所推出。

(一)麻羽系

麻羽系的特点是商品鸡生长速度快,羽毛麻色,似土种鸡,肉质较优,适合于要求 40 多天上市、体重在 1 kg 左右的饲养用户。麻羽鸡三系配套,由地方鸡种的麻鸡引血培养的。第一代父本具备了生产快、产蛋高、肉质鲜嫩等特点；第二代本系父本国外引进的快大系黄羽鸡。因而，配套鸡的各项性能表现均处于国内先进水平。

（二）快大系

快大系集黄羽鸡的特点于一体，羽色：颈、翅尾间有黑羽，羽毛生长速度快。父母代产蛋较多，入舍母鸡 68 周龄产雏鸡达 130 只，商品代 60 天体重：公鸡 1 700 g、母鸡 1 400 g，料重比为 2.5∶1。其四系配套中各系性能特点是：A 系，做父本公鸡，由洛岛红鸡选育而成，遗传特点为快大生长的黄杂羽系。B 系，做父本母鸡，由该所土种鸡与快速鸡合成选育而成，其优秀的生活力、羽毛等性能在配套中起着极其重要的作用。C 系，做母系父本，来源于石岐杂鸡，经多年的严格选择，其产蛋率和羽色较好，为该系的明显优势。D 系，做母系母本，主要特点是高产蛋率、高生活力和较好的配合力，66 周龄产蛋 186 个，生产雏鸡 143 只。

（三）优质系

"苏禽 96"优质系是国内优质鸡生产的特色产品。其特点是生长速度中等偏慢，羽毛黄色较杂，似土种鸡，有黄脚、黑脚、白脚系多种，肉质佳（表 9-5）。

表 9-5 "苏禽 96"配套系的生产性能

类别	项　目	麻羽系	快大系	优质系
父母代	5%产蛋周龄	23	24	24
	68 周龄产蛋数	164	170	162
	生产雏鸡数（只）	130	133	128
	育成成活率（%）	96	94	96
	产蛋期成活率（%）	92	90	91
	母鸡 20 周龄体重（g）	1 750	1 850	1 450
	母鸡 40 周龄体重（g）	2 150	2 300	1 850
	母鸡 68 周龄体重（g）	2 450	2 600	2 150

续表 9-5

类别	项目	麻羽系	快大系	优质系
商品代	上市日龄	42	60	70
	公鸡体重(g)	1 250	1 750	1 400
	母鸡体重(g)	950	1 450	1 100
	平均体重(g)	1 075	1 600	1 250
	料重比	2.2：1	2.50：1	2.85：1
	成活率(%)	98	97	98

二、康达尔黄鸡

康达尔黄鸡是由深圳康达尔(集团)家禽育种中心培育而成的优质黄羽肉鸡品种配套系。现存栏 A,B,D,R,S 5 个基础品系，根据不同品系之间的配套组合，分“康达尔黄鸡 128”和“康达尔黄鸡 132”两大品种系列。各品系的主要特点是，A 系：三黄，快大，均匀度较好，母鸡 70 日龄体重 1.4～1.5 kg，90 日龄体重 1.7 kg，产蛋水平中等，68 周平均产蛋率 50%。B 系：均匀度较好，生长速度中等，母鸡 70 日龄体重 1.25～1.35 kg，90 日龄体重 1.55～1.60 kg，性成熟较好，产蛋水平较高，68 周龄入舍母鸡平均产蛋率 52%。D 系：三黄，矮脚，体形较正常小 25%～30%，均匀度较好。母鸡 70 日龄体重 1.1～1.2 kg，90 日龄体重 1.3 kg，产蛋水平较高，68 周龄入舍母鸡平均产蛋率 52%。R 系：引进品种，阴性白羽、快大、均匀度较好，母鸡 70 日龄体重 2.0～2.1 kg，90 日龄体重 2.4～2.5 kg，产蛋水平较高，68 周龄入舍母鸡平均产蛋率 55%。S 系：三黄，生长速度中等，性成熟和均匀度较好，母鸡 70 日龄体重 1.25～1.30 kg，90 日龄 1.55～1.6 kg，产蛋性能较好，68 周入舍母鸡平均产蛋率 52%。

(一)"康达尔黄鸡128"

"康达尔黄鸡128"属于快大黄羽肉鸡4系配套品种，由于父母代本用了黄鸡隐性白鸡的杂交后代，在生产性能方面，无论是产蛋率、均匀度、生长速度及蛋形等都有了交大的改进，使各品系的优点在杂交后代中得到了充分的体现。

父母代种鸡的生产性能：20周龄体重1.66～1.77 kg，24周龄体重2.00～2.10 kg。64周龄体重2.50～2.55 kg，5%产蛋周龄25周，产蛋高峰周龄30～31周，68周产蛋数164枚，饲养日产蛋数170枚，健雏数(羽)127只，平均种蛋合格率95%，平均受精率92%，平均孵化率84.2%，育成期死亡率5%，产蛋期死亡率8%，饲料消耗49 kg。

商品代肉鸡的主要生产性能：肉鸡出栏日龄70～95天，平均活重1.5～1.8 kg，料肉比(2.5～3.0)：1，白羽率2.5%～3.2%.

(二)"康达尔黄鸡132"

1. 主要特点　"康达尔黄鸡132"是利用矮脚基因，根据不同的市场需求生产的系列配套品种，用矮脚鸡做母本来生产快大鸡，可使父母代种鸡较正常型节省25%～30%的生产成本；用来生产仿土鸡，可极大地提高种鸡地繁殖性能，降低生产成本。

2. 配套模式

(1)快大型黄鸡的生产。利用矮脚鸡D群做父本，隐性白母鸡做母本，生产矮脚型的父母代母本，再以现有的几个快大型黄鸡品系或品系之间的杂交后代做父本，杂交生产快大型的黄鸡品种，使商品代的生长速度不低于目前市场上的主要快大黄鸡品种。

(2)仿土鸡的生产。利用地方优质鸡(土鸡)做父本、矮脚母鸡做母本的杂交生产方式，其特点是后代在外观上和肉质上具有地方种鸡的特色，种母鸡的生产性能较地方鸡有较大的提高，可极大地提高地方鸡的生产经济效益。

3. 父母代种鸡的生产性能 20 周龄体重 1.45～1.55 kg，24 周龄体重 1.70～1.80 kg，64 周龄体重 2.15～2.25 kg；5%产蛋周龄 24 周，产蛋高峰周龄 29～30 周，68 周产蛋数 164 枚，饲养日产蛋数 170 枚，健雏数(羽)127 只，平均种蛋合格率 95%，平均受精率 92%，平均孵化率 814.2%，育成期死亡率 5%，产蛋期死亡率 8%，饲料消耗 349 kg。

大型肉鸡的主要生产性能：肉鸡出栏日龄 70～95 天，平均活重 1.5～1.8 kg，料重比(2.5～3.2)：1，白羽率 2.5%～3.2%。

三、"882"黄鸡

"882"黄鸡是广州市白云家禽发展公司 10 多年来应用合成法和级进育种技术，经 36 种不同类型的杂交配套组合近 10 万羽肉鸡的杂交组合试验，选育出来的配套种鸡，荣获广州市科技进步一等奖。

"882"黄鸡经过 10 个世代的选育，育成 S 系、K 系、R 系，配套生产"882"1 号、2 号、3 号商品的肉鸡系列产品，适应不同地区市场的需要。

"882"黄鸡保持了广东地区黄鸡常见的外貌及肉质幼嫩、鸡味鲜美的特点，又具有比广东地方黄鸡稍大的体形、较快的生长速度和稍高的产蛋性能。鸡体结构匀称，呈矩形，胸部宽阔，腿肌发达，高矮适中，胫长 6～8.8 cm；公鸡单冠直立，6～8 齿；公鸡饲养 60 天上市重 1 450 g，母鸡淘汰体重 2 800 g。商品代：1 号鸡大部分为黄羽，母鸡只在胫部、主翼羽、尾部有黑羽毛，尾羽较短；2 号鸡黄系毛色与 1 号鸡相似；3 号鸡部分鸡的羽毛深黄色。近年来，白云家禽公司每年提供饲养的父母代种鸡超过 100 万套，分布在广东、海南、广西、山西、河南等 16 个省(市)及香港地区。主要生产性能如表 9-6 所示。

表 9-6　882 黄鸡生产性能

类别	项目	1 号鸡		2 号鸡		3 号鸡	
父母代种鸡	开产日龄	161		175		168	
	5%产蛋周龄	26		28		27	
	产蛋高峰期周龄	28		30		29	
	68 周产蛋数(只)	40		162		160	
	平均受精率(%)	95		92		92	
	入孵蛋平均孵化率(%)	79		78		78	
	68 周产苗数(只)	110		126		125	
	育成期成活率(%)	95		95		95	
	产蛋期成活率(%)	90		93		93	
		♀	♂	♀	♂	♀	♂
商品代肉鸡	饲养天数	90	60	90	60	90	60
	平均体重(g)	1 750	1 350	1 950	1 450	1 950	1 456
	料重比	3∶1	2.4∶1	2.8∶1	2.3∶1	2.8∶1	2.3∶1

四、江村黄鸡

江村黄鸡是广州市江村家禽企业发展公司为能在香港市场适销对路而培养的黄鸡配套系。从 1985 年开始，该公司经过长期的个体选育、家系选育、品系配套试验和近 500 万羽肉鸡的饲养试验，最终育成了江村黄鸡。该鸡种已经过 11 个世代选育，其外形和生长速度等性状一致性很好，主要经济性能得到了进一步提高。

江村黄鸡头部较小，鸡冠鲜红直立，嘴黄而短，被毛紧实，色泽鲜艳，体形短而宽，肌肉丰满，肉质鲜嫩，鸡味鲜美，皮下脂肪特佳。该鸡种具有香港石岐杂和本地土种鸡的优点，生长速度快，饲料转化率高，抗逆性好，种鸡繁殖性能高，商品肉鸡整齐度好。群体变异系数＜10%，白羽率＜1%。

江村黄鸡父母代母鸡 22 周龄开产，50%产蛋率的周龄为 25

周，产蛋高峰期在27～29周，产蛋率达75%～80%。66周龄时产蛋150枚，平均受精率92%，入孵蛋出雏率85%，66周龄入舍母鸡平均产雏鸡127只。肉用公鸡63日龄体重达到1.5 kg，料重比2.3∶1；肉用母鸡100日龄体重1.7～1.9 kg，料重比(2.9～3.0)∶1。

五、新广黄鸡

新广黄鸡由佛山市新广畜牧发展有限公司培育。几年来，该公司在原深圳新科种鸡发展有限公司的基础上，逐步建立了黄羽肉鸡繁殖体系，取得了较好的社会效益及经济效益。

新广黄鸡推出的父母代和商品代分麻羽和黄羽两大羽色。在父母代母系鸡中，公鸡除少数芦花基因转移失败外，大多数公鸡为芦花色。新广黄鸡各配套品系体形均为短矩形，胸腿肌发达，具有典型的肉用鸡品种特征，以充分提高商品肉鸡的屠宰率和饲料报酬。

新广黄鸡父母代生产性能如表9-7所示，新广黄鸡商品代生产性能如表9-8所示。

表9-7　新广黄鸡父母代生产新能

项　目	K90	K99
开产周龄	24	24
开产体重(g)	2 100	2 150
50%产蛋周龄	27	27
产蛋高峰周龄	29	29
60周龄产蛋总数/套(枚)	156	158
平均受精率(%)	93	92
入孵蛋孵化率(%)	87	86
受精蛋孵化率(%)	94	94
出雏数/套(枚)	126	126
全期料蛋比(kg/枚)	0.33	0.34
育成期成活率(%)	95	95
产蛋期成活率(%)	89	89

表 9-8 新广黄鸡商品代生产性能

类别	70 日龄平均体重(g)		70 日龄料重比	
	K90	K99	K90	K99
公鸡	1 650	1 750	2.35∶1	2.30∶1
母鸡	1 250	1 350	2.55∶1	2.50∶1

六、新浦东鸡

新浦东鸡是由上海市农业科学院畜牧兽医研究所以浦东鸡为基础,分别与白洛克鸡、红科尼什鸡进行杂交育种,采用个体和家系相结合的选择方法,自 1971 年起进行 10 年的系统选育,建立了近交系数为 30%(18%～39%)的 5 个品系。1981 年通过品种鉴定。除在上海市郊饲养外,主要分布于江苏、浙江、广东一带。

其外貌特征与浦东鸡相比,除体躯较长而宽、胫部略粗短而无胫羽外,差异不大。

商品代 28 日龄公鸡 433 g,母鸡 391 g;63 日龄公鸡 1 863 g,母鸡 1 491 g;70 日龄公鸡 2172 g,母鸡 1 704 g。公母鸡平均半净膛屠宰率 85%。

种鸡平均开产日龄 184 天,300 日龄平均产蛋 78 枚,平均年产蛋 177 枚,平均蛋重 61 g。蛋壳浅褐色。公鸡性成熟期 130～150 天。公母鸡配种比例 1∶(12～15)。平均种蛋受精率 90%,平均受精蛋孵化率 80%。公母鸡利用年限 1～2 年。

七、河横青脚鸡

河横青脚鸡属快大型青脚优质肉鸡,由江苏省泰州市河横家禽育种有限公司采用现代育种手段,培育出的生长速度快的黄羽青脚肉鸡配套系。该鸡是四系配套,父系 AB 为快长系,来源于红色海佩科,母系由一个中等速度的麻羽(C 系)父系与法系隐性白羽母系(D 系)杂交而成。

河横青脚鸡父系AB为快长系，深麻色羽，体呈方形，胸、腿肌发达，是典型的有色羽快长肉鸡。母系CD的特点是早熟、全身麻羽、青脚，肉质优和产蛋性能好。商品代全身麻羽，青脚，早熟，单冠直立，鸡冠大且鲜红，体大圆润。

种鸡68周龄产蛋171枚，可提供苗鸡138只。开产周龄24周，最高产蛋率81%，种蛋受精率92%，受精蛋孵化率90%。母鸡开产体重2.1 kg，成年母鸡体重3.1 kg，产蛋期母鸡日耗料132 g，产蛋期成活率93%。成年公鸡体重4.2～4.5 kg。

商品代45天体重1.2～1.3 kg，饲料转化比2.05∶1，成活率96%～97%。具有肉质好，腹脂率低，肌内脂肪含量高，屠宰率高等特点。

八、闽中麻鸡

闽中麻鸡种是在地方鸡种永安麻鸡的基础上采用现代遗传育种技术，经过多年培育出来的优质肉鸡新品系，包括闽中麻鸡、闽中黄鸡2个系列。该鸡种具有土种鸡固有的优良特性，适应性广，抗逆性强，肉味鲜美，羽毛艳丽，生长速度较快，受到消费者的欢迎。

（一）闽中麻鸡

喙、胫为青黑色，单冠直立，颜色鲜红。公鸡为红棕色，前胸、翅、尾和下腹部近于黑色；母鸡全身为深麻色，主色调为黄麻，喙、胫为黄色，单冠直立，色泽亮丽。

（二）闽中黄鸡

体型较大，体态丰满，单冠、冠叶不大，冠体直立，冠、脸、肉垂皆鲜红色，喙的颜色以黄为主，胫趾均为黄色。公鸡全身羽毛偏红，尾部为闪亮的黑羽；母鸡的羽色以黄麻为基调，尤以颈部和前胸的羽毛偏黄，翅与尾部的羽毛偏黑。

闽中麻鸡、黄鸡父母代及商品代鸡的生产性能如表9-9和表

9-10所示。

表 9-9 闽中麻鸡、黄鸡父母代鸡的生产性能

项目	闽中麻鸡	闽中黄鸡
开产周龄	20	22
50%产蛋率周龄	25	25
80%产蛋高峰周龄	30	30
开产体重(kg)	1.9	2.1
种蛋平均受精率(%)	92	92
68周龄平均产蛋量(枚)	180	180

表 9-10 闽中麻鸡、黄鸡商品代 70 日龄生产性能

项目	闽中麻鸡		闽中黄鸡	
	公鸡	母鸡	公鸡	母鸡
活重(kg)	1.65	1.35	1.5	1.5
饲料报酬	2.3∶1	2.5∶1		2.1∶1
快长型活重(kg)*	1.4	1.1	1.6	1.3

* 闽中麻鸡为60日龄、闽中黄鸡为50日龄活重。

九、皖南黄鸡

皖南黄鸡系华大集团家禽育种公司培育的系列黄鸡，皖南黄鸡配套系的组成以隐性白羽为第一母本，分别与石岐杂、黄(麻)乌骨鸡等组成各种配套系。

1. 外貌特征　皖南黄鸡的外貌随各个配套组合的不同而不同，皖南黄(麻)配套系以羽毛麻色为主要特征，体型似地方草鸡。皖南黄(乌骨)配套系羽毛黄色，以乌皮、乌骨为主要特征，羽毛为片羽。

2. 生产性能

(1)产蛋性能。皖南黄鸡父母代开产日龄150天，开产蛋重

48 g,68 周龄产蛋 170 枚,平均蛋重 54 g,生产苗鸡 142～145 只。

(2)产肉性能。商品代 42 日龄体重,母鸡 800～1 050 g,公鸡 1 000～1 200 g,饲料转化比为(1.9～2.3)∶1。

(3)繁殖性能。皖南黄鸡父母代受精率为 95%,孵化率为 90%。

十、新狼山鸡

新狼山鸡是建国后第一个育成的兼用型鸡种。1952 年开始由华东农业科学研究所选育,1958 年基本定型。1959 年移交中国农科院家禽研究所继续培育和扩繁推广。

1. 外貌特征　新狼山鸡体型为兼用型类型。不像原来狼山鸡的背型。羽毛紧凑程度介于澳洲黑与黑色狼山鸡之间,既不像澳洲黑那么松也不像狼山鸡那么紧凑。光脚、无毛脚类型,全身羽毛黑色、单冠,眼的虹膜呈黄褐色,胫、脚部浅色,部分蓝灰色。新鸡换羽后的羽毛发蓝绿色光泽,其虹膜、脚胫部、羽毛色泽以及体型与原来的狼山鸡有明显的区别。

2. 生产性能

(1)产蛋性能。据 1992 年国家地方禽种资源基因库测定:新狼山母鸡开产日龄为 185.23 天,开产体重为 2 125 g,500 日龄平均产蛋 192.34 枚,平均蛋重为 54.62 g,蛋壳褐色,蛋型相当一致。

(2)产肉性能。90 日龄平均体重公鸡为 1 203 g,母鸡为 1 005 g;成年鸡半净膛屠宰率公鸡为 80.42%,母鸡为 78.32%;全净膛屠宰率公鸡为 73.42%,母鸡为 72.52%。

(3)繁殖性能。据 1992 年测定,新狼山鸡受精率为 95.52%,入孵蛋的孵化率为 88.12%,受精蛋的孵化率为 90.13%。42 日龄雏鸡存活率为 95.12%。

十一、寿光鸡

寿光鸡原产于山东省寿光市稻田乡一带，以慈家村、伦家村饲养的鸡最好，所以又称慈伦鸡。该鸡的特点是体型硕大、蛋大。寿光鸡是一个优良的肉蛋兼用型地方鸡种。该鸡具斗鸡体型特点，体大、蛋大、屠宰率高、肉质好等特性，同时还具有外貌特征一致性好，遗传性稳定的特性。

1. 外貌特征　寿光鸡主要有大型和中型两种，还有少数是小型的。大型寿光鸡外貌雄伟，体躯高大，骨骼粗壮，体长胸深，胸部发达，胫高而粗，体型近似方形。

成年鸡全身羽毛黑氏颈背面、前胸、背、鞍、腰、肩、翼羽、镰羽等部位呈深黑色，并闪绿色光泽，其他部位羽毛略淡、呈黑灰色，头形多为平头。大型寿光鸡头较大，脸粗糙，眼大稍凹险。中型寿光鸡头大小适中，脸平滑清秀。喙略短而弯曲、呈灰黑色，喙尖色略淡，冠形为单冠，公鸡冠大而直立，母鸡冠形有大小之分，冠、肉垂、耳叶、脸部均呈鲜红色，虹彩多呈黑褐色，胫、趾灰黑色，皮肤白色。

2. 生产性能

(1)产肉性能。雏鸡早期的增重和长羽速度均较慢，特别是大型寿光鸡，是典型的慢羽鸡，常有背羽稀疏和秃尾等现象，约40日龄之后生长速度加快。

(2)产蛋性能。大型母鸡开产日龄一般为240～270天，最早为150天左右；中型母鸡则较早。大型的开产体重为2 550 g，中型的开产体重为2 000 g；大型母鸡平均年产蛋量为117.5个，中型的年产蛋量为122.6个，最高可达213个。大型母鸡的蛋重范围为65～75 g，中型的平均蛋重为60 g。蛋壳褐色，蛋壳厚度为0.36 mm。蛋形指数为1.32。

(3)繁殖性能。大型鸡公母配种比例为1∶(8～12)，中型为1∶(10～12)。种蛋受精率为90.7%，受精蛋孵化率为80.85%。

十二、北京油鸡

北京油鸡是北京地区特有的地方优良品种，距今已有300余年。北京油鸡是一个优良的肉蛋兼用型地方鸡种。具特殊的外貌（即凤头、毛腿和胡子嘴），肉质细致，肉味鲜美，蛋质佳良，具有生活力强和遗传性稳定等特性。

1. 外貌特征　北京油鸡体躯中等，羽色美观，主要为赤褐色和黄色羽色。赤褐色者体型较小，黄色者体型大。雏鸡绒毛呈淡黄或土黄色。冠羽、胫羽、髯羽也很明显，很惹人喜爱。成年鸡羽毛厚而蓬松。公鸡羽毛色泽鲜艳光亮，头部高昂，尾羽多为黑色。母鸡头、尾微翘，胫略短，体态敦实。北京油鸡羽毛较其他鸡种特殊，具有冠羽和胫羽，有的个体还有趾羽。不少个体下颌或颊部有髯须，故称为"三羽"（凤头、毛腿和胡子嘴），这就是北京油鸡的主要外貌特征。

2. 生产性能　北京油鸡的生长速度缓慢。屠体皮肤微黄，紧凑丰满，肌间脂肪分布良好、肉质细腻，肉味鲜美。其初生重为38.4 g，4周龄重为220 g，8周龄重为549.1 g，12周龄重为959.7 g，16周龄重为1 228.7 g，20周龄的公鸡为1 500 g，母鸡为1 200 g。

北京油鸡开产日龄170天，种蛋受精率95%，受精蛋孵化率90%，雏鸡成活率97%，雏鸡死亡率2%，年产蛋量120枚，蛋重54 g，蛋壳颜色为淡褐色，部分个体有抱窝性。

北京油鸡外形独特，生活力强，遗传性能稳定，鸡肉品质和蛋质优良，是我国一个非常珍贵的地方鸡种，具有良好的开发应用前景。

十三、广西三黄鸡

广西三黄鸡（又叫信都鸡、糯垌鸡、大安鸡、麻垌鸡、江口鸡），产于广西东南部的桂平、平南、藤县、苍梧、贺县、岭溪、容县等地。

属小型鸡种，基本具“三黄”特征。公鸡羽毛酱红色，颈羽颜色比体羽浅，翼羽常带黑边，尾羽多为黑色。母鸡均黄羽，但主翼羽和副翼羽常带黑边或黑斑，尾羽也多为黑色。单冠，耳叶红色，虹彩橘黄色。喙与胫黄色，也有胫白色。皮肤白色居多，少数为黄色。成年鸡体重：公鸡 1 980～2 320 g，母鸡 1 390～1 850 g。150 日龄屠宰率：半净膛，公鸡 85.0%，母鸡 83.5%；全净膛，公鸡 77.8%，母鸡 75.1%。开产日龄 150～180 天，年产蛋 77 个，蛋重 41 g，蛋壳呈浅褐色。

第十章 养鸡场建筑设计

第一节 工程建设程序和依据

一、工程建设程序

养鸡设施工程建设程序是:立项,可行性论证,方案设计,工程设计,工程招标,组织施工,工程验收。工程设计是项目建设的技术保障,为了确保设计质量,国家规定了土建工程设计工作的程序,即初步设计、技术设计和施工图的设计。每段程序均有图纸和文字说明作为下道工序的依据。

养鸡生产工艺:包括鸡场的性质规模、饲养方式、工艺阶段划分及流程、鸡的品种选择、饲养技术、技术经济指标及管理定额的确定等。

养鸡工程工艺:即与生产工艺配套的工程技术选择及配套工程设施,包括鸡舍选型配套,建筑长跨确定和鸡舍分栋,房舍建筑分区和工程防疫区划,养鸡设备选型配套,鸡舍环境参数和建筑设计参数的选定等。

场区和鸡舍的环境工程:包括场区的环境区划和总图设计,场区道路规划设计及绿化布置,场区给排水及卫生防护措施,场区及鸡舍工程防疫措施,各鸡舍环境工程设计如通风、防潮、光照等。

鸡舍建筑设计:根据鸡场养鸡工程工艺和环境工程的功能保证,从建筑、结构、通风,即排水、电器电路的配套工程等方面的设计。

二、生物学依据

鸡群的生物学特点和行为习性是养鸡场工程设计的生物学依据，鸡场总体规划、鸡舍建筑以及设备选型等所有工程设施都必须符合鸡群的生物学特点和行为习性的要求。

(1)鸡的体躯矮小，体高在350 cm左右，空间活动范围一般在500 mm高度以内，在进行鸡舍工程设计和考虑鸡群所处环境状况时，着眼点应放在鸡的活动区。

(2)鸡的体温高，基础代谢旺盛，鸡的正常体温在40.5～41.7℃。鸡群生产活动最适宜的环境温度为13～23℃，在集约化密集饲养的情况下，夏季要注意通风。

(3)鸡易受疾病侵害，尤其在集约化饲养的条件下，更易发生传染性疾病、寄生虫病。因此，在工程设计方面严格工程防疫措施。利用地形地势、主风向、“安全角”以及植树绿化和行之有效的鸡舍雾化消毒措施，使鸡舍处于净化状态，以杜绝各类传染性疾病。

(4)鸡的神经类型活跃，易受惊吓而引起骚动，对突然的声、光、动作变化敏感。所以，在场地选择、环境规划时要注意避免应激因素。

(5)鸡对光线敏感，舍内光照不易过强。

(6)鸡的兽害多，需防天敌黄鼬、老鼠、猫类都是鸡的害兽。鸡与雀、鼠有共患病，有些疫病的发生是通过它们传染的，因此，鸡舍需设防雀网。

三、环境科学依据

集约化养鸡要获得成功，必须有良好的环境工程措施作基础。鸡场的“工程防疫”措施大体有以下几种：

1. 全进全出　整场全进全出是控制那些在鸡的体外不能长期

存活的致病因子的有效方法，适用于大多数疾病的控制。所以，有条件的养殖场应实行全场全进全出，最低应做到一个小区全进全出，每个功能单元可以隔离封锁，工作人员、设备等采取严格的安全措施。

2. 控制垂直传播　垂直传播主要是蛋媒疾病和孵化过程中对雏鸡的污染。因此，种鸡生产、人工授精器械的消毒和种蛋的采集应倍加重视，减少致病因子对种蛋的污染。

3. 隔离　在某些地区，养鸡企业高度集中，尤其是肉鸡饲养出现了专业村，更要实施严格的隔离和消毒，最好能划出专门的区域饲养。

第二节　鸡场的总体设计

一、场址的选择

根据鸡场的类型，首先要考虑鸡场的自然条件和社会条件。自然条件包括：地形地势、土壤、水质资源、气候因素等。社会条件包括：交通、供电、社会风俗习惯、经济条件、疫情等。场址对鸡场的建设投资、鸡群健康、生产性能、生产效率和成本等都有直接影响。因此，场址选择要全面调查，收集有关资料进行分析讨论后确定。

（一）自然条件

1. 地形地势　鸡场应建在背风向阳、地势高燥、水源充足、排水方便的地方。在平原地区，应选择地势高、土质良好、稍向东南倾斜的地方。山区丘陵地区选择山坡的南面建场，这样有利于通风、日照、排水。

2. 水源水质　水源要充足，水质要符合卫生标准，鸡场用水较多，尤其是夏季鸡的饮水量增加，每只成年鸡每天的平均饮水量为 350～400 mL。同时鸡场的消毒、洗刷、生活用水等应考虑其中，水质应经过化验，要符合卫生要求，切不可使用未经消毒处理的沟、河水源，尽可能使用自来水，没有自来水条件的地方，最好打深井取水。

3. 地质土壤　对鸡场地质状况的了解，主要是收集工地附近的地质勘察资料。建鸡场的土质以沙壤土为好，要考虑是否便于排水，雨后场区不致积水而造成泥泞。

4. 气候因素　主要指与建筑设计有关和造成鸡场小气候环境的气候气象资料，如气温、风力、风向、日照及灾害性天气的情况等，以便选择适宜的鸡舍类型、朝向距离、次序。

(二)社会条件

1. 电源可靠　电对养禽场，尤其是养鸡场是不可缺少的。喂料、供料、供水、集蛋、孵化、育雏、照明、取暖、降温等都需要电，尤其是孵化，经常停电影响最大。因此，电源必须可靠，必要时可自备发电机。

2. 交通便利　场区的环境及防疫的好坏是鸡场经营成败的重要因素之一，为此场址应位于自然环境较好的屏障区，而人流量大、车辆来往频繁的地区，易污染场区环境、易传染疫病；反之，鸡场的粪便气味对周围的环境也会造成污染，因此禁止在旅游区、污染严重的地区建场养鸡场。要远离城市，以防污染城市环境。但其产品主要供应城镇市场，运输距离不宜过远，根据对我国工厂化养鸡场调查和国外有关资料介绍，养鸡场距主要交通干线的间距应不小于 1 000 m，次级公路 100～200 m，距居民点 2 000 m 以上，与其他畜牧场、畜产品加工厂的间距不小于 1 500 m，以满足卫生防疫的要求。

3. 排污方便　鸡场污水排出的条件也很重要，对当地排水系统也应调查清楚，如排水方式、纳污能力、污水去向、纳污地点、据居民区水源距离、能否与农田灌溉系统结合等。鸡场污水应处理后排放。

鸡场场地面积的拟定应本着节约用地，少占农田，不占良田的原则，尽量利用山区岗地、荒地等无农耕价值的地段建场。建场土地面积，应该根据鸡场的性质、规模和饲养方式等具体情况确定。

二、布局及规划设计

养鸡场的总体布局，即总平面布置，主要是确定各种房舍和设施的相对位置。包括各种房舍分区规划、道路规划、绿化的布置、供排水和供电等管线的线路布置以及场内防疫卫生环境保护设施的安排。合理的总平面布置可以节省土地面积，节省建场投资，给管理工作带来方便，否则则相反。

（一）鸡场建筑物的种类

按建筑设施的用途，鸡场建筑共分为五类：

(1)行政管理用房：包括行政办公室、接待室、会议室、图书资料室、财务室、值班门卫室以及配电、水泵、锅炉、车库、机修等用房。

(2)职工生活用房：包括食堂、宿舍、医务、浴室等房舍。

(3)生产性用房：如各种鸡舍、孵化室等。

(4)生产辅助用房：包括饲料库、蛋库、兽医室、消毒更衣室等，属间接生产性用房。

(5)附属用房：如大型养鸡场需设病鸡剖检、化验。此外，还有粪污处理设施。

（二）分区规划

1. 分区规划的原则　养鸡场各种房舍和设施的分区规划，主要从有利于防疫、有利于安全生产出发，根据地势的高低、水流方向和主导风向，按人、鸡、污的顺序，将各种房舍和建筑设施按其环境卫生条件的需要次序给予排列（图 10-1）。并首先考虑人的工作和生活集中场所的环境保护，使其尽量不受饲料粉尘、粪便气味和其他废弃物的污染；其次需要注意生产鸡群的防疫卫生，尽量杜绝污染源对鸡群环境污染的可能性。

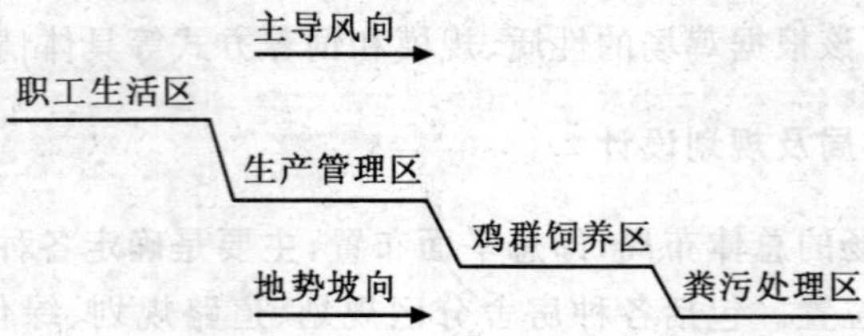

图 10-1 地势和风向划分场区示意图

如地势与风向在方向上不一致时，则以风向为主（一般按夏季主风向）。对因地势造成水流方向的地面径流，可用沟渠改变流水方向，避免污染应受保护的鸡舍；或者利用侧风向避开主风，将需要重点保护的房舍建在“安全角”的位置，免受上风向空气污染。根据拟建场区土地条件和可能性，也可用林带相隔，拉开距离，将空气自然净化。对人员流动方向的改变，可筑墙阻隔和种植灌木等其他设施加以解决，防止流窜。

2. *各种房舍的分区规划* 根据功能区划的不同，鸡场场区可分为职工生活区、行政管理区、辅助生产区、鸡群饲养区、病鸡和粪便污水处理区；通常将职工生活区和行政管理区统称为场前区或非生产区。非生产区应与生产区分开，并有一定间隔距离和屏障。鸡场分区可按图 10-2 规划。鸡场的总体平面布置图和分区规划。要因地制宜，根据拟建场区的自然条件具体情况进行，不能生搬硬套别人的图纸。

生产区是全场的主体，主要是各类鸡舍。鸡舍的布局要考虑当地的主导风向，如果以南风为主风向，种鸡场的鸡舍布局由南向北依次按育雏舍、育成舍、成鸡舍安排，避免成鸡对雏鸡可能造成的感染。孵化室通常离开鸡场一段距离，通常要 1 000 m 以上. 以防交叉感染和接雏人员及车辆接近场区。

规模肉鸡场生产区的鸡舍排列一般为双列式，中间为净道，两侧是污道，规模较小的肉鸡场生产区鸡舍排列可选单列式（图10-2）。

场前区	辅助区	生产区	排污区

图10-2　鸡场平面图布置示意图

（三）养鸡场房舍功能关系分析

1. *主要依据功能关系即房舍的功用和彼此间的工作联系*　在考虑平面布置方案时，依生产工艺流程中工作联系最频繁，劳动强度最大，养鸡业最关键的环节为中心，同时兼顾防疫卫生、提高工效、缩短管线道路等3个方面，统筹规划、合理安排各种房舍的平面位置，做出鸡场总平面布置图，以有利于组织生产，提高工效。

养鸡场内有两条最主要的流程：一条为饲料（库）—鸡群（舍）—产品（库），这三者间联系最频繁，劳动量最大；另外一条流程线为饲料（库）—鸡群（舍）—粪污（场），其末端为粪污处理场。因此，饲料库、蛋库和粪场均要靠近生产区，但不能在生产区内，因为三者需与场外联系。饲料库、蛋库和与粪场为相反的两个末端，因此，其平面位置也应是相反方向或偏角的位置。

2. *应注意的3个方面*

（1）卫生防疫条件。综合性鸡场鸡群组成比较复杂，进行总平面布置时，生产区内还要分区规划，形成小区，为改善防疫环境创造有利的条件。各个小区之间既要联系方便，又要有防疫隔离的条件，注意生产鸡群的防疫安全和有利于提高劳动生产率的安排，布置相应设施的位置。

（2）劳动生产条件。虽然养鸡场在某些饲养管理上可以采用劳力密集型的饲养工艺，不必追求机械化程度，但是在生产管理中某些环节，如供水系统应自动化，运输系统必须施行机械化，以减轻人的劳动强度，改善劳动条件。

(3)道路管线铺设。养鸡场内道路、上下水管道、供电线路的铺设，是鸡场建筑设计中的一项重要内容，这些线路设计是否合理，直接影响着建材和资金，必须有一个完整的工艺设计和总体规划设计方案。

三、鸡舍朝向和间距

鸡舍朝向和间距是鸡场总平面布置的一项重要内容，它关系着鸡场占地面积，与防疫、排污、防火的关系也很大，需要仔细考虑和研究。

(一)鸡舍朝向

鸡舍朝向的选择与鸡舍采光、保温、通风和排污等环境效果有关，主要是对太阳光、热的利用和对主导风向的利用。我国处于北半球，鸡舍方位朝南，冬季日光斜射，可以利用太阳辐射的热能和射入鸡舍内的光束，以利鸡舍的保温。夏季日光直射，太阳高度角大，阳光射入鸡舍并不多。故我国大部分地区选择南向的方位是符合科学道理的。我国沿海大部分地区的鸡舍以南向为主向。以南偏东15°的朝向为最佳。有些地区可偏西，如大连、武汉，上海市则以正南向的鸡舍朝向最为有利。此外，还应注意所在地区特殊性加以调整。

(二)鸡舍间距

鸡舍的间距应从防疫、排污、防火和节省占地面积等方面的要求给予确定。从防疫卫生要求确定鸡舍间距时应越远越好，一般鸡舍的间距应为鸡舍高度的5倍(5H)。纵向通风鸡舍风机全部安装在一侧山墙上，利用污道而不是鸡舍间的空地作为排风区。3H的间距即可满足防疫的要求。鸡舍间距还要考虑经济利用土地的问题，特别是要节约粮田。与确定鸡舍间距有关的还有日照的因素，主要考虑相邻鸡舍的日照遮阳问题。

四、道路

道路是总体布置的一个组成部分，为了场区环境卫生和防止污染，场内道路应净污分道，互不交叉，出入口分开。净道是饲料和产品运输通道；污道是粪便、死鸡、淘汰鸡以及废弃设备的专用道。为了保证净道不受污染，在布置道路时可按梳状布置，道路末端只通鸡舍，不再延伸，更不可以与污道贯通。净道和污道以草坪、池塘、沟渠或者果木林带相隔。蛋库、料库和与排污区有关的建筑物或建筑设施，场内场外道路要分别设置，场外相通的道路不能直接与生产区道路相通。道路的纵向坡度以平缓为好，山区、丘陵地区主要行车道路的最大纵坡度不可大于17%。

五、绿化

绿化是鸡场规划建设的重要内容，要结合区与区之间、舍与舍之间的距离、遮阳及防风等需要进行。可根据当地实际种植能美化环境、净化空气的树种和花草，但不宜种植有毒、飞絮的植物。

(一)防护林带

以降低场区风速为目的，降低气流、风沙对场区、鸡舍的侵袭。防护林带有主林带和副林带之分。主林带位于场区迎冬季主风边缘地段。副林带多配置在非主林带地段的其他三方向边缘地段。主林带的宽度视当地的风力而定。株距1.5 m，行距1.5 m，呈“品”字形栽植，树种选择乔木、灌木，高树、低树搭配栽植。主林带以枝条较稠密的树种和不落叶的树种，如槐、柳、柏、松树为宜，以高大的乔木为好。副林带的行数较少，其他方面与主林带相同。由于通风排污的需要，树木修剪时副林带的树冠应高些，树干保留在4～5 m，灌木也应疏枝。

(二)隔离绿化

鸡场的各分区之间和沿鸡场四周围墙,应设隔离的绿化设施,包括防疫沟和树木、水草、灌木,以绿篱的形式为好。如防疫沟旁有路也可与行道树的配置统一考虑。

(三)遮阳植物

散养鸡舍运动场四周,笼养和网养鸡舍间,均需要植树种草,尽量给以完善的绿色覆盖。鸡舍间的绿化,既要注意遮阳效果,又要注意不影响通风排污,开放型鸡舍更应注意不影响鸡舍窗洞的进风。以相邻二株树冠相接,又能透风为好。

(四)道路绿化

养鸡场内道路两旁的绿化,以遮阳、吸尘为主要目的,同时也应注意通风排污的效果。与风向平行的道路宜种植树冠大、叶小而密的树种,如槐树、柳树、榆树和小叶杨。与风向垂直的道路宜植枝长而稀的树种,如合欢、梧桐、杨树,或者种植植株较矮的灌木,如夹竹桃、黄杨等。

第三节　鸡舍建筑设计

鸡舍建筑设计是一项畜牧生物环境工程设计。它包括生物措施和工程措施两种技术的处理,需要多方面的专业人员互相配合,全面考虑来共同完成设计任务,不可只强调本专业而忽视其他专业的作用。制定出的鸡舍建筑设计既要符合鸡的生物学要求,又要便于工程实施,并能经得起实践的检验。

一、设计的要求

(1)满足鸡舍功能,适应鸡舍对环境的要求,为鸡的生长发育、繁殖、健康和生产创造良好的环境条件。

(2)适合工厂化生产的需要,有利于集约化经营管理,提高经济效益，减轻饲养人员劳动强度，满足机械化、自动化所需要条件或留有余地。

(3)符合建筑模数，便于选用建筑构件，便于施工，有利于节约建材，降低造价。

(4)符合总平面布置要求，与周围建筑物、场区环境相协调，考虑总体环境美学效果。

(5)便于饲料、产品和废弃物等的运输。

二、设计的步骤

鸡舍建筑是环境工程的体现，涉及鸡舍保温、通风、供暖、降温、给排水、光照等环境工程设施的合理配置和安装等有关技术问题。鸡舍建筑设计要考虑的因素主要有：

气候条件：温热效果、通风效果、环境工程设计参数。

建筑形式：开放型、封闭型；笼具、网栏等机具设备选型与尺寸；笼列布置、网栏列数、走道数量和宽度；建筑模数、鸡舍跨度与构件选用；鸡舍面积和容纳鸡数，总平面布置图等。

1. 平面设计　鸡舍平面设计是在养鸡工艺平面布置方案的基础上进行的，建筑平面比较集中地反映建筑功能的情况。鸡舍的平面设计要根据饲养工艺做好建筑平面功能分析，包括鸡舍内部饲养管理活动规律和功能要求，鸡舍内部各组成部分之间的关系，鸡舍内外关系等，确定好尺寸，并与剖面和立面的设计有机结合。

2. 剖面设计　鸡舍剖面设计是解决垂直方面空间处理的有关问题，即根据生产工艺和内部环境需要，设计剖面形式与确定鸡舍剖面尺寸，鸡舍空间的组合和利用，以及鸡舍剖面和结构、构造的关系等。

3. 立面设计　当平面、剖面设计确定时，建筑立面的形体轮廓也已基本确定。即鸡舍形体外观平视的图示，包括正立面、背立面和两个侧立面。立面设计除了要符合经济实用的要求外，在可能的条件下也应注意美观，与周围环境和谐。

三、对结构和各部分的基本要求

（一）鸡舍结构及一般规格

1. 鸡舍面积　鸡舍的面积的大小可根据饲养方式（平养、两高一低、笼养等）和饲养密度来确定。如平养时，占地面积可按肉用种鸡 0.25 m^2/只，肉用仔鸡 0.09 m^2/只。

2. 鸡舍的跨度和长度　鸡舍的跨度一般不宜过宽，有窗自然通风鸡舍跨度以 6～9.5 m 为宜，这样舍内空气流通较好，机械通风鸡舍的跨度可选用 12 m 左右。鸡舍的长度没有严格的限制，但考虑到设备安装和工作方便，一般以 50～80 m 为宜，不宜过长或过短。笼养鸡舍长度除鸡笼长度外，还要考虑生产操作所需空间。

3. 鸡舍高度　鸡舍高度根据饲养方式、清粪方式、鸡舍大小和气候条件有所不同。跨度不大、平养、气候不太炎热的地区，鸡舍不必太高，一般从地面到屋檐的高度位为 2.5 m 左右，跨度大、气候炎热的地区，又是多层笼养可增高到 3 m 左右。

4. 屋顶　一般常采用双坡式，但也可以根据当地的气候环境采用单坡式、平顶、钟楼式（包括部分钟楼式）、半钟楼式和锯齿等（图 10-3）。在气温较高，雨量较大的地区，屋顶的坡度以大些较好，最好加设顶棚，其上填放稻壳或保温材料等以增强隔热性能。

5. 墙壁与地面　墙壁的有无、多少或厚薄主要决定于当地的气候条件和鸡舍的类型。气温高的地区，可以建造简易的棚舍或半开放式舍。气温低的地区，墙壁要有较好的绝热性能，可加厚墙壁或中间填塞稻糠、麦秸之类的隔热材料。

地基要求深入地面约 0.7 m，舍内地面应高出舍外地面约 0.3 m，在潮湿或水位高的地区，应加高地面。地面保证无间隙，结实坚固。舍内应设有排水孔，以便舍内污水能及时向外排放。

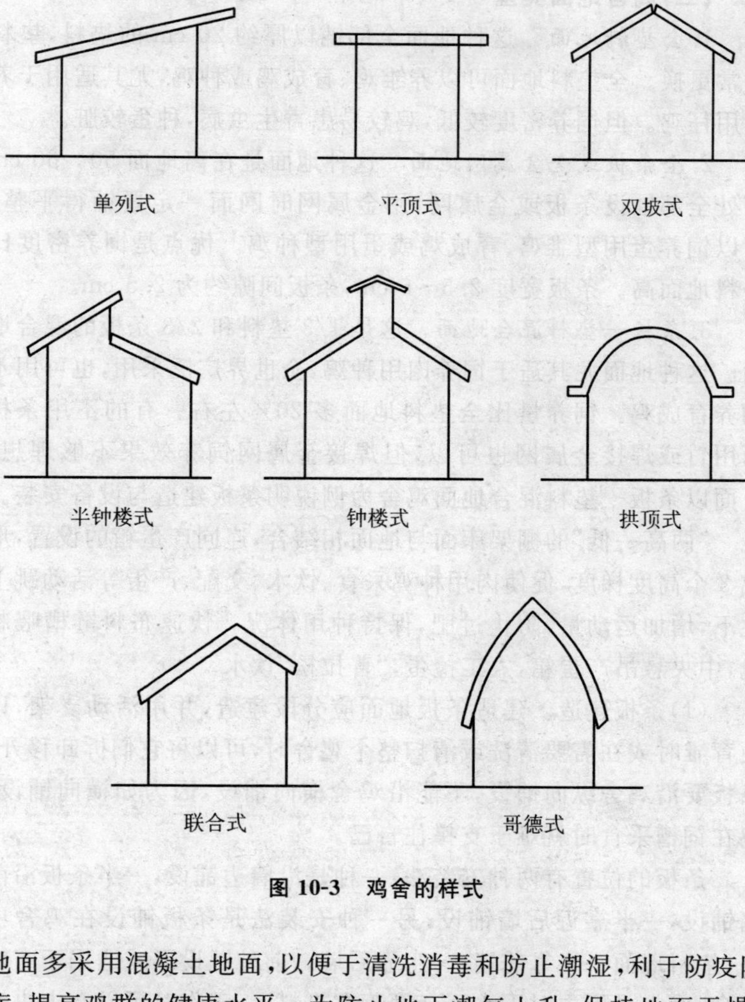

图 10-3 鸡舍的样式

地面多采用混凝土地面，以便于清洗消毒和防止潮湿，利于防疫防病，提高鸡群的健康水平。为防止地下潮气上升，保持地面干燥，在铺混凝土前，在混凝土 10 cm 下面铺油毛毡纸的防水层。鸡舍中间的 1/3 地面要增厚 5 cm，便于向两边排水。

(二)鸡舍地面类型

1. *全垫料地面* 这种地面全部铺以厚约 20 cm 的垫料,垫料经常更换。全垫料地面可以养雏鸡、育成鸡或种鸡,尤其适用于养肉用仔鸡。但饲养密度较低,鸡较易患寄生虫病,种蛋较脏。

2. *全条板或全金属网地面* 这种地面是在离地面 50～60 cm 高处全部铺设条板或金属网,用金属网时网面一定要铺得平整。可以饲养蛋用型雏鸡、育成鸡或蛋用型种鸡。优点是饲养密度比垫料地面高。条板宽度 2.5～5 cm,条板间隙约为 2.5 cm。

3. *条板—垫料混合地面* 这是 1/3 垫料和 2/3 条板的混合地面。这种地面尤其适于饲养肉用种鸡,全世界广泛采用,也可用于饲养育成鸡。饲养量比全垫料地面多 20%左右。有的不用条板而用竹或焊接金属网也可以,但焊接金属网饲养效果不够理想。下面以条板—垫料混合地面鸡舍为例说明条板建造与设备安装。

"两高一低"的棚架床面与地面相结合,连同产蛋箱的设置,形成 3 个高度梯度,促使肉用种鸡采食、饮水、交配、产蛋等活动跳上跳下,增加运动量,防止过肥,保持种用体况。快速布料链槽喂料机,中央悬吊产蛋箱,人工捡蛋,"普拉松"饮水。

(1)条板建造。建造条板地面应分段建造,并用活动支架,以便育雏时或在需要清洗或清扫整个鸡舍时,可以将它们拆卸移开。条板要沿鸡舍纵向铺设,不能沿鸡舍横向铺设,因为如横向铺设,鸡在饲槽采食时就难于支撑住自己。

条板的位置有两种安装法:一种是沿墙边铺设,一半条板沿前墙铺设,一半靠近后墙铺设;另一种安装法是条板铺设在鸡舍中央,垫料地面一半靠前墙,一半靠后墙。前种铺设形式适用于有窗鸡舍,优点是下雨时雨水不会洒落在垫料上,工作时可以在中央铺垫料的地方进行处理。产蛋箱就以两边条板为支点,悬挂于中央垫料区的两侧。

(2)条板棚架的规格和高度。条板应用无大节疤的云杉木或相似质量的木材制成。具体规格尺寸:条板 2 cm×4 cm×200 cm,框架 4 cm×10 cm,脚支架 5 cm×10 cm×50 cm。这些材料均要刨光。先制成 200 cm×200 cm 的棚架,然后按鸡舍的大小拼装,拼装面积应占鸡舍总面积的 2/3,留出中间 1/3 作为垫料地面。其高度应离地面 50～60 cm,不宜太高,对重体型种鸡更应略低。棚架下靠垫料一侧均需装上铁丝网。以防鸡跑入条板下积粪区。另条板两侧靠垫料区,还应设 2～3 级的踏脚板,每隔 12 m 放一个脚踏板,以便鸡只上下棚架。条板也可以用竹片精心加工制成。

(3)条板上饲喂器和饮水器的安装。注意条板上喂饲器和饮水器的安装位置,自动饮水器应安装在离窗口墙壁和中间条板边缘 80～100 cm 处。在两条自动饲喂器中间,挂上自动饮水器,要求自动饮水器与饲喂器的直线距离不超过 1.5 m。另外在垫料上要另外安装公鸡的饲喂器,以利 24 周龄后公母鸡分开用料。

(4)产蛋箱的安装。每两个有 10 个产蛋位的产蛋箱一端背靠背地放在距板条边缘 30 cm 的位置上;另一端悬挂在垫料区上方的屋架上。其安装数量按入舍母鸡数计算,每 4 只母鸡应有一个产蛋箱位。产蛋箱可用白铁皮或木材等制成。

四、建筑类型

(一)普通鸡舍

普通鸡舍又称有窗鸡舍或封闭有窗舍。常见长度为 50～70 m,宽度为 7 m,9 m 或 12 m,一般高为 2.5～2.8 m,多为砖瓦结构,一般每间长 3～3.5 m,设有 2 个窗户,前后各 1 个,便于采光和通风。据南京农业大学实验,把普通鸡舍的 1 个大窗改为 2 个立式小窗,可使光线均匀柔和,自然通风效果改善。为节省建筑材料,多采用 24 墙,但为了保温隔热效果,应采用 37 墙,并设天棚,以加强建筑隔热。有窗鸡舍依靠墙体、屋顶和门窗等外围护结构形成全封闭状态,具有一定的保温隔热能力。

(二)封闭式鸡舍

封闭式鸡舍又称无窗鸡舍。鸡舍四壁无窗,杜绝自然光源,采用人工光照、机械通风。这种鸡舍的通风、光照均需要用电,为耗能型的鸡舍建筑,因此,鸡舍功能效果的发挥对电的依赖性较大。性能良好的封闭型鸡舍,舍内环境可以控制,而且可以根据舍内鸡群的品种和日龄来决定光照程序,而不受季节的影响,从而使鸡群的性成熟与体成熟同步。在我国选用封闭型鸡舍的养鸡场,需要慎重考虑当地的供电条件。

封闭式鸡舍必须具有良好的保温隔热性能,建筑要求高于有窗鸡舍,多设天棚。设有纵向通风和湿帘降温系统,否则环境控制困难。

封闭型鸡舍通风系统所有的开口,如风机安装孔洞、应急窗、进气口等均需要有遮光装置,以便有效地控制鸡舍光照。

(三)半开放型鸡舍

为利用自然环境因素的节能型鸡舍建筑,鸡舍侧壁上半部全部敞开,以半透明双覆膜塑料编织布做的双层卷帘或双层玻璃钢多功能通风窗为南北两侧壁的围护结构,依靠自然通风、自然光照、利用太阳能、鸡群体热和棚架蔓藤植物遮阳等自然环境条件,不设风机,不采暖,以塑料编织卷帘或双层玻璃钢两用通风窗,通过卷帘机或开窗机控制气缝开度组织通风换气。通过长出檐的亭檐效应和地窗扫地风以及上下通风带组织对流,增强通风效果,降低鸡群体感温度。通过南向内外两层卷帘或双层窗的温室效应和隔热作用,达到冬季增温和保温效果。鸡舍采用轻钢结构,复合保温板装配。

这种鸡舍适用性很强,蛋、肉型各品种,各生长阶段均可适应。鸡舍建筑均为 7～9 m 跨度,2.6～2.8 m 高度,3 m 开间,鸡舍长度 30～60 m。利用横向自然通风方式,是可以满足鸡舍环境要求的。如再加大跨度,则需要配合机械通风。鸡舍环境工程设施应有长出檐、排气缝、防风扣门、防风卡楞、双层卷帘及卷帘机配套系统等。冬季关严卷帘或门窗，尽量避免缝隙冷风渗透以利保温。夏季门窗、卷帘全部打开，地窗打开，这样在上部可形成较宽的通风带，下部地窗可形成“扫地风”，加速了舍内空气的流动，降低鸡的体感温度。早春、晚秋，早、晚关闭或半闭，其他时间打开，便于组织自然通风。

(四)开放—封闭兼备型

这种鸡舍采用的大型多功能双层玻璃钢通风窗与鸡舍长度相同，玻璃钢大窗作为两侧进风口，通过开窗机来调节玻璃钢窗的开启程度。形如一面可以启闭的半透明墙体，从而使鸡舍具有开放封闭兼备的功能。在气候温和的季节里依靠两侧玻璃钢窗来调节舍内环境。而不必开动风机；在气候恶劣的条件下则关闭两侧大窗，开启一侧山墙上的进风口，并开动另一侧山墙上的风机进行强制通风。这种鸡舍既能充分利用自然资源(太阳能、光能和风能)，又可以在恶劣气候条件下实现人工调控，从而实现鸡舍建筑形式上开放、封闭相结合，通风技术上横向、纵向通风相结合，自然通风与机械通风相结合，使鸡舍具备了混合通风，开放、封闭兼备的功能。

(五)复合聚苯板组装式拱形鸡舍

这是根据市场竞争与生产需要而产生与发展的，由内蒙古新优佳联合公司获得了实用新型专利，并在全国推广应用。该鸡舍采用轻钢龙骨架拱形结构，选用聚苯板及无纺布为基本材料，经防水强化处理后的复合保温板材作屋面与侧墙材料，这种材料隔热保温性能极强，导热系数仅为 0.033～0.037，是一般砖墙的1/15～1/20，既能有效地阻隔夏季太阳能的热辐射，又能在冬季减少舍内热量的散失。两侧为窗式通风带，窗仍采用复合保温板材，当窗完全关闭时，舍内完全封闭，可以使用湿垫降温纵向通风或暖风炉设备控制舍内环境；当窗同时掀起时，舍内成凉棚状，与外界形成对流通风环境，南北侧可以横向自然通风，自然采光，节约能源与费用，具有开放式鸡舍的特点。所以，该鸡舍属于开放—封闭兼用型鸡舍，可以适应外界环境的变化而改变状态。

鸡舍建筑投资包括基础、地圈梁、龙骨架、屋面、通风窗 5 大部分。地面以上无砖结构，属于组装式轻型结构。建材主要为钢材、复合保温板、水泥、黏土、少量砖。由于复合聚苯板质轻、价廉、耐腐蚀、保温性能好，因而降低了投资造价，降低了鸡的饲养成本，增强了鸡场竞争力。鸡舍结构简单，组装式，建场工期短、见效快，有利于加快资金周转。通风、温度、照明皆可利用外界的自然能源。不但适用于饲养种鸡、肉鸡、蛋鸡等，也可用于肉猪、肉牛的饲养和作为库房，简易厂房建筑。

(六)连栋鸡舍

连栋鸡舍取消了相邻鸡舍之间的间隔，各单体鸡舍仅以一墙相隔，实行纵向通风，屋顶采光，并在屋顶上设置应急洞口。由于连栋鸡舍外围护墙面减少，隔墙勿需保温，从而降低建筑造价。连栋鸡舍虽然在建筑形式上为封闭型，但可根据各地气候条件的不同来决定采用人工光照或自然光照，这样就可以减少对电能的依赖性，可以大量节约用电，并可节省占地面积。

山东民和牧业股份有限公司肉鸡场于 1994 年兴建了两幢 18 连栋鸡舍，每幢鸡位为 3.5 万只，经冬、夏两季环境测试，各单体鸡舍内环境条件极为相似。夏季开动两台 5 万 m^3/h 的大风机，舍内鸡体附近风速为 1.1～1.4 m/s，进、排风口温差在 1℃以内；冬季间歇开动一台风机，并利用应急洞口来均匀进气，舍内温度可保持在 15℃左右，而氨气浓度在 1.0×10^{-7} 以下。整幢舍内温度场比较均匀，环境条件相近，有利于保持鸡群的整齐度，从而有益于整场全进全出。

(七)组装式多层鸡舍

材料科学的发展，促进了装配式鸡舍保温复合板材的发展。

组装式鸡舍采用预制构件，重量轻，结构牢固，因而施工简便、快速。

一些公司从国外引进的鸡舍，采用轻钢屋架，屋面采用机械压制的镀锌瓦，屋顶吊装顶棚，并铺设保温隔热材料。上层底板为五合板，同时作为下一层的天花板，墙体有保温复合材料组成，保温性能良好。这种鸡舍目前从国外进口的价格较高，在中国推广仍有一些困难，必须实行国产化，降低价格，才能为广大用户所接受。

第十一章 肉鸡的环境及控制

凡影响鸡生长、发育、繁殖、产蛋和生产性能的一切自然因素和社会因素，通称为鸡的环境。本章所讲的环境，主要是指鸡生活的小气候环境，包括温度、湿度、气流、气压、噪声、空气质量和生物因素等。

鸡的内在生产性能受遗传及环境两方面的影响，优良的肉鸡在恶劣的环境条件下，其生产潜力是不能完全发挥的，并使疾病增多，死亡率增加，特别是现代肉鸡业，全舍饲、高密度、集约化的条件下，环境问题变得更加突出，对鸡群生产性能和健康的影响更大。因此，了解并研究环境因素对鸡的影响，为鸡创造较为理想的环境，使其高产潜力得到充分的发挥，是现代养鸡业必不可少的措施之一。

第一节 鸡体的热平衡

一、产热

鸡是恒温动物，它通过自身的产热和散热使体温保持恒定。体热来源于体内营养物质的氧化代谢。单位体重和时间的产热量称为“能量代谢率”，代谢率越高，产热量越多。鸡的产热基本有下列 4 条途径。

1. *基础代谢产热* 指鸡在饥饿、休息、温度适宜（25℃）和消化道没有养分可吸收的情况下的产热量。这是鸡维持生命活动所需的最低产热量。鸡的体重越大，产热量越多，但单位体重的产热量则较少；相反，体重越小的鸡，产热量越少，但单位体重的产热量则较多。

2.消耗饲料产热　也称增生热、热增耗或特种动力作用。当鸡摄食和消化、吸收饲料时，其代谢随之增强并释放出生化发应过程中所产生的热量。体增热在冬季可用于维持体温，在夏季却增加散热负荷。以纯养分而论，蛋白质的体增热约占代谢能（*ME*）的30%，碳水化合物占 *ME* 的10%～15%，脂肪则仅占 *ME* 的5%～10%。

3.肌肉活动产热　肌肉是体热产生的主要器官，在基础代谢情况下，肌肉活动产热占总热量的1/3以上，各种活动时产热大量增加；其次为肝脏，约占12%；肾脏和心脏也是产热的主要器官。

4.生产过程产热　鸡在产肉、蛋和生长发育过程中都要产热。生产性能越高，生长速度越快，产热量越多。

二、散热

机体产生的热量不断向外散发，散热主要通过皮肤进行，其次还通过呼吸道和排泄器官等进行。散热的途径主要有辐射、传导、对流和蒸发4种方式。

1.辐射散热　皮肤以红外线辐射散失大量的热，周围物体的温度越低，吸收能力越强。干燥空气吸收辐射的能力很低，潮湿空气却能大量吸收。当气温与鸡的皮温相等时，辐射散热停止，高于鸡体温的热物体，反而使鸡接收辐射热。

2.传导散热　传导散热量与机体和接触物体的温差、接触面积和导热性成正比。鸡接触低温物体时可传导散热，而接触高温物体时则通过传导吸热。一般情况下，传导散热主要通过地面进行。当潮湿寒冷时，空气传导散热也较多。

3.对流散热　气温低于鸡体体表温度时，通过空气运动而带走体表热量的过程，称为对流散热。对流散热与气流速度、有效对流面积、体表与空气间的温差成正比。当鸡的体表温度高于环境温度时，对流可使机体散热；若环境温度高于皮肤温度时，对流反而使机体吸热。但对流对机体蒸发散热始终是有益。一般来说，由鸡体表面散失的热量10%～25%是以对流方式进行的，加大气流速度，有利于对流散热。

4.蒸发散热 热通过皮肤和呼吸道表面水分蒸发而散失的过程。蒸发散热量与蒸发表面和环境之间的水汽压之差、风速、皮温、有效蒸发面积成正比。当皮温为34℃，每蒸发1 g水分散失2.43 kJ的热量。只要机体有水分蒸发必然伴随着散热。外界气温高时，鸡呼吸浅而快，以增加蒸发散热，同时，水分通过皮肤的渗透增加；气温低时，鸡的呼吸次数少而深，皮肤渗透作用减弱，蒸发散热减少。气温高、湿度小、风速大，鸡体蒸发散热多，因此，夏季要尽量降低舍内的湿度，加强通风，以利于鸡体的蒸发散热。在一般气候条件下，鸡的辐射、传导和对流散热占75%～80%。蒸发散热约占17%。

此外，鸡通过粪便排泄和产蛋也能散失少量的热。

第二节 温热环境

空气环境的冷、凉、温、热称为温热环境，它是由温度、湿度、气流、气压和太阳辐射等温热因素，在一定的空间和时间内相互结合与相互影响综合而成的空气环境条件。它是不断变化的，对鸡的生产性能和健康起着重要的作用。

一、空气温度

(一)气温的来源和变化规律

气温来自于太阳辐射热，即太阳辐射使地面加热，地面再以长波辐射使空气升温。大气温度随季节和一天的不同时间而波动，其日变化规律是日出后气温逐渐升高，至午后14时前后出现日最高温度，此后气温逐渐下降，至次日日出前达日最低温度。鸡舍内的温度主要来源于太阳辐射热、外界气温以及鸡体散发的热。保温隔热性能良好的封闭式鸡舍，可有效的保存机体散发的热能，有利于提高冬季的舍内温度，而夏季又可减缓舍外高温影响。开放式、半开放式鸡舍和保温不良的鸡舍，舍内外温度相差不大。

（二）温度对鸡的影响

温度是最重要的环境因素，它对鸡的体热平衡、生长发育、产蛋、蛋重、蛋壳质量、受精率、采食和饮水、饲料转化率以及生理生化等方面都有明显的影响。

1.气温对鸡体热调节的影响　在一定温度范围内，鸡的产热量与气温呈负相关。高温时，鸡的皮肤血液循环加强，增加散热，同时减少产热，鸡表现为采食量下降、少动。并且，由于高温抑制非蒸发散热的效率（表11-1），鸡主要靠调节呼吸频率、增加蒸发散热来调节体温的恒定。一般温度达29.4℃，鸡就开始喘气，继而出现呼吸浅而快的的热性喘息，以散发体内过多的热量。鸡的呼吸频率在27℃以下时约为18次/min，气温上升到31.7℃时可达171次/min，39.5℃时可达285次/min，这时鸡大量饮水以补充呼吸和皮肤蒸发所散发的水分。

表11-1　不同气温下鸡的产热与散热

鸡数（只）	平均体重（g）	环境温度（℃）	平均产热量[kJ/（只·h）]	平均散热量[kJ/（只·h）]	
				蒸发	非蒸发
9	1 755	32.5	26.4	10.0	16.4
9	1 645	27.5	28.5	4	24.3
9	1 748	22.5	34.7	2.5	32.2

由表11-1可知，在一定温度范围内，不同温度下鸡的产热与散发热是相等的，产热量和散发量与气温呈负相关。在常温下，鸡

以蒸发散热为主，随着温度升高，蒸发散热所占比例上升，如气温从22.5℃升高至32.5℃，蒸发散热可增加4倍。鸡的正常体温为40.6～41.7℃，成年鸡体温以午夜12时最低(40.3℃)，下午5时最高(41.6℃)，这与鸡的生理节律、活动、光照、温度等有密切关系。刚出壳的雏鸡，绒毛潮湿时，体温不到30℃，以后逐渐升高至约39℃，3周龄时达到成年鸡体温。

气温升高对鸡的热平衡极为不利，可引起体温升高和呼吸、心跳加快。除热带鸡外，气温高达37.8℃，鸡有发生热衰竭死亡的危险，可引起肉种鸡的死亡。超过40℃时，温度越高，鸡的存活时间也就越短。鸡直肠温度的安全界限为45℃，致死温度为47℃左右。鸡的呼吸频率，公鸡为18～21次/min，母鸡20～37次/min，39.5℃时为285次/min。但换气量并没有相应地增加，正常呼吸和热性喘息时的换气量分别为0.544 L/min和1.565 L/min。

鸡的耐寒能力较强，鸡在低温下的产热量潜力提高较大，其产热量最大值可比正常情况下大3～4倍。低温时间过长使全身机能衰竭，麻痹而死。

2. 鸡的最适温度与温度对鸡的影响　鸡的适宜温度通常以生产性能、饲料转化率和综合经济效益等指标经过实验确定，由于衡量标准、实验条件和试鸡本身的差异，不同实验得出的结果是有差异的。一般而言，饲料利用率最高的温度比生长最快或产蛋最多的温度要高。雏鸡由于其体温调节机制要到3周龄才渐趋完善，羽毛逐渐丰满，采食量也增大，因而其适宜温度随日龄的增加而下降。美国Beltsville农业研究中心实验认为：1日龄雏鸡33℃，18天后逐渐降到27℃，育雏效果最好。而我国一些场家常采用高温育雏，1日龄温度一般为35～36℃，据说这样可有效地预防鸡白痢。Deaton报道，从4周龄至出售的肉用仔鸡，18℃增重最快，每单位增重的饲料利用率以24℃为最高。如饲料利用率与增重相结合，以21℃为最适宜。North认为肉仔鸡15.6～21.1℃

生长最快。杨全明等(1992)报道，肉仔鸡在27℃左右饲料利用率最高。因此，肉仔鸡增重的最适温度可定为16～18℃；若考虑饲料利用率，至少应提高6～8℃。

温度对产蛋性能、蛋重及蛋质量有显著影响。一般认为，在正常饲养管理条件下，以产蛋量为指标，各种鸡产蛋的最适温度为13～23℃，在10～24℃都能保持生产平稳。一般认为在27℃以下，下降1.5%，蛋重减轻0.3 g/枚；30℃以上，产蛋率明显下降；32℃时的产蛋率较21℃下降7.4%，重量减轻5.7%。高温可使蛋壳质量下降，一般认为21℃以上蛋壳开始变薄。有人实验证明，21.1℃蛋壳厚0.347 mm，32.2℃下降为0.309 mm，即下降11%。高温对产蛋的影响因品种和年龄等而不同，肉鸡不如轻型鸡耐高温，如气温32.2℃白来航鸡产蛋量下降幅度较少，而洛岛红产蛋量则显著下降。但重型鸡一般较耐寒。日龄较大的鸡，对热应激更敏感。

公鸡的精液质量和睾丸组织有明显的季节变化，春季精液质量最好，夏季最差。5月份精子活力最强，8月份最弱。不同品种对高温的反应也不同。据人工气候实验。白洛克公鸡在39～40℃经2～2.5 h，精子密度和每次人工射精量都立刻减少，一般经5～6天不能恢复正常。夏季种鸡受精率下降仍是一种逐渐的过程，但不能排除母鸡的影响。低温对睾丸生长和精子形成也有抑制作用，饲养于19℃中的公鸡受精力高于饲养于30℃或8℃中的公鸡。

气温对采食量和饲料转化率有显著影响，采食量与气温呈曲线负相关。在适宜温度范围内，气温对采食量的影响较小，温度较高或温度较低时影响大。据报道，0℃以下时，采食量亦减少，体重减轻，一般在气温5～10℃时鸡的采食量最多。饲料转化率在一定范围内随温度的上升而提高，据估计蛋鸡在30℃饲料利用率较18～20℃时高20%。一些实验证明，持续高温比变温对鸡的影响大，如果夏季气温日温差较大或喷水喷雾等应急降温措施，可使鸡体得到恢复，这对缓解热应激是有利的。如在气温日变化12.8～32.2℃，产蛋量较恒温高，蛋壳质量也高于32.2℃的恒温。但是，在任何情况下，变温幅度太大对机体都是不利的。

二、空气湿度

空气湿度是指空气中水汽含量的多少，说明空气的潮湿程度，通常用相对湿度表示，即空气中当时的实际水汽量与同温度下饱和水汽量之百分比(%)。

(一)鸡舍中水汽的来源

舍内水汽主要来源于鸡体排出的水汽和水分，占舍内水汽的70%～75%，特别是舍温较高时，鸡通过呼吸排出的水汽量很大。其次是空气中的水汽，这部分水汽量因所在地区及天气状况而不同，一般占舍内水汽的10%～15%。此外，尚有地面、墙壁、水槽及垫料的水分蒸发量，占舍内水汽的10%～15%。水汽在舍内的上部和下部较多，如鸡舍保温隔热性不佳，水汽遇冷，易在寒冷物体表面凝结为水滴落在地面。

(二)空气湿度对鸡的影响

一般情况下，空气湿度对鸡的作用是影响鸡的温度感觉。在适温时，气湿对鸡体的热调节机能没有较大的影响，因而对生产性能的影响不大。高温时，鸡主要靠蒸发散热，空气的高湿度使鸡的蒸发困难，体热易蓄积体内，体温升高，致使生产性能下降，而高温低湿则有利于鸡的蒸发散热。因此，鸡在低湿度条件下能耐受更高的气温。低温时，鸡体主要通过辐射、传导和对流散热，潮湿空气的热容量和导热性能均较高，因而使鸡体散热量增加。同时，潮湿的空气导致鸡羽毛的湿度加大，保温性下降，失热量增加大，使鸡感到更为寒冷，使饲料消耗增加，生产力下降，甚至冻伤。鸡一般能耐受低温低湿环境，只是多消耗饲料。

(三)鸡的适宜的湿度

在适宜温度时，相对湿度60%～65%最好，一般认为40%～72%是鸡的适宜湿度，不宜超过80%。高温、高湿能促进微生物滋生繁殖，导致疾病的发生和饲料霉变。但空气也不宜过分干燥，特别是高温时，干燥会影响黏膜和皮肤的防卫能力。相对湿度35%以下，易引发呼吸道疾病，使鸡的羽毛生长不良，舍内灰尘增多，也是啄癖发生的原因之一，所以，防止舍内潮湿和过于干燥也是管理的一项重要任务。

空气中的水汽量不易直接测出。在生产中，一般用于湿球温度表测得干湿球温度及两者的温差，查表得出空气的相对湿度。

三、气流速度

气流速度以米/秒(m/s)表示。鸡舍中气流除由各部位的温差造成外，门窗的启闭、各处的缝隙等动力作用也可形成气流。封闭式鸡舍(有窗或无窗)在门窗关闭时，气流速度不超过0.1 m/s；而开放式鸡舍内气流速度不均匀，有的地方0.6 m/s，甚至可达1 m/s以上。气流对鸡的影响是加强鸡体的对流散热。在高温季节，加大气流速度可以缓解高温的影响，在温度适宜和低温时，加大气流速度是有害的。如在25℃的鸡舍里，气流速度有0.25 m/s增大到0.5 m/s，产蛋率由77%下降到65%，平均蛋重由65 g下降到62 g，料蛋比由2.5～2.9 L，产热量提高。总之，如气流低于体温，加大气流就等于降低温度。

在任何情况下，为保持舍内空气环境的均匀一致和通风换气的正常进行，即使在冬季也保持一定的气流速度，以0.1～0.2 m/s为好，不宜超过0.25 m/s。通风不良的鸡舍，空气处于相对静止状态，空气环境状况不佳，对羽毛生长和健康有不利的影响。夏季炎热高温时，舍内气流速度如能保持在0.5 m/s以上效果较好，纵向通风达到1.5 m/s左右较为理想。舍内气流速度一般是用热球式电风速计测定,它的测定范围是 0.05～10 m/s。

四、气压

在平原地区,气压的变化对鸡无影响。海拔 3 000 m 以上,不适应的鸡可产生病理变化,主要表现为缺氧反应。在高海拔地区,种蛋孵化率下降,其主要原因是氧气不足,引起胚胎死亡,若在孵化器内补充氧则能提高孵化率。

总之,在自然条件下,诸温热因素对鸡只健康和生产力的作用是综合的。各因素之间,既相互促进又相互制约。气温、空气湿度和气流速度 3 个主要因素中,任何一个因素的作用,都受其他 2 个因素的影响,其中温度起着主导作用,3 个因素在不同水平上可组合成不同的感觉。因此,对温热环境作用的评价仅用一个环境指标是不科学的。故有人提出用动物的实感温度(有效温度)和风湿度指数等指标来综合评价温热环境的作用。

第三节 鸡舍环境的改善与控制

养鸡环境的改善与控制是一项综合措施,它主要取决于环境温度的控制,而环境温度控制的程度必须根据各地的气候条件因地制宜。本节主要从防寒、防暑、通风和防潮方面叙述,其他环境的改善与控制请参阅有关章节。

一、鸡舍的保温

鸡舍中的热量来自鸡的体热、太阳辐射、机械设备、取暖器热等。热能散失的途径有鸡舍外围护结构传导、辐射散热、空气对流散热、舍内水分蒸发吸热等。通过建筑隔热以达到防寒目的是最根本的措施,如果对鸡舍进行合理的设计施工,靠鸡自身散发的热量,在我国大部分地区基本可以保证适宜的环境温度,同时加强防寒管理，一般可获得较好的效果。

（一）鸡舍的隔热保温设计

1. 屋顶和天棚　由于屋顶面积大，热空气上升，故屋顶的失热量通常是最多的，可散失鸡舍总热量的36%～44%。没有天棚的鸡舍保温性能差，天棚对保温极为重要，因此，设置天棚是寒冷地区的防寒保温的重要措施。天棚的作用在于使屋顶与舍内上部之间形成一个不流动的空气缓冲层，而加强绝热作用。并且天棚上可铺足够的保温层（锯末、稻壳、玻璃棉等），这是加大屋顶热阻值的一项重要措施。国外很重视天棚的隔热作用，美国纬度与哈尔滨、长春相同的地区建筑上要求天棚热阻值为3.07，而我国仅1.14。现在一些轻型的高效合成的隔热材料已在国外用于天棚隔热，如聚苯乙烯泡沫塑料、玻璃棉、聚氨酯板等，为鸡舍保温开辟了广阔的途径。

2. 墙壁的保温隔热　墙壁的失热仅次于屋顶，应选用导热能力差的材料，精心施工，以提高其保温能力，比如采用空心墙体并在其中添加保温材料或加厚墙壁；用空心砖、多空砖代替普通砖可提高隔热能力约40%；使用加气混凝土可提高隔热能力数倍。国外有一种组合墙体厚度仅12 cm，热阻为3.81，却相当于普通砖墙约3 m厚的保温能力。在保证通风、采光的前提下，减少门窗面积，尤其是北侧，并加强其隔热设计，如采用双层窗、门斗，临时加塑料薄膜、窗帘或以透明保温塑料板代替玻璃等（我国已生产出空心透明塑料板代替普通玻璃，光线柔和，保温隔热能力提高）。目前，国外有一种无窗鸡舍，其屋顶每隔一定距离装一片透明塑料瓦取代侧窗，较好地解决了采光与保温的矛盾。

3. 地面保温隔热　若采用地面平养，地面应采取一定的隔热措施或铺垫料保温。

4. 选择有利保温的鸡舍形式和朝向　多层、大跨度、圆形鸡舍容量大，表面积小，有利于保温。无窗鸡舍、高寒地区半地下鸡舍、陕西窑洞都有利于保温。在寒冷地区可适当降低鸡舍净高，目前趋向于采用 2～2.4 m 的净高，目的是减少鸡舍外围护结构的面积。

鸡舍的朝向关系到鸡舍的保温、自然通风以及夏季的防暑等问题。鸡舍坐北朝南是我国的基本朝向，我国大部分地区最适宜的朝向是朝南至偏东 15℃，武汉、大连地区则以南偏西 15℃为较好的朝向。

(二)防寒管理

适当加大鸡舍的饲养密度，以增加热源，改善温热环境。平养可较正常密度增加 10%左右。防止舍内潮湿。潮湿不仅增加潜热散热，加剧鸡舍结构的失热，同时由于空气潮湿不得不加大通风换气量，而大大增加冬季鸡舍通风失热的比重。此外，潮湿空气热容量和导热性增大，使鸡体的散热量增加。利用垫草改善鸡体周围小气候。控制气流速度，防止贼风，保证鸡舍结构严密。充分利用太阳辐射热提高舍温。此外，寒冷时调整日粮，提高日粮中的能量浓度和提高饮水温度也有重要意义。

二、鸡舍的防暑与降温

对鸡舍进行防热与降温比防寒采暖更困难，通常采用以下措施。

(一)鸡舍的隔热设计

炎热地区或夏季，舍内温度过高的原因有大气温度高、太阳辐射强烈及鸡体产热。鸡舍的隔热设计可减弱前两种热对鸡舍的影响。

1. 屋顶的隔热　首先是选用隔热材料和采用合理的屋顶结构，这与防寒保温具有相似之处。同是还要考虑炎热地区屋顶白天隔热和夜间散热问题，其次是屋顶设置空气隔热层，空气在双层屋顶下流动将热量带走，这种结构在南方较为常用，一般选用廉价材料作屋顶，两层的间距约 30 cm。再之，增加屋面反射，以减少太阳辐射热，如屋顶用白石膏、石灰乳等白色涂料粉刷，对太阳辐射热的吸收系数 P 值可比红瓦和水泥粉刷的浅灰色表面减少一半以上(0.26 对 0.56)使舍内降温 1～3℃。

2. 墙壁隔热　在炎热地区的开放或半开放舍无实际意义，但在夏热冬冷的地区和封闭舍，必须有适宜的隔热要求，兼顾冬季保温和夏季防暑。尤其是无窗舍，无论在南方还是北方墙壁都应有一定的保温隔热能力，否则很难达到控制环境的目的。

(二)鸡舍的通风

通风的目的在于排出舍内的热能，以防止热在舍内积累而使舍温升高。为了获得良好的通风效果，鸡舍要建在开阔、通风良好的地方，朝向要合理，使鸡舍既有利冬季保温，夏季减少辐射热，又要使夏季主风向进入舍内。鸡场建筑物布局要合理，间距要大些，一般舍间距离要大于屋檐高度的 4～6 倍，或使建筑物呈“品”字形排列；通风口设置合理，布局均匀；适当增大鸡舍的净高，炎热地区应保持 3 m，减少跨度，当鸡舍跨度超过 9.5 m 时，则不能形成足够的自然通风，应合理设置机械通风。

(三)遮阳措施

遮阳一般可使外围护结构上传入舍内的热量减少 17%～35%。鸡舍遮阳可采用加长屋檐、设置水平或垂直遮阳板(建筑遮阳)等措施。这些措施会加大投资，故也可考虑绿化遮阳，以高大乔木为窗口和屋顶遮阳，也可以搭架种植藤蔓植物形成绿阴棚，但绿化以基本不影响通风为原则。

(四)鸡舍的降温

鸡舍采用制冷设备在经济上是不可行的，生产中多采用使水蒸发而降温的措施。

1. 蒸发降温装置　该装置主要部件是用麻布、刨花或专用蜂窝状和波纹状纸帘或布帘(常称作湿帘或水帘)等吸水、通气材料做蒸发垫，由水管不断向蒸发垫上淋水，将蒸发垫安装于机械通风的进风口上。气流通过时，水分蒸发吸热，降低进舍气流的温度。其降温效果受空气湿度的制约，空气相对湿度(RH)越大，蒸发降温效果越差。据试验，当 RH 值小于 50%时，可使舍温降低 6.5℃；RH 值为 60%时，可降 5℃；RH 达 75%，可降 2～3℃。湿帘面积大，通风量大，风速慢，水温低，降温效果好。采用这种降温措施，所需通风量 9～15 $m^3/(kg \cdot h)$，有窗鸡舍为 1 5 $m^3/(kg \cdot h)$，密闭式鸡舍为 9 $m^3/(kg \cdot h)$，一般条件下，通过湿帘的气流速度不超过 1.67 m/s。蒸发垫的需要面积可根据产品说明确定，也可参考下式计算：

需要面积(m^2)＝通风量(m^3/h)÷[湿垫处风速(m/s)×3 600]

蒸发垫通常安装在鸡舍一端的墙上或进风口上，排风机安装在鸡舍的另一端，靠负压使空气经湿垫进入鸡舍。为防止水淋入舍内，安装时，可将湿帘离开进风口 30～50 cm。横向通风，也可使用湿垫，但常因进风口太多，气流速度慢而效果不好。蒸发垫降温不能用于自然通风的鸡舍。通过蒸发垫进入鸡舍的凉空气，经过鸡的体热加温后从鸡舍的另一端流出，这种升温不应大于 2.8℃，否则应该增加空气流速，加大通风量。使用蒸发垫降温还应注意，该系统不能昼夜使用。当温度降低时，蒸发垫应停止供水，风机可继续运行，以使鸡舍通风。注意湿帘的维护，每天疏通喷水孔，每 1～2 周清除一次帘上的昆虫、草叶等杂物，并注意防止鼠害。在寒冷的季节，可在蒸发垫上覆盖塑料布等材料，也可使用其他进气口。

2. 喷雾降温系统　在相对湿度 85%以下时，可使用该系统降温。在鸡舍内安装自动式或人工喷头。也可在鸡舍中间每隔 15 m 安放一台风机排成一列，构成纵向气流，在每个风机前面安装喷头，每小时喷 4～12 L 水，气雾通过空气蒸发吸热，从而降低舍温。目前我国已有鸡舍专用喷头及装置，可用于鸡舍喷雾消毒和喷雾降温。

3. *屋面淋水降温*　此法主要用于屋顶隔热能力较差的鸡舍，隔热好的屋顶盲目使用效果不大。

4. *地能利用装置*　在地下一定深度，一年四季温度波动很小，可利用这种冬暖夏凉的空气给鸡舍供暖或降温。其效果与地层温度、气流速度、地层土质、风管材料及长度等因素有关。风管越深、越长，效果越好，一般深应在 1 m 以下，管长 50 m 以上，管径 12～20 cm（多根管）为好。

三、鸡舍的通风换气

在任何季节适当的通风都是必要的，它可以排除鸡舍中的水汽、尘埃、微生物、有害气体和多余的热量，保障鸡舍的空气清新，促进鸡舍水分蒸发和对流散热，是有效的防暑措施。通风根据动力的不同可分为自然通风和机械通风两种方式。

（一）自然通风

自然通风的动力，一是舍外风力造成的风压；二是舍内空气受热膨胀上升造成的热压，这两种动力形成空气流动，使舍内外空气得以交换。为了保证较好的自然通风效果，必须合理设计自然通风进风口和排风口的面积、数量、形状和位置。由于自然界的风是随机现象，夏季热压又很小，故夏季自然通风的能力是有限的和不稳定的，常常达不到通风的要求。在其他季节，利用卷帘、窗户或进风口和排风口开启的大小及舍顶风帽进行自然通风，一般可获得满意的效果。虽然自然通风可大幅度减少投资，但自然通风依赖自然条件，通风效果无保证；且鸡的饲养密度不易增大，鸡舍利用不经济。自然通风舍肉种鸡饲养密度约为 4 只/m^2，1 周龄仔雏鸡饲养密度为 35～40 只。在设计自然通风时要注意以下几点：

（1）鸡舍跨度以 6～7 m 为宜，最大不超过 8 m。

(2)根据当地主风向,进气口设在迎风面,排气口设在背风面。进风口以长条状按鸡舍纵长设于屋下较好。为了避免冬季寒冷气流直接流向鸡体,进气口应设导流板,使气流进入舍内上方,与上部热空气混合后再达鸡体。

(3)为了增强通风效果,宜在舍顶设天窗或通风管,通风管应高于屋顶60~100 cm,其上设风帽,可防雨,也防舍外气流影响排气。通风管舍内部分的长度也不应小于60 cm。天窗和通风管内应安装调节板,可随时控制风量和启闭。也可选用部分钟楼式、半钟楼式屋顶。鸡舍各部结构严密,保温性能好,门窗及排风管等启闭调节灵活,以免造成低温、贼风等恶劣小气候,在生产中必须精心管理。

考虑到我国的具体情况,在电力供应无保障的地区,应尽量采用自然通风,或自然通风辅之以机械通风,尤其是气候条件好的地区,辅助机械的通风量可按夏季通风量的1/3~1/2来考虑。

(二)机械通风

机械通风是依靠机械动力进行的强制性通风。一般使用轴流式风机,若对空气进行处理或要求风压较大时,常使用离心式风机。根据风机和进出气口的设置不同,机械通风可分为负压通风、正压通风、联合式通风和循环通风等。

1. 负压通风(排气式通风或排风) 这种通风方式靠风机抽出舍内污浊空气,使舍内压力相对小于舍外,新鲜空气通过进气口流入舍内,形成舍内外空气交换,故称负压通风。负压通风比较简单,投资小,管理费用也较低,我国采用较多。负压通风根据气流在舍内的流动方式分为横向通风和纵向通风2种形式(图11-1)。

(1)横向通风。根据风机安装位置又可分为贯穿式排风、两侧壁排风、尾顶排风等形式。负压通风设计的基本方法是:

①确定负压通风的形式。为保证通风均匀和便于布置风机及进风口,主要依鸡舍跨度确定通风形式。鸡舍跨度较小如8~

12 m 时，风机最好安在北墙，进风口放在南墙，因为冬天南墙暖和避风。跨度达 12 m 以上时. 宜根据鸡舍跨度大小，在两侧壁墙上或屋顶酌情设一排或两排风管。设两排风管时，宜交错布置，以保证通风均匀。横向通风虽不能达到纵向通风的风速和效果，但在寒冷季节的使用效果较好。

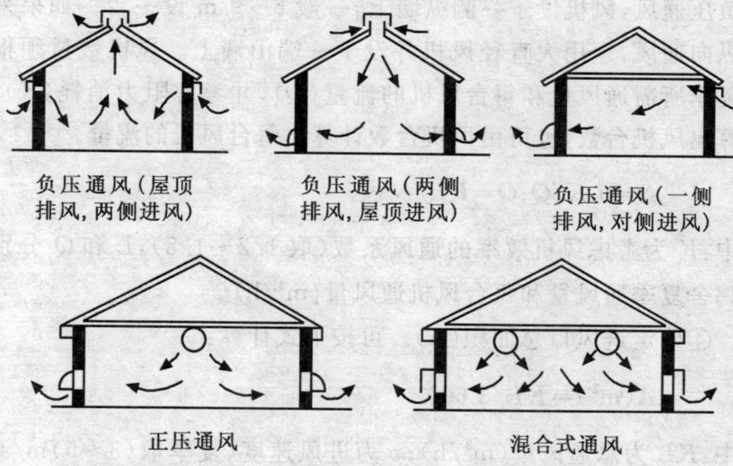

(a) 横向通风的主要方式

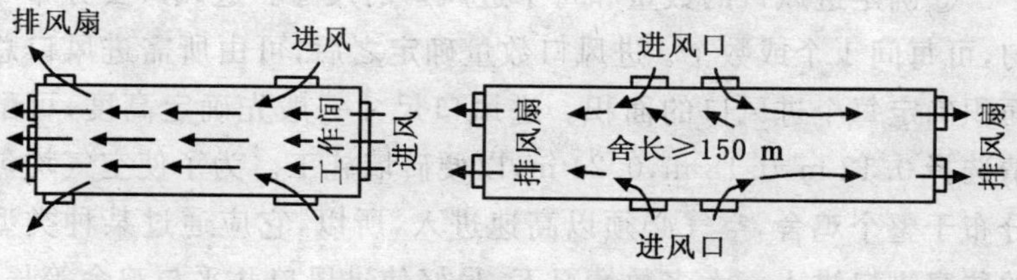

(b) 纵向通风方式

图 11-1　横向纵向排风示意图

②确定鸡舍所需通风量(L)。通风的目的在于排出舍内废

气、水汽和多余的热能。原则上冬季按 CO_2 和水汽产生量计算，夏季按热量来计算。目前换气量可根据通风参数计算，肉鸡的通风量，寒冷季节为 0.015 5 m^3/(kg 体重 · min)，炎热季节为 0.155 m^3/(kg 体重 · min)。过渡季节可按夏季的 50%计算。

③确定风机台数(N)。跨度小于 12 m 的鸡舍，通常采用贯穿式负压通风，风机设于一侧纵墙上，一般 6～9 m 设一台。如果采用纵向通风，须用大直径风机并设于一端山墙上。风机数量须根据夏季所需通风量和每台风机的流量(Q)，并考虑阻力消耗(K)，计算出风机台数，也可由风机台数计算出每台风机的流量。

$$N=LK/Q;Q=KL/N$$

式中：K 为考虑风机效率的通风系数(取 1.2～1.5)，L 和 Q 分别为鸡舍夏季通风量和每台风机通风量(m^3/h)

④确定进风口总面积(A)。可按下式计算：

$$A(m^2)=KL/3\,600\,v$$

式中：KL 为总通风量(m^3/h)；v 为进风速度(夏季取(3～5)m/s，冬季取 1.5 m/s)。

⑤确定进风口的数量和每个进风口的尺寸。进风口要分布均匀，可每间 1 个或数个。进风口数量确定之后，可由所需进风口总面积确定每个进风口的面积。进风口尺寸一般先确定高度，可酌情选择 0.12 m，0.18 m，0.24 m，以便砖墙施工。为了使空气均匀分布于整个鸡舍，空气必须以高速进入，所以，它应通过某种类型的狭窄进口进入。大多数情况下，最好使进风口几乎与鸡舍等长。这在国外是很常见的。我国有人建议进风口高宽比($h:w$)一般以1：(5～8)为宜。进风口大小要适宜，进风口太大，负压小，排风作用不佳，也不均匀；相反，进风口太小，排风机负荷过大，效率降低，且易烧坏电机，通风也不均匀。理想的舍内负压为 130～270

Pa。故应根据进气量，调节进气口大小，国外常使用压力传感器自动调节，使进气口气流速度保持在(3.5～3.8)m/s。我国可用手动或缆绳系统调节，使进气口风速≥3 m/s，以便新鲜空气与舍内污浊空气良好地混合。

⑥风机和进风口的布置。贯穿式排风风机宜设置于一侧墙下部，进风口均匀布置于对侧墙上部。排风口外应设铁皮管道，进风口应设遮光罩。屋顶排风式通风，进风口不宜过低，并应装导向板，防止冬季冷风直接吹向鸡体。高床式鸡舍进风口不宜在下部，应将风机设于贮粪室一侧，进风口设在对侧墙上，或将风机设在两侧墙的下部，进风口设在两侧墙的上部或屋顶上。无菌鸡舍应按地面面积的2.5%设置保温不透光的应急窗，平时关闭，必要时开启通风透光。为保证通风量和气流分布均匀，布置风机和进风口时应注意以下几点：

• 风机与进风口相距应重大于3.7 m，两者一般交叉排列。

• 要求鸡舍封闭程度良好，否则通风效果不好，且易造成贼风。

统筹安排场内各栋鸡舍的进排气口，相邻两栋鸡舍的进气口相对设置或排气口相对设置，以免一栋鸡舍的污浊空气由另一栋舍的进气口吸入，对防疫等不利。

• 风机应分组设置和控制，风机通常分三组，以满足不同季节的通风量要求，并注意风机的维修和保养。鉴于我国已有调速风机，建议使用调速风机，以使通风换气均匀，并可避免关闭的风机口空气倒灌。应设置根据舍温变化调节风机转速和启闭的自动控制装置，如用控温仪控制。

我国横向通风舍的风速约为0.2 m/s，在冬季较适宜。这种通风方式的缺点主要是舍内气流分布不均匀，有死角，夏季降温效果差；场区污浊空气不易排出场外，易吹入相对应的鸡舍；风机台数多，耗电较多，管理不方便。

(2)纵向通风。纵向通风属负压通风方式,它是将鸡舍用于换气的风机全部集中在鸡舍一端的山墙上,或靠近山墙的两侧纵墙上。这样使进入鸡舍的空气均沿纵轴方向直线流动,形成气流隧道,由风机将舍内污浊空气排到舍外(图 11-1)。纵向通风的特点是消除了横向通风的气流死角。气流速度快,一般可比横向通风提高 5～10 倍。舍内平均风速:$v(\mathrm{m/s})=L/A=L/wh$,L 是鸡舍通风量($\mathrm{m^3/s}$),A 是鸡舍(气流)断面积,w 是鸡舍净宽(m),h 是鸡舍将净高(m)。发达国家的设计风速不低于 1.5 m/s。设计时,若达不到风速要求,可加大通风量(L)。在炎热的夏季,该通风系统应有能力在 1 min 内交换舍内全部空气(鸡舍容积)。在气候温暖季节,空气交换在 2～3 min 完成即可。

纵向通风系统所需进气口面积与横向通风完全不同。纵向通风主要利用位流原理,即风机排风时造成的位能差。进气口阻力越小,风机的实际排风量就越大,舍内风速也越快。因此,进风口面积至少大于 2 倍的风扇面积。一般通风量 12 000 $\mathrm{m^3/h}$ 需 1 $\mathrm{m^3}$ 的进气口。进气口风速夏季常用(2.5～4)m/s,不应超过 5 m/s;冬季不应超过 1.5 m/s。

纵向通风应注意的问题:鸡舍中不能有其他的开口或漏风孔,否则会影响空气流向和流速。排风压差应为 30～60 Pa,阻力大时可增至 90 Pa。考虑气流阻力对通风效果的影响,应确保足够的通风量。湿帘可损失通风 20%,遮光罩可损失 30%～50%,风叶、百叶窗片和有尘土也影响通风效果,这种通风应尽量不用于寒冷或凉爽季节,此时为控制舍温,风机运行数目过少时,可造成通风量不足,鸡舍风机端空气污浊。因此,在冬季使用横向通风可更有效地改善舍内空气质量。尽量减少舍内外空气压差,以降低风机需克服的阻力,故应有足够的进风口面积,使用低压大流量风机,必要时可在舍内安装接力风机。鸡舍最好设顶棚,悬挂塑料幕帘,或在较高的“人”字形框架鸡舍中,每隔 12～15 m 安装一片帘布或其他材料制成导流板，把空气从屋顶部分传导到地面，从而提高鸡只上方的气流速度，使风速不小于1.67 m/s为好。夏季为达到要求的风速，通风量可不受通风参数限制。仅用部分风机通风时，要防止气流从其他风机倒流，造成气流短路。比较有效的方法是在风机内侧设置木门，停机时关门密封。布置排风机时，可大小风机结合，以适应不同季节的通风需要。冬季为避免鸡舍两端温差过大，可封闭部分山墙的进风口，启用近舍中央的进风口，并用小风机排风。

纵向通风的优点主要有：可向舍内提供100%的新鲜空气，消除死角，提高风速，节省耗电和投资费用（据报道，可节约电能及运行费用达40%以上，节省设备投资、安装接线和维修管理费20%～35%），易于设置湿垫降温系统，鸡场内污浊空气少，不影响场区绿化等。主要缺点是冬季鸡舍两端寒冷，而鸡舍中间常因通风量不足而使空气质量下降。

2. 正压通风（进气式通风或送风）　通过风机将舍外新鲜空气送入舍内，使舍内气压相对高于舍外，污浊空气通过排气口排出而实现空气交换，故称正压通风。正压通风分为侧壁送风（一侧或两侧）、屋顶送风和屋顶水平管道送风系统。正压通风的优点是，可使新鲜空气有效地进入舍内，可对进入鸡舍的空气进行加热、降温、净化、消毒、过滤除尘等处理。但因正压通风造价高，设计、管理复杂，不易消灭通风死角等缺点，一般较少采用。特别是侧壁送风和屋顶送风，由于风机分散，对空气进行处理既不方便，又不经济。

屋顶水平管送风系统，是一种由安装在山墙上的风机将空气吹入屋顶下的塑料管内，然后通过管上的双排等距圆孔送到舍内各处的通风装置。这种通风方式在进风口可附加设备对空气进行处理，冬季使用理想，特别适用于我国东北、西北等冬季寒冷地区鸡舍，或其他地区的育雏舍。日本很多鸡舍采用水平管送风，获得了良好通风效果，通风管的条数和大小根据通风量大小和鸡舍跨度确定，一般跨度 10 m 以内用一条即可，超过 10 m 设两条。这种通风系统因通风距离长，故需要压力较大的风机。此外，对进气口和排气口的面积和位置，须进行详细计算和周密设计，才能获得较好的通风效果。

3. 联合式通风　联合式通风进风和排风均采用风机。一般用于跨度大、内部结构复杂的鸡舍，以增强通风效果。

4. 风机的选择　应选择高效低耗、低噪声、大风量、密封性好、经久耐用的风机。要求风机具备一定的静压，一般常用 50～70 Pa 的风机。由于通风口对气流的阻力，通风量有 10%～15%的损耗，进风口和风机外的附属设施可导致更多的损耗，甚至可达 50%，应酌情考虑。负压通风时，选用多数风量较小的风机比安装少数大风量风机合理。纵向通风时，应选用直径大、转速慢的风机，这种风机风量大、噪声小，可形成柔和气流。通过加快转速增加通风量，不仅容易产生贼风和噪声，而且转速加快 1 倍，电耗增加 8 倍。

四、肉鸡的光照

肉鸡属于对光较敏感的动物，光照与其生殖活动密切相关。制定正确的光照制度，不仅为鸡群提供必需的生存条件，更重要的是利用人工光照的生理调节作用，达到生长期的科学培育，进一步提高产蛋期的生产性能。

我国大部分地区日照最长达 14～17 h，日照时间最短仅为 8～10 h，难以满足肉鸡需要。自然光照的缺点是有明显的季节性变化。如当育成期在春、夏季节时，日照时间逐渐延长，会引起鸡的早熟、产小蛋和低产；当产蛋期处在秋、冬季节时，日照时间逐渐缩短，会对产蛋有抑制作用。因此，需要为肉鸡提供人工光照制度。有关肉种鸡、肉仔鸡光照可参考有关章节。

第四节　鸡舍空气中的有害成分

在自然状况下，大气的化学组成比较稳定，其主要成分有：氮78.09%，氧20.94%，氩0.93%，二氧化碳0.033%，其他微量成分及少量水汽等。鸡舍内由于鸡的呼吸、排泄以及粪便、饲料等有机物的分解，使原有的成分比例发生变化，同时还增加了一些有害气体，如氨、硫化氢、甲烷、羟基硫醇、粪臭素等，统称为有害气体，其中最常见和危害较大的是氨、硫化氢、二氧化碳和一氧化碳。

一、鸡舍中的有害气体

鸡舍中的有害气体含量极微，通常用 mg/m^3 来表示。

（一）氨（NH_3）

氨无色，具有刺激性臭味，易溶于水，相对密度0.596（与同体积干洁空气质量的比值，下同），人可感觉的最低浓度为4 mg/m^3。舍内氨气主要由含氮有机物分解而来，特别是温热、潮湿、饲养密度大、垫料反复利用、通风不良等均会使浓度升高。封闭舍空中氨气含量一般在（3～8）mg/m^3，高者可达60 mg/m^3。

氨气的危害是，易被呼吸道黏膜、眼结膜吸附而产生刺激作用，使结膜产生炎症；吸入气管使呼吸道发生水肿、充血，分泌液充塞气管；氨气可刺激三叉神经末梢，引起呼吸中枢和血管中枢神经反射性兴奋；氨气还可麻痹呼吸道纤毛或损害黏膜上皮组织，使病原微生物易于侵入，从而减弱对疾病的抵抗力。据研究，氨气含量20 mg/m^3 环境中的肉鸡接种新城疫疫苗，抗体水平显著低于无氨气环境中的肉鸡。鸡短时间的吸入少量氨气，在体内易变成尿酸排出体外而解毒，但鸡除肺外尚有气囊遍及全身，单位体重的呼吸量大，因而对氨特别敏感。氨气除使抵抗力降低、发病率上升外，还会影响食欲，使生产力下降，死亡率提高（表11-2），肉鸡的肉品质下降。当氨气含量达 20 mg/m³，持续 6 周以上，鸡的肺部即发生充血、水肿，增加了鸡对新城疫的易感性；氨气含量（46～53）mg/m³ 时，可导致角膜结膜炎的发生；达 61 mg/m³ 时，可导致气管炎的发生。在氨气含量（38～61）mg/m³ 环境中，鸡的呼吸频率下降，性成熟延迟，2 个月产蛋即减少 9%，氨气含量 76 mg/m³ 环境中 10 周产蛋率由 81%降至 68%，即使氨气减少后也需 12 周方可恢复。因此，鸡舍中氨的浓度不应超过 15 mg/m³。

表 11-2 氨气对肉仔鸡的影响

氨浓度（mg/m³）	14 日龄		28 日龄		49 日龄		死亡率（%）
	体重（g）	饲料/增重	体重（g）	饲料/增重	体重（g）	饲料/增重	
0	270	1.64	834a	1.79	894a	2.10	1a
38	240b	1.63	664b	1.80	1 699b	2.04	3a
76	216c	1.72	589c	1.94	1 648c	2.01	14b
152	178d	1.98	363d	2.04	1 382d	1.95	31c

注：同一列内数字角注字母不同者，表示差异显著（$P<0.05$）。

（二）硫化氢（H_2S）

硫化氢无色，易挥发，易溶于水，比重为 1.19，有强烈臭蛋气味，产生气味的低限为 0.17 mg/m³。硫化氢主要来源于含硫有机物的分解，破蛋腐烂或鸡消化不良时均可产生大量硫化氢。因硫化氢比重大，故地面附近浓度较高。

硫化氢毒性很强，易被黏膜吸收与钠离子结合生成硫化钠，刺激黏膜产生眼炎和呼吸道炎症，出现流泪、角膜混浊、咳嗽、甚至肺水肿。硫化氢通过肺泡进入血液后，未氧化的硫化氢可影响细胞氧化过程，造成组织缺氧。长期低浓度的硫化氢刺激可使鸡体质变弱，抗病力下降，生产性能低下，体重减轻。高浓度急性中毒，抑制呼吸中枢，导致窒息死亡。鸡舍中硫化氢浓度不能超过 17 mg/m³。

(三)二氧化碳(CO_2)

二氧化碳无色,无臭,无毒,略带酸味,比重1.524。大气中含二氧化碳0.03%~0.04%。鸡舍内如通风不良,密度过大,二氧化碳浓度可达0.5%以上。主要来源是鸡群呼吸。1 000只平均体重1.6 kg的产蛋母鸡,每小时可排出二氧化碳1 700 L。二氧化碳并无毒性,只是在舍中浓度过高、持续时间过长时会造成缺氧。鸡舍中一般不会达到此等程度,只有封闭舍通风设备失灵时,才可能导致二氧化碳浓度过高。二氧化碳浓度的卫生学意义,在于表明其他有害气体的多少。鸡舍中二氧化碳浓度以不超过0.15%为宜。

(四)一氧化碳(CO)

一氧化碳无色,无味,比重0.967。鸡舍内一般没有一氧化碳,用燃料取暖燃烧不全、煤气灯照明时均可产生一氧化碳。一氧化碳对血液和神经系统有毒害作用,对血红蛋白的亲和力比氧大200~300倍,形成的碳氧血红蛋白不易解离,造成急性缺氧,出现循环和神经系统病变,使鸡死亡。

(五)减少舍内有害气体的措施

(1)减少粪便在鸡舍中的存留时间,或使其处于干燥状态。鸡粪含水量30%以下时产氨很少。

(2)保证舍内供水系统不漏水,保持舍内空气和四壁干燥。

(3)合理地通风换气,排出舍内污浊、潮湿的空气。

(4)使用垫料和吸附剂,垫料或黄土对有害气体有一定的吸收能力。用磷酸、过磷酸钙等撒布可吸收氨,据Ahmed试验,在鸡粪上撒布过磷酸钙10 g/只肉鸡,可使氨浓度由50 mg/m^3降为10 mg/m^3。撒磷酸的效果更好。饲料中添加降氨物,如用丝兰属提取物(美国)和沸石等,可减少舍中氨浓度。此外,商品除臭剂也有较好作用。

二、鸡舍中的灰尘和微生物

鸡舍内湿度较大，灰尘及微生物来源多，空气流动慢，无紫外线照射，这些都为微生物的生存创造了良好的条件。据报道，鸡舍空气 1 g 尘埃中含有 20 万～25 万个大肠杆菌。在清扫卫生、饲喂、生产性操作及鸡群骚动鸣叫时都可使空气中的灰尘和微生物含量大量增加。

空气中的病原微生物吸附在灰尘和飞沫上，可使鸡患病。呼吸道疾病的传染多由飞沫传染造成，如鸡新城疫多是鸡吸入带病毒的飞沫而感染的。咳嗽、喷嚏、鸣叫和采食时均可喷出小液滴，其直径约 10 μm，液滴的大部分水分蒸发后，留下较小的滴核，其直径一般为 1～2 μm。滴核由喷液中的黏液素、蛋白质、盐类和微生物所组成，因而含有营养，且不易干燥，微生物可长期生存。滴核在空气中长期飘浮，经呼吸道进入鸡的支气管和肺泡，可导致发病。因此，夏季喷雾降温时，最好加入一定量的消毒剂，以减少飞沫传染。

鸡舍空气中的灰尘和微生物含量因饲养管理方式、密度、湿度和舍型等不同而不同。饲喂干粉料，持续照明，厚垫料密集饲养，舍内过于干燥时，空气中的灰尘和微生物数量较多。笼养鸡舍空气中一般微生物总量为 13 万/m^3，其中大肠杆菌群超过 15%，可引起大肠杆菌病，须采取预防措施。采用水洗和空气消毒，对减少空气中的细菌效果良好，空气过滤对孵化也有良好作用。一般认为鸡舍空气中微生物数量不应高于 25 万/m^3。

灰尘可刺激眼结膜、呼吸道引起炎症，形成尘肺，导致呼吸道疾病的发生。空气中灰尘以飘尘计算，人的卫生标准不得超过 0.5 mg/m^3，可作为参考。

减少鸡舍灰尘和微生物的措施是：

(1)严格卫生防疫制度，改善管理，如禁止干扫地面，不喂干粉料，进行必要的空气过滤。

(2)改善鸡舍和场区环境，实行全面种树、种草，加速降尘，增加空气湿润程度，防止舍内空气过度干燥。

(3)保证通风系统的良好工作状态。

(4)实行“全进全出”的饲养制度。

(5)定期进行空气净化消毒，正常情况下，每周进行气雾消毒1或2次。

第五节　鸡舍的噪声

对养鸡有不良影响的声音，均可称为噪声，其单位是分贝(dB)，鸡舍的噪声来源有：外界传入，舍内机械噪声，鸡自身产生的声音，如鸣叫、争斗、采食等。

噪声对机体神经系统、内分泌、循环、生殖、消化、行为和生产性能都可产生不良影响。噪声可引起坠蛋，并造成产蛋减少。据研究，90～100 dB 可出现暂时性坠蛋，继而可适应。超过 100 dB 产蛋下降，110～120 dB 连续噪声使鸡的体重下降，甚至死亡。噪声还可使鸡骚动不安，食欲减退，使小鸡惊恐、狂奔或呆立。在生产中尤其要注意突然的噪声影响。为了减少噪声，应从选择场址、设备等方面考虑，良好的绿化可使外界噪声降低 10 dB 以上。

声音是鸡传递信息的生态因子，适宜声音刺激对生产可能是有益的。据试验，轻音乐能使产蛋鸡安静，有延长产蛋周期的作用，一般认为 60 dB 以下的声音对生物是无害的。

第六节　鸡的应激及其防制

应激是体外给予的各种刺激在体内产生防止损害反应的总和，这是生物界广泛存在的生命调节过程之一，是机体对不良环境的应答。引起机体异常生理反应的一切不良的体内、外环境的刺激因素即应激因子。机体受应激因子的刺激引起体内防止损害的生理上、行为上的适应性反应，这种反应叫应激反应。应激反应使肉鸡处于应激反应状态，即应激状态。应激状态对鸡的健康和生产力都产生不良影响，以致造成严重后果。

一、应激因素

养鸡生产中，引起鸡产生应激反应的因素非常广泛，根据应激因素的来源，可分为如下几类：

(一)群居稳定状态被扰乱

1. 鸡群内如新添鸡只，就会破坏其已确立的啄斗秩序　这种秩序是有领导阶层与被领导阶层，有首领与群众。新加入禽只后就会破坏这种秩序，使群内发生啄斗，甚至啄伤、啄死，直至产生新的啄斗顺序为止。

2. 鸡只的转移　转群时，从一处转移到另一处后，要经过一段时间，才能熟悉新环境。由于逆境的作用会变得采食量减少，机体抵抗力降低而引起发病。

(二)饲养不善

1. 喂给过碎的粉料或霉变料　鸡习惯于一定颜色、味道和碎度的饲料。喂过碎的粉料，鸡啄食感觉不足，且粉料易通过消化道，养分吸收不全。发霉变质饲料易引起中毒、死亡，如果是黄曲霉毒素中毒，还会抑制胸腺和法氏囊的发育，降低机体防御细胞的吞噬作用，影响抗体的产生，最终导致免疫应答减弱。

2. 日粮突变　由于鸡的胃肠道对原来的饲料产生了较强的适应性，当换料时不能立即适应，引起采食量减少或消化机能紊乱，排稀便，增重减慢，产蛋率下降等。

3. 饥饿　供料不及时或不足，不利于正常消化功能的发挥，影响生长发育和产蛋量。

(三)管理不当

(1)喂料次数不固定,忽多忽少就会破坏机体的生物钟,如由原来一天喂 4 或 5 次,变为 2 或 3 次时,家禽会感到不适;日粮供应量也应一致。

(2)光照时间忽长忽短,会使鸡下丘脑和视网膜上的感受器功能失调,易发生软壳蛋、畸形蛋,产蛋时间不定,产蛋量下降。

(3)兽害侵袭,舍内由于老鼠、犬、猫、黄鼠狼等危害,鸡群骚动不安,常惊鸣或狂奔乱飞,影响生长发育和使产蛋量下降。

(4)设备不足,种鸡入舍前要安装足够的产蛋箱、食槽、水槽等。如设备不足,待产蛋时重新添加,会导致鸡形成新的啄食秩序、占窝秩序,降低群体的产蛋量。

(5)家禽运输、转栏和捕捉,会使鸡处于惊恐状态,从而影响鸡的生长、发育、产蛋等。

(四)不良环境

(1)舍内环境突变。家禽习惯于固定的饲养员,能熟悉他们的衣着和在舍内的工作秩序。因此,每天灯光开关、喂食拣蛋、冲洗食槽、清粪打扫等工作应有秩序地进行,如颠倒了,会引起鸡群骚乱。

(2)异常的喧哗、奇光、外人入舍等,均会使家禽出现呆滞、沮丧、逃走、激昂等状态。

(3)气候骤变。如气温升至 30℃以上或温度降到 0℃以下,鸡体会感到不适,影响生长发育,甚至造成批量死亡。

(4)高温暑热。暑热季节,维生素 C、维生素 E 在有机体内消耗较多,雏鸡发育不良,冠髯苍白,母鸡产蛋量下降。同时高温高湿还会诱发球虫病。而密度大和通风不良又促进呼吸道病的暴发。

(5)噪声的影响。噪声能引起鸡惊恐,雏鸡生长发育缓慢,种鸡产蛋量下降，产软壳蛋，无壳蛋较多。

二、应激反应对鸡的影响

应激的目的是为了克服应激因子的危害性，以保持体内平衡，所以应激是一种适应性机制，是一种非特异性防御反应。如果刺激过度或作用时间过长，机体就会逐渐失去应付能力，从而表现衰竭现象而陷入病理状态，常称为病征，是一种“全身适应性综合征”。这种病征使鸡的抵抗力和生产力下降，以致出现“失应”，造成死亡。

行为表现：鸡群紧张、惊慌、恐惧、逃避、激昂、打斗、啄羽、不食、无神、呆滞、尾下垂、蹲伏、闭眼、扭颈、跛行、展翅、气喘、休克等。

对生产和生存的影响：鸡的整个生理机能发生连锁反应，主要表现为，食欲和采食量下降，生长缓慢，产蛋下降或停产；营养不良，代谢失调，饲料转化率下降；免疫力和健康状况下降，易发生各种疾病，以致造成伤残、虚脱、衰竭和死亡等。

三、应激的预防

在养鸡生产的全过程中，每个环节都伴随着应激，所以，养鸡生产过程也是防止和克服这些应激的过程。因此，防制应激必须紧密联系养禽生产这一系统工程的实际，以防为主。先从追踪应激源入手，在改善环境条件、管理条件、营养条件上下功夫，尽可能减少、减轻、以至避免应激因子的影响，并将其分散开来，避免几个因子的共同作用，最大限度地防止和克服应激因子的干扰破坏，并结合药物的应用，进行综合治理，才能收到良好的效果。

(一)改善饲养环境

1.改善小气候条件　对开放式鸡舍，在高温季节要采取防暑降温措施，加强舍内的通风换气。冬季除采取防寒保温措施外，也要适当地通风换气，排除有害气体的危害。刮风及雨雪天气要关闭门窗，以防止鸡受凉和鸡舍潮湿引发呼吸道疾病的发生。

2. 改善外环境条件　禽舍是家禽的生活场所和栖息地，要最大限度地减少环境应激，首先要建造先进的鸡舍，为鸡创造良好的环境条件。鸡舍的卫生和通风换气条件是环境问题的关键环节，两者相辅相成，缺一不可。同时结合调整饲养密度等措施，最大限度地减少有害气体的危害。

3. 改善内环境条件　为避免传染病的危害，首先要做好卫生消毒工作，消灭传染源，杜绝传染途径，根除病原体的入侵。同时要搞好防疫注射，防止传染病的发生。不喂霉变及劣质饲料，不盲目用药，避免饲料及药物中毒。

（二）改善管理条件

平养和笼养各有优缺点，要因地制宜，根据不同情况和条件采用。通过饲养方式的改进和设备的不断更新，尽量避免不利因素的影响。为避免运输对鸡的应激，应改进运输工具及设备，加强责任心，对运输鸡只精心照料。鸡的转群、整群、预防接种、断喙、断趾等工作最好在晚上进行，操作准确，捉鸡要轻，动作要稳，不可粗暴。要尽量避免转群、整群、尤其要避免多次选择、换位和转移。转群不要轻易改变原饲养管理条件，如必须改变，应逐渐进行。鸡发病期间及接种时，不要转群和断喙。饲喂制度及饲料不要轻易变动，如需改变，也要逐渐进行。限饲和强制换羽按要求进行，弱鸡要挑出，限食量和时间要适当，管理要跟上。产蛋鸡的光照制度、光照强度 不宜经常随意变动，增减光照要逐渐进行。在禽舍及其周围应避免大声喊叫、吵闹、放鞭炮、车辆声响等不良刺激，饲养人员的服装及颜色不要经常更换。

（三）改善营养条件

营养是鸡生存的基础，要根据肉鸡的不同品种、年龄、生长期、产蛋量合理配制日粮，最大限度地满足家禽的需要。鸡的日粮种类不可轻易变动，调整饲料要逐渐进行，否则会影响饲料的适口性，降低采食量 。

(四)改善群居条件

为减少群居形成的鸡群序列，不能经常进行组群，应尽量实行全进全出。平养的鸡其群体及密度以小为宜，鸡群小，形成群的过程短，应激程度也小。

(五)药物应用

药物在鸡应激方面的应用尚在进一步研究之中 ，近年来在一些鸡场中使用取得较好效果。

1. 维生素类　应激使碳水化合物、矿物质和维生素的代谢加强，导致过多消耗，使家禽对维生素的需要量增加。为满足这一需要，维生素的需要量增加 0.5～1 倍。每千克饲料加入 100～200 mg 维生素 C，对缓和各种应激、维持家禽正常生产性能有良好效果，故维生素 C 又称“抗应激因子”。其他维生素，如维生素 B_{12}、维生素 B 族等都有抗应激作用，应联合使用。对于暴力捕捉、突然强烈的声音及光线刺激引起的高度惊恐性应激，需增加多维素用量 1～2 倍，方可达到减缓惊慌的效果。

2. 抗应激制剂　琥珀酸是一种效果较好的抗应激制剂，按每千克体重 50 mg 喂 10～20 天，能使处于应激状态下的鸡较好地恢复正常。

第十二章　肉鸡场的设备

现代化的养殖业由于采用工厂化、集约化的饲养方式生产水平高，获得了高生产效率。工厂化养鸡是家禽的自然再生产过程和社会再生产过程在更高程度上的有机结合，它把先进的科学技术和工业设备应用于养鸡业，用管理现代化经济的科学方法管理养鸡生产，充分合理地利用饲料、设备，发挥鸡的遗传潜力，在鸡肉、鸡蛋的生产上取得了巨大的成功。这一切的成功都得力于现代化的工业设备在养鸡业中的应用。本章就目前养鸡业中应用较广泛的设备做一全面的介绍。

第一节　饲养设备

现代肉鸡生产分为笼养和平养两种方式，因此，在饲养过程中相应的有不同设备。

一、笼具设备

(一)肉鸡笼养笼具

肉鸡平养需要大量的垫料，在购进、清除时均需大量的运输条件。我国尚无专营垫料的厂家，在农村收购需大量的防疫消毒工作，而且稍有不到之处对场区生产形成了危害因素。针对这一问题，有关单位对不同品种类型肉鸡设计出不同规格的笼具，如大笼(群体笼)、单笼(个体笼)及 2 只和 3 只鸡的笼；高笼、低笼、窄笼等，经过对鸡的行为学的观察，鸡的心理、生理、病理等情况的分析，发现笼养肉用种鸡笼的优缺点如下：

1. 优点

(1)鸡舍的有效利用率可提高 80%至 1 倍。

(2)可以充分利用优良的肉种鸡,提高种鸡质量,同时可少养 50%~80%的种公鸡,能节省饲料,降低成本。

(3)有利于防疫卫生。

(4)方便饲养管理。

(5)采用人工授精时受精率高,全期平均受精率能保持 90%以上。

2. 缺点

(1)种鸡特别是育成期缺乏运动的机会,体质较弱。

(2)种鸡在笼子里感觉不自由,有压抑感,又不能自由交换信息。

(3)借用蛋鸡笼饲养肉用种鸡,许多地方结构不合理。

(4)笼门设计不合理,不便于开起,抓鸡不方便,放鸡时由于笼高鸡易受伤。

目前,由中国农业科学院畜牧所设计生产的生态型肉用种鸡系列笼得到了较广泛的应用。

(二)生态型肉用种鸡笼的特点和应用情况

1. 育雏笼特点　育雏笼仍为垂直式四层笼养,1~7 日龄在笼内加饲料盘、真空饮水器,并垫废报纸,解决小雏鸡采食、饮水、保温的困难。

2. 育成鸡笼和肉鸡育肥笼性能和特点

(1)能较好地满足肉用育成鸡、商品肉鸡的生态特点,好活动的要求,有利于种鸡的采食饮水。

(2)为种鸡育成鸡、肉鸡育肥期提供了方便舒适的环境,能通过中间隔栏自由"串门",交换信息,当鸡稍大时可从上网自由伸出头来。这样有利于平衡鸡不自由的心理和生理因素,有利于健康。

(3)能节省原材料 20%左右。

(4)方便操作,有利于抓鸡。

(5)将底网 1.5 m^2 的面积分两段,形成了 8 个角,能保证体弱,不好动的鸡安静休息。

(6)很适合限喂要求,且育成成活率在 98%以上。如果上层四周加塑料网可以育雏鸡。

(三)生态型种鸡人工授精笼的功用和特点

(1)鸡可从笼上伸出头来自由交换信息。

(2)采用提拉门,方便人工授精操作。最高操作高度在三层斜阶梯笼养的情况下仅 1.5 m。

(3)每笼装 60 只京星肉鸡父母代。单位面积饲养量比平养提高 1 倍。每架笼可节省原材料 20%。

(四)肉仔鸡笼养笼具

肉仔鸡笼养必须具备两个条件:一是严格控制胸囊肿的发病率;二是鸡笼结构和有关参数既要符合肉仔鸡早期的生理特点,也能满足其后期的生长需要。关键是底网的材料,力学特性。根据我们的研究和生产实验,底网的适宜刚度为 350～800 NM,且偏大为好;主振动频率为 1～5 Hz;我国现有条件是纺织网涂塑最好;应当指出的是,肉仔鸡笼以及其他各种鸡笼的振动频率一定不要接近饲养对象的固有频率。

(五)肉鸡平养床面

肉鸡平养,很关键的是垫网的材料和孔径。金属底网,要求光滑,焊点不出现毛刺。并且要有一定的弹性,这样可减少机械损伤,降低胸囊肿和腿病。本栅条底网在肉种鸡舍中使用较多,一般宽 2 cm,厚 1 cm 左右,每根木条之间间隔 1～1.5 cm,塑料栅条床面由于塑料表面较光滑,因而鸡不易站稳,容易“劈叉”。

二、饮水设备

鸡的饮水问题十分重要。机械化养鸡中必须装备可靠的自动饮水设备。其作用是随时都能供给鸡充足、清洁的水，满足鸡的生理要求。目前常用的成鸡饮水器有水槽式、乳头式、杯式、吊塔式4种，还有份式饮水器、雏鸡用真空饮水器等。下面做一简单介绍。

1. 水槽式饮水器　用水槽供水在我国应用广泛，因为其结构简单，可直接由自来水龙头供水。一般用长流水式供水法。

这种形式设备简单，供水可靠，便于直观检查，但水量浪费大。同时，鸡在饮水时容易污染水质，增加了疾病的传染机会，对防疫不利，故使用水槽式饮水器应定时清洗。

水槽式饮水器主要用于笼养。在平养中也有应用。但要注意安放位置，为防止鸡跨越水槽，污染饮水，水槽可靠墙布置。如果在平养鸡舍中设置走道时，水槽可布置在走道侧网外面。除了常流水式的水槽，还有浮阀门式水槽和弹簧阀门式水槽，它们与常流水式水槽的区别在于利用了阀门机构来控制槽内水面高度，减少了水的流失量。但由于同样的饮水污染问题和造价，现在还很少使用。

2. 份式水勺饮水器　基本构件由一贮水盒与以轴杆为固定点上下活动小水勺构成，平时“勺把”靠自重垂于贮水盒内的水面下，鸡饮水时将“勺杯”压下，水从勺把中线流入“勺杯”中。鸡只每压一次饮一份水。按份次饮水。贮水盒相互边通，以一端的水箱浮阀控制水面。

3. 吊塔式饮水器　吊塔式饮水器主要用于平养鸡舍，它可自动保持饮水盘中有一定的水量。它能较好地满足平养中鸡的饮水要求，既不妨碍鸡的自由活动，又使鸡在饮水中不能踩入水盘，基本避免了鸡粪等污物落入水中。防疫性能好，但其结构较复杂。

4. 乳头式饮水器　采用三次密封原理，主要是靠产品的加工质量，制造难度较大。乳头式自动饮水系统具有清洁卫生、减少鸡病传染、节省用水、保持鸡粪干燥、节省劳力、便于生产管理等优点，已被人们所公认。目前，国外已广泛被采用。近几年来，我国也开始大面积地推广应用。

5. 杯式饮水器　适用于笼养、平养的各种鸡舍。杯式饮水器供水可靠，不易漏水，耗水量小，不易传染疾病。主要缺点是鸡饮水将饲料残渣带进杯内，需要经常清洗，同时清洗也较麻烦。

6. 真空饮水器　真空饮水器由水罐 1 和饮水盘 2 两部分组成。饮水盘上开一个出水槽。使用时将水罐倒过来装水，再将饮水盘倒覆其上，扣紧后一起翻转 180℃放置地面。水从出水孔 3 流出，直至将孔淹没为止。这时外界空气不能进入水罐，使罐内水面上空产生真空，水就不会再流出。当雏鸡从饮水盘饮去一部分水后，盘内水面下降，当水面低于出水孔时，外界空气重又从出水孔进入水罐，使水罐内的真空度下降，水又自动流出，直到再次将孔淹没为止。这样，饮水盘中始终能保持一定的水位，保证鸡只随时都可以饮到水。

三、饲喂设备

在家禽的饲养管理中，喂料占用的劳动量很大，是一项花费工时多又较辛苦的工作，其所占用劳动时间约为总饲养工时的 25% 以上，另外人工喂料往往造成大量的饲料浪费，据统计一般用喂料机可节约饲料 2%左右，因此，很受鸡场的欢迎。

(一)料塔和上料输送装置

料塔和上料输送装置在国内外得到广泛的使用，是机械化养鸡场的主要设备之一。料塔有整体式和组合式之分。

目前，国内生产的 9TZ-2 型料塔和 9SHZ-2 型横向弹簧输料机适用于各种鸡场的贮料、输料作业。饲料由上料设备装入料塔，经输料机送入鸡舍，并与舍内喂料机配套使用。

弹簧输送饲料在国内外正普遍采用，在各种送料方式中其结构最为简单，制造也最容易。特别在改变送料方向时更显示其优越性,无需附加转角装置。而且用材少,成本低,使用可靠。为了提高输送效率,采用矩形截面弹簧作为输送装置的主要工作部件比采用圆形截面佳,但在国内往往由于材料来源的限制,采用圆形截面的较多。

9TZ-2 型料塔适用于贮存鸡用干粉状配合饲料,并与输料机配套向鸡舍内输送。料塔的技术参数为:高度 5.78 m,直径 1.8 m,容积 8.63 m^3,容量 4.75 t,使用时实际装料为 4 t。料塔内设有破拱装置,配套电机型号 JXJ212-59 功率 7 kW。工作转速 234 r/min,在塔内饲料结块时可以破块,以保证连续不断地供给输料机向鸡舍内送料。

(二)喂料机

采用上料机、链条式喂料机饲喂笼养鸡和平养鸡,可以节省劳力,节省饲料,目前我国养鸡场采用较多的有链板式、索盘式和螺旋弹簧式等多种形式,国内使用螺旋弹簧式的比较多。

1. 链式喂料机

(1)工作原理。链式喂料机的工作原理是依靠电机以减速器带动驱动链轮,使链片缓慢移动,将料箱中的饲料均匀的输送到食槽中,运转 1 周后将多余的饲料带回料箱,要求链片结构设计合理,在宽度上能和食槽很好的配合,目前依槽宽度采用 85 mm,链片宽度 70 mm,链片的前边应能和食槽板接触,这样才能达到性能要求。

链式喂料机的结构主要由食槽、料箱、驱动器、链片、转角器、清洁器、升降装置等几部分组成。

(2)主要优缺点。其主要优点是适用性强,即可用于平养,也能用于笼养;在平养鸡舍中,无论饲养量多大,一栋鸡舍仅一台链式喂食机即可满足需要。因而它是最为普及的喂食设备。其缺点是:敞开式送料,由于家禽的站位不同,择食的几率不同,于是有的鸡所摄取的营养成分不一定均衡。

2. 螺旋弹簧喂料机

(1)结构及工作原理。该机只能用于平养，主要由料塔、计量装置、横向输送装置、起吊装置、纵向输料装置和电器控制组成。具有运转平衡、噪声小、主要工作部件寿命长等特点。

(2)工作工艺过程。由料车将物料送到料塔内贮存。工作时根据批次供料量自动计量装置、计数器或电子计量装置控制台键盘输入规定数值。启动电源总开关，料塔出料机将饲料输入到计量装置箱，计量开始工作。然后通过横向螺旋输料机将饲料分别输入到各条纵向输料装置端部的储料箱内。当最后一个料箱内饲料达到上限规定料位高度时，安装在该料箱内料位器启动工作，动力被切断，前边输料机构自动停止作业，在向横向输料机切断送料的同时，接通全舍各条纵向输料机驱动电机电源。饲料在螺旋弹簧转推下，通过各个出料孔落入料盘中，当各自纵向输料机料盘加满饲料后，各自纵向输料机的最后一个料位盘上的料位器自动控制电机停止转动，从而停止饲料输送。当料盘中的饲料被鸡群采食后料位降低到料位器启动位置时，电机又开始转动。螺旋弹簧又开始向每个料盘补充饲料，如此使纵向输送机周而复始地自动工作。在纵向输料机料箱内饲料下降到下限规定位置时，横向输料机被子料箱料位器重新启动，又开始向料箱内送料。直至批次所规定供给的饲料全部输送完毕，自动计量装置自动切断料塔出料机和横向输料机电源。此时，纵向输料机继续向料盘中输料，直到最后一条纵向输料机的料箱饲料下降到规定下限料位时安装在料箱内料位器切断电源，全舍输料作业全部结束。

3. 塞盘式喂料机　主要是作为平养肉种鸡的快速送料和限制饲喂的专用饲养系统，另外也可作为笼养种鸡的快速饲喂系统。适用于输送干粉料和颗粒料，多被用于平养，但也可用于笼养，国外主要用于肉仔鸡。我国用的还不普遍，其原因是产品质量不佳，钢绳易断，塞盘也易滑脱，有待进一步改进。

(1)结构及工作原理。该系统由称重系统从外储仓取料,送至两个输料斗,然后由输料斗送达料盘。整个系统包括:快速流重衡,输料斗饲料传送管道,转角器,驱动器和料盘组成。当整个系统启动时,每个料盘都同时下料,高速饲料传输,每分钟达 30 m、50 m,最长输送距离 305 m。

(2)主要优缺点。

优点:与链式喂料机相比较,噪声小,故障少,操作方便;由于主要工作部件采用塑料盘与镀锌钢缆组合,成本较低,使得整套设备造价低于链式喂料机。

缺点:喂料时,转角轮处堆积料脚、鸡毛等。需人工进行清除,较麻烦。

4.全自动行车式喂料系统　在笼养鸡的喂料系统中,行车式喂料方式被人们称为最理想的喂料方式。主要优点是喂料均匀,每只鸡都能吃到同样质量的新鲜饲料。鸡只的生长容易达到均衡,提高了产蛋率。且坚固耐用,维修费用低、能耗低、容易实现自动化过程。主要用于笼养。

(1)结构与组成。全自动化行车式喂料系统由横向输料装置、喂料行车、电器控制设备和料槽等组成。

(2)工作过程。喂料车在头架原始位置上,待横向输料装置向喂料行车输满饲料后,横向输料装置自动停止输料。同时喂料行车自动启动向前方进行均匀下料过程。饲料的落下,是行车在运行过程中,饲料在料斗中自由落下,同时通过均料器使饲料均匀地布在料槽上,没有任何机械搅拌,饲料不会分离。料量的大小,可根据饲料工艺的需要来调节。当喂料行车运行到该列设备的尾架时,在电器执行元件的作用下,喂料行车停止运行(即停止下料)。喂料行车在尾架停留一段时间后(根据饲养工艺的需要确定停留时间的长短)。自动启动往回运行,同时进行均匀的下料。当行车返回头架位置时(即原始位置上),在电器执行元件的作用下行车自动停止，一个喂料周期结束。

5. 电脑喂料车 可按每列每层笼组分级送料，还能根据每个小笼里的鸡的真实数量送料。我国已研制出脚踏式分层喂料车，脚步踏力仅 11 kg，结构简单，无需电力，工作自如。

(三)料盘

1. 开食盘 适用于雏鸡饲养，有方形、圆形等不同形状的开食盘。面积大小视雏鸡数量而定，一般为 60～80 只/个，圆形开食盘直径为 350 mm 或 450 mm。

2. 料桶 适用于平养育成鸡、肉仔鸡，它的特点是一次可添加大量饲料，贮存于桶内，供鸡只不停地采食，对于肉仔鸡为了加快生长速度可以不限制供料，而对于育成鸡则要根据体重情况，按标准给料。料桶材料一般为塑料和玻璃钢，容重 3～10 kg。容量大，可以减少喂料次数，减少对鸡群的干扰，但由于布料点少，会影响鸡群的均匀度；容量小，布料次数和点多，可刺激食欲，有利于肉鸡采食量和增重。

四、产蛋和集蛋设备

种鸡舍的饲养设备中，产蛋箱是很重要的设备。如果不给鸡创造合适的产蛋空间，那么窝外蛋、污蛋比例就会上升，直接影响到种蛋的品质。

(一)人工拣蛋产蛋箱

1. 9DX-6 产蛋箱 本产蛋箱的结构适用于网上平养的种鸡和蛋鸡舍。它是由板金结构焊接而成，分上、下 2 层，每层 3 格，每格可同时容纳产蛋种鸡 3 只，一个产蛋箱可以供 18 只鸡同时产蛋。产蛋箱底面由钢丝网构成呈 8 倾角，底网后连有蛋槽，鸡蛋产下后，滚落到蛋槽中，由人工拣出。蛋箱前上、下层设有踏板，鸡只可先跳上脚踏板，再进入产蛋箱。

2. 9DX-12 产蛋箱 本产蛋箱分上、下 2 层，每格可容纳 2 只鸡。故每个产蛋箱可同时供 24 只鸡产蛋，产蛋箱底面由钢丝底网构成呈 10 倾角，后连蛋槽，鸡蛋产下后滚落到蛋槽中，由人工拣出。蛋箱上下层均设有脚踏板。

3. 9DX-20 产蛋箱　该产蛋箱分上、下 2 层，每层 5 格，总共 20 格，可供 20 只鸡同时产蛋。产蛋箱内一般垫草，但由于粪草相混，污蛋较多，需及时清理，因此，在管理上要增加每日拣蛋次数。蛋箱上下层均设有脚踏板。

(二)自动集蛋产蛋箱

在开产前，产蛋箱的脚踏板可翻上来，阻止新母鸡入内。这种产蛋箱中间为种蛋传送带，种鸡产完蛋后。沿箱体底网以一定的角度滚至传送带，从而实现自动集蛋，这种蛋箱可同日寸容纳 12 只种鸡产蛋，且污蛋很少。

(三)集蛋设备

1. 9DX-0.5 型拣蛋车　为中小型鸡场设计，作为笼蛋鸡舍内人工拣蛋时的运输工具，主要适用于走道宽度超过 0.6 m 的开放式、半开放式或密闭式蛋鸡舍，人工拣蛋时装运盛蛋盘之用，在更新鸡群时，如配上运输鸡笼也可用来输送育成鸡和淘汰鸡。

2. 空中有轨蛋车　适合于“两高一低”肉种鸡舍和网上平养蛋鸡舍。这种蛋车上部是一滑动轮，它可沿鸡舍上方的导轨移动，下部为一平台，人工拣蛋时装运蛋箱和蛋托。该车运行，能降低破蛋率，减轻工人劳动强度。

3. 9DX-4500 集蛋装置　本装置是与三层全阶梯笼养产蛋鸡笼组相配套使用的设备之一。升降蛋器采用辊式结构，运转平稳噪声小，工作可靠，使用本装置能完成纵向、横向集蛋工作，可比人工从蛋槽里拣蛋提高工效 3～4 倍，还降低了破蛋率。

(四)垫料

垫料平养是当前国内外最普遍的一种饲养方式。它的优点是简便易行，设备投资少，胸囊肿的发生率低，残次品少。缺点是球虫病较难控制，药品和垫料费用较大。

垫料要求干燥松软、吸水性强、不霉变、不污染，长度 10 cm 以内为好。常用的垫料有切短的玉米秸、破碎的玉米棒、小刨花、锯末、稻草、麦秸等，以多种混合使用为好。

垫料平养肉鸡要想获得成功，其中一个重要条件就是要保证垫料的质、量和加强垫料的管理。垫料在使用过程中的管理要做到以下几点：

(1)垫料首先要求垫平，厚度一致，防止露出地面，在饲养过程中要经常抖动垫料，防止鸡粪在垫料表面结块，使鸡粪抖落到垫料下面。

(2)防止垫料潮湿板结，保持松软干燥，以便有效地防止球虫病的暴发。

(3)适当促使鸡只活动，减少伏卧时间。

(五)断喙机

鸡有互啄的习性，特别是在开放式鸡舍饲养的种鸡。因此，一般饲养在开放式鸡舍的鸡都要进行断喙。断喙还有节省饲料的效果，试验证明在育成期断喙组比不断喙组每日每只鸡少吃料 10.4～15.2 g，统计上差异显著。

断喙一般有专门的断喙器，其工作原理就是借助于灼热的刀片，快速切除鸡上下喙的一部分，灼烧组织，防止流血。目前国内外普遍使用的断喙器有自动式、脚踏式两种。

断喙器的主要工作部件是电热刀，质量比较好的产品一般都是由特种耐高温稀有金属制成。一般的断喙器都有大、中和小 3 个不同的孔径，以供不同日龄的雏鸡使用。

第二节　环境控制设备

鸡舍内的环境控制设备包括控温、光照、通风等设备。良好的环境控制工艺应能满足下列功能要求:①向鸡只提供充足的新鲜空气和氧气;②提供达到理想生产成绩和效益所需的温、湿度;③有利于增加舍饲密度:④消除有害气体等;⑤减少致病微生物;⑥为饲养者创造舒适的工作环境:⑦防止或尽可能减少鸡舍及设备的老化。

一、通风换气设备

鸡舍的通风换气按照通风的动力可分为自然通风、机械通风和混合通风3种,机械通风主要依赖于各种形式的风机设备和进风装置。

(一)常用风机类型

1. 轴流式风机　这种风机所吸入和送出的空气流向与风机叶片轴的方向平行。轴流式风机的特点是,叶片旋转方向可以逆转,旋转方向改变,气流方向随之改变,而通风量不减少。轴流风机可以设计为尺寸不同、风量不同的多种型号,并可在鸡舍的任何地方安装。

2. 离心式风机　这种风机运转时,气流靠带叶片的工作轮转动时所形成的离心力驱动。故空气出入风机时和叶片轴平行,离开风机时变成垂直方向,这个特点自然地适应通风管道90°的转变。

3. 吊扇和圆周扇　吊扇和圆周扇是于顶棚或墙内侧壁上,将空气直接吹向鸡体。从而在鸡只附近增加气流速度,促进了蒸发散热。圆周扇和吊扇一般作为自然通风鸡舍的辅助设备,安装位置与数量要视鸡舍情况而定。

(二)进气装置

进气口的位置和进气装置,可影响舍内气流速度、进气量和体在鸡舍内的循环方式。进气装置有以下几种形式:

1. 窗式导气板　这种导风装置一般安装在侧墙上,与窗户相通故称“窗式导风板”，根据舍内鸡的日龄、体重和外界环境温度调节导风板的角度。

2. 顶式导风装置　这种装置常安装在舍内顶棚上，通过调节导风板来控制舍外空气流量。

3. 循环用换气装置　其是用来排气的循环换气装置，当舍内温暖空气往上流动时，根据季节的不同，上部的风量控制阀开启程度不同，这样排出气体量和回流气体量亦随之改变，由排出气体量与回流气体量的比例的不同来调控舍内空气环境质量。

二、温度控制设备

(一)鸡舍降温设备

1. 低压喷雾系统　喷嘴安装在舍内或笼内鸡的上方，以常规压力进行喷雾。

2. 湿垫-风机系统　进入鸡舍的空气必须经过湿垫，由于湿垫的蒸发吸热，使得进入舍内的空气温度下降。

3. 喷雾-风机系统　这与湿垫-风机系统相似，所不同的是进风须经过带有高压喷嘴的风罩，当空气经过时，温度就会下降。

4. 高压喷雾系统　特制的喷头可以将水由液态转为气态，这种变化过程具有极强的冷却作用。它是由泵组、水箱、过滤器、输水管、喷头组件、固定架等组成，雾滴直径在 80～100 μm。

(二)鸡舍供暖设备

鸡舍采暖是冬季环境管理中重要的一环。目前采暖基本上采取常规方法如辐射采暖板、采暖散热片等，但这些方法普遍存在温度场不均匀，设备费用高等问题，而且与通风系统不能良好地协调。近几年来，通风供暖设备的研制有了新的进展，暖风机、热风炉的使用使得冬季通风和保温不再成为矛盾。

1. 暖风机供暖　系统的组成主要由进风道、热交换器、轴流风机、混合箱、供热恒温控制装置、主风道组成。通过热交换器的通风供暖方式，是到目前为止效果最好的，它一方面使舍内温度均匀，空气清新；另一方面效益也不错，节省效果显著。

2. 热风式通风供暖　系统主要由热风炉、轴流风机、有孔塑料管、调节风门等组成。热风炉是供暖设备系统的主体设备，它是以空气为介质，以煤为燃料的手动式固定火床炉，它为供暖空间提供洁净热空气。该设备结构简单、热效率高、送热快、成本低。

3. 其他加热设备

(1)控温育雏伞。其加热器为电阻丝或热效率高的远红外管，控温器采用印刷线路，体积小，避免虚焊，因而稳定可靠。

(2)燃气加热器。在国外主要是靠煤气和天然气加热，后产物为 CO_2 和水，因而比较清洁卫生。

目前，太阳能加热、烘干等技术在其他领域的研究很广泛，也很深入，如何“移花接木”地应用到畜牧业生产中来，是广大畜牧科技工作者不可推卸的责任。

三、光照控制设备

光照是舍内环境控制中又一比较重要的因子，下面介绍一下光照控制设备。

(一)遮光流板

通过波纹状板块，可以减少外界光线的进入，而对气流的影响则很少，适于密闭鸡舍使用。

(二)24 h 可编光照程序控制器

目前，在国内有关部门的不断研究与改进，光照程序控制器已达到比较先进的水平。在全封闭鸡舍中，自动控制光照用的较多。国内生产的光照程序控制器大多具有全封闭外形设计，能有效地防止鸡舍内氨气、硫化氢等有害气体对仪器的侵蚀，从而大大提高产品的使用寿命。仪器内芯则由电脑芯片经装配而成。故障率极低，能自由设置程序，24 h 六开、六关，渐明渐暗时间达 30 min，能完全模拟自然日光，对鸡群无应激。鸡场停电时，仪器内充电电池立即切换供电，确保内存程序不丢失。

四、环境控制的配套设备

养鸡企业现代化的管理，不仅是指经营管理的现代化，还包括环境控制设备的自动化管理。通过自动调节、减少了人为的误差，减轻了饲养员的劳动强度。目前，国内外先进的大型鸡场已实现了环境控制的计算机管理。

环境控制的计算机管理最重要的配套设备是传感器，没有一个准确可靠的传感器，则计算机控制就像“盲人”一样，不可能有好的结果，现在市售的某些类型的传感器，经多年使用证明很好，但有的还须进一步研究改进。

目前，国内研制生产的环境自动控制器.对环境的自动控制已达到较高的水平。一般的环境自动控制器都兼有光照程序控制器的全部或部分功能。并能根据用户科学养禽的需要，预先设置参数，每天 24 h 不间断的监测禽舍内温、湿度等，一旦出现异常，立即做到声、乐、光同步报警，并能同时控制禽舍内风机等相关设备，自动消除险情，仪器即自动恢复正常，亦可定时开关风机，改善禽舍空气环境。从而实现禽舍环境的全自动监测控制。

第十三章　肉鸡常见病防治

一、新城疫

新城疫是由新城疫病毒引起的鸡和火鸡的一种急性高度接触性传染病，常呈败血症经过。主要特征是呼吸困难，下痢，神经机能紊乱，黏膜和浆膜出血，出血性纤维素性坏死性肠炎，脾脏、胸腺、腔上囊及肠壁淋巴滤泡等淋巴组织坏死等。本病分布于世界各地，是严重危害养鸡业的主要疾病之一。

【病原】 新城疫病毒属副黏病毒科、副黏病毒亚科、风疹病毒属。病毒粒子呈圆形，有囊膜，囊膜外面有突起，并含有血凝素和神经氨酸苷酶，能凝集鸡、火鸡、鹅、鸭、鸽等禽类的红细胞。病毒粒子的大小为120～300 nm，多数在180 nm左右。

病毒存在于病鸡的血液、粪便、嗉囊液、脾、肝、肾、肺、气管、骨髓及脑等，以脑、脾、肺含毒量最高，骨髓含毒时间最长。本病毒在鸡舍内能存活7周，鸡粪内于50℃可存活5.5个月，鸡肉尸内的病毒在15℃可存活98天，骨髓内的病毒可存活134天。新城疫病毒对一般消毒剂的抵抗力不强，2%的氢氧化钠、1%来苏儿、3%石炭酸、1%～2%的甲醛溶液在几分钟内就能杀死。

【流行病学】 鸡、火鸡、珠鸡、野鸡、鹌鹑、鸽子、鹧鸪均有易感性，其中以鸡的易感性最高。外来鸡及其杂种鸡比本地鸡的易感性高，死亡率也大。各种年龄的鸡易感性也有差异，幼雏和中雏易感性最高，2年以上的老鸡易感性较低。新城疫一年四季都能发病，但以春、秋季节多发，夏、冬季较少，传统节日前后多发。新城疫的主要传染源是感染新城疫的病鸡，病鸡与健康鸡接触，经呼吸道和消化道感染。病鸡的分泌物中含大量病毒，病毒污染了饲料、饮水、地面、用具，经消化道感染。带病毒的尘埃、飞沫进入呼吸道，经呼吸道感染。此外，买卖、运输、乱屠宰病死鸡、带毒鸡或未经消毒处理的鸡产品是造成本病流行的重要原因。

【症状】 自然感染的潜伏期一般为3～5天，根据临床表现和病程的长短，可分为最急性、急性、亚急性或慢性三型。

最急性：突然发病，常无特征症状而迅速死亡。

急性型：病初体温升高达43～44℃，食欲降低，精神委顿，不愿走动，垂头缩颈，眼半闭，鸡冠及肉髯渐变暗红色或暗紫色。产蛋鸡产蛋量下降，畸形蛋增多。随着病程的发展，病鸡咳嗽、呼吸困难，有黏液性鼻漏，常伸头，张口呼吸，并发出"咯咯"的喘鸣声。口角常流出大量黏液，为排出此黏液，病鸡常做摇动或吞咽动作。病鸡嗉囊内充满液体，倒提时常从口内流出。粪便稀薄，呈黄绿色或黄白色，后期排蛋清样的粪便。有的病鸡还出现神经症状，如翅、腿麻痹等，最后体温下降，不久死亡。

亚急性或慢性：多由急性转变而来，病鸡翅腿麻痹、跛行或站立不稳，头颈向后或向一侧扭转，常伏地旋转，动作失调，反复发作，受刺激后加重。除部分可以康复外，一般经10～20天死亡。

【病理变化】 本病的病理变化具有败血症的病变特征，全身黏膜、浆膜出血，淋巴系统肿胀，出血和坏死，以消化道和呼吸道最明显。

最急性型：由于发病急骤，多数没有肉眼可见的病变，个别死亡鸡可见胸骨内面及心外膜上有出血点。

急性型：病变比较特征，口腔中有多量黏液和污物，嗉囊内充满多量酸臭液体和气体，食管和腺胃交界处常见有出血斑或出血带，腺胃乳头肿胀，乳头出血，严重者乳头间腺胃壁出血，肌胃角质膜下也可见出血点；整个肠道充血或严重出血，以十二指肠和直肠后段最严重，十二指肠常呈弥漫性出血，直肠黏膜常密布针尖大小的出血点，肠淋巴滤泡肿胀，常突出于黏膜表面，局部肠管膨大，充满气体和粥样内容物；盲肠扁桃体严重肿胀、出血和坏死，病程稍长者，肠黏膜上可出现纤维素性坏死灶，去掉坏死假膜，即可见溃疡。

心外膜、心冠脂肪上可见出血点，严重者肠系膜及腹腔脂肪上可见出血点，喉头、气管内有大量黏液，并严重出血，产蛋鸡卵黄膜严重充血，淤血，卵黄破裂，形成卵黄性腹膜炎。

亚急性或慢性型：剖检变化不明显，个别鸡可见肠卡他性炎症，盲肠扁桃体肿胀、出血，小肠黏膜上有纤维素性坏死。

近年来由于病毒毒力增强、疫苗使用方法、使用途径等原因，非典型新城疫发病较多。非典型新城疫一般不呈暴发性流行，多散发，发病率在5%～10%。临床上缺乏特征性呼吸道症状，鸡群精神状态较好，饮食正常。个别鸡出现精神沉郁，食欲降低，嗉囊空虚，排黄色粪便等症状。从出现症状到死亡，一般为1～2天。产蛋鸡出现产蛋量下降，产软壳蛋等。非典型新城疫的特征性病理变化表现在小肠上有数个大小不等的黄色泡状肠段。剪开该肠段可见肠内容物呈橘黄色、稀薄，肠黏膜脱落，肠壁变薄，呈橘黄色，缺乏弹性，肠壁毛细血管充血或出血，与周围界限明显。腺胃变软、变薄，腺胃乳头间有出血。产蛋鸡除上述病变外，卵泡变形，卵黄液稀薄，严重者卵泡破裂，卵黄散落到腹腔中形成卵黄性腹膜炎。

【诊断】 根据本病的流行病学、症状和病理变化进行综合分析，可做出初步诊断。确诊需进行病毒分离、血凝抑制试验、中和试验、荧光抗体试验等。

【防制】

1. 预防

(1)加强卫生管理，防止病原体侵入鸡群。禁止从污染地区引进种鸡或雏鸡，也不要从这些地区购买饲料、养鸡设备等，禁止无关人员进入鸡场，并防止飞鸟和其他野生动物的侵入。在饲养管理上，应实行全进全出的饲养管理制度，以防病原体接力传染，定期带鸡消毒。

（2）定期预防接种，增强鸡群的特异免疫力。有条件的鸡场最好根据抗体血凝抑制效价监测结果来确定免疫的最适时间。首免时间可根据如下公式进行推算：雏鸡出壳后，抽检0.5%雏鸡的血凝抑制抗体效价，并求其对数平均值，然后计算首免时间。首免日龄＝4.5×（1日龄血凝抑制抗体对数值－4）＋5。平时应待抗体效价降到1∶32以下时进行免疫。免疫后10～14天抽检，抗体效价比免疫前提高2个滴度方可以认为免疫成功，否则应重新免疫。

没有监测条件的鸡场可参照以下免疫程序进行：

肉种鸡：7～8日龄用新城疫Ⅳ系疫苗点眼或滴鼻进行首免，同时颈部皮下注射新城疫灭活疫苗；30日龄用新城疫Ⅳ系疫苗点眼或滴鼻进行二免，70～80日龄用新城疫Ⅳ系疫苗饮水免疫；140日龄用新城疫Ⅳ系疫苗饮水免疫，同时肌肉注射新城疫灭活油乳剂疫苗。产蛋后，每隔2个月左右，用新城疫Ⅳ系疫苗饮水加强免疫1次。

肉鸡：8～9日龄新城疫Ⅳ系疫苗点眼或滴鼻，同时颈部皮下注射新城疫灭活疫苗；24～25日龄用新城疫Ⅳ系疫苗3～4倍量饮水免疫，35～40日龄用新城疫Ⅳ疫苗4倍量饮水免疫。

2. *治疗*　鸡群发病后，无特异治疗方法，应采取紧急免疫的措施。可视鸡的日龄大小，用新城疫Ⅳ系疫苗4～5倍量饮水免疫。

二、禽流感

禽流感是由A型流感病毒中的任何一型引起的一种感染综合征。本病于1878年首次发现于意大利，目前几乎遍布世界各地。

【病原】 A 型流感病毒属正黏病毒科、正黏病毒属的病毒。病毒粒子一般为球形，直径为 80～120 nm。病毒粒子表面有长 10～12 nm 的密集钉状物或纤突覆盖，病毒囊膜内有螺旋形核衣壳。两种不同形状的表面钉状物是血凝素（HA）和神经氨酸酶（NA）。HA 和 NA 是病毒表面的主要糖蛋白，具有种（亚型）的特异性和多变性，在病毒感染过程中起着重要作用。流感病毒的基因组极易发生变异，其中以编码 HA 的基因的突变率最高，次为 NA 基因。迄今已知有 16 种 HA 和 9 种 NA，不同的 HA 和 NA 之间可能发生不同形式的随机组合，从而构成许许多多不同亚型。据报道现已发现的流感病毒亚型至少有 80 多种，其中绝大多数属非致病性或低致病性，高致病性亚型主要是含 H5 和 H7 的毒株。

病毒通常在 56℃经 30 min 灭活；某些毒株需要 50 min 才能灭活；对脂溶剂敏感。加入鱼精蛋白、明矾、磷酸钙在 −5℃用 25%～35%甲醇处理使其沉淀后，仍保持活性。甲醛可破坏病毒的活性；肥皂、去污剂和氧化剂也能破坏其活性。感染的组织置 50%甘油盐水中在 0℃可保存活性数月。

【流行病学】 鸡和火鸡的易感性最高，其次是珠鸡、野鸡和孔雀。鸭、鹅、鸽、鹧鸪、鹌鹑、麻雀等也能感染。感染禽从呼吸道、结膜和粪便中排出病毒。因此，可能的传播方式有感染禽和易感禽的直接接触和包括气溶胶或暴露于病毒污染的间接接触两种。因为感染禽能从粪便中排出大量病毒，所以，被病毒污染的任何物品，如鸟粪和哺乳动物、饲料、水、设备、物资、笼具、衣物、运输车辆和昆虫等，都易传播疾病。本病一年四季均能发生，但冬、春季节多发，夏、秋季节零星发生。气候突变、冷刺激，饲料中营养物质缺乏均能促进该病的发生。本病能否垂直传播，现在还没有充分的证据证实，但当母鸡感染后，鸡蛋的内部和表面可存有病毒。人工感染母鸡，在感染后 3～4 天几乎所产的全部鸡蛋都含有病毒。

【症状】 该病的潜伏期较短，一般为 4～5 天。因感染禽的品种、日龄、性别、环境因素、病毒的毒力不同，病禽的症状各异，轻重不一。

最急性型：多由高致病力流感病毒引起，病禽不出现前驱症状，发病后急剧死亡，死亡率可达90%～100%。发病稍慢的可见腿部、头部皮肤出血，鸡冠出血、坏死，呈紫黑色。

急性型：为目前世界上常见的一种病型。病禽表现为突然发病，体温升高，可达42℃以上。精神沉郁，叫声减小，缩颈，嗜睡，眼呈半闭状态。采食量急剧下降，可减少15%～50%，嗉囊空虚，排黄绿色稀便。病禽呼吸困难、咳嗽、打喷嚏，张口呼吸，突然尖叫。眼肿胀流泪，初期流浆液性带泡沫的眼泪，后期流黄白色脓性分泌物，眼睑肿胀，两眼突出，肉髯增厚变硬，向两侧开张，呈"金鱼头"状。也有的出现抽搐，头颈后仰，运动失调，瘫痪等神经症状。产蛋鸡感染后，2～3天产蛋量即开始下降，7～14天可使产蛋率由90%以上降到5%～10%，严重的将会停止产蛋；同时软壳蛋、无壳蛋、退色蛋、砂壳蛋增多，持续1～5周后产蛋率逐步回升，但恢复不到原有的水平，一般经1.5～2个月逐渐恢复到下降前产蛋水平的70%～90%之间。种鸡感染后，除上述症状外，可使受精率下降20%～40%，并致10%～20%的鸡胚于1周内死亡，且弱雏增多。雏鸡在1周内死亡率较高，且易感染大肠杆菌病。

亚临床型：该型主要发生于已免疫过禽流感疫苗的种鸡群。大群鸡精神较好，粪便基本正常。但采食量稍有下降，产蛋率轻度下降，白壳蛋、软壳蛋增多。个别鸡眼轻度肿胀、流泪。种蛋的孵化率降低，死胚增多，孵出的雏鸡质量下降，1周以内死亡率较高，可达10%～20%，且大肠杆菌病发病严重。

【病理变化】　最急性死亡的病鸡常无眼观变化。急性者可见头部和颜面浮肿，鸡冠、肉髯肿大达3倍以上；皮下有黄色胶样浸润、出血；胸、腹部脂肪有紫红色出血斑；心包积水，心外膜有点状或条纹状坏死，心肌软化。消化道变化表现为腺胃乳头水肿、出血，肌胃角质层下出血，肌胃与腺胃交界处呈带状或环状出血；十二指肠、盲肠扁桃体、泄殖腔充血、出血；肝、脾、肾脏瘀血肿大，有白色小块坏死；呼吸道有大量炎性分泌物或黄白色干酪样坏死；胸腺萎缩，有程度不同的点、斑状出血；法氏囊萎缩或呈黄色水肿，有充血、出血；母鸡卵泡充血、出血，卵黄液变稀薄；严重者卵泡破裂，卵黄散落到腹腔中，形成卵黄性腹膜炎，腹腔中充满稀薄的卵黄。输卵管水肿、充血，内有浆液性、黏液性或干酪样物质。公鸡睾丸变形坏死。

【诊断】 由于本病的临床症状和病理变化差异较大，所以确诊必须依靠病毒的分离、鉴定和血清学试验。

本病在临床上与新城疫的症状及剖检变化相似，应注意鉴别。

【防制】

1. 处理 该病属法定的畜禽一类传染病，危害极大，故一旦暴发，确诊后应坚决彻底销毁疫点的禽只及有关物品，执行严格的封锁、隔离和无害化处理措施。

2. 预防与控制

(1)加强饲养管理，提高环境控制水平。饲养、生产、经营场所必须符合动物防疫条件。饲养场实行全进全出饲养方式，控制人员出入，严格执行清洁和消毒程序。

鸡和水禽禁止混养，养鸡场与水禽饲养场应相互间隔 3 km 以上，且不得共用同一水源。养禽场要有良好的防止禽鸟(包括水禽)进入饲养区的设施，并有健全的灭鼠设施和措施。

(2)加强消毒，做好基础防疫工作。各饲养场、屠宰厂(场)、动物防疫监督检查站等要建立严格的卫生管理制度。

(3)加强监测。对养禽场采用琼脂扩散试验、血凝抑制试验等方法进行检测。

3. 治疗 对低致病性禽流感目前国外也采用“冷处理”的方法，即在严格隔离的条件下，对症治疗，以减少损失。对症治疗可采用以下方法。

(1)抗病毒药物如金丝桃素 0.025%拌料，连用 4～5 天。也可用板蓝根 2 g/(只·天)，大青叶 3 g/(只·天)，粉碎后拌料，配合防制或用黄芪多糖饮水。

(2)抗菌药物如环丙沙星或培氟沙星等 0.005%饮水，连用 5～7 天，以防止大肠杆菌、支原体等继发感染与混合感染。

三、传染性法氏囊病

传染性法氏囊病是由传染性法氏囊病病毒引起的一种以破坏鸡免疫中枢器官——法氏囊为特征的急性、高度接触性传染病。本病首次报道于美国甘布罗镇的肉鸡，所以该病亦称为甘布罗病。

【病原】 传染性法氏囊病病毒属于双 RNA 病毒科、双 RNA 病毒属的病毒。该病毒无囊膜，病毒粒子的直径为 58～60 nm。

传染性法氏囊病病毒有两种血清型：Ⅰ和Ⅱ型。血清Ⅰ型病毒由鸡中分离，Ⅱ型来源于火鸡。血清Ⅰ型病毒对鸡有致病性，血清Ⅱ型病毒对鸡无致病力。

传染性法氏囊病病毒非常稳定，56℃ 3 h，其感染效价不受影响，56℃ 5 h 和 60℃ 90 min 仍有抵抗力，但 70℃ 30 min 可失活。对低温的耐受性强，－58℃可存活 18 个月。3%煤酚皂、石炭酸溶液、1%十二烷基硫酸钠 37℃ 60 min 和 0.5%氯胺 10 min 可使其灭活。

【流行病学】 本病主要感染鸡，各品种的鸡都能感染，其中白来航鸡反应最重，死亡率最高。鸡对本病的易感日龄为 3～6 周龄，最早见于 5 日龄，最晚见于 180 日龄。多数雏鸡感染后不表现临床症状，但结果导致严重的免疫抑制。本病一年四季都能发生，但以 6～7 月份发病较多。本病的传播方式是通过直接接触而感染，也可通过带毒的中间媒介物，如饲料、饮水、垫料、尘土、空气、用具、昆虫等而传播。本病主要通过消化道而感染，也可通过呼吸道感染。

【症状】 本病的特征是幼中雏鸡突然发病，羽毛逆立无光泽，嘴插入羽毛中，常蹲在墙角下，严重时卧地不动。随后病鸡排白色奶油状粪便，食欲减退，饮水增加，嗉囊中充满液体。部分鸡有自行啄肛现象。出现症状后1～3天死亡，群体病程一般不超过2周。鸡场初次暴发本病时症状典型，死亡率高，以后雏鸡发病症状减轻，甚至呈隐性经过。耐过的雏鸡常出现贫血、消瘦、生长迟缓，并对多种疫病易感。本病的感染率为100%，死亡率一般在10%～30%，但若混合感染或继发其他疫病，死亡率会更高。

【病理变化】 法氏囊是本病毒侵害的靶器官，其病变具有证病意义。在感染早期，法氏囊由于充血、水肿而肿大。感染2～3天后法氏囊的水肿和出血变化更为明显，其体积和重量增大到正常的2倍左右。此时法氏囊的外形变圆，浆膜覆盖有淡黄色胶冻样渗出物，表面的纵行条纹显而易见，法氏囊本身由正常的白色变为奶油黄色，严重时出血，法氏囊呈紫黑色、紫葡萄状。切开囊腔后，常见黏膜皱褶有出血点或出血斑，囊腔中有脓性分泌物。感染5天后，法氏囊开始缩小，第8天后仅为原来重量的1/3左右，此时法氏囊呈纺锤状，因炎性渗出物消失而变为深灰色。有些病程较长的慢性病例，法氏囊的体积虽增大，但囊壁变薄，囊内积存干酪样物。

肝脏一般不肿大，呈土黄色，死后由于肋骨压迹而呈红黄相间的条纹状，周边有梗死灶。在腺胃与肌胃交界外，腺胃与食道移行部交界处有出血带。盲肠扁桃体肿大、出血。肾脏肿胀，输尿管中有白色的尿酸盐沉积。严重者在病鸡的腿部、腹部及胸部肌肉呈现出血条纹或出血斑。

【诊断】 根据流行特点、症状和剖检变化可做出初步诊断。进一步确诊需进行病毒分离及血清学试验。

【防制】

1. 预防 传染性法氏囊病的发生主要是通过接触感染，所以平时应加强卫生管理，定期消毒。免疫接种是控制传染性法氏囊病的主要方法，特别是种鸡群的免疫，以提高雏鸡母源抗体水平，防止雏鸡早期感染。目前使用的疫苗有两类：活毒疫苗和灭活苗，活毒疫苗中又分为弱毒苗和中毒苗。由于母源抗体水平、当地污染情况、鸡场性质、饲养管理方式不同，因此，在生产实践中，应根据本场情况综合考虑，选择适宜的疫苗和可行的免疫程序。在生产中可参考以下接种方案：

(1)种鸡群：2～3 周龄弱毒疫苗饮水；4～5 周龄中等毒力疫苗饮水；开产前油佐剂灭活疫苗肌肉注射。

(2)商品鸡：14 日龄弱毒疫苗饮水；21 日龄弱毒疫苗饮水；28 日龄中等毒力疫苗饮水。活毒疫苗饮水免疫时应注意，使用十分洁净无残留消毒剂的饮水器，并保证每只鸡有充分的饮水量，稀释用水应不含氯等有害因子，为保持疫苗活力可在水中加入 1% 脱脂乳。

2. 治疗 发现传染性法氏囊病后，可及时注射高免血清或高免卵黄抗体，每只鸡 1～2 mL。为避免病鸡脱水衰竭死亡，可饮口服补液盐以补充体液。由于法氏囊是一个免疫器官，患传染性法氏囊病后，使机体的免疫机能下降，抵抗力降低，这时鸡易患球虫病、大肠杆菌病等。所以，除加强消毒外，饲料中应添加抗生素防止继发感染。

四、鸡马立克氏病

鸡马立克氏病是由马立克氏病病毒引起的一种淋巴组织增生性疾病。其特征是外周神经、性腺、虹膜、各内脏器官、肌肉和皮肤等发生淋巴样细胞增生、浸润和形成肿瘤性病灶。

【病原】 鸡马立克氏病病毒属于疱疹病毒的 B 亚群病毒。

这种病毒的裸体粒子或核衣壳直径为 85～100 nm，具有囊膜的病毒粒子其直径达 130～170 nm。它于羽毛囊上皮细胞中形成的有囊膜的病毒粒子特别大，其直径可达 273～400 nm。

根据抗原性不同，马立克氏病病毒可分为 3 个血清型，即血清Ⅰ型、Ⅱ型和Ⅲ型。血清Ⅰ型病毒能引起肿瘤的发生，而血清Ⅱ型和Ⅲ型无致瘤性。

马立克氏病病毒的抵抗力较强，自感染鸡的羽毛囊浸出的病毒于－65℃很稳定，保存 210 日，滴度下降不明显，于 pH 7.0 稳定，pH 4.0 以下以及 pH 10.0 以上活力迅速消失。

在自然条件下，从羽毛囊上皮排出的病毒因其具有保护性物质，在鸡舍的尘埃中能长时间存在，在室温下生存 4 周以上。病鸡鸡粪与垫草在室温下可以保持传染性达 16 周之久，在温度较低的条件下，其生存时间更长。

【流行病学】 本病的易感动物是鸡，病鸡和带毒鸡是本鸡的传染源，感染鸡的羽毛囊上皮中有套膜的病毒粒子可脱离细胞而存在，自病鸡脱落带病毒的皮屑，对外界有很强的抵抗力，常和尘土一起随空气到处传播而造成污染。病鸡与易感鸡直接或间接接触是本病的重要传播方式。病毒主要经呼吸道进入鸡体内，很快分布到全身。鸡一旦感染后可长期带毒与排毒。马立克氏病病毒对初生雏鸡的易感性高，1 日龄雏鸡的易感性比成年鸡大 1 000～10 000 倍，比 50 日龄鸡大 12 倍。病鸡终身带毒排毒，母鸡的发病率比公鸡高。马立克氏病的发病率与鸡的品种、病毒毒力以及饲养管理的方式有关。若饲养管理条件差、饲养密度高，感染的机会就增加。本病不经蛋内传染，但若蛋壳表面残留有含病毒的尘埃、皮屑又未经消毒就可造成马立克氏病的传染。

本病具有高度接触传染性，直接或间接接触都可传染。病毒主要随空气经呼吸道进入体内，其次是消化道。病毒进入机体后，首先在淋巴系统，特别是法氏囊和胸腺细胞中增殖，然后在肾脏、毛囊和其他器官的上皮中增殖，同时出现病毒血症。其结果可以出现症状，也可能保持潜伏性感染，这随病毒的毒力、宿主的抵抗力及外界其他应激因素的影响而定。因此，病毒一旦侵入易感鸡群，其感染率几乎可达100%，但发病率却差异很大，可从百分之几到70%～80%，发病鸡都以死亡为转归，只有极少数能康复。

【症状】 根据其病变发生部位和临床症状不同，可分为内脏型、神经型、眼型和皮肤型，其中以内脏型发病率最高。

内脏型：病鸡呆钝，精神委靡，羽毛松乱，无光泽。行动迟缓，常缩颈蹲在墙角下。病鸡脸色苍白，常排绿色稀便，消瘦。但病鸡多有食欲，往往发病半个月左右死亡。

神经型：由于病变部位不同，症状有很大区别。当支配腿部运动的坐骨神经受到侵害时，病鸡开始只见走路不稳，逐渐看到一侧或两侧腿麻痹，严重时瘫痪不起。典型症状是一腿向前伸一腿向后伸的"大劈叉"姿势。病侧肌肉萎缩，有凉感，爪多弯曲。当支配翅膀的臂神经受侵害时，病侧翅膀松弛无力，有时下垂，如穿"大褂"。当颈部神经受侵害时，病鸡的脖子常斜向一侧，有时见大嗉囊及病鸡蹲在一处呈无声张口气喘的症状。

眼型：病鸡一侧或两侧眼睛失明，病鸡眼睛的瞳孔边缘不整齐呈锯齿状，虹彩消失眼球如鱼眼呈灰白色。

皮肤型：病鸡褪毛后可见体表的毛囊腔形成结节及小的肿瘤状物。在颈部、翅膀、大腿外侧较为多见。肿瘤结节呈灰黄色，突出于皮肤表面，有时破溃。

【病理变化】 内脏型病鸡的肿瘤多发生于肝脏、腺胃、心脏、卵巢、肺脏、肌肉、脾脏、肾脏，其中以肝脏、腺胃的发病率最高。

肝脏：肿大、质脆，有时为弥漫型的肿瘤，有时见粟粒大至黄豆大的灰白色瘤，几个至几十个不等。这些肿瘤质韧，稍突出于肝表面，有时肝脏上的肿瘤如鸡蛋黄大小。

腺胃：肿大、增厚、质地坚实，浆膜苍白，切开后可见黏膜出血或溃疡。

心脏：在心外膜见黄白色肿瘤，常突出于心肌表面，米粒大至黄豆粒大。

卵巢：肿大4～10倍，呈菜花状。

肺脏：在一侧或两侧见灰白色肿瘤，肺脏呈实质性，质硬。

脾脏：肿大3～7倍，表面可见呈针尖大小或米粒大的肿瘤结节。

肌肉：肌肉的肿瘤多发生于胸肌，呈白色条纹状。

神经型病变：多见坐骨神经、臂神经、迷走神经肿大，神经表面光亮，粗细不均，银白色纹理消失，神经周围的组织水肿。

【诊断】 根据病鸡的典型症状、流行特点及病理剖检变化进行综合分析，可做出初步诊断，确诊时可进行琼脂扩散试验、免疫荧光试验、酶联免疫吸附试验及病毒中和试验。

【防制】 本病目前尚无有效的药物治疗，只有采取综合性的防疫措施，才能减少本病造成的损失。

1. 搞好卫生消毒

(1)孵化箱的消毒：在孵化前一周应对孵化器及附件进行消毒，蛋盘、水盘、盛蛋用具等先用热水洗净，再用500～1 000倍稀释的新洁尔灭溶液喷雾消毒，或用新洁尔灭洗刷。然后对孵化器及其附件，用福尔马林熏蒸消毒。每立方米体积用高锰酸钾7 g，福尔马林14 mL，水7 mL。熏蒸时将福尔马林及水倒入深一点的瓦盆内，盆的体积是甲醛体积的50倍，然后迅速倒入高锰酸钾，关闭孵化器的门，密闭10 h以上，密闭不好的孵化器应用胶带粘贴，不得漏气。

种蛋先用500～1 000倍稀释的且高于蛋温的新洁尔灭水浸洗或喷雾，洗净的蛋放在蛋盘上。用根据蛋架大小制作的塑料罩罩上，20℃条件下按上述甲醛、水、高锰酸钾的量熏蒸消毒30 min，然后入孵。

(2)育雏期措施:育雏舍在进雏前应彻底清扫羽毛、皮屑、蜘蛛网等,然后对门窗、地面、顶棚等喷洒500～1 000倍稀释的新洁尔灭,地面及墙壁喷2%火碱水,进雏前再用福尔马林熏蒸一次。饲养人员进育雏室要换工作服及鞋,饲喂雏鸡前应洗手消毒。

(3)坚持经常的消毒措施:鸡舍和运动场应经常消毒,每日用2%的火碱或10%～20%的石灰乳消毒一次。食槽每日清洗,每周用2%火碱或500倍稀释的新洁尔喷洒消毒一次。

2.加强免疫预防　目前应用的主要是血清I型疫苗(CVI988)。这种疫苗在鸡场的保护率为80%～90%,一般在3周内产生免疫力,保护期在20周左右。使用时应注意:

(1)剂量及用法:稀释后的疫苗每只雏鸡头皮下接种0.2 mL。

(2)疫苗必须在稀释后2 h内用完。使用中避免阳光照射,稀释后的疫苗注意混匀。2～4 h后疫苗效价下降20%～80%,因此必须现用现配。

(3)注射疫苗后的小鸡在3周内要严格隔离饲养。严防马立克氏病病毒入侵,否则将严重影响疫苗效果。

五、禽白血病/肉瘤群

禽白血病是由一些具有共同特征的病毒引起的。由于这些病毒对鸡能引起许多具有传染性的良性和恶性肿瘤,因此常把它们列在一起,称为禽白血病/肉瘤群。其中最常见的首先是淋巴细胞性白血病,其次是成红细胞性白血病、成髓细胞性白血病、J-亚型白血病、内皮瘤、肾母细胞瘤、肝癌、纤维肉瘤和骨化石病等。

【病原】　禽白血病/肉瘤群病毒被列入禽C型致瘤病毒群,属反转录病毒科肿瘤病毒亚科的病毒。根据抗原结构、结合各病毒对遗传性质不同的鸡胚成纤维细胞的感染范围以及各个病毒之间的干扰现象,又将禽白血病/肉瘤群病毒分为A,B,C,D和E等亚群。

禽白血病/肉瘤群病毒对外界的抵抗力较强。对紫外线照射的抵抗力比新城疫病毒大 10 倍，−60℃条件下可以保存数年而不丧失感染性。但对热的抵抗力弱，如肉瘤病毒的半衰期 50℃时是 5～8 min，60℃时是 42 s。

【流行病学】 本病在自然条件下，只有鸡能感染，但 Rous 肉瘤病毒人工接种野鸡、珠鸡、鸭、鸽、火鸡等，可以引起肿瘤的发生。

传染源为病鸡和带毒鸡，尤其是带毒鸡在本病的传播上起着重要作用，有病毒血症的母鸡，本身没有病状而其下的蛋常常带有病毒。公鸡在流行病学上仅起着次要作用，有病毒血症的公鸡后裔的发病，并不比无病毒血症的公鸡后裔高。电镜检查证明病毒不在精细胞中增殖，因而公鸡只起到携带病毒和接触感染的作用。而母鸡、有病毒血症的母鸡很少有抗体，病毒血症可以无限期存在。据报道，在母鸡的多数卵细胞、输卵管组织和腺体细胞中，都观察到了病毒，特别是输卵管的蛋白分泌部病毒浓度最高。因此，鸡蛋中带毒孵出的病雏亦带毒，它再与健康雏鸡密切接触时就有可能扩大传播。先天性感染的雏鸡常有免疫耐受现象，它不产生抗肿瘤病毒免疫抗体，长成母鸡后，长期带毒排毒，成为重要的传染源。后天接触感染的雏鸡，病毒血症常有时间性，它们可产生抗体，带毒排毒现象较轻。本病的感染虽然广泛，但在临床上一般个别散发。

【症状与病理变化】

1. 淋巴细胞性白血病　其是禽白血病中最常见的一种。本病的潜伏期长，用标准毒株接种易感鸡胚或 1～14 日龄的易感鸡雏后，于第 14～30 日龄之间出现本病。自然发病的鸡都在 14 周龄以上，到性成期后的发病率最高。

在临床上，本病无特征性症状，仅可发现鸡冠苍白，皱缩，偶见发绀，食欲不振或废绝，下痢，消瘦或衰弱，腹部常增大，羽毛有时被尿酸盐和胆色素污染，肝、法氏囊或肾肿大，常可触觉出来。肿瘤主要见于肝、脾及法氏囊，也可侵害肾、肺、性腺、心脏等组织。肿瘤病变外观柔软、平滑而有光泽，呈灰白色或淡灰黄色，切面均匀如脂肪样。根据肿瘤病变的形态和分布，可分为结节型、粟粒型、弥漫型和混合型4种形式。

结节型淋巴细胞瘤的直径从0.5 mm到5 cm，单个存在或大量分布。结节一般呈球形，但也可能为扁平形。粟粒型者以肝脏最明显，多数结节的直径不到2 mm，均匀分布于整个器官的实质中。弥漫型淋巴细胞瘤可使整个器官弥漫性增大，如肝脏可比正常增大数倍，色泽呈灰白色，质地脆弱，有时几乎整个腹腔被肝脏充满，所以本病也称为大肝病。

脾脏表面有许多灰白色的肿瘤病灶。肾脏体积增大，颜色变淡，有时也形成肿瘤结节。

2. 成红细胞性白血病　本病分为增生型和贫血型两种类型。两型病鸡的早期症状均表现倦怠，无力，鸡冠稍苍白。病情严重者，贫血型病鸡的鸡冠变为淡黄色乃至白色，后期病鸡消瘦、下痢，有一个或多个羽毛囊出血。

两型病鸡剖检都有全身性贫血变化，血液稀薄呈血水样。鸡冠苍白，皮肤羽毛囊出血。皮下组织、肌肉和内脏器官常有出血点。肝、脾可见血栓形成、梗死和破裂。肺胸膜下水肿，心包积水、腹水以及肝脏表面有纤维素沉着。

增生型的特征变化为肝、脾显著肿大，肾脏亦呈弥漫性肿大，呈桃红色到暗红色，质脆而软。肝脏常由于小叶的中央静脉周围变性，而呈纤细的斑影。骨髓呈暗红色或樱桃红色，柔软或呈水样。贫血型的特征性变化是内脏器官萎缩，尤其是脾脏。骨髓色淡，呈胶冻状，骨髓空隙大多被海绵状骨质所代替。

3. J-亚型白血病　J-亚型白血病又称为骨髓性白血病，是由J-亚型白血病病毒引起的一种肿瘤性疾病，1988年英国开普顿动物保健研究所Pynae及其同事首次从肉种鸡群中分离出一种新型的禽白血病病毒，将分离的毒株用血清学方法、病毒干扰试验，与主要引起蛋用型鸡白血病的A,B,C,D亚群和内源性E亚群比较后发现，分离的毒株完全不同于以往这些经典亚群，遂定名为J-亚型禽白血病病毒(ALV-J)。

种鸡群初次感染时并无明显的临诊症状，随后可见感染种鸡其均匀度不整齐，鸡只苍白，羽毛异常，后期死亡率明显增高，这通常与易发呼吸道疾病有关，总之使肉鸡的生产性能受到影响。种公鸡感染本病后由于发育受到影响，导致受精率降低；种母鸡感染本病，产蛋下降，死亡率明显增高，在整个产蛋期间死亡率可高达6%，或在产蛋高峰期出现更高的死亡率。

在严重感染的成年鸡群中60%～70%死鸡可见到肿瘤，肿瘤通常在17周龄初出现，表现为成髓细胞瘤和髓细胞瘤。病死鸡的肝脏、脾、肾和其他器官均可能有肿瘤发生。由于肿瘤细胞的浸润，使得器官肿大并且在肋骨与肋软骨接合处、胸骨内侧、骨盆、下颌骨、颅骨等处有肿瘤形成。鼻腔的软骨上、头骨的扁骨(头盖骨)也常受到侵害发生异常的隆起，即骨髓细胞瘤。有时也常见其他类型的肿瘤。这些肿瘤有的是聚集在一起，有的是散落着，是一种黄白色的、柔软的、结构复杂的具有一定韧性的纤维组织。

【诊断】 上述各种肿瘤病的诊断，目前主要依据病史、症状、病理学和血液学检查，进行综合判断。实验室检查时，可进行病原分离及血清学检查，血清学检查时可进行酶联免疫吸附试验、补体结合试验、荧光抗体试验等。在实际工作中，要注意淋巴细胞性白血病与马立克氏病的鉴别诊断。

【防制】 本病目前尚无有效治疗措施。鸡群中发现病鸡、可疑鸡应坚决淘汰，以消灭传染源。最根本的防制措施是培育无白血病的鸡群，通过反复检疫和病原分离，确信无各种鸡白血病病毒，其后代母鸡血清无各种白血病病毒的抗体，这时的鸡群方可扩展成种鸡群。孵化的种蛋应来自无白血病的健康鸡场，孵化时应坚持用福尔马林熏蒸消毒。雏鸡易感染此病，饲养管理中必须与成鸡严格隔离饲养。

六、禽传染性脑脊髓炎

禽传染性脑脊髓炎，是一种主要侵害雏鸡的病毒性传染病，以共济失调和头颈震颤为主要特征。

【病原】 禽传染性脑脊髓炎病毒属于小 RNA 病毒科，肠道病毒属，病毒粒子具有六边形轮廓，无囊膜，直径 24～32 nm。病毒的浮密度为 1.31～1.33，沉降系数为 148 S。病毒可抵抗氯仿、酸、胰酶、胃蛋白酶和 DNA 酶。在二价镁离子保护下可抵抗热效应，56℃ 1 h 稳定。

禽传染性脑脊髓炎病毒各毒株大都为嗜肠性，但有些毒株是嗜神经性的，此种病毒株对鸡的致病性则较强。当家禽被感染后，病毒自粪便中排出，且可存活至少 4 周。通常野毒株可在易感鸡胚卵黄囊发育，但对鸡胚是非致死性的，病毒连续传代可适应鸡胚，感染鸡胚脑中的病毒滴度很高。

【流行病学】 自然感染见于鸡、雉、火鸡、鹌鹑、珍珠鸡等，鸡对本病最易感。各个日龄均可感染，但一般雏禽才有明显症状。此病具有很强的传染性，病毒通过肠道感染后，经粪便排毒，病毒在粪便中能存活相当长的时间。因此，污染的饲料、饮水、垫草、孵化器和育雏设备都可能成为病毒传播的来源，如果没有特殊的预防措施，该病可在鸡群中传播。在传播方式上本病以垂直传播为主，也能通过接触进行水平传播。产蛋鸡感染后，一般无明显临床症状，但在感染急性期可将病毒排入蛋中，这些蛋虽然大都能孵化出雏鸡，但雏鸡在出壳时或出生后数日内呈现症状。这些被感染的雏鸡粪便中含有大量病毒，可通过接触感染其他雏鸡，造成重大经济损失。本病流行无明显的季节性，一年四季均可发生，以冬、春季节稍多。发病及死亡率与鸡群的易感鸡多少、病原的毒力高低，发病的日龄大小而有所不同。雏鸡发病率一般为40%～60%，死亡率10%～25%，甚至更高。

【症状】 经胚传递感染的雏鸡，潜伏期为1～7天，经口感染或经接触感染的雏鸡，潜伏期最短的为11天。因此一般认为出壳后1～7日龄出现症状者系病毒垂直感染所致，11～16日龄表现症状者系水平传染所致。此病主要见于3周龄以内的雏鸡，虽然出雏时有较多的弱雏并可能有一些病雏，但有神经症状的病雏大多在1～2周龄出现。病雏最初表现为迟钝，继而出现共济失调，表现为雏鸡不愿走动而蹲坐在自身的跗关节上，驱赶时可勉强以跗关节着地走路，走动时摇摆不定，向前猛冲后倒下，或出现一侧或双侧腿麻痹，一侧腿麻痹时，走路跛行，双侧腿麻痹则完全不能站立，双腿呈一前一后的劈叉姿势，或双腿倒向一侧。肌肉震颤大多在出现共济失调之后才发生，在腿、翼，尤其是头颈部可见明显的阵发性震颤，频率较高，在病鸡受惊扰如给水、加料、倒提时更为明显。部分存活鸡可见一侧或两侧眼的晶状体混浊或浅蓝色退色，眼球增大及失明。

病雏在早期仍能采食和饮水，随着病情的加重便不能走动和站立，采食和饮水发生困难，随后卧地不起而受到同群鸡的践踏，以致死亡较多。此病的感染率很高，死亡率不定。从刚受现场强毒感染后几天内的种蛋孵出的小鸡，其死亡率高达90%以上，随后逐渐降低，在感染后1个月的种鸡的后代，就不再出现新的病例。

1月龄以上的鸡受感染后，除出现血清学阳性外，无任何明显的临床症状和病理变化。产蛋鸡受感染后，除血清学诊断出现阳性反应外，唯一可察觉的异常是1～2周的产蛋率有轻度下降，下降幅度为10%～20%，孵化率下降10%～35%。由于引起产蛋下降的因素很多，所以产蛋鸡感染后出现的这种异常现象很容易被忽视。

【病理变化】　病鸡唯一肉眼可见的变化是腺胃的肌层有细小的灰白区，个别雏鸡可发现小脑水肿。

【诊断】　根据疾病仅发生于3周龄以下的雏鸡，无明显肉眼可见变化，偶见小脑水肿，而以瘫痪和头颈振颤为主要症状，药物防治无效，种鸡曾出现一过性产蛋下降等，即可做出初步诊断。确诊时需进行病毒分离。

【防制】

1. 治疗　本病尚无有效的治疗方法。一般地说，应将发病鸡群扑杀并做无害化处理。如有特殊需要，也可将病鸡隔离，给予舒适的环境，提供充足的饮水和饲料，饲料和饮水中添加维生素E、维生素B_1，避免尚能走动的鸡践踏病鸡等，可减少发病与死亡。

2. 预防

(1)加强消毒与隔离，防止从疫区引进种蛋与种鸡。

(2)免疫预防：目前有两类疫苗可供选择。

①活毒疫苗：一种用1143毒株制成的活苗，可通过饮水法接种，鸡接种疫苗后1～2周排出的粪便中能分离出脊髓炎病毒，这种疫苗可通过自然扩散感染，且具有一定的毒力，故小于8周龄、处于产蛋期的鸡群不能接种这种疫苗，以免引起发病，建议于10周以上，但不能迟于开产前4周接种疫苗，接种后4周内所产的蛋不能用于孵化，以防雏鸡由于垂直传播而发病。

另一种活毒疫苗常与鸡痘弱毒疫苗制成二联苗，一般于10周龄以上至开产前4周之间进行翼膜刺种。

②灭活疫苗：用野毒或鸡胚适应毒接种SPF鸡胚，取其病料灭活制成油乳剂疫苗。这种疫苗安全性好，接种后不排毒、不带毒，特别适用于无脑脊髓炎病史的鸡群。可于种鸡开产前18～20周接种。

七、传染性喉气管炎

传染性喉气管炎是由传染性喉气管炎病毒引起的一种急性呼吸道传染病。本病的特征是呼吸困难、咳嗽和咳出含有血液的渗出物。本病传播快，对养鸡业危害较大。

【病原】 传染性喉气管炎病毒属疱疹病毒科、疱疹病毒属的一个成员。病毒粒子呈球形，外有一层含类脂的囊膜，完整的病毒粒子直径为 195～250 nm。该病毒只有一个血清型，但有强毒株和弱毒株之分。

病毒对外界环境因素的抵抗力中等，55℃ 10～15 min，直射阳光 7 h，普通消毒剂如 3%来苏儿、1%火碱 12 min 都可将病毒杀死。病禽尸体内的病毒存活时间较长，在－18℃条件下能存活 7 个月以上。冻干后，－60～－20℃条件下能长期存活。经乙醚处理 24 h 后，即失去了传染性。

【流行病学】 在自然条件下，本病主要侵害于鸡，虽然各种年龄的鸡均可感染，但以成年鸡的症状最为特征。病鸡及康复后的带毒鸡是主要传染源，经上呼吸道及眼内传染。易感鸡群与接种了疫苗的鸡作较长时间的接触，也可感染发病。被呼吸器官及鼻腔排出的分泌物污染的垫草饲料、饮水和用具可成为传播媒介。人及野生动物的活动也可机械传播。种蛋蛋内及蛋壳上的病毒不能传播，因为被感染的鸡胚在出壳前均已死亡。

本病一年四季都能发生，但以冬、春季节多见。鸡群拥挤、通风不良、饲养管理不善、维生素 A 缺乏、寄生虫感染等，均可促进本病的发生。此病在同群鸡传播速度快，群间传播速度较慢，常呈地方流行性。本病感染率高，但致死率较低。

【症状】 由于病毒的毒力不同、侵害部位不同，传染性喉气管炎在临床上可分为喉气管型和结膜型，由于病型不同，所呈现的症状亦不完全一样。

喉气管型：是高度致病性病毒株引起的，其特征是呼吸困难，抬头伸颈，并发出响亮的喘鸣声，表情极为痛苦，有时蹲下，身体就随着一呼一吸而呈波浪式的起伏；咳嗽或摇头时，咳出血痰，血痰常附着于墙壁、水槽、食槽或鸡笼上，个别鸡的嘴有血染。喉头周围有泡沫状液体，喉头出血。若喉头被血液或纤维蛋白凝块堵塞，病鸡会窒息死亡，死亡鸡的鸡冠及肉髯呈暗紫色，死亡鸡体况较好，死亡时多呈仰卧姿势。

结膜型：是低致病性病毒株引起的，其特征为眼结膜炎，眼结膜红肿，1～2 天后流眼泪及鼻液，眼分泌物从浆液性到脓性，最后导致眼盲，眶下窦肿胀。产蛋鸡产蛋率下降，畸形蛋增多。

【病理变化】　喉气管型：最具特征性病变在喉头和气管。在喉和气管内有卡他性或卡他出血性渗出物，渗出物呈血凝块状堵塞喉和气管，或在喉和气管内存有纤维素性的干酪样物质。呈灰黄色附着于喉头周围，很容易从黏膜剥脱，堵塞喉腔，特别是堵塞喉裂部。干酪样物从黏膜脱落后，黏膜急剧充血，轻度增厚，散在点状或斑状出血。气管的上部气管环出血。

鼻腔和眶下窦黏膜也发生卡他性或纤维素性炎。黏膜充血、肿胀，散布小点状出血。有些病鸡的鼻腔渗出物中带有血凝块或呈纤维素性干酪样物。

产蛋鸡卵巢异常，出现卵泡变软、变形、出血等。

结膜型：有的病例单独侵害眼结膜，有的则与喉、气管病变合并发生。结膜病变主要呈浆液性结膜炎，表现为结膜充血、水肿，有时有点状出血。有些病鸡的眼睑，特别是下眼睑发生水肿，而有的则发生纤维素性结膜炎，角膜溃疡。

【诊断】　本病突然发生，传播快，成年鸡多发，发病率高，死亡率低。临床症状较为典型：张口呼吸，气喘，有干啰音，咳嗽时咳出带血的黏液。喉头及气管上部出血明显。根据上述症状及剖检变化可初步诊断为传染性喉气管炎，确诊需进行实验室检查。

【防制】

1.预防

(1)坚持严格的隔离、消毒等防疫措施是防止本病流行的有效方法。由于带毒鸡是本病的主要传染源之一,故有易感性的鸡切不可和病愈鸡或来历不明的鸡接触。新购进的鸡必须用少量的易感鸡与其作接触感染试验,隔离观察 2 周,易感鸡不发病,证明不带毒,此时方可合群。

(2)免疫预防。在本病流行的地区可接种疫苗,目前使用的疫苗主要是弱毒疫苗,最佳接种途径是点眼,但可引起轻度的结膜炎且可导致暂时的盲眼,如有继发感染,甚至可引起 1%～2%的死亡。一般首免可在 4～5 周龄时进行,12～14 周龄时再接种一次。

2.治疗　发病鸡群可采取对症治疗的方法。

(1)此病如继发细菌感染,死亡率会大大增加,结膜炎的鸡可用红霉素眼药水点眼,大群鸡用环丙沙星或强力霉素以 0.005%～0.008%饮水或拌料。

(2)应用平喘药物可缓解症状,盐酸麻黄素每天每只鸡 10 mg,氨茶碱每天每只鸡 50 mg,饮水或拌料投服。

(3)0.2%氯化铵饮水,连用 2～3 天。

(4)中药治疗:中药喉症丸或六神丸对治疗喉气管炎效果也较好。每天 2～3 粒/只,每天 1 次,连用 3 天。

八、传染性支气管炎

传染性支气管炎是鸡的一种急性、高度接触性的呼吸道疾病。以咳嗽,喷嚏,雏鸡流鼻液,产蛋鸡产蛋量减少,呼吸道黏膜呈浆液性、卡他性炎症为特征。有的毒株则引起肾炎—肾病综合征。

【病原】　传染性支气管炎病毒属于冠状病毒科、冠状病毒属的病毒。该病毒具有多形性,但多数呈圆形,大小为 80～120 nm。传染性支气管炎病毒血清型较多,目前报道过的至少有 27 个不同的血清型。不同血清型的毒株其致病性、致死性及所致呼吸道症状都有差别。

病毒能在 10～11 胚龄的鸡胚中生长，特征性变化是胚体发育萎缩呈小丸形，羊膜增厚，紧贴胚体，卵黄囊缩小，尿囊液增多等。

大多数病毒株在 56℃ 15 min 失去活力，但对低温的抵抗力则很强，在－20℃时可存活 7 年。一般消毒剂，如 1%来苏儿、1%石炭酸、0.1%高锰酸钾、1%福尔马林及 70%酒精等均能在 3～5 min 将其杀死。病毒在室温中能抵抗 1% HCl(pH 2)、1%石炭酸和 1% NaOH(pH 12)1 h，而在 pH 7.8 时最为稳定。

【流行病学】　本病仅发生于鸡，其他家禽均不感染。各种年龄的鸡都可发病，但雏鸡最为严重，死亡率也高，一般以 40 日龄以内的鸡多发。本病主要经呼吸道传染，病毒从呼吸道排毒，通过空气的飞沫传给易感鸡。也可通过被污染的饲料、饮水及饲养用具经消化道感染。本病一年四季均能发生，但以冬、春季节多发。鸡群拥挤、过热、过冷、通风不良、温度过低、缺乏维生素和矿物质，以及饲料供应不足或配合不当，均可促使本病的发生。

【症状】　潜伏期 1～7 天，平均 3 天。由于病毒的血清型不同，鸡感染后出现不同的症状。

呼吸型：病鸡无明显的前驱症状，常突然发病，出现呼吸道症状，并迅速波及全群。幼雏表现为伸颈、张口呼吸、咳嗽，有“咕噜”音，尤以夜间最清楚。随着病情的发展，全身症状加剧，病鸡精神委靡，食欲废绝、羽毛松乱、翅下垂、昏睡、怕冷，常拥挤在一起。2 周龄以内的病雏鸡，还常见鼻窦肿胀、流黏性鼻液、流泪等症状，病鸡常甩头。产蛋鸡感染后产蛋量下降 25%～50%，同时产软壳蛋、畸形蛋或砂壳蛋。

肾型：感染肾型支气管炎病毒后其典型症状分 3 个阶段。第 1 阶段是病鸡表现轻微呼吸道症状，鸡被感染后 24～48 h 开始气管发出啰音，打喷嚏及咳嗽，并持续 1～4 天，这些呼吸道症状一般很轻微，有时只有在晚上安静的时候才听得比较清楚，因此常被忽视。如果有并发感染，则呼吸道症状加重，鼻腔有黏性分泌物，时间延长。第 2 阶段是病鸡表面康复，呼吸道症状消失，鸡群没有可见的异常表现。第 3 阶段是受感染鸡群突然发病，并于 2～3 天逐渐加剧。病鸡挤堆、厌食，排白色稀便，粪便中几乎全是尿酸盐。病鸡体重减少，胸肌发暗，腿胫部干瘪，肛门周围羽毛沾满水样白色粪便，死亡率约 30%。死亡高峰见于感染后第 10 天，至感染后 21 天可停止死亡，部分不死鸡可逐渐康复，但增重缓慢。从未发生过本病又未经过免疫接种的成年鸡感染本病时，呼吸道症状轻微，症状出现率也较低，但可出现产蛋量下降，蛋壳粗糙、畸形。症状消失 2 周后产蛋量可逐渐恢复正常，但蛋壳质量的恢复需较长的时间。蛋雏鸡感染后，可引起输卵管及卵巢的损伤，导致产蛋期产蛋率不高，甚至绝产。

传染性支气管炎病毒变异株：该病毒属于一种新的血清型，命名为 4/91 或 793/B。鸡只感染 4/91 毒株后出现精神沉郁、闭眼嗜睡，腹泻，鸡冠发绀，眼睑和下颌肿胀。有时还可见咳嗽、打喷嚏、气管啰音、呼吸困难等呼吸道症状。产蛋鸡在出现症状后，很快引起产蛋下降，降幅达 35%，同时蛋的品质降低，蛋壳颜色变浅，薄壳蛋、无壳蛋、小蛋增多。3～4 周后产蛋量可逐渐回升，但不能恢复到发病前的水平。本病可致肉鸡，特别是 6 周龄以上的育成鸡后期后死。

【病理变化】 呼吸型：主要病变见于气管、支气管、鼻腔、肺等呼吸器官。表现为气管环出血，管腔中有黄色或黑黄色栓塞物。幼雏鼻腔、鼻窦黏膜充血，鼻腔中有黏稠分泌物，肺脏水肿或出血。产蛋鸡的卵泡变形，甚至破裂。

肾型：肾脏肿大，呈苍白色，肾小管充满尿酸盐结晶，外形呈白线网状，俗称“花斑肾”。输尿管扩张，充满白色的尿酸盐。严重的病例在心包和腹腔脏器表面均可见白色的尿酸盐沉着。有时还可见法氏囊黏膜充血、出血，囊腔内积有黄色胶冻状物；肠黏膜呈卡他性炎变化，全身皮肤和肌肉发绀，肌肉失水。

传染性支气管炎病毒变异株：胸深肌坏死，有胶冻状水肿。

【诊断】 根据流行特点、症状和病理变化，可做出初步诊断。进一步确诊则有赖于病毒分离与鉴定及其他实验室诊断方法。

【防制】

1. 预防

(1)加强饲养管理，降低饲养密度，避免鸡群拥挤，注意温度、湿度变化，避免过冷、过热。加强通风，防止有害气体刺激呼吸道。合理配比饲料，防止维生素，尤其是维生素 A 的缺乏，以增强机体的抵抗力。

(2)适时接种疫苗。对呼吸型传染性支气管炎，首免可在 7～10 日龄用传染性支气管炎 H_{120} 弱毒疫苗点眼或滴鼻；二免可于 30 日龄用传染性支气管炎 H_{52} 弱毒疫苗点眼或滴鼻；开产前用传染性支气管炎灭活油乳疫苗肌肉注射每只 0.5 mL。对肾型传染性支气管炎，可于 4～5 日龄和 20～30 日龄用肾型传染性支气管炎弱毒疫苗进行免疫接种，或用灭活油乳疫苗于 7～9 日龄颈部皮下注射。而对传染性支气管炎病毒变异株，可于 20～30 日龄、100～120 日龄接种 4/91 弱毒疫苗或皮下及肌肉注射灭活油乳疫苗。

2. 治疗　本病目前尚无特异性治疗方法，改善饲养管理条件，降低鸡群密度，饲料或饮水中添加抗生素对防止继发感染，具有一定的作用。对肾型传染性气管炎，发病后应降低饲料中蛋白的含量，并注意补充 K^+ 和 Na^+，具有一定的治疗作用。

九、鸡病毒性关节炎

鸡病毒性关节炎又名腱滑膜炎，是由呼肠孤病毒引起的鸡的主要传染病。本病的特征是胫跗关节滑膜炎、腱鞘炎、腱鞘肿胀、腓肠肌破裂和心肌炎。本病往往造成鸡群死亡、生长停滞、饲料利用率降低以及病鸡淘汰增多，给养鸡业带来莫大的经济损失。

【病原】 本病的病原为呼肠孤病毒，病毒粒子的大小约75 nm。本病毒对热有抵抗力，在卵黄囊的培养物中，于 60℃能耐受 8～10 h；－20℃ 4 年以上；－60℃10 年以上。呼肠孤病毒对乙醚不敏感，对氯仿轻度敏感。对 pH3.0、过氧化氢、2％来苏儿、3％甲醇和 DNA 代谢抑制剂均有抵抗力。70％乙醇、0.5％有机碘可使其灭活。

禽呼肠孤病毒至少有 8 个血清型。我国已分离出多种毒株，但分离出的毒株之间的关系尚不清楚。

【流行病学】 本病仅发生于鸡，1 日龄雏鸡的易感性最高，随着日龄的增加，对本病的抵抗力逐渐增强，同时潜伏期也较长。病鸡和带毒鸡是主要传染源，病鸡由粪便排出大量病毒，通过鸡与鸡之间的直接或间接接触而传播。本病也可通过种蛋垂直传播，但传递率甚低。病毒在鸡体内可持续存活至少 289 天，因而鸡的带毒是一个严重问题。本病一年四季均可发生，以冬季较为多发，一般呈散发或地方性流行。自然感染发病多见于 4～7 周龄的鸡，也见于更大周龄的鸡，发病率 5％～10％或以上，死亡率 1％～3％。

【症状】 本病的潜伏期为 1～11 天。多数患鸡呈隐性经过，急性感染时可出现跛行，部分鸡生长停滞；慢性病例，跛行更明显，甚至跗关节僵硬，不能活动。有的患鸡关节炎症状虽不明显，但可见腓肠肌腱或趾屈肌腱部肿胀，有时还发现腓肠肌腱断裂，伴发皮下出血，患鸡呈典型的蹒跚步态。

【病理变化】 眼观患鸡的趾屈肌腱和趾伸肌腱肿胀，特别是拔去羽毛，在跗关节上部能明显地察觉趾伸肌腱肿胀。趾关节和肘关节肿胀较不常见，但跗关节或肘关节常含有少量草黄色或血色渗出液，偶见较多的脓性渗出物。感染早期，跗关节的腱鞘显著肿胀，关节滑膜出血。当腱部的炎症转为慢性时，则见腱鞘硬化与黏连，关节软骨糜烂，烂斑增大、融合并可延展到其下方的骨质，并伴发骨膜增厚。

【诊断】 根据本病的症状及病理变化可做出初步诊断，确诊需从关节水肿液、腱鞘等部位分离病毒及进行血清学诊断。

【防制】

1. 预防　种鸡在开产前接种病毒性关节炎灭活疫苗，以减少垂直传播的可能性，雏鸡出壳后皮下接种病毒性关节炎弱毒疫苗。同时应加强饲养管理，改善卫生条件，注意环境消毒。

2. 治疗　本病目前尚无有效方法进行治疗，发病后可对症治疗。

十、减蛋综合征

鸡减蛋综合征(EDS-76)是由腺病毒引起的一种病毒性传染病。其主要特征是产蛋量骤然下降、蛋壳异常、蛋体畸形、蛋质低劣。该病可使鸡群产蛋率下降10%～30%，破损率可达38%～40%，无壳蛋、软壳蛋达15%，给养鸡业造成严重的经济损失。

【病原】 EDS-76病原是腺病毒属禽腺病毒Ⅲ群的病毒，其结构为一种无囊膜的双股DNA病毒，其粒子大小为76～80 nm。EDS-76病毒含红细胞凝集素，能凝集鸡、鸭、鹅的红细胞，故可用于血凝试验及血凝抑制试验，血凝抑制试验具有较高的特异性。

EDS-76病毒有抗醚类的能力，在50℃条件下，对乙醚、氯仿不敏感。对不同范围的pH值性质稳定，即抗pH值范围较广，如在pH3～10的环境中能存活。加热到56℃可存活3 h，60℃加热30 min丧失致病力，70℃加热20 min则完全灭活。在室温条件下至少存活6个月以上，0.3%甲醛24 h、0.1%甲醛48 h可使病毒完全灭活。

【流行病学】 EDS-76病毒的主要易感动物是鸡。其自然宿主是鸭或野鸭。鸭感染后虽不发病，但长期带毒，带毒率可达85%以上。不同品系的鸡对EDS-76病毒的易感性有差异，26～

35 周龄的所有品系的鸡都可感染，尤其是产褐壳蛋的肉用种鸡和种母鸡最易感，产白壳蛋的母鸡患病率较低。

任何年龄的肉鸡、蛋鸡均可感染。幼龄鸡感染后不表现任何临床症状，血清中也查不出抗体，只有到开产以后，血清才转为阳性。实验感染的鸡中，病毒在内脏增殖及排泄，随年龄增大而下降。成年鸡组织中带毒大约 3 周，粪便大约 1 周。EDS-76 的流行特点是：病毒的毒力在性成熟前的鸡体内不表现出来，产蛋初期的应激反应，致使病毒活化而使产蛋鸡罹病。6～8 月龄母鸡处于发病高峰期。

EDS-76 即可水平传播，又可垂直传播，被感染鸡可通过种蛋和种公鸡的精液传递。

【症状】 EDS-76 感染鸡群无明显临诊症状，通常是 26～36 周龄产蛋鸡突然出现群体性产蛋下降，产蛋率比正常下降 20%～30%，甚至达 50%。与此同时，产出软壳蛋、薄壳蛋、无壳蛋、小蛋，蛋体畸形，蛋壳表面粗糙，如白灰、灰黄粉样，褐壳蛋则色素消失，颜色变浅、蛋白水样，蛋黄色淡，或蛋白中混有血液、异物等。异常蛋可占产蛋的 15%或以上，蛋的破损率增高。种鸡感染后，病鸡受精率正常，但孵化率则明显下降，并出现多量生命力弱的雏鸡，死胚率由正常 6%～8%增至 10%～12%。产蛋下降持续 4～6 周后又恢复到正常水平。

【病理变化】 本病常缺乏明显的病理变化，其特征性病变是输卵管各段黏膜发炎、水肿、萎缩，病鸡的卵巢萎缩变小，或有出血，子宫黏膜发炎，肠道出现卡他性炎症。

【诊断】 多种因素可造成密集饲养的鸡群发生产蛋下降，因此，在诊断时应注意综合分析和判断。

【防制】 本病尚无有效的治疗方法。只能从加强管理、免疫、淘汰病鸡等多方面进行防制。

1. 加强卫生管理　严格执行兽医卫生措施。做好鸡舍及周围环境清扫和消毒，粪便进行合理处理是十分重要的。产蛋下降期的种蛋和异常蛋，坚决不要留作种用。加强鸡群的饲养管理，喂给平衡的配合日粮，特别是保证必需氨基酸、维生素和微量元素的平衡。

2.免疫预防　免疫接种是本病主要的预防措施，可采用减蛋综合征灭活疫苗进行免疫接种，该疫苗接种 18 周龄后备母鸡，经肌内或皮下接种 0.5 mL，15 天后产生免疫力，抗体可维持 12～16 周，以后开始下降，40～50 周后抗体消失。

十一、鸡传染性贫血病

鸡传染性贫血病是由鸡传染性贫血病病毒引起的一种雏鸡的亚急性传染病。其特征是以再生障碍性贫血和全身淋巴组织萎缩造成免疫抑制为特征。

【病原】　鸡贫血病病毒是圆环病毒科的单股环状 DNA 病毒。病毒粒子的直径为 19～24 nm，具有单股环状基因组的 DNA，二十面体对称，在氯化铯中的浮密度为 1.35～1.36 g/mL。

该病毒对乙醚和氯仿有抵抗力，对 pH3.0 的酸作用 3h 后仍然稳定。对热的抵抗力较强，56℃或 70℃作用 60 min 和 80℃作用 15 min 仍有活性，但 80℃作用 30 min 可使其部分失活，100℃ 15 min 使其完全失活，病毒对酚敏感，用 5%酚处理 5 min，即可使其失去感染性。

【流行病学】　实验感染鸡潜伏期约 10 天，死亡大多发生在感染后的 14～18 天，发病率高达 100%，死亡率为 5%。本病以垂直传播为主。Yuasa 等证明，感染了传染性贫血病病毒的种鸡所产的蛋经孵化而出的雏鸡，即使在隔离条件下饲养，在 10 天左右也会发生贫血病。该病也可通过与病鸡直接接触，与病毒污染的环境接触，或使用了被病毒污染疫苗，特别是直接摄入了被病毒污染的饲料、饮水而发生水平传播。水平传播虽也可以发生，但通常只产生抗体反应，而不引起发病。自然条件下只有鸡对本病易感，且表现明显的年龄抵抗力，主要发生在2～3周龄的雏鸡，1～7日龄雏鸡最易感，其中以肉鸡尤其是公鸡更易感，随着鸡日龄的增长，其易感性、发病率和死亡率逐渐降低。

【症状】 该病的主要临床特征是贫血，产生贫血的能力与毒力和剂量有关。一般在感染后10天发病，病鸡表现沉郁、衰竭、消瘦和体重减轻。出现症状后2天，病鸡开始出现死亡，死亡高峰发生在症状出现后的5～6天，其后逐渐下降，再过5～6天恢复正常。濒死鸡可能有腹泻，有的全身出血或头颈部皮下出血、水肿。血稀如水，血凝时间延长，血细胞比容值可下降到20%以下，严重者甚至可降到10%以下，红、白细胞数显著减少，可分别降到1×10^6个/mm^3和5 000个/mm^3以下。

【病理变化】 剖检变化主要表现为骨髓萎缩，呈黄白色，胸腺和法氏囊显著萎缩，心脏变圆，脾、肝、肾肿大、退色。有时肝脏黄染，有坏死灶，质脆。骨骼肌和腺胃固有层黏膜出血，严重贫血者可见肌胃黏膜糜烂或溃疡。部分病鸡有肺实质病变，心肌、真皮及皮下出血。

【诊断】 血细胞的比容值显著降低和骨髓变成黄白色是该病最突出的特征，所以根据症状及剖检变化即可做出初步诊断。确诊需进行实验室检查。

【防制】 对传染性贫血引起的病鸡无特异治疗方法，通常应用广谱抗生素控制继发感染。为了防止子代暴发传染性贫血病，必须在开产前数周对种鸡进行饮水免疫，种鸡在免疫后6周才能产生坚强的免疫力，并能持续到60～65周龄，种鸡免疫6周后所产的蛋可留作种用。同时应做好马立克氏病、传染性法氏囊病的免疫预防，因为传染性贫血病病毒常与这类病毒混合感染而增加鸡对传染性贫血病病毒的易感性。

十二、禽痘

禽痘是家禽和鸟类的一种缓慢扩散的、接触性传染病。病的特征是在无毛或少毛的皮肤上有痘疹，或在口腔、咽喉部黏膜上形成纤维素性坏死性假膜。在大型鸡场易造成流行，可使鸡增重缓慢、消瘦；产蛋鸡受感染时，产蛋量暂时下降。若并发其他传染病、寄生虫病和卫生条件或营养不良时，可引起大批死亡，尤其对雏鸡可造成更严重的损失。

【病原】 禽痘病毒为痘病毒科禽痘病毒属。成熟的病毒呈砖形或卵圆形，大小 250 nm×354 nm。其基因组为线状的双股DNA。病毒可在感染细胞的胞浆中增殖并形成包涵体。

病毒大量存在于病禽的皮肤和黏膜病灶中，病毒对外界自然因素抵抗力相当强，上皮细胞屑片和痘结节中的病毒可抗干燥数年之久，阳光照射数周仍可保持活力，−15℃下保存多年仍有致病性。病毒对乙醚有抵抗力，在 1%的酚或 1∶1 000 福尔马林中可存活 9 天，1%氢氧化钾溶液可使其灭活。50℃ 30 min 或 60℃ 8 min 被灭活。

【流行病学】 各种年龄、性别和品种的鸡都能感染，但以雏鸡和中雏鸡最常发病，雏鸡死亡多。本病一年四季都能发生，秋、冬两季最易流行，一般在秋季和冬初发生皮肤型鸡痘较多，在冬季则以黏膜型（白喉型）鸡痘为多。病鸡脱落和破散的痘痂，是散布病毒的主要形式。它主要通过皮肤或黏膜的伤口感染，不能经健康皮肤感染，亦不能经口感染。库蚊、疟蚊和按蚊等吸血昆虫在传播本病中起着重要的作用。蚊虫吸吮过病灶部的血液之后即带毒，带毒的时间可长 10～30 天，期间易感染的鸡经带毒的蚊虫刺吮后而传染，这是夏、秋季节流行鸡痘的主要传播途径。打架、啄毛、交配等造成外伤，鸡群过分拥挤、通风不良、鸡舍阴暗潮湿、体外寄生虫、营养不良、缺乏维生素及饲养管理太差等，均可促使本病发生和加剧病情。如有传染性鼻炎、慢性呼吸道病、葡萄球菌病等并发感染,可造成大批死亡。

【症状】 鸡痘的潜伏期4～50天,根据病鸡的症状和病变,可以分为皮肤型、黏膜型和混合型3种病型,偶有败血症。

皮肤型:皮肤型鸡痘的特征是在身体无或毛稀少的部分,特别是在鸡冠、肉髯、眼睑和喙角,亦可出现于泄殖腔的周围、翼下、腹部及腿等处,产生一种灰白色的小结节,渐次成为带红色的小丘疹,很快增大如绿豆大痘疹,呈黄色或灰黄色,凹凸不平,呈干硬结节,有时和邻近的痘疹互相融合,形成干燥、粗糙呈棕褐色的大的疣状结节,突出皮肤表面。痂皮可以存留3～4周之久,以后逐渐脱落,留下一个平滑的灰白色疤痕。轻的病鸡也可能没有可见疤痕。皮肤型鸡痘一般比较轻微,没有全身性的症状。但在严重病鸡中,尤以幼雏表现出精神委靡、食欲消失、体重减轻等症状,甚至引起死亡。产蛋鸡则产蛋量显著减少或完全停产。

黏膜型(白喉型):此型鸡痘的病变主要在口腔、咽喉和眼等黏膜表面。初为鼻炎症状,2～3天后先在黏膜上生成一种黄白色的小结节,稍突出于黏膜表面,以后小结节逐渐增大并互相融合在一起,形成一层黄白色干酪样的假膜,覆盖在黏膜上面。这层假膜是由坏死的黏膜组织和炎性渗出物质凝固而形成,很像人的"白喉",故称白喉型鸡痘或鸡白喉。随着病的发展,假膜逐渐扩大和增厚,阻塞在口腔和咽喉部位,使病鸡尤以幼雏鸡呼吸和吞咽障碍,严重时嘴无法闭合,病鸡往往作张口呼吸,发出"嘎嘎"的声音,最后窒息死亡。此型鸡痘多发生于小鸡和中鸡,死亡率高,小鸡死亡可达50%。有些严重病鸡,鼻和眼部也受到侵害,产生所谓眼鼻型的鸡痘。先是眼结膜发炎,眼和鼻孔中流出水样分泌物,以后变成淡黄色浓稠的脓液。时间稍长者,由于眶下窦有炎性渗出物蓄积,因而病鸡的眼部肿胀,结膜充满脓性或纤维素性渗出物,甚至引起角膜炎而失明。

混合型：本型是指皮肤和口腔黏膜同时发生病变，病情严重，死亡率高。

败血型：在发病鸡群中，个别鸡无明显的痘疹，只是表现为下痢、消瘦、精神沉郁，逐渐衰竭而死，病禽有时也表现为急性死亡。

鸡痘的发病率高低不一，由少数到全群都发病，死亡率也不相同。这与病毒的强弱、饲养管理条件、是否及时采取防制措施有关。一般成年鸡死亡率小，中雏死亡约5%，幼雏可达10%以上。特别是鸡群拥挤、卫生条件差、饲料不足时，或者是混合型病例时，最严重病例可达50%的死亡率。

【病理变化】　皮肤型鸡痘的特征性病变是局灶性表皮和其下层的毛囊上皮增生，形成结节。结节起初表现湿润，后变为干燥，外观呈圆形或不规则形，皮肤变得粗糙，呈灰色或暗棕色。结节干燥前切开切面出血、湿润，结节结痂后易脱落，出现瘢痕。

白喉型禽痘，其病变出现在口腔、鼻、咽、喉、眼或气管黏膜上。黏膜表面稍微隆起白色结节，以后迅速增大，并常融合而成黄色、奶酪样坏死的伪白喉或白喉样膜，将其剥去可见出血糜烂，炎症蔓延可引起眶下窦肿胀和食管发炎。

败血型鸡痘其剖检变化表现为内脏器官萎缩，肠黏膜脱落，若继发引起网状内皮细胞增殖症病毒感染，则可见腺胃肿大，肌胃角质膜糜烂、增厚。

【诊断】　根据发病情况，病鸡的冠、肉髯和其他无毛部分的结痂病灶，以及口腔和咽喉部的白喉样假膜就可做出初步诊断。确诊则有赖于实验室检查。

【防制】

1. 预防　鸡痘的预防，除了加强鸡群的卫生、管理等一般性预防措施之外，可靠的办法是接种疫苗：将鸡痘鹌鹑化弱毒疫苗用生理盐水稀释100倍后，用消毒过的钢笔尖蘸取疫苗，在鸡翅内侧无血管处皮下刺种1或2针。首次免疫在40日龄，第二次免疫在

70日龄。刺种后3～4天,刺种部位微现红肿、水泡及结痂,2～3周痂块脱落,免疫期5个月。若在鸡痘多发的秋季,首次免疫可提前到18～20日龄。

2.治疗

(1)目前尚无特效治疗药物,主要采用对症疗法,以减轻病鸡的症状和防止并发症。皮肤上的痘痂,一般不作治疗,必要时可用清洁镊子小心剥离,伤口涂碘酒。对白喉型鸡痘,应用镊子剥掉口腔黏膜的假膜,用1%高锰酸钾洗后,再用碘甘油或氯霉素、鱼肝油涂擦。病鸡眼部如果发生肿胀,眼球尚未发生损坏,可将眼部蓄积的干酪样物排出,然后用2%硼酸溶液冲洗干净,再滴入5%蛋白银溶液。剥下的假膜、痘痂或干酪样物都应烧掉,严禁乱丢,以防散毒。

发生鸡痘后也可视鸡日龄的大小,紧急接种新城疫Ⅰ系或Ⅳ系疫苗,以干扰鸡痘病毒的复制,达到控制鸡痘的目的。

(2)发生鸡痘后,由于痘斑的形成造成皮肤外伤,这时易继发引起葡萄球菌感染,而出现大批死亡。所以,大群鸡应使用广谱抗生素如0.008%环丙沙星或培福沙星、恩诺沙星或0.01%氟甲砜霉素拌料或饮水,连用4～5天。

十三、鸡白痢

鸡白痢是由鸡白痢沙门氏菌引起的鸡的传染病。主要侵害雏鸡,在出壳后2周内发病率与死亡率最高,以白痢、衰竭和败血症过程为特征,常导致大批死亡。成年鸡感染后多取慢性经过或不显症状,病变主要局限于卵巢、卵泡、输卵管和睾丸。

本病分布于世界各国,多发生于大群养鸡场,引起雏鸡大批死亡及产蛋量、孵化率降低和鸡生长迟缓,造成严重的经济损失。

【病原】 鸡白痢沙门氏菌为两端稍圆的细长杆菌,革兰氏阴性,菌体单个存在,极少形成链状,涂片中偶见长丝状和较大细菌。

无鞭毛，不能运动，无荚膜，不形成芽孢，为兼性厌氧菌。在普通琼脂上，菌落分散、光滑、闪光、透明、隆起。

鸡白痢沙门氏菌在适当的环境下可生存数年。在污染的鸡舍土壤内其毒力至少可保持 14 个月，夏季土壤内为 20～35 天，冬季土壤内为 128～184 天。在鸡舍内污染的木头上，在 −2～33℃，31%～37%湿度条件下，可存活 10～35 天。对热的抵抗力不强，70℃ 20 min 死亡，0.005%高锰酸钾、0.3%来苏儿、0.1%升汞、0.2%福尔马林和 3%石炭酸溶液经 15～20 min 可失活。在尸体中可存活 3 个月以上，在干燥的粪便及分泌物中可存活 4 年之久。

【流行病学】　鸡白痢主要流行于 2～3 周龄的雏鸡与雏火鸡。不同品种鸡的易感性有明显差异，轻型鸡（如来航鸡）较重型鸡的阳性率低。褐羽产褐壳蛋的鸡易感性最高，白羽产白壳蛋的鸡抵抗力稍强，雏鸡感染恢复后或成鸡感染后能长期带菌，带菌鸡产出的受精卵约有 1/3 被本菌污染，卵黄中含有大量的病菌，不但可以传给后代雏鸡，发生垂直传播，而且可以污染孵化器，造成更为广泛的污染。

鸡白痢的传染方式主要是通过消化道感染。病鸡排出的粪便中含有多量病菌，饲料、饮水和用具被污染后，是传播的重要因素。患白痢公鸡的睾丸和精液中都含有病菌，可以通过交配进行传播。当饲养管理条件差，雏鸡拥挤，通风不良，温度过高或过低，饲料质量差，以及发生其他疫病时都可以成为鸡白痢的诱因。

病鸡和带菌鸡是本病的主要传染来源，一年四季均可发生。该病所造成的损失与种鸡场对此病的净化程度、鸡群饲养管理水平以及防治措施是否适当有着密切关系。此外，鸡白痢在发生特点上还有一些新的变化，即青年鸡也可以发生，所造成的损失比雏鸡和成年鸡大，这一点已逐渐被人们所重视。

【症状】　不同日龄的鸡发生鸡白痢时，其症状表现出较大差别，但雏鸡与雏火鸡所表现的症状基本一致。第 2～3 周龄死亡率最高，第 4 周龄时死亡迅速减少。

1. 雏鸡　雏鸡在 5～6 日龄时开始发病，第 2～3 周龄是雏鸡白痢发病和死亡的高峰，严重污染的种鸡场，可造成雏鸡 20%～30%的死亡，甚至更高。病鸡精神沉郁，低头缩颈，羽毛蓬松，食欲下降。由于体温升高怕冷寒战，病雏常扎堆挤在一起，闭眼嗜睡。突出的表现是下痢，排出灰白色稀便，泄殖腔周围羽毛常被粪便所污染，泄殖腔孔被干燥粪便糊住，病雏排便困难，可见努责、呻吟。有的急性病鸡生前不见下痢症状，如肺部有病变则出现呼吸困难，气喘，伸颈张口呼吸。病雏生长缓慢，消瘦，脐孔愈合不良，其周围皮肤易发生溃烂，卵黄吸收不良，腹部膨大。有时可见膝关节发炎肿大，行走不便、跛行或伏地不动。若防治不当，病雏鸡生长发育受阻，长成后有较高的带菌率。只有从种鸡场入手，搞好鸡白痢的净化工作，才能大幅度降低雏鸡的感染率。

2. 育成鸡　多发生于 40～80 日龄的鸡，地面平养的鸡群发生此病较网上和育雏笼育成的鸡要多。另外，育成鸡发病还受应激因素的影响，如鸡群密度过大、环境卫生条件恶劣、饲养管理粗放、气候突变、饲料突然改变或品质低劣等。本病发生突然，鸡群中不断出现精神、食欲差的鸡和下痢的鸡，常突然死亡。死亡不见高峰而是每天都有，数量不一。病程较长可拖延 20～30 天，死亡率可达 10%～20%。

3. 成年鸡　成年鸡群不表现急性感染的特征，感染可在鸡群内传播很长时间，但不出现明显的症状。通常可观察到不同程度的产蛋率、受精率和孵化率下降，这主要取决于感染程度。当鸡群感染比率较大时，可明显影响产蛋量，产蛋高峰不高，维持时间短，死淘率增高。有的鸡表现鸡冠萎缩，有的鸡开产时鸡冠发育尚好，以后则表现为鸡冠逐渐变小，发绀。病鸡时有下痢。

【病理变化】　雏鸡、育成鸡、成年鸡的病理变化不尽相同。

1. 雏鸡　早期死亡的幼雏，病变不明显。病死鸡脱水，眼睛下陷，脚趾干枯；肝肿大及充血，可见大小不等数量不一的坏死点，有时有条纹状出血，胆囊扩张，充满多量胆汁，如为败血症死亡时，其他内脏器官也充血。脾脏肿大；卵黄吸收不良，外观呈黄绿色，内容物稀薄；严重者卵黄囊破裂，卵黄散落在腹腔中形成卵黄性腹膜炎；数日龄幼雏可能有出血性肺炎变化，病程稍长者可见肺脏有黄白色的坏死或灰白色结节；心包增厚，心脏上可见坏死或结节，略突出于表面；肝肿大脆弱；肾暗红色充血或苍白色贫血；肠道呈卡他性炎症，盲肠膨大，内有白色干酪样物质。日龄较大的病雏，可见到肝脏有灰黄色结节或灰色肝变区，心肌上的结节增大而使心脏变形。

2. 育成鸡　病死鸡突出的变化是肝脏肿大，有的肝脏较正常肝脏大数倍。打开腹腔，整个腹腔被肝脏所覆盖。肝脏质地极脆，一触即破。被膜下可看到散在或较密集的出血点或坏死点。这样的肝脏很容易造成肝破裂，有的见到血块覆盖在肝脏被膜下，有的则见整个腹腔充盈血水。脾脏肿大。心包增厚，心包扩张，心包膜呈黄色不透明。心肌可见有数量不一的黄色坏死灶，严重的心脏变形、变圆。整个心脏几乎被坏死组织代替。相同的变化还经常存在于肌胃。肠道呈卡他性炎症。

3. 成年鸡　成年鸡常为慢性带菌鸡，主要变化在卵巢，卵巢皱缩不整，有的卵巢尚未发育或略有发育，输卵管细小。卵泡变形变色，呈三角形、梨形、不规则形，呈黄绿色、灰色、黄灰色、灰黑色等异常色泽。有的卵泡内容物呈米汤样，有的稀薄如水，有的内含油脂状或干酪样物质，外面包有增厚的包膜。由于卵巢和输卵管功能失调，可造成输卵管阻塞或使卵泡落入腹腔形成包囊，卵泡破裂形成卵黄性腹膜炎，以及与腹腔脏器粘连。有时可见到亚急性感染鸡，死亡鸡消瘦，心脏肿大变形，见有灰白色结节，肝肿大呈黄绿色，表面覆以纤维素性渗出物，脾易碎，内部有坏死灶，肾肿大呈实质变性。

【诊断】 根据本病的流行特点、症状及剖检病变综合分析可做出初步诊断。本病的确诊有赖于病菌的分离培养鉴定。成年鸡呈慢性和隐性经过，可应用凝集反应进行诊断。

【防制】

1. 预防 本病应从多个方面采取综合性的预防措施。

(1)检疫净化鸡群：鸡白痢沙门氏菌主要通过种蛋传递。因此种鸡应严格消除带菌者，可通过血清学试验，检出阳性反应者。首次检查可在阳性出现率最高的60～70日龄进行，第二次检查可在16周龄时进行，以后每隔1个月1次，发现阳性鸡及时淘汰，甚至全群的阳性检出率不超过0.5%为止。

(2)严格消毒：孵化场要对种蛋、孵化器和其他用具进行严格消毒。种蛋最好在产蛋后2 h就进行熏蒸消毒，防止蛋壳表面的细菌侵入蛋内。雏鸡出壳后再进行一次低浓度的甲醛熏蒸。育雏舍、育成舍和蛋鸡舍做好地面、用具、饲槽、笼具、饮水器等的清洁消毒，定期对鸡群进行带鸡消毒。

(3)加强雏鸡的饲养管理：在养鸡生产中，育雏始终是关键，也是重点，饲养应十分细心，温度、湿度、通风、光照应严格控制。雏鸡应给予颗粒化饲料，并少喂勤添，以最大限度地减少鸡白痢沙门氏菌经污染的饲料传入鸡群的可能性。密切注意鸡群动态，发现糊肛鸡应及时隔离或淘汰。

(4)及时投药预防：在鸡白痢沙门氏菌流行的地区，雏鸡出壳后可饮用2%～5%乳糖或5%的红糖水，效果较好，或在饲料中添加抗生素。

2. 治疗 发病时可在饲料中加入0.01%～0.02%的氟甲砜霉素，连用4～5天；氟哌酸或环丙沙星按0.008%～0.01%饮水，连用3～5天。此外也可用庆大霉素、新霉素、安普霉素、头孢类药物等拌料或饮水。

近年来微生态制剂广泛应用于养鸡生产中，它具有安全、无毒、不产生副作用、细菌不产生抗药性、无残留等优点。在使用微生态制剂的同时以及前后4～5天应禁止使用抗菌药物。

雏鸡发病后，在使用上述药物的同时，在饲养管理上应高温育雏，延长脱温的时间，以促进卵黄的吸收和脐孔的愈合。

十四、禽霍乱

禽霍乱又称为禽出血性败血病、禽巴氏杆菌，是鸭、鹅、鸡和火鸡的一种急性败血性传染病。临床上分为急性型和慢性型两种，急性型表现为败血症，发病率和致死率都很高。慢性型表现为肉髯水肿、关节炎，病死率都比较低。

【病原】 本病的病原是多杀性巴氏杆菌。该菌是一种革兰氏阴性、无鞭毛、不运动、无芽孢的小球杆菌，单个或成对存在，大小为(0.2～0.4) μm×(0.6～2.5) μm。在组织、血液和新分离培养物中的菌体用姬姆萨、瑞氏和美蓝染色，可见菌体呈两极染色。

本菌抵抗力不强。在干燥的空气中2～3天死亡，60℃ 20 min，75℃ 5～10 min可被杀死。在血液内保持毒力6～10天，冷水中能保持活力达2周，于禽舍内可存活1个月。本菌易自溶，在无菌蒸馏水和生理盐水中迅速死亡。3%石炭酸1min，0.5%～1%的氢氧化钠、漂白粉，以及2%的来苏儿、福尔马林等，几分钟可使本菌失去活力。

【流行病学】 各种家禽包括鸡、鸭、鹅和火鸡对多杀性巴氏杆菌都有易感性。野鸭、海鸥和多种飞鸟都能感染。本病常散发或呈地方性流行。鸡群多散发，产蛋鸡最易感，16龄以下的鸡具有较强的抵强力，即使发生禽霍乱也常与其他病症合并发生。

本病的主要传染源是病鸡和带菌的家禽。带菌的鸡外表无异常表现，但经常排出病菌污染周围环境、用具、饲料和饮水，构成重要的传播因素，尤其是混养在健康鸡群中更容易引起流行。病禽的排泄物污染饲料、饮水，通过消化道感染健康家禽；或由于病鸡的咳嗽、鼻腔分泌物排出病菌，通过飞沫经呼吸道而传染。含有病菌的尘土，通过清扫、风吹而漂浮于空气中，家禽吸入后即引起传染。犬、野鸟，甚至人都能成为机械带菌者。此外，一些昆虫如蝇类、蜱、鸡螨也是传播本病的媒介。此外，鸡群的饲养管理不良、内寄生虫病、营养缺乏、长途运输、天气突变、阴冷潮湿、鸡群拥挤、通风不良、营养缺乏等因素，均可促使本病的发生和流行。本病一年四季均可发生，但以夏、秋季节多发，有的地区以春、秋两季发病较多。

【症状】 自然感染的潜伏期一般 2～9 天，人工感染通常在 24～48 h 发病，有时在引进病鸡后 48 h 内亦会突然发病。由于家禽的抵抗力和病菌的致病力强弱不同，在疾病流行时家禽所表现的症状亦有差异。一般根据其临床症状分为最急性、急性和慢性 3 种病型。

1. 最急性型 常发生于该病的流行初期，特别是成年高产蛋鸡易发生。该型生前不见任何临床症状，晚间一切正常，次日发现死于鸡舍内。有时见病鸡精神沉郁，倒地挣扎，拍翅抽搐，迅速死亡。

2. 急性型 发病急，死亡快，有的鸡在死前数小时方出现症状。病鸡表现精神沉郁，羽毛蓬松，缩颈闭目，头缩在翅下，不愿走动，离群呆立。病鸡体温升高达 43～44℃，少食或不食，饮水增多。呼吸困难，鸡冠及肉髯发紫，有的病鸡肉髯肿胀，有热痛感。口、鼻分泌物增加，常自口中流出浆液性或黏液性液体，挂于嘴角。病鸡腹泻，排黄白色或绿色稀便，产蛋鸡停止产蛋，最后发生衰竭，昏迷而死亡。病程短，约 2 天死亡。

3. 慢性型 一般发生于流行后期或本病常发地区，有的是由毒力较弱的菌株感染所致，有的则是由急性病例耐过而转成慢性。病鸡精神、食欲时好时坏，多表现局部感染，如一侧或两侧肉髯肿大，翅或腿关节肿胀、疼痛，脚趾麻痹，因而发生跛行，病鸡鼻孔常有黏性分泌物流出，鼻窦肿大，喉头积有分泌物而影响呼吸。病鸡经常腹泻，消瘦，精神委顿，鸡冠苍白。本病的病程可拖至1个月以上。

【病理变化】

1.最急性型　常见不到明显的变化，或仅表现为心外膜散布针尖大点状出血，肝脏有细小的坏死灶。

2.急性型　其特征性变化在肝脏，表现为肝脏体积稍肿大，呈棕色或黄棕色，质地脆弱，在被膜下和肝实质中有弥漫性、数量较多密集的灰白色或黄白色针尖大至针头大的坏死点。心脏扩张，心包积液，心脏积有血凝块，心肌质地变软。心冠脂肪有针尖大小的出血点，心外膜有出血点或块状出血，这种出血点也常见于病鸡的腹膜、皮下组织及腹部脂肪，小肠特别是十二指肠呈急性卡他性炎症或急性出血性炎症，肠管扩张，浆膜散布小出血点，透过肠浆膜见全段肠管呈紫红色。肠内容物为血样，黏膜高度充血与出血。肺脏高度瘀血和水肿，偶尔见实变区。脾脏一般无明显变化，或稍肿大，质地柔软。

3.慢性型　因病原菌侵害的器官不同，所表现的病理变化而有差异。当以呼吸道症状为主时，其内脏特征性病变是纤维素性坏死性肺炎。肺组织由于高度瘀血与出血，变为暗紫色。肺炎灶经常出现于背侧，病变范围大小不等，严重时可使大半肺组织实变，呈暗红色，局部胸膜上常有纤维素凝块附着。鼻孔、鼻窦及喉头等处黏膜肿胀，积有纤维素性渗出物。胸腔经常含有淡黄色、干酪样化脓性纤维素性凝块。侵害关节的病例，常见足与翅各关节呈现慢性纤维素性或化脓性纤维素性关节炎。关节肿大、变形，关节腔内含有纤维素性或化脓性凝块。母鸡发生慢性霍乱时，炎症可波及卵巢引起卵泡坏死、变形或脱落于腹腔内。

【诊断】　禽霍乱可以根据流行病学、发病症状及病理变化进行初步诊断，但要确诊还要结合细菌学检查结果来综合判定。采取新鲜病料(渗出液、心血、肝、脾等)制成涂片,以碱性美蓝或瑞氏染色液进行染色,如发现典型的两极着色深的球杆菌,即可初步确诊。

【防制】

1. 预防

(1)免疫预防:常用的有蜂胶灭活苗、灭活油乳剂苗和氢氧化铝胶苗,前两者优于后者。主要用于2个月以上的鸡,肌肉注射1 mL/只,免疫期可达半年。

(2)管理措施:防止饲料、饮水或用具被污染。谢绝参观,非鸡舍人员不得进入鸡舍或场区,饲养员进入鸡舍时应更换衣服、鞋帽,并消毒。防止其他动物如猪、狗、猫、野鸟进入鸡舍或接近鸡群。

2. 治疗　多种药物对禽霍乱都有治疗作用,实际疗效在一定程度上取决于治疗是否及时和药物是否恰当,长期使用某一种药物还会产生抗药性,影响疗效,因此,应结合药敏试验来选择药物。对于产蛋鸡或即将产蛋鸡,避免使用磺胺类药物,以免影响产蛋。常用的药物有以下几类。

(1)抗生素:许多抗生素都可治疗本病,通常选用使用方便的抗生素,如金霉素、土霉素和安普霉素按0.1%拌料喂给,连用3～5天,可收到满意的效果。群体较小时可使用青霉素、链霉素肌肉注射,每只每天各5万IU,连用3天。头孢类药物也有较好的治疗效果。

(2)喹诺酮类:用0.008%～0.01%的环丙沙星饮水,连用3～5天。

十五、大肠杆菌病

大肠杆菌病是由某些致病性血清型大肠杆菌引起的不同类型疾病的总称。其特征是引起心包炎、肝周炎、气囊炎、腹膜炎、输卵管炎、滑膜炎、大肠杆菌性肉芽肿、败血症等病变。

【病原】 大肠杆菌为两端钝圆的中等大杆菌，宽约 0.6 μm，长 2～3 μm，多数菌株有 5～8 根鞭毛，运动活泼。周身有菌毛，一般还具有可见的荚膜。对普通碱性染料着色良好，有时两端着色较深，革兰氏染色阴性。对营养要求不严格，在普通培养基上均能良好生长。

大肠杆菌的抗原构造复杂，是由菌体抗原(O)、鞭毛抗原(H)和荚膜抗原(K)3 部分组成。目前发现本菌有 154 个 O 抗原，对家禽有致病性的血清型，常见的有 O_1，O_2，O_{35} 和 O_{78}。

大肠杆菌具有中等抵抗力。60℃加热 30 min 可被杀死。在室温下可生存 1～2 个月，在土壤和水中可达数月之久。对氯十分敏感，水中若有 0.2 mg/L 游离氯存在，即能杀死本菌与各种肠道致病菌，所以可用漂白粉作饮水消毒。

【流行病学】 大肠杆菌是健康家禽肠道中的常在菌，所以大肠杆菌病是一种条件性疾病。在卫生条件好的禽场，本病造成的损失很小，但在卫生条件差、通风不良、饲养管理不善的禽场，可造成严重的经济损失。肠道中的大肠杆菌随粪便排出体外，污染周围环境、垫料、饲料、水源和空气。当家禽的抵抗力降低时，就会侵害机体引起大肠杆菌病。大肠杆菌可因粪便污染蛋壳或感染卵巢、输卵管而侵入蛋内，带菌蛋孵出的雏禽为隐性感染，在某些应激或损伤的作用下发生显性感染，并以水平传播方式感染健康雏禽。消化道、呼吸道是常见的感染门户，交配也可造成传染，环境不卫生、通风不良、湿度过低或过高、过冷、过热或温差大等都能促进本病的发生。球虫病在本病的发生上具有重要意义，因为球虫破坏肠黏膜上皮细胞，使肠黏膜的完整性受到破坏，大肠杆菌极易通过受损的肠黏膜，侵入毛细血管，进入血液循环分布到全身，而引起大肠杆菌病。本病一年四季均可发生，但以冬、夏季节多发，肉用仔鸡最易感染，蛋鸡有一定的抵抗力。

此外，本病常继发或并发慢性呼吸道病、禽霍乱、传染性支气管炎、禽流感、新城疫等疾病，而且在发病上具有相互促进作用。如继发或并发感染，则死亡率升高。

【症状】 由于大肠杆菌侵害的部位不同，在临床上表现的症状也不一样。但共同症状表现为精神沉郁、食欲下降、羽毛粗乱、消瘦。侵害呼吸道后会出现呼吸困难，黏膜发绀。侵害消化道后会出现腹泻、排绿色或黄绿色稀便。侵害关节后表现为跗关节或指关节肿大，在关节的附近有大小不一的水泡或脓疱，病鸡跛行。侵害眼时，眼前房积脓，有黄白色的渗出物。侵害大脑时，出现神经症状，表现为头颈振颤，弓角反张，呈阵发性。

【病理变化】 大肠杆菌侵害的部位不同，有不同的病理变化。

1. 大肠杆菌败血症　病鸡突然死亡，皮肤、肌肉瘀血，血液凝固不良，呈紫黑色。肝脏肿大，呈紫红色或铜绿色，肝脏表面散布白色的小坏死灶。肠黏膜弥漫性充血、出血，整个肠管呈紫色。心脏体积增大，心肌变薄，心包腔充满大量淡黄色液体。肾脏体积肿大，呈紫红色。肺脏出血、水肿。

2. 肝周炎　肝脏肿大，肝脏表面有一层黄白色的纤维蛋白附着。肝脏变形，质地变硬，表面有许多大小不一的坏死点。脾脏肿大，呈紫红色。严重者肝脏渗出的纤维蛋白与胸壁、心脏、胃肠道粘连。

3. 气囊炎　若空气被大肠杆菌污染，吸入后即可发病，多侵害胸气囊，也能侵害腹气囊。表现为气囊混浊，气囊壁增厚，气囊不透明，气囊内有黏稠的黄色干酪样分泌物。

4. 纤维素性心包炎　表现为心包膜混浊，增厚，心包腔中有脓性分泌物，心包膜及心外膜上有纤维蛋白附着，呈白色。严重者，心包膜与心外膜粘连。

5. 大肠杆菌性肉芽肿　侵害雏鸡与成年鸡，以心脏、肠系膜、胰脏、肝脏、肠管多发。眼观，在这些器官可发现粟粒大的肉芽肿结节。肠系膜除散发肉芽肿结节外，还常因淋巴细胞与粒性细胞增生、浸润而呈油脂状肥厚。结节的切面呈黄白色，略现放射状、环状波纹或多层性。

6. 关节炎　多见于跗关节和指关节，表现为关节肿大，关节腔中有纤维蛋白渗出或有混浊的关节液，滑膜肿胀、增厚。

7. 全眼球炎　单侧或双侧眼肿胀，有干酪样渗出物，眼结膜潮红，严重者失明。

8. 输卵管炎　产蛋鸡感染大肠杆菌时，常发生慢性输卵管炎，其特征是输卵管高度扩张，内积异形蛋样渗出物，表面不光滑，切面呈轮层状，输卵管膜充血、增厚。

9. 卵黄性腹膜炎　剖开腹腔，见腹腔中充满淡黄色腥臭的液体和破坏的卵黄，腹腔脏器的表面覆盖一层淡黄色、凝固的纤维素性渗出物。肠系膜发炎，使肠袢互相粘连，肠浆膜散布针头大的点状出血。卵巢中的卵泡变形，呈灰色、褐色或酱色等不正常色泽，有的卵泡皱缩。积留在腹腔中的卵泡，如果时间较长即凝固成硬块，切面成层状。破裂的卵黄则凝结成大小不等的碎片。输卵管黏膜发炎，有针头状出血点和淡黄色纤维素性渗出物沉着，管腔中也有黄白色的纤维素性凝片。

10. 鸡胚与幼雏早期死亡　由于蛋壳被粪便沾污或产蛋母鸡患有大肠杆菌性卵巢炎或输卵管炎，致使鸡胚卵黄囊被感染，故鸡胚在孵出前，尤其是临出壳时即告死亡。受感染的卵黄囊内容物，从黄绿色黏稠物质变为干酪样物质，或变为黄棕色水样物。也有一些鸡胚在出壳后直至 3 周龄这段时间陆续死亡，除卵黄变化外，多数病雏还有脐炎，生活 4 天以上的鸡雏经常伴发心包炎。被感染的鸡胚或鸡雏也可以不死亡，则常表现卵黄不吸收与生长不良。

11. 脑炎型　幼雏及产蛋鸡多发。脑膜充血、出血，脑实质水肿，脑膜易剥离，脑壳软化。

12. 皮炎型　表现为在皮肤的羽毛囊上，有黄色结痂。

13. 蜂窝织炎　皮下有淡黄色，干酪样的渗出物。

【诊断】 根据本病的流行特点、症状及病理弯化可做出初步诊断，但确诊需进行细菌的分离鉴定。大肠杆菌在普通培养基上生长良好，对于初次分离的大肠杆菌，可用血液琼脂平板和麦康凯琼脂平板，在37℃需氧培养 18～24 h。在麦康凯琼脂上，大多数大肠杆菌菌株可长出中央凹、直径 1～2 mm 的粉红色菌落。

【防制】

1. 预防

(1)加强卫生：加强卫生是预防大肠杆菌病的关键。大肠杆菌病是条件性致病菌引起的一种疾病，该病的发生与外界各种应激因素有关，防制的原则首先应该改善饲养环境条件，加强对鸡群的饲养管理，改善鸡舍的通风条件，认真落实鸡场卫生防疫措施，控制支原体等呼吸道疾病的发生。加强种蛋的收集、存放和孵化的卫生消毒管理。做好常见病的预防工作，减少各种应激因素，避免诱发大肠杆菌病的流行与发生，特别是育雏期保持舍内的温度，防止空气及饮水的污染，定期进行鸡舍的带鸡消毒，在育雏期适当的在饲料中添加抗生素，有利于控制本病的暴发。如在雏鸡出壳后 3～5 日龄及 4～6 周龄时分别给予 2 个疗程的抗生素，可以起到有效的预防作用。

(2)免疫接种：种鸡在开产前接种疫苗，在整个产蛋周期内大肠杆菌病明显减少，种蛋受精率、孵化率、健雏率有所提高，大大降低了雏鸡阶段本病的发生率。国内现用的大肠杆菌油佐剂苗，有程度不同的疫苗反应，主要表现精神沉郁、喜卧、采食减少等，一般 1～2 天后逐渐恢复，无需进行任何处理。

2. 治疗　鸡群发生大肠杆菌病后，可交替选用以下药物：0.01%～0.02%氟甲砜霉素拌料，连用 3～5 天；0.05%～0.1%丁胺卡那霉素拌料，连用 3～4 天；0.1%新霉素拌料，连用 4～5 天；环丙沙星或氧氟沙星 0.008%～0.01%饮水，连用 3～5 天。头孢类药物也有较好的治疗效果。

十六、葡萄球菌病

葡萄球菌病是主要由金黄色葡萄球菌引起的人、畜、禽共患传染病。葡萄球菌在自然界中分布很广，健康禽类的皮肤、羽毛、眼睑、黏膜、肠道都有葡萄球菌存在。同时该菌还是家禽孵化、饲养、加工环境中的常见细菌。

【病原】 葡萄球菌病的病原是金黄色葡萄球菌。典型的葡萄球菌为圆形或卵圆形，直径 0.7～1 μm，常单个、成对或呈葡萄状排列。在固体培养基上生长的细菌呈葡萄状，葡萄球菌易被碱性染料着色，革兰氏染色阳性。无鞭毛，无荚膜，不产生芽孢。在普通培养基上生长良好，若培养基中含有血液、血清或葡萄糖时生长更好。

葡萄球菌的抵抗力极强，在固体培养基上或脓性渗出物中可长时间存活。对干燥、热、9%氯化钠都有抵抗力。加热 70℃ 1 h，80℃ 30 min 才能杀死，煮沸可迅速死亡。消毒药物中，以石炭酸效果较好，3%～5%石炭酸 10～15 s，70%乙醇数分钟，0.3%过氧乙酸也有较好的消毒效果。

【流行病学】 金黄色葡萄球菌在自然界分布很广，所有禽类都可感染，肉鸡最易感，各种日龄的鸡都可感染，但发病以 40～60 日龄的鸡最多，成年鸡发病较少。鸡对葡萄球菌的易感性，与表皮或黏膜创伤的有无、机体抵抗力的强弱、葡萄球菌污染的程度以及鸡所处的环境有密切关系。创伤是主要的传染途径，但也可以通过消化道和呼吸道传播，雏鸡脐带感染也是常见的途径。某些疾病或人为因素是发生葡萄球菌病的诱因，如刺种鸡痘、带翅号、断喙、刺种免疫、网刺、刮伤和扭伤、啄伤、脐带感染、饲养管理不善，如拥挤、通风不良、饲料单一、缺乏维生素及矿物质等。免疫系统由于传染性法氏囊病或马立克氏病等病毒感染而遭到破坏，容易发生败血性葡萄球菌病，并导致感染鸡急性死亡。

【症状】

1. 急性败血型　病鸡精神不振或沉郁，不爱跑动，常呆立一处或蹲伏，两翅下垂，缩颈，眼半闭呈嗜睡状。羽毛蓬松零乱，无光泽。饮、食欲减退或废绝。部分病鸡下痢，排出灰白色或黄绿色稀粪。较为特征的症状是胸腹部（甚至波及嗉囊周围）、大腿内侧皮下浮肿，潴留数量不等的血样渗出液，外观呈紫色或紫褐色，有波动感，局部羽毛脱落，或用手一摸即可掉脱，有的病鸡可见自然破溃，流出茶色或暗红色液体，周围羽毛被沾污，局部污秽，有的鸡在翅膀背侧及腹面、翅尖、尾、脸、背及腿等不同部位的皮肤出现大小不等的出血、炎性坏死，局部干燥结痂，暗紫色，无毛。早期病例局部皮下湿润，暗紫红色，溶血，糜烂。这些症状多发生于中雏，病鸡在2～5天死亡，急性者1～2天死亡。有时在急性病鸡群中也可见到关节炎症状的病鸡。

2. 关节炎型　病鸡可见多个关节肿胀，特别是趾、指关节，呈紫红或紫黑色，有的见破溃，并结成污黑色痂，病鸡表现跛行，不喜站立，多伏卧，一般仍有饮、食欲，多因采食困难，饥饱不匀，而被其他鸡只踩踏，病鸡逐渐消瘦，最后衰弱死亡。

3. 脐炎型　是孵出不久雏鸡发生葡萄球菌病的一种病型。由于某些原因，鸡胚及新出壳的雏鸡脐孔闭合不全，葡萄球菌感染后，引起脐炎。病鸡除一般病状外，可见脐部肿大，局部呈黄红、紫黑色，质地稍硬，间有分泌物。常称为“大肚脐”。脐炎病鸡在出壳后2～5天死亡。

4. 眼病型　表现为上下眼睑肿胀、闭眼，有脓性分泌物，并见有肉芽肿，病久者眼球下陷，有的失明，有的见眶下窦肿胀。最后病鸡饥饿，被踩踏，衰竭死亡。

5. 肺型　主要表现为全身症状及呼吸障碍。有的可与败血型混合感染。

葡萄球菌还可引起1周龄内雏鸡发病和死亡，这在已经控制了鸡白痢病的鸡场，要引起重视。

【病理变化】

1. 急性败血型　病死鸡胸部、前腹部羽毛稀少或脱毛，皮肤呈紫黑色或浅绿色浮肿，有的自然破溃则局部沾污。整个胸、腹部皮下充血、溶血，呈弥漫性紫红色或黑红色，积有大量胶冻样粉红色、浅绿色或黄红色水肿液，水肿可延至两腿内侧、后腹部，前达嗉囊周围，但以胸部为多。同时，胸腹部甚至腿内侧见有散在出血斑点或条纹。特别是胸骨柄处肌肉弥散出血斑或出血条纹为重，病程久者还可见病变坏死。肝肿大，淡紫红色，有花纹或花斑样变化，小叶明显。在病程稍长的病例，肝脏表面还可见数量不等的白色坏死点。脾肿大，紫红色，有白色坏死点。腹腔脂肪、肌胃浆膜等，有时可见紫红色水肿或出血。心包积液，呈黄红色半透明。心冠状沟脂肪及心外膜偶见出血。有时还见肠炎变化。

2. 关节炎型　关节肿大，滑膜增厚，充血或出血，关节囊内有浆液，或有黄色脓性或浆性纤维素渗出物。病程较长的慢性病例形成干酪样坏死，甚至关节周围结缔组织增生及畸形。

3. 脐炎型　脐部肿大，呈紫红或紫黑色，有暗红色或黄红色液体，时间稍久则为脓样干涸坏死物。肝脏有出血点。卵黄吸收不良，呈黄红或黑灰色，液体状或内混絮状物。

4. 眼病型　可见与生前相应的病变。

5. 肺型　肺部以淤血、水肿和病变为特征，有时可见黑紫色坏疽样病变。

6. 葡萄球菌死胚　枕下部皮下水肿，胶冻样浸润，色泽不一，杏黄或黄红色，甚至粉红色；严重者头部及胸部皮下出血；卵黄壁充血或出血，内容物稀薄，混有血丝；少数脐部发炎，肝见有出血点，胸腔积有暗红色液体。

【诊断】　鸡葡萄球菌病的诊断主要根据发病特点、发病症状及病理变化做出初步诊断，最后确诊还需要结合实验室检查来综合诊断。

【防制】

1. 预防

(1)免疫预防：葡萄球菌油乳剂菌苗和氢氧化铝菌苗有一定预防效果。在 20～25 日龄(新城疫二免前后)免疫接种，保持免疫期达 2 个月左右，对鸡葡萄球菌病可起到良好的预防效果。

(2)卫生管理措施：葡萄球菌是环境中广泛存在的细菌，因此可以通过加强卫生管理来有效防预本病。

①采用科学的饲养管理：鸡饲料中要保证合适的营养物质，特别是要供给足够的维生素制剂和矿物质；保持良好通风和适当干燥，避免拥挤；防止和减少外伤发生，消除鸡笼、用具等的一切尖锐物品，适时断喙，防止互啄，适时接种鸡痘疫苗，防止鸡痘发生，在断喙、带翅号、免疫接种时要做好消毒工作，以避免葡萄球菌感染。

②做好消毒管理工作：做好圈舍、用具和饲养环境的清洁、卫生及消毒工作，以减少或消除传染源，降低感染机会。在有鸡的条件下，鸡舍可用 0.3%过氧乙酸进行消毒。注意种蛋、孵化器及孵化过程和工作人员的清洁、卫生和消毒工作，防止污染葡萄球菌，引起鸡胚、雏鸡感染或发病。

③加强对发病鸡群的管理：鸡场一旦发生葡萄球菌病，要立即对鸡舍、饲养管理用具进行严格消毒，以杀死散播在环境中的病原体，从而达到防止疫病发展和蔓延的作用。

2. 治疗　常用的抗生素如丁胺卡那霉素、卡那霉素、庆大霉素和头孢类药物抑菌作用最强，另外喹诺酮类药物如氧氟沙星、甲磺酸培氟沙星也是常用的有效药物，可以用于防治。对已发病的个别鸡可肌肉注射庆大霉素。

十七、传染性鼻炎

传染性鼻炎是鸡的一种急性或亚急性呼吸道传染病。主要特征是鼻黏膜发炎、流鼻涕、眼睑水肿和打喷嚏。本病多发生于育成鸡和产蛋鸡群,使产蛋鸡产蛋量下降10%～40%;使育成鸡生长停滞,开产期延迟和淘汰率增加,经济损失严重。

【病原】 本病的病原是副鸡嗜血杆菌。副鸡嗜血杆菌是一种革兰氏阴性、两极浓染、不形成芽孢、无荚膜、无鞭毛、不能运动的小球杆菌。

本菌分为A,B,C 3个血清型,我国常见的为C型和A型。

本菌的抵抗力不强,在鸡体外很快死亡。本菌处在－40℃以下可存活1～1.5年,而在冻干条件下最少可存活10年。一般消毒药物能将其杀灭。

【流行病学】 本病可发生于各种年龄的鸡,以4～12月龄的鸡最易感。7日龄内雏鸡鼻腔内人工接种本菌,5%～10%出现鼻炎症状,大多数表现隐性感染,4～8周龄雏鸡人工接种后90%出现典型鼻炎症状。13周龄鸡可100%被人工感染,病情也比幼龄鸡严重。

笼养鸡常出现位在鸡舍角落的鸡最先发病,当空气不流通,氨气较重,湿度较大,尘埃较多时,自然感染发病率可达70%～100%,1月龄内雏鸡也会出现症状。

本病虽无明显季节性,但以5～7月和11月至翌年1月较多发。不同年龄鸡混群饲养、鸡舍环境差、缺乏维生素A、接种禽痘疫苗、患有寄生虫病或传染病等,都能促使鸡群发病。

病鸡和隐性带菌鸡是主要传染源。它们排出的病原菌通过空气、尘埃、饮水、饲料等传播。被病原菌污染的饮水,常是初感染鸡群暴发本病的主要原因。

本病潜伏期较短。自然接触感染1～3天,饮水感染4天,空气感染经 6～14 天出现症状；用培养物或鼻腔分泌物经鼻内或窦内人工接种易感鸡，24～28 h 发病。

一般情况下本病发病率高而死亡率低，但病程长短、病轻重程度、发病率、死亡率等，与鸡的年龄、发病季节、接种物来源、鸡群易感性、鸡群饲养管理好坏、菌株毒力、有无并发感染等因素有关。年龄大的鸡，秋、冬季节，接种感染性窦分泌物的鸡，鸡群饲养管理差，鸡群易感性强，菌株毒力大，并发鸡痘，“慢呼”，“传支”等，常导致病程延长，病情加重，病死率增高。

【症状】 病鸡除了发热、精神不振、食欲减退、消瘦等一般性全身症状外，最具有特征性的症状表现为流浆性到黏液性鼻液，脸部浮肿性肿胀(公鸡则肉髯也明显肿胀)，结膜炎和淌眼泪。病初流淌稀薄水样鼻液和眼泪，同时或次日脸部肿胀，由面颊逐渐扩展至一侧或两侧，甚至肿得连眼睛也睁不开，症状出现后第 3 天左右起，鼻液变黏变稠，常在鼻孔处形成结痂，而堵塞鼻孔。病鸡气管内有分泌物，喉部肿胀，呼吸时发出咕噜咕噜声音，有时打喷嚏，摇头欲将积附在咽喉部的分泌物咳出。病鸡腹泻和排绿色粪便，公鸡肉髯肿大，青年鸡下颊或咽喉部浮肿。母鸡产蛋减少或中止。如转为慢性或并发其他疾病，病鸡群发出一种恶臭气味。如咽喉部积附大量黏稠分泌物，病鸡可能窒息而死。

【病理变化】 鼻、窦、喉和气管黏膜呈急性卡他性炎，充血肿胀，表面覆有大量黏液，窦内积有渗出物凝块或干酪样坏死物。结膜充血肿胀、卡他性炎。下颌部以下组织呈现明显浆液性浸润。内脏一般无病变，偶见支气管肺炎和气囊炎。

产蛋鸡输卵管内有黄色干酪样分泌物，卵泡松软、血肿、坏死或萎缩、腹膜炎、公鸡睾丸萎缩。

【诊断】 根据流行特点、症状及剖检变化，即可做出初步诊断，确诊需进行实验室检查。

【防制】

1. 预防

(1)加强卫生管理：首先是防止病原菌侵入。若病原菌已经侵入，则设法通过淘汰、消毒、隔离、检疫、治疗等措施将病原菌肃清。被病鸡污染的鸡舍和用具，必须进行彻底的清洁消毒并至少空舍7天以上，才能用以饲养新鸡群。

(2)接种疫苗：自然感染或人工感染的鸡都能产生不同程度的免疫力。小母鸡在发育阶段发生过本病，对以后产蛋性能不受影响。个别鸡经窦内人工接种后，不到2周就可能产生免疫力。

2. 治疗

(1)链霉素：每只鸡肌肉注射100～200 mg，治愈为止。但在常用地区已出现耐药菌株，应改用其他药物。

(2)其他抗生素：有丁胺卡那霉素、先锋霉素、卡那霉素、庆大霉素、新霉素、红霉素等。一般每千克体重第1天注射50～100 mg，第2天起注射25～50 mg；或根据说明，溶于饮水中投服。

(3)强力霉素或环丙沙星或氧氟沙星按0.008%～0.01%饮水，连用4～5天。

十八、败血支原体病

禽败血支原体病是家禽的一种接触性、慢性呼吸道传染病。其特征为上呼吸道及邻近窦黏膜的炎症，常蔓延至气囊、气管等部位。表现为咳嗽、流鼻液、气喘和呼吸杂音。本病发展缓慢，病程长，所以也称为慢性呼吸道病(CRD)。

【病原】　本病的病原为禽败血支原体(MG)。MG一般呈球杆状或卵圆形，大小为0.25～0.5 μm，用姬姆萨氏染色法染色着色良好，革兰氏染色呈弱阴性。MG为需氧和兼性厌氧，培养时需要培养基含有较丰富的营养成分，在普通培养基上不能生长。

MG对外界环境抵抗力不强，离体后即迅速失去活力，一般消毒药均能将其迅速杀死。MG 对热敏感，感染 MG 的绒毛尿囊膜的肉汤悬液，于 45℃1 h，50℃ 20 min 后或 5℃的第 3 周失去感染力，将蛋加热到 45.6℃，持续 12～14 h，MG 在感染了的鸡蛋中被灭活。

【流行病学】 易感动物主要是鸡和火鸡，各种日龄鸡都有感染，以 4～8 周龄的鸡最易感。本病一年四季均可发生，但以寒冷季节较为严重，在集约化饲养的肉仔鸡群更容易发生流行，而成年鸡多为隐性感染和散发。本病的传染源是病鸡和隐性带菌鸡，当传染源与易感的健康鸡接触时，病原体通过飞沫或尘埃经呼吸道吸入而传染。也可通过被污染的饲料、饮水和用具通过消化道传染。更值得注意的是本病可通过卵垂直传播给其下一代，从而构成类似鸡白痢的循环传染，代代相传。通过卵垂直传播，是本病难以消除的主要原因之一。

本病的发生及其严重程度与鸡群所处的环境因素密切相关。在本病发生时某些降低机体抵抗力的诱因都有促进作用，如环境卫生较差、密度过大、湿度过低、通风不良、有毒有害气体浓度过高、气雾免疫、滴鼻免疫、气候突变和寒冷时，均可促使本病的暴发和复发。

此外，在 MG 感染时，各种病原体的并发和继发感染可使本病病情更加严重，更加复杂，其中主要有传染性支气管炎病毒，传染性喉气管炎病毒、新城疫病毒、多种血清型的致病性大肠杆菌、副鸡嗜血杆菌、葡萄球菌和多种霉菌等。大量的报道证明大肠杆菌是 MG 感染时最常并发或继发的一种病原微生物。本病在成年鸡群中发生死亡率很低，在肉仔鸡群中没有并发症时死亡率也很低。但在管理较差、环境条件恶化、多种疾病并发时，死亡率可达 30%以上。同时，由于生长速度下降、饲料报酬降低、产蛋率下降及胴体的降级和废弃等造成更大的损失。

【症状】 幼龄鸡表现鼻孔中流出浆液性或浆液黏液性鼻液，

鼻孔周围被分泌物沾污，喷嚏，甩鼻。当炎症蔓延至下呼吸道时，则表现咳嗽、气喘及气管内的呼吸啰声，夜间比白天听得更加清楚，严重者，呼吸啰声很大，似青蛙叫。病鸡生长停滞，食欲稍下降，精神不振，逐渐消瘦；继发鼻炎、窦炎和结膜炎时，鼻腔及眶下窦蓄积多量渗出物而出现颜面部肿胀，结膜发炎，流泪，眼睑红肿，眼部突出似“金鱼眼”，一侧或两侧眼球受到压迫，造成萎缩和失明。若无病毒和细菌并发感染，死亡率较低。有并发感染和管理水平较低的鸡场，病死率可高达 30%以上。

成年鸡的症状与幼鸡相似，但症状较轻，死亡率很低。产蛋母鸡产蛋率下降，并维持在较低水平上，孵化率降低，弱雏增加。

【病理变化】 剖检时主要肉眼病变为鼻腔、气管、支气管中含有多量黏稠的分泌物。气管黏膜增厚、变红。早期气囊轻度混浊、水肿、不透明，可见结节性病灶，随病程的延长，气囊增厚，囊腔内有干酪样渗出物，似炒鸡蛋样，气囊粘连，有时也能见到肺炎病变。横断上颌部，可见鼻腔、眶下窦内蓄积多量黏液或干酪样物。结膜发炎的病例可见结膜红肿，眼球萎缩或破坏，结膜中能挤出灰黄色干酪样物质。严重病例常伴有心包膜炎、肝包膜炎。

【诊断】 根据本病的流行病学特点、临床症状和病理变化，可做出初步诊断。本病的确诊必须进行病原体分离或血清学检查。

【防制】

1. 预防

(1)加强饲养管理：切断传播途径，消灭传染源。防止病健鸡接触，降低饲养密度，注意通风，保持舍内空气新鲜，防止过热过冷、湿度过高，定期清粪，防止氨气、硫化氢等有毒有害气体的刺激等，均是防制本病的重要管理环节。此外，坚持“全进全出”制，定期带鸡消毒，防止其他传染病的侵入而诱发或加重 MG 感染的症状。在接种弱毒苗时，要注意鸡群健康状况，有本病污染的雏鸡群不能用气雾法、滴鼻法免疫，以防激发本病出现临床症状。

(2)防止垂直传播：用凝集反应法筛选阴性鸡投 1～2 个疗程的抗生素，抽检部分鸡，如无阳性反应，鸡出现时，即可采用种蛋。如有阳性反应鸡出现时，可根据反应鸡出现的情况再进行投药，复检后剔除阳性反应鸡。在采卵过程中，每月投药一次，以防在血检时未检出的带菌鸡体内的病原体重新活动，以及由外部接触感染。

(3)免疫接种：用灭活苗，对 7～15 日龄雏鸡颈部皮下注射 0.2 mL，成年鸡颈部皮下注射 0.5 mL，平均预防效果在 80%左右，注射灭活苗后 15 日开始产生免疫力，免疫期约 5 个月。

2. *治疗* 治疗本病可用恩诺沙星或双氟沙星、甲磺酸培氟沙星、环丙沙星、氧氟沙星按 0.008%～0.01%饮水，效果良好。此外北里霉素、强力霉素、硫氰酸红霉素、阿奇霉素等均有不同程度的疗效，可根据情况选用。无论应用哪种抗菌药物治疗，疗程不应少于 5～7 天。

十九、禽曲霉菌病

禽曲霉菌病是多种禽类和哺乳动物的一种真菌性疾病。本病的特征是呼吸道发生炎症和形成小结节，故又称为霉菌性肺炎。本病主要发生于幼龄鸡，呈急性群发性暴发，发病率和死亡率都较高。

【病原】 引起禽曲霉菌病的两个主要病原为烟曲霉和黄曲霉，此外，黑曲霉、赭曲霉、土曲霉、灰绿曲霉等也有不同程度的致病性。

烟曲霉：烟曲霉的繁殖菌丝呈圆柱状，色泽由绿色、暗绿色至熏烟色。

黄曲霉：黄曲霉在沙氏琼脂培养基上菌落生长较快，在 24～26℃下培养 10 天，生长快的菌落直径可达 6～7 cm，生长缓慢的其直径也在 3 cm 以上。最初带黄色，然后变为黄绿色，时间经久后颜色变暗，其反面无色或带褐色。

【流行病学】 曲霉菌及它们所产生的孢子在自然界中分布广泛，禽类常通过接触发霉的饲料、垫料、用具而感染。各种禽类都有易感性，以幼禽的易感性最高，常为群发性和呈急性经过，成年禽仅为散发。出壳后的幼雏进入被霉菌严重污染的育雏室或装入被污染的笼具，48～72 h 后即可开始发病和死亡。4～12 日龄是本病流行的高峰，以后逐渐减少，至 3～4 周龄时基本停止死亡。污染的垫草、木屑、土壤、空气、饲料是引起本病流行的传染媒介，雏鸡通过呼吸道和消化道而感染发病，也可通过外伤感染而引起全身曲霉菌病。育雏阶段的饲养管理及卫生条件不良是引起本病暴发的主要诱因。育雏室内日夜温差大、通风换气不良、密度过大、阴暗潮湿以及营养不良等因素，都能促使本病的发生和流行。另外，在孵化过程中，孵化器污染严重时，在孵化时霉菌可穿过蛋壳而使胚胎感染，刚孵出的幼雏不久便可出现症状。

【症状】 雏鸡开始减食和不食，不愿走动，翅膀下垂，羽毛松乱，嗜睡，对外界反应淡漠。接着出现呼吸困难、气喘、呼吸次数增加等症状，但与其他呼吸道疾病不同，一般不发出明显的咯咯声，病雏头颈伸直，张口呼吸，眼、鼻流液，食欲减退，渴欲增加，迅速消瘦，体温下降，后期腹泻，若食道黏膜受侵害，出现吞咽困难。病程一般在 1 周左右，发病后如不及时采取措施，死亡率可达 50%以上。放养在户外的家禽对曲霉菌的抵抗力很强，几乎能避免传染。有些雏鸡可发生曲霉菌性眼炎，通常是一侧眼的瞬膜下形成一黄色干酪样小球，致使眼睑鼓起，有些鸡还可在角膜中央形成溃疡。有的禽类还会发生脑炎型或脑膜炎型曲霉菌病，病雏斜颈、共济失调。

【病理变化】 肺部病变最为常见，肺、气囊和胸腔浆膜上有针头大至米粒或绿豆粒大小的结节。结节呈灰白色、黄白色或淡黄色，圆盘状，中间稍凹陷，切开时内容物呈干酪样，有的互相融合成大的团块。肺脏上有多个结节时，可使肺组织质地坚硬、弹性消失。严重者，在病雏的肺、气囊或腹腔浆膜上有肉眼可见的成团的霉菌斑或近似于圆形的结节。病禽的鸣管中可能有干酪样渗出物和菌丝体，有时还有黏液脓性到胶冻样渗出物。脑炎型曲霉菌病其病变表现为在脑的表面有界限清楚的白色到黄色区域。皮肤感染时，感染部位的皮肤发生黄色鳞状斑点，感染部位的羽毛干燥、易折。

【诊断】 根据流行特点、呼吸道症状及剖检变化即可做出初步诊断，但确诊需进行实验室诊断。

【防制】

1. 预防

(1)加强饲养管理，搞好禽舍卫生，注意通风，保持禽舍干燥，经常检查垫料，不喂霉变饲料，降低饲养密度，防止过分拥挤，是预防曲霉菌病发生的最基本措施之一。

(2)饲料中添加防霉剂。在饲料中添加防霉剂是预防本病发生的一种有效措施。目前国内外最常用的霉菌抑制剂包括多种有机酸，如丙酸、醋酸、山梨酸、苯甲酸、甲酸等，以及各种染料如龙胆紫和硫酸铜等化学物质。

(3)处理发霉饲料，更换霉变垫料。禽舍垫料霉变，要及时发现，彻底更换，并进行禽舍消毒，可用福尔马林熏蒸消毒或 0.4% 过醋酸或 5% 石炭酸喷雾后密闭数小时，通风后使用。停止饲喂霉变饲料，霉变严重的要废弃，并进行焚烧。

2. 治疗 制霉菌素对本病有一定疗效，其用量为：成鸡 15～20 mg，雏鸡 3～5 mg，混于饲料中连用 3～5 天。克霉唑对本病治疗效果也较好，其用量为每 100 只雏鸡用 1 g，混饲投药，连用 3～5 天。也可用 1：(2 000～3 000)的硫酸铜溶液饮水，连用 2～3 天；或在 1 kg 水中加入 5～10 g 碘化钾，连续 3～5 天。

二十、鸡球虫病

鸡球虫病是由一种或多种球虫寄生于鸡的肠黏膜上皮细胞而引起的一种急性流行性原虫病。该病分布广泛，发生普遍，危害十分严重。15～50 日龄的鸡发病率最高，死亡率可达 80%以上；耐过的病鸡长期得不到康复，生长发育受到严重影响；成年鸡多为带虫者，但增重和产蛋能力降低。

【病原】 鸡球虫目前世界公认的有 9 种，其中，致病作用最强的是寄生于盲肠的柔嫩艾美耳球虫和寄生于小肠的毒害艾美耳球虫，其他种球虫致病性较小，均寄生于小肠。

【流行病学】 各种品种和年龄的鸡都对鸡球虫具有易感性，3 月龄以内，尤其是 15～50 日龄的鸡群最易暴发球虫病，且死亡率较高，成年鸡多因前期感染过球虫获得了一定的免疫力，当再感染时不表现临床症状而成为带虫者和传染源。球虫卵囊对自然界各种不利因素的抵抗力较强，在荫蔽的土壤中可保持活力达 86 周之久，一般消毒剂不能杀死卵囊；但冰冻、日光照射和孵化器中的持续干燥环境对卵囊有抑制杀灭作用。26～32℃的潮湿环境有利于卵囊发育。

鸡感染球虫的途径和方式是啄食感染性卵囊。凡被病鸡或带虫鸡的粪便污染过的饲料、饮水、土壤或用具等，都有卵囊存在；其他种鸟类、家畜和某些昆虫，以及饲养管理人员，都可以成为球虫病机械性的传播者。被苍蝇吸吮到体内的卵囊，可以在其肠道中保持生活力达 24 h。

在分散饲养的条件下，本病通常在温暖的 4～9 月份流行，7～8 月份最严重，但在集约化饲养条件下，本病一年四季均可发生。饲养管理条件不良能促进本病的发生。卫生条件恶劣、鸡舍潮湿、鸡只拥挤、饲养管理不当时最易发生。此外，某些细菌、病毒或其他寄生虫感染及饲料中缺乏维生素 A、维生素 K，也可促进本病的发生。

【症状】 急性型:多见于雏鸡。病初精神委顿,羽毛逆立,闭眼缩颈,呆立一旁,食欲减退,泄殖腔周围的羽毛被液状排泄物粘在一起。以后由于肠上皮细胞的大量破坏和自体中毒加剧,病鸡出现共济失调,翅膀下垂,贫血,鸡冠苍白,嗉囊内充满液体,食欲废绝,粪便呈水样、稀薄,带血。若为柔嫩艾美耳球虫病则排血便。末期病鸡昏迷或抽搐。雏鸡自感染后4～7天出现死亡,死亡率可达50%～80%,甚至更高。

慢性型:多见于4～6月龄以上的鸡。病程较长,持续数周到数月。症状较轻,有间歇性下痢,逐渐消瘦,产蛋减少,很少死亡。

【病理变化】 柔嫩艾美耳球虫引起的病变主要在盲肠,可见一侧或两侧盲肠显著肿大,可为正常的3～5倍,其中充满新鲜的暗红色血液或凝固的血块,盲肠黏膜斑点状或弥漫性出血,盲肠上皮变厚,有严重的糜烂甚至坏死脱落,与盲肠内容物、血凝块混合凝固,形成坚硬的"肠栓"。

毒害艾美耳球虫损害小肠中段,可见肠壁扩张、松弛、肥厚和严重的坏死;肠黏膜上有明显的灰白色斑点状坏死病灶和小出血点相间杂,或呈弥漫性出血;小肠中部向后的肠腔中充满凝固的血液,使肠管在外观上呈淡红色或褐红色。其他种鸡球虫主要侵害小肠,可见肠壁扩张、增厚,肠内充气,黏膜发炎、充血或有小的斑点状出血。

【诊断】 生前用饱和盐水漂浮法或粪便涂片查到球虫卵囊,或死后取肠黏膜触片或刮取肠黏膜涂片查到裂殖体、裂殖子或配子体,均可确诊为球虫感染,但由于鸡的带虫现象极为普遍,因此,是不是由球虫引起的发病和死亡,应根据临床症状、流行病学资料、病理剖检情况和病原检查结果进行综合诊断。

【防制】 成鸡与雏鸡分开喂养,以免带虫的成年鸡散播病原导致雏鸡暴发球虫病。

1. 加强饲养管理　保持鸡舍干燥、通风和鸡场卫生，定期清除粪便，堆积发酵以杀灭卵囊。保持饲料、饮水清洁，笼具、料槽、水槽定期消毒，一般每周 1 次，可用沸水、热蒸汽或 3%～5%热碱水等处理。每千克日粮中添加 0.25～0.5 mg 硒可增强鸡对球虫的抵抗力。补充足够的维生素 K 和给予 3～5 倍推荐量的维生素 A 可加速鸡患球虫病后的康复。

2. 免疫预防　据报道，应用鸡胚传代致弱的虫株或早熟选育的致弱虫株给鸡免疫接种，可使鸡对球虫病产生较好的预防效果。

3. 药物防治　药物治疗是目前防制鸡球虫病最为有效和切实可行的方法。

(1)马杜拉霉素：预防按 5 mg/kg 浓度混饲，连用 4～5 天。

(2)盐霉素：预防按 60 mg/kg 混饲，连用 4～5 天。

(3)莫能霉素：预防按 80～125 mg/kg 浓度混饲，连用 4～5 天。

(4)妥球珠利：主要作治疗用药，按 25～30 mg/kg 浓度饮水，连用 2 天。

(5)地克珠利：1 mg/kg 拌料，连用 4～5 天。

二十一、住白细胞原虫病

住白细胞原虫病是一种重要寄生虫病，对养鸡业危害严重，常引起雏鸡大批死亡，死亡率可高达 90%。

【病原】　寄生于鸡的有卡氏住白细胞原虫、沙氏住白细胞原虫、安氏住白细胞虫和休氏住白细胞原虫 4 种，前 2 种在我国已有发现。

【流行病学】　本病的发生与蠓和蚋的活动密切相关，一般气温 20℃ 以上时，库蠓和蚋繁殖快、活动力强，本病流行也就严重，因此本病的流行有明显的季节性，南方多发生于 4～10 月份，北方多发生于 7～9 月份。由于蠓和蚋的幼虫是生活在水中，所以靠水源近的地方、雨水大的年份，该病的发病率高。各个年龄的鸡都能感染，成年鸡较雏鸡更易感，但雏鸡的发病率较成年鸡高。8～12月龄的成年鸡或1年以上的种鸡，感染率虽高，但死亡率不高。公鸡的发病率比母鸡高。

【症状】 自然病例潜伏期6～12天，病初体温升高，食欲不振，甚至废绝。精神沉郁，乏力，昏睡；运动失调，两肢轻瘫，行步困难；口流黏液，排白绿色稀粪，常因突然咯血，呼吸困难而死亡。病程数天到2周。1～3月龄雏鸡发病率高，可造成大批死亡，中鸡和成鸡常呈现贫血，鸡冠和肉髯苍白，所以本病也称为"白冠病"。病鸡排白色或绿色水样稀粪，中鸡发育受阻，成鸡产蛋减少或停止，软壳蛋、无壳蛋增多。后期个别鸡会出现瘫痪。

【病理变化】 本病的特征性病变为口流鲜血或口腔内积存血液凝块，鸡冠苍白，血液稀薄，全身性出血，肌肉和某些器官有灰白色小结节以及骨髓变黄。

全身性出血包括：全身皮下出血，肌肉、尤其是胸肌和腿部肌肉散在明显的点状或斑块状出血，各内脏器官亦呈现广泛性出血，特别多见于肺脏、肾脏和肝脏，严重的可见两侧肺脏都充满血液，肾脏周围常见大片血液，甚至大部分或整个肾脏被血凝块覆盖；其他器官如心脏、脾脏、胰腺和胸腺也有点状出血，腺胃及肠道弥漫性出血，产蛋鸡胸腔中积有破裂的卵黄、腹水与血液形成的淡红色的混合液体。卵泡变形、出血。此种全身性出血主要是因寄居于小血管内皮细胞内的裂殖体破裂而使血管壁损伤所造成的。

灰白色小结节是裂殖体在肌肉或其他器官内增殖形成的集落，最常见于肠系膜、心肌、胸肌，也见于肝脏、脾脏、胰脏等器官，其大小为针尖大至粟粒大，白色，与周围组织有明显的界限。

【诊断】 生前取病禽外周血一滴，涂成薄片，用姬氏或瑞氏液染色，置高倍镜下发现有住白细胞原虫虫体可确诊。

【防制】

1. 预防 主要应防止禽类宿主与媒介昆虫的接触。在蠓、蚋活动季节,每隔 6～7 天,在禽舍内外用溴氰菊酯或戊酸氰醚酯等杀虫剂喷洒,以减少昆虫的侵袭。

2. 治疗 对鸡住白细胞原虫病可用青蒿素、磺胺间六甲氧嘧啶、磺胺间二甲氧嘧啶、复方泰灭净或复方磺胺-5-甲氧嘧啶等磺胺类药及其复方制剂进行治疗。

二十二、肉鸡猝死综合征

肉鸡猝死综合征,以肌肉丰满、外观健康的肉鸡突然死亡为特征。该病广泛存在于世界上许多国家和地区,死亡率在 0.5%～5%之间,最高达 15%。由于饲养水平的不断提高,此病近年来对肉鸡业的危害日益严重,并且由于其他禽病防制的进展,此症的危害更加突出。

【病因】 关于猝死综合征的发病原因目前不十分清楚,由于本病主要发生于饲养管理好、生长速度快、饲料报酬高的鸡群。现在一般认为肉鸡猝死综合征是一种代谢病,因此研究的重点均与营养、环境等因素有关,已研究的指标有矿物质、脂肪、葡萄糖、乳酸等。

【症状】 本病主要发生于饲养管理好、生长速度快、饲料报酬高的鸡群。患鸡死前一分钟无任何异常,其特征性症状是行为正常的鸡突然出现平衡失调,猛烈扑动翅膀和肌肉强烈收缩,症状持续约 1 min 鸡即死亡。在发作时多数病鸡发出粗粝的叫声或凄泣的叫唤并扑打背部。死后多以背部着地,少数以体侧面着地。无论死时体姿如何,颈和脚都呈伸展状态。死亡鸡多是同群鸡中生长速度较快,体重较大的。

【病理变化】 剖检可见,患鸡腹部饱满,嗉囊中含有饲料,胃肠道中充满食物,十二指肠内容物常呈奶样外观,胸肌呈粉红色或表现苍白。肺脏弥漫性充血，气管内有泡沫状渗出物。肝脏增大、苍白、易碎，有的鸡肝被膜下出血或肝脏破裂，胆囊空虚，肾脏变白。心脏稍扩张，心房充满血凝块，心室紧缩无血。

【诊断】 对肉鸡猝死综合征目前尚无特异性诊断方法，一般通过综合判断即可确诊。多数学者以为，在排除细菌、病毒感染及有毒物质中毒的情况下，如果鸡营养状况良好，突然死亡，消化道中积有刚食入的食物，肺脏淤血，胆囊空虚，嗉囊及腺胃无异常变化，结合心房有血凝块，但无血栓即可做出诊断。

【防制】 用 0.62 g/只碳酸氢钾饮水能明显降低发病鸡群的死亡率。在饲料中掺入碳酸氢钾 3.6 kg/t 饲料进行治疗，能使死亡率显著降低。在饲养管理上，采取良好的管理措施，实施光照强度低的渐增光照程序。使用以玉米和植物油为能量源的平衡日粮。限制饲养，降低肉鸡的生长速度。由于肉鸡猝死综合征病因复杂，因此必须采取综合性防治措施，才能有效地控制其发生。

二十三、肉鸡腹水综合征

肉鸡腹水综合征是以明显的腹水、右心扩张、肺充血、水肿以及肝脏的病变为特征的一种非传染性疾病。该病最早见于出壳后 3 日龄的肉鸡，2～3 周龄的肉鸡对腹水综合征的敏感性高于大龄鸡，4～5 周龄多发。

【病因】 引起肉鸡腹水综合征的病因较复杂，纵观众多影响因素，可概括为各种因素造成的缺氧：

1. 遗传因素 肉仔鸡在出壳后的头 3 周内阻力和肺内血压始终升高 40%，表明肺部血管系统没有跟上机体的发育和成熟。机体的快速生长以及为了支持这种快速生长而对氧气需要量的增长，超出了肺系统的发育与成熟程度，形成了异常的血压—血流动力系统。此外，起携氧和运送营养作用的红细胞，肉鸡比蛋鸡明显大，尤其是 4 周龄内的快速生长期，这样红细胞不能在肺毛细血管内通畅流动，影响肺部的血液灌注，导致肺动脉高血压及右心衰竭。

2.营养因素　颗粒饲料或高能日粮能促使肉鸡腹水综合征的发生。饲料制成颗粒后为何能提高腹水症的发病率，其原因可能是制成颗粒后增加了采食量，提高了生长速度，对氧的需要增加，因而促使鸡发生腹水症。

3.肠道中氨的影响　肠道中存在氨则可增加黏膜壁中的核酸产量从而使肠壁增厚。黏膜壁增厚会增大对肠壁内毛细血管结构的压力从而限制了正常的血流供应。进而加剧了肠道的高血压，血管充血，导致血管中液体渗出而形成腹水。

4.环境因素　本病的发生与卫生条件有一定关系。鸡舍低矮、潮湿、通风不畅、保温性能差。特别在冬、春季节饲养肉仔鸡，为了达到舍温适宜之目的，常关闭门窗，如果管理措施不善，通风不良，容易使舍内空气中二氧化碳、氨气等有害气体浓度增高，氧气减少，长期下去舍内慢性缺氧，促使鸡发生腹水症。

5.疾病因素　肉鸡呼吸道疾病时，由于呼吸困难，会造成机体慢性缺氧，导致心力衰竭而发生腹水。此外，应激因素也可导致腹水的发生。

6.孵化因素　孵化期的缺氧会导致腹水综合征。

【症状】　本病可表现为突然死亡，但通常病鸡小于正常鸡，而且羽毛蓬乱和倦呆，病鸡不愿活动，呼吸困难和发绀。肉眼可见的最明显的临床症状是病鸡腹部膨大，呈水袋状，触压有波动感，腹部皮肤变薄发亮。严重者皮肤瘀血发红，有的病鸡站立困难，以腹部着地呈企鹅状，行动迟缓，呈鸭步样。腹腔穿刺流出透明清亮的淡黄色液体。

【病理变化】　本病的特征性变化是腹腔中积有大量清亮而透明的液体，呈淡黄色，部分病鸡的腹腔中常有淡黄色的纤维蛋白凝块。肝脏充血肿大，严重者皱缩，肝脏变厚、变硬，表面凹凸不平。

肝被膜上常覆盖一层灰白色或淡黄色纤维素性渗出物。肺脏瘀血水肿，副支气管充血。心脏体积增大，心包有积液，右心室扩张、柔软，心肌变薄，肌纤维苍白。肠管变细，肠黏膜呈弥漫性瘀血。肾脏肿大、充血，呈紫红色。

【防制】 肉鸡腹水综合征不是单一因子所致，而是多种因子共同作用的结果。所以，对腹水症的防制应采取综合性措施。

1. 抑制肠道中氨的水平 在饲料中添加尿素酶抑制剂，死亡率平均降低39.3%，且日增重和饲料转化率都略有改善。

2. 添加碳酸氢钠 在缺氧条件下，可使肉鸡体内局部氢离子的浓度升高，而酸中毒可造成肺部血管缩小从而导致肺动脉压增高，而加入碳酸氢钠可中和酸中毒，使血管扩张而使肺动脉压降低，从而降低了腹水症的发病率。

3. 早期限饲 由于该病发生的日龄越来越早，采取早期限饲可有效地减少以后的腹水症及死亡。2～3周龄时采食量降低27%。结果表明，该限饲方法可使腹水症死亡率降低27%，并使饲料转化率得到显著改善，且对总生长速度无不良影响。

4. 改善饲养环境 在高密度饲养肉仔鸡生产中，舍内空气中的氨气、灰尘和二氧化碳的含量是诱发腹水症的重要原因。所以应调整饲养密度，改善通风条件，减少舍内有害气体及灰尘的含量，以便有充足的氧气。一般条件下定时打开门窗通风，且应注意前后门窗同时打开，以便对流换气。在日常管理中，保持地面干燥以减少氨气的生成，采用刨花垫料或网上平养，以避免大量灰尘的产生，若舍内粉尘过多，可定期实施人工喷雾。

5. 孵化补氧 孵化缺氧是导致腹水症的重要因素，所以在孵化的后期，向孵化器内补充氧气能产生有益的作用。

二十四、中暑

中暑又称热应激，是指家禽在高温环境下，由于体温调节及生理机能趋于紊乱而发生的一系列的异常反应，并伴随生产性能下降，甚至出现热休克或死亡。中暑多发生于夏、秋季高温季节，特别多见于集约化饲养的种鸡及快大肉鸡。

【病因】　中暑是由于禽舍及周围环境温度的升高超过了机体的耐受能力而产生的，而引起禽舍及环境温度升高的主要原因是：

（1）夏季强烈阳光照射，使屋顶及地面产生大量的辐射热，据测定中午时太阳水平辐射热达到 3 349～3 767 kJ/(m^2·h)，大量的热通过辐射、传导和对流等途径进入禽舍。

（2）饲养密度大。由于密集饲养，每个个体所占的空间较小而不利于个体体热的散发，甚至可因拥挤而造成高于周围环境温度的小环境。

（3）舍内积集的热量散发出现障碍。如通风不良、停电、风扇损坏、空气湿度过高等。

【症状】　中暑时，最先出现的症状是呼吸加快，心跳增速。当环境温度超过 32℃时，呼吸次数显著增加，出现张口伸颈气喘，翅膀张开下垂，体温升高为特征的热喘息；同时伴随食欲下降，饮水增加。产蛋家禽产蛋量下降，蛋重减轻，蛋壳变薄、变脆；处于生长期的鸡，其生长发育受阻，增重减慢；种公禽精子生成减少，活力降低，母禽则受精率下降，种蛋孵化率降低。当环境温度进一步升高时，热喘息由间歇转变为持续性，食欲废绝，饮欲亢进，排水便，可见颤栗、痉挛倒地，冠苍白，甚至昏迷，濒死前可见深而稀的病理性呼吸，最后因神经中枢的严重紊乱而死亡。长期慢性热应激的鸡可见部分脱毛现象。

【病理变化】　血液凝固不良，尸冷缓慢，肺脏瘀血，肺水肿，胸膜、心包膜以及肠黏膜都有瘀血；腺胃变薄变软，肝脏表面有散在的出血点，脑及脑膜的血管瘀血，并有出血点，脑组织水肿。

【诊断】　本病根据发病季节、发病症状及剖检变化即可确诊。

【防制】

(1)安装必要的通风降温设备,如风扇、水帘、喷水等,可采用水帘加纵向通风的最佳通风系统。

(2)炎热季节,降低饲养密度,适当改变饲喂制度,改白天饲喂为早晚饲喂,并相应调整饲料的能量和蛋白水平,适当增加维生素的供应,白天供应足够的饮水,最好给予冷的井水,并在水中适当添加电解质。

(3)使用抗热应激剂。

①在日粮中补充维生素C。在常温条件下,家禽能合成足够的维生素C供机体利用,但在热应激时,机体的合成能力下降,而此时对维生素C的需要量却增加,一般在日粮中添加0.02%~0.04%的维生素C。

②在日粮或饮水中补充氯化钾。由于饲料中含钾量较高,所以常温下不需要在日粮中补充,但在热应激时,由于出现低血钾,所以必须从外界补充钾,一般饮水中补充0.15%~0.3%的氯化钾或在日粮中补充0.3%~0.5%的氯化钾。

③在日粮或饮水中补充氯化铵。鸡热应激时,出现呼吸性碱中毒,在日粮或饮水中补充氯化铵能明显降低血液pH值,一般在饮水中补充0.3%或在日粮中添加0.3%~1%的氯化铵。

④在日粮中补充碳酸氢钠。由于热应激时,鸡血液中碳酸氢根离子含量降低,所以在日粮中补充碳酸氢钠,同时减少氯化钠在饲料中的用量,一般在饲料中补充0.5%。由于补充碳酸氢钠后,血液的pH值会升高,所以同时补充0.5%的碳酸氢钠和1%的氯化铵效果更好。

⑤鸡群发现有中暑症状时,必须立即急救。将病鸡移到阴凉地方,并把鸡放在冷水中浸泡,以降低体温,促进病鸡的恢复。大群鸡可用冷水喷雾降温。

参考文献

[1] 蔡宝祥.家畜传染病学.3版.北京:中国农业出版社,1996.

[2] 陈春良,陆振清.新编养鸡手册.上海:上海科学技术出版社,1997.

[3] 刁有祥.禽病学.北京:中国农业科学技术出版社,2005.

[4] 东北农学院.家畜环境卫生学.2版.北京:中国农业出版社,1992.

[5] 郭玉璞.家禽传染病诊断与防治.北京:北京农业大学出版社,1994.

[6] 李东.高效肉鸡生产技术.北京:中国农业科学技术出版社,1995.

[7] 马克·诺斯.上海农业科学院畜牧兽医情报所译.养鸡生产指导手册.上海:上海交通大学出版社,1989.

[8] 韩俊颜.养鸡生产大全.沈阳:辽宁科学技术出版社,1997.

[9] 潘琦,周建强.肉鸡高效饲养技术.合肥:安徽科学技术出版社,1996.

[10] 邱祥聘.家禽学.3版.成都:四川科学技术出版社,1993.

[11] 王生雨.肉鸡生产新技术.2版.济南:山东科学技术出版社,1995.

[12] 王生雨.中国养鸡学.济南:山东科学技术出版社,1998.

[13] 王春林.新编养鸡手册.上海:华东化工学院出版社,1992.

[14] 徐宜为.最新禽病与防治.北京:中国农业科学技术出版社,1994.

[15] 席克奇.肉鸡生产指导手册.北京:北京农业出版社,1997.
[16] 杨宁.现代养鸡生产.北京:北京农业大学出版社,1994.
[17] (美)卡尔尼克 B W 著.苏敬良,刘文军主译.禽病学.11 版.北京:中国农业大学,2005.

图书在版编目(CIP)数据

肉鸡饲养手册/刁有祥,杨全明主编.—2版.—北京:中国农业大学出版社,2007.7

ISBN 978-7-81117-211-9

Ⅰ.肉…　Ⅱ.①刁…②杨…　Ⅲ.肉用鸡-饲养管理-技术手册　Ⅳ.S831.4-62

中国版本图书馆CIP数据核字(2007)第083949号

书　　名　肉鸡饲养手册(第2版)
作　　者　刁有祥　杨全明　主编

策划编辑　赵　中　　**责任编辑**　董　维　陈巧莲
封面设计　郑　川　　**责任校对**　王晓凤　陈　莹
出版发行　中国农业大学出版社
社　　址　北京市海淀区圆明园西路2号　　**邮政编码**　100193
电　　话　发行部 010-62731190,2620　　读者服务部 010-62732336
编辑部 010-62732617,2948　　出　版　部 010-62731204
网　　址　http://www.cau.edu.cn/caup　　**e-mail** cbsszs@cau.edu.cn
经　　销　新华书店
印　　刷　涿州市星河印刷有限公司
版　　次　2007年7月第2版　2008年10月第4次印刷
规　　格　850×1 168　32开本　13.625印张　337千字
印　　数　8 501～11 500
定　　价　18.50元